高等学校工程管理类本科指导性专业规范配套教材

编审委员会名单

编委会主任： 任　宏　　重庆大学

编委会副主任： 李启明　　东南大学

　　　　　　　　乐　云　　同济大学

编委会成员： 陈起俊　　山东建筑大学

　　　　　　　乐　云　　同济大学

　　　　　　　丁晓欣　　吉林建筑大学

　　　　　　　李启明　　东南大学

　　　　　　　李忠富　　大连理工大学

　　　　　　　郭汉丁　　天津城建大学

　　　　　　　刘亚臣　　沈阳建筑大学

　　　　　　　任　宏　　重庆大学

　　　　　　　王立国　　东北财经大学

　　　　　　　王孟钧　　中南大学

　　　　　　　赵金先　　青岛理工大学

　　　　　　　周天华　　长安大学

高等学校工程管理类本科指导性专业规范配套教材
高等学校土建类专业"十三五"规划教材

房屋建筑学

王志强　　　　主　编
申建红　赵　杨　孙子钧　副主编

化学工业出版社
·北京·

本教材着重阐述民用建筑和工业建筑的建筑设计及建筑构造的基本原理和基本方法。本教材共分为17章，内容主要包括：建筑设计概论、建筑总平面设计、建筑平面设计、建筑剖面设计、建筑体型和立面设计、建筑构造概论、基础与地下室构造、墙体构造、楼地层构造、楼梯构造、屋顶构造、门窗构造、变形缝构造、工业建筑概论、单层厂房设计、单层厂房构造、建筑工业化等。另外书后附有课程设计实践教学所需的任务书和工程设计例图等。本教材按照现行建筑方面的规范和标准图集进行了修改和调整，使建筑设计和建筑构造设计能够与工程实践应用紧密结合。

本教材按照工程管理、工程造价专业本科教育培养目标和培养方案及主干课程教学基本要求，对于教材相关内容的详略情况进行调整，如减少建筑结构方面的篇幅，增加与工程项目管理相关内容的篇幅；并增设一些对于工程管理、工程造价等专业关联性密切的一些知识。

本教材可作为高等学校工程管理、工程造价、土木工程、给排水、房地产经营与管理等专业的教材和教学参考书，也可供从事建筑设计与建筑施工的技术人员学习和参考。

图书在版编目（CIP）数据

房屋建筑学/王志强主编. —北京：化学工业出版社，2016.7（2023.9重印）

高等学校工程管理类本科指导性专业规范配套教材

ISBN 978-7-122-27083-2

Ⅰ.①房… Ⅱ.①王… Ⅲ.①房屋建筑学-高等学校-教材 Ⅳ.①TU22

中国版本图书馆CIP数据核字（2016）第106013号

责任编辑：陶艳玲　　　　　　　　　　　　　装帧设计：韩　飞
责任校对：王　静

出版发行：化学工业出版社（北京市东城区青年湖南街13号　邮政编码100011）
印　　装：北京虎彩文化传播有限公司
787mm×1092mm　1/16　印张24¾　插页1　字数493千字　2023年9月北京第1版第7次印刷

购书咨询：010-64518888　　　　　　　　售后服务：010-64518899
网　　址：http://www.cip.com.cn
凡购买本书，如有缺损质量问题，本社销售中心负责调换。

定　价：49.00元　　　　　　　　　　　　　　　　　　　版权所有　违者必究

本书编写人员名单

主　　编：王志强

副 主 编：申建红　赵　杨　孙子钧

编写人员（按姓氏笔画排序）：

　　　　王　鑫　　王志强　　王岳峰

　　　　申建红　　伦旭峰　　孙子钧

　　　　李　芳　　李　健　　李文超

　　　　李妮妮　　李晓冬　　李朝慧

　　　　杨磊耀　　邵军义　　武　栋

　　　　林　颖　　赵　杨　　胡龙伟

　　　　姜吉坤　　夏宪成

丛书序

我国建筑行业经历了自改革开放以来20多年的粗放型快速发展阶段，近期正面临较大调整，建筑业目前正处于大周期下滑、小周期筑底的嵌套重叠阶段，在"十三五"期间都将保持在盘整阶段，我国建筑企业处于转型改革的关键时期。

另一方面，建筑行业在"十三五"期间也面临更多的发展机遇。国家基础建设固定资产投资持续增加，"一带一路"战略提出以来，中西部的战略地位显著提升，对于中西部地区的投资上升；同时，"一带一路"国家战略打开国际市场，中国建筑业的海外竞争力再度提升；国家推动建筑产业现代化，"中国制造2025"的实施及"互联网＋"行动计划促进工业化和信息化深度融合，借助最新的科学技术，工业化、信息化、自动化、智能化成为建筑行业转型发展方式的主要方向，BIM应用的台风口来临。面对复杂的新形式和诸多的新机遇，对高校工程管理人才的培养也提出了更高的要求。

为配合教育部关于推进国家教育标准体系建设的要求，规范全国高等学校工程管理和工程造价专业本科教学与人才培养工作，形成具有指导性的专业质量标准。教育部与住建部委托高等学校工程管理和工程造价学科专业指导委员会编制了《高等学校工程管理本科指导性专业规范》和《高等学校工程造价本科指导性专业规范》(简称"规范")。规范是经委员会与全国数十所高校的共同努力，通过对国内高校的广泛调研、采纳新的国内外教改成果，在征求企业、行业协会、主管部门的意见的基础上，结合国内高校办学实际情况，编制完成。规范提出工程管理专业本科学生应学习的基本理论、应掌握的基本技能和方法、应具备的基本能力，以进一步对国内院校工程管理专业和工程造价专业的建设与发展提供指引。

规范的编制更是为了促使各高校跟踪学科和行业发展的前沿，不断将新的理论、新的技能、新的方法充实到教学内容中，确保教学内容的先进性和可持续性；并促使学生将所学知识运用于工程管理实际，使学生具有职业可持续发展能力和不断创新的能力。

由化学工业出版社组织编写和出版的"高等学校工程管理类本科指导性专业规范配套教材"，邀请了国内30多所知名高校，对教学规范进行了深入学习和研讨，教材编写工作对教学规范进行了较好地贯彻。该系列教材具有强调厚基础、重应用的特色，使学生掌握本专业必备的基础理论知识，具有本专业相关领域工作第一线的岗位能力和专业技能。

目的是培养综合素质高，具有国际化视野，实践动手能力强，善于把BIM、"互联网+"等新知识转化成新技术、新方法、新服务，具有创新及创业能力的高级技术应用型专门人才。

同时，为配合做好"十三五"期间教育信息化工作，加快全国教育信息化进程，系列教材还尝试配套数字资源的开发与服务，探索从服务课堂学习拓展为支撑网络化的泛在学习，为更多的学生提供更全面的教学服务。

相信本套教材的出版，能够为工程管理类高素质专业性人才的培养提供重要的教学支持。

高等学校工程管理和工程造价学科专业指导委员会 主任
任宏
2016年1月

前言

"房屋建筑学"是非建筑学专业的一门重要综合性、实践性专业基础课,通过本课程学习使学生掌握建筑设计的主要内容与程序,能正确选用现行规范和标准图集,掌握建筑设计和建筑构造的基本原理和基本方法,掌握工程语言和图形表达的基本方法与技能。

本教材在编写过程中,本着"重视培养学生的创新精神、实践能力、创新能力和创业能力"的教育思想观念,广泛、充分地借鉴国内相关高校和专家的先进科学技术成果,注重教材的实用性、可操作性和时效性,依据现行规范和规程的要求,按照工程管理、工程造价专业本科教育培养目标和培养方案及主干课程教学基本要求,对教材相关内容的详略情况进行调整,如减少建筑结构方面的篇幅,增加与工程项目管理相关内容的篇幅;并增设一些对于工程管理、工程造价等专业关联性密切的一些知识,如建筑总平面设计、建筑防震、建筑工业化等内容;在内容上精心组合,吸收设计院和施工工程师作为编写人员,增加大量工程实例,讲解清晰,可读性强,增强本书的实用性,从而使本教材能够更好地满足工程管理、工程造价专业应用型本科人才培养的要求。

随着相关规范的修订和实施,如《建筑设计防火规范》(GB 50016—2014)于2015年5月1日实施,《工业化建筑评价标准》(GB/T 51129—2015)于2016年1月1日实施,原有的一些教材在内容上已不能够较好地满足教学和工程实践的需要。本教材在编写过程中,注重教材内容的时效性,按照现行规范和标准图集对教材内容进行了修改和调整。

本教材共17章,主要分为两大部分:民用建筑设计及构造、工业建筑设计及构造。主要内容包括建筑总平面设计、建筑平面设计、建筑剖面设计、建筑体型和立面设计、基础与地下室构造、墙体构造、楼地层构造、楼梯构造、屋顶构造、门窗构造、变形缝构造、单层厂房设计、单层厂房构造、建筑工业化等。

"房屋建筑学"课程一般都开设课程设计实践教学环节,该环节是帮助学生消化和巩固所学理论知识、培养学生实际动手能力的重要实践教学环节。为了配合"房屋建筑学"课程的理论学习以及课程设计的实践教学,将课程设计的学习指导、课程设计的任务书和工程设计例图一并作为教材的附录部分，供课程设计参考使用。

参加本教材编写的人员主要是多年从事房屋建筑学课程教学的高等院校教师和多年从事建筑设计工作的工程师，编写人员都具有丰富的教学和工程实践经验。青岛理工大学王志强任主编，申建红、赵杨、孙子钧（青岛滨海学院）任副主编。教材编写的具体分工如下：第1、2章由王志强、王鑫（章丘市规划建筑设计院）编写；第3、4章由青岛城乡建筑设计院的王岳峰、李妮妮、杨磊耀编写；第5、6章由王志强、李文超（青岛市建筑工程质量检测中心有限公司）编写；第7、8章由王志强、武栋（青岛鑫山幕墙公司）编写；第9章由李朝慧（青岛城乡建筑设计院）、邵军义编写；第10、11章由赵杨（青岛理工大学）、伦旭峰（青岛滨海学院）编写；第12、13章由申建红、李晓冬编写；第14、15、16章由孙子钧（青岛滨海学院）、姜吉坤编写；第17章由胡龙伟、夏宪成编写；附录1～3由王志强编写；李芳、李健、林颖参加了本书插图和校对工作。

由于编者水平有限，书中难免有不足之处，欢迎读者批评指正。

编 者
2016年5月

目录

第 1 章　建筑设计概论　1

1.1　建筑的产生与发展 …………………………………… 1
1.2　建筑的构成要素和建筑方针 ………………………… 4
　　1.2.1　建筑的构成要素 ………………………… 4
　　1.2.2　建筑方针 ………………………………… 4
1.3　建筑的分类和分级 …………………………………… 5
　　1.3.1　建筑的分类 ……………………………… 5
　　1.3.2　民用建筑的使用年限 …………………… 7
　　1.3.3　民用建筑的耐火等级 …………………… 7
1.4　建筑工程设计的内容和程序 ………………………… 9
　　1.4.1　建筑工程设计的内容 …………………… 9
　　1.4.2　建筑工程设计的程序 …………………… 9
1.5　建筑设计的要求和依据 ……………………………… 12
　　1.5.1　建筑设计的要求 ………………………… 12
　　1.5.2　建筑设计的依据 ………………………… 13
　　1.5.3　民用建筑定位轴线 ……………………… 17
本章小结 …………………………………………………… 18
复习思考题 ………………………………………………… 18

第 2 章　建筑总平面设计　19

2.1　城市规划的要求 ……………………………………… 20
2.2　建筑总平面的影响因素 ……………………………… 23
　　2.2.1　建筑物朝向 ……………………………… 23
　　2.2.2　建筑物间距 ……………………………… 23
　　2.2.3　基地的地形条件 ………………………… 25

2.3　基地道路交通的设计 …………………………………………… 26
本章小结 ………………………………………………………………… 29
复习思考题 ……………………………………………………………… 29

第3章　建筑平面设计　30

3.1　建筑的空间组成与平面设计的任务 …………………………… 30
 3.1.1　建筑的空间组成 …………………………………………… 30
 3.1.2　建筑平面设计的任务 ……………………………………… 31
3.2　主要使用房间平面设计 …………………………………………… 31
 3.2.1　房间面积的确定 …………………………………………… 32
 3.2.2　房间平面形状的确定 ……………………………………… 33
 3.2.3　房间尺寸的确定 …………………………………………… 34
 3.2.4　房间门的设置 ……………………………………………… 37
 3.2.5　房间窗的设置 ……………………………………………… 40
3.3　辅助使用房间平面设计 …………………………………………… 41
 3.3.1　卫生间的设计 ……………………………………………… 42
 3.3.2　浴室、盥洗室 ……………………………………………… 43
 3.3.3　厨房 ………………………………………………………… 45
3.4　交通联系部分平面设计 …………………………………………… 45
 3.4.1　走道 ………………………………………………………… 46
 3.4.2　楼梯 ………………………………………………………… 48
 3.4.3　电梯、自动扶梯、坡道 …………………………………… 51
 3.4.4　门厅、过厅、出入口 ……………………………………… 53
3.5　建筑平面组合设计 ………………………………………………… 55
 3.5.1　建筑平面的功能分析 ……………………………………… 55
 3.5.2　平面组合形式 ……………………………………………… 59
本章小结 ………………………………………………………………… 62
复习思考题 ……………………………………………………………… 62

第4章　建筑剖面设计　63

4.1　房间的剖面形状 …………………………………………………… 63
 4.1.1　房间的使用要求 …………………………………………… 64
 4.1.2　建筑结构、材料及施工要求 ……………………………… 66
 4.1.3　室内采光和通风要求 ……………………………………… 66
4.2　房屋各部分高度的确定 …………………………………………… 67
 4.2.1　净高与层高 ………………………………………………… 67

  4.2.2 窗台高度 …… 71
  4.2.3 室内外地面高差 …… 72
 4.3 房屋层数的确定 …… 72
  4.3.1 使用要求 …… 72
  4.3.2 基地环境和城市规划要求 …… 73
  4.3.3 建筑结构、材料和施工要求 …… 73
  4.3.4 建筑防火要求 …… 74
  4.3.5 建筑经济性要求 …… 75
 4.4 建筑空间的剖面组合与利用 …… 75
  4.4.1 建筑空间的剖面组合方式 …… 76
  4.4.2 建筑空间的剖面组合原则 …… 79
  4.4.3 建筑空间的剖面组合规律 …… 79
  4.4.4 建筑空间的利用 …… 81
 本章小结 …… 83
 复习思考题 …… 84

▶ 第5章 建筑体型和立面设计   85

 5.1 建筑体型和立面设计的要求 …… 85
 5.2 建筑构图的基本法则 …… 89
  5.2.1 统一与变化 …… 89
  5.2.2 均衡与稳定 …… 91
  5.2.3 对比与微差 …… 94
  5.2.4 韵律 …… 95
  5.2.5 比例与尺度 …… 96
 5.3 建筑体型设计 …… 98
  5.3.1 体型组合主要类型 …… 98
  5.3.2 体型转折与转角处理 …… 100
  5.3.3 体量的联系与交接 …… 101
 5.4 建筑立面设计 …… 101
  5.4.1 立面的比例与尺度处理 …… 102
  5.4.2 立面的虚实与凹凸处理 …… 103
  5.4.3 立面的线条处理 …… 104
  5.4.4 立面的色彩与质感处理 …… 105
  5.4.5 立面的重点和细部处理 …… 106
 本章小结 …… 107
 复习思考题 …… 107

第 6 章 建筑构造概论 … 108

- 6.1 建筑物的构造组成 … 108
- 6.2 建筑构造的影响因素 … 110
- 6.3 建筑构造设计原则 … 111
- 6.4 建筑防震 … 112
  - 6.4.1 地震与地震波 … 112
  - 6.4.2 地震震级与地震烈度 … 113
  - 6.4.3 建筑抗震设防 … 113
- 6.5 建筑构造详图的表达 … 114
- 本章小结 … 115
- 复习思考题 … 116

第 7 章 基础与地下室构造 … 117

- 7.1 地基与基础 … 117
  - 7.1.1 基本概念 … 117
  - 7.1.2 基础的类型 … 118
  - 7.1.3 基础的埋置深度 … 123
- 7.2 地下室 … 125
  - 7.2.1 地下室的分类 … 125
  - 7.2.2 地下室的组成 … 125
  - 7.2.3 地下室防潮构造 … 126
  - 7.2.4 地下室防水构造 … 126
- 本章小结 … 129
- 复习思考题 … 129

第 8 章 墙体构造 … 130

- 8.1 墙体的类型及设计要求 … 130
  - 8.1.1 墙体的作用 … 130
  - 8.1.2 墙体的类型 … 130
  - 8.1.3 墙体的设计要求 … 132
  - 8.1.4 承重墙体的结构布置 … 133
- 8.2 叠砌墙构造 … 134
  - 8.2.1 墙体材料 … 134
  - 8.2.2 墙体的组砌方式 … 137
  - 8.2.3 墙体的细部构造 … 139

  8.2.4　墙体的加固措施 …………………………………………… 144
 8.3　隔墙构造 ……………………………………………………………… 147
  8.3.1　块材（砌筑）隔墙 ………………………………………… 147
  8.3.2　轻骨架隔墙 ………………………………………………… 149
  8.3.3　板材隔墙 …………………………………………………… 149
 8.4　墙面装修 ……………………………………………………………… 152
  8.4.1　墙面装修的作用 …………………………………………… 152
  8.4.2　墙面装修种类 ……………………………………………… 152
 8.5　墙体的保温与隔热 …………………………………………………… 160
  8.5.1　外墙保温 …………………………………………………… 160
  8.5.2　外墙隔热 …………………………………………………… 163
  8.5.3　外墙保温材料 ……………………………………………… 163
本章小结 ……………………………………………………………………… 165
复习思考题 …………………………………………………………………… 166

▶ 第 9 章　楼地层构造

 9.1　楼地层概述 …………………………………………………………… 167
  9.1.1　楼地层的设计要求 ………………………………………… 167
  9.1.2　楼地层的构造组成 ………………………………………… 168
  9.1.3　楼板的类型 ………………………………………………… 170
 9.2　钢筋混凝土楼板 ……………………………………………………… 170
  9.2.1　现浇整体式钢筋混凝土楼板 ……………………………… 170
  9.2.2　预制装配式钢筋混凝土楼板 ……………………………… 174
  9.2.3　装配整体式钢筋混凝土楼板 ……………………………… 178
 9.3　楼地面构造 …………………………………………………………… 180
  9.3.1　楼地面的设计要求 ………………………………………… 181
  9.3.2　楼地面的类型 ……………………………………………… 181
  9.3.3　楼地面构造 ………………………………………………… 181
  9.3.4　楼地面的设计标高 ………………………………………… 187
  9.3.5　楼地面的防水构造 ………………………………………… 187
 9.4　顶棚构造 ……………………………………………………………… 189
  9.4.1　顶棚装饰构造的功能 ……………………………………… 189
  9.4.2　顶棚的分类 ………………………………………………… 189
  9.4.3　直接式顶棚 ………………………………………………… 190
  9.4.4　吊顶式顶棚 ………………………………………………… 190
 9.5　阳台与雨篷构造 ……………………………………………………… 192

9.5.1　阳台 ……………………………………………… 192
　　9.5.2　雨篷 ……………………………………………… 196
本章小结 ……………………………………………………… 197
复习思考题 …………………………………………………… 198

▶ 第 10 章　楼梯构造　199

10.1　楼梯的组成、类型、尺度与设计 ……………………… 199
　　10.1.1　楼梯的组成 ……………………………………… 199
　　10.1.2　楼梯的类型 ……………………………………… 200
　　10.1.3　楼梯的尺度 ……………………………………… 201
　　10.1.4　楼梯设计 ………………………………………… 206
10.2　钢筋混凝土楼梯构造 …………………………………… 208
　　10.2.1　现浇钢筋混凝土楼梯 …………………………… 208
　　10.2.2　预制装配式钢筋混凝土楼梯 …………………… 210
10.3　楼梯细部构造 …………………………………………… 213
　　10.3.1　踏步 ……………………………………………… 213
　　10.3.2　栏杆与扶手 ……………………………………… 214
10.4　室外台阶与坡道构造 …………………………………… 217
　　10.4.1　室外台阶 ………………………………………… 217
　　10.4.2　室外坡道 ………………………………………… 218
10.5　电梯与自动扶梯 ………………………………………… 219
　　10.5.1　电梯 ……………………………………………… 219
　　10.5.2　自动扶梯 ………………………………………… 220
本章小结 ……………………………………………………… 222
复习思考题 …………………………………………………… 223

▶ 第 11 章　屋顶构造　224

11.1　屋顶的类型和设计要求 ………………………………… 224
　　11.1.1　屋顶的类型 ……………………………………… 224
　　11.1.2　屋顶的设计要求 ………………………………… 226
　　11.1.3　屋面工程的设计内容 …………………………… 227
11.2　屋顶排水设计 …………………………………………… 228
　　11.2.1　屋顶排水坡度 …………………………………… 228
　　11.2.2　屋顶的排水方式 ………………………………… 229
　　11.2.3　屋面排水组织设计 ……………………………… 230

11.3 卷材防水屋面 …………………………………………………………… 232
　　11.3.1 防水卷材 ………………………………………………………… 232
　　11.3.2 卷材防水屋面构造 ……………………………………………… 233
11.4 涂膜防水屋面 …………………………………………………………… 240
　　11.4.1 防水材料 ………………………………………………………… 240
　　11.4.2 涂膜防水屋面构造 ……………………………………………… 241
11.5 瓦屋面 …………………………………………………………………… 242
　　11.5.1 概述 ……………………………………………………………… 242
　　11.5.2 块瓦屋面 ………………………………………………………… 243
　　11.5.3 沥青瓦屋面 ……………………………………………………… 246
　　11.5.4 金属板屋面 ……………………………………………………… 246
11.6 屋顶的保温与隔热 ……………………………………………………… 248
　　11.6.1 屋顶的保温 ……………………………………………………… 248
　　11.6.2 屋顶的隔热 ……………………………………………………… 250
本章小结 ………………………………………………………………………… 256
复习思考题 ……………………………………………………………………… 257

第12章 门窗构造　258

12.1 门窗设计要求和类型 …………………………………………………… 258
　　12.1.1 门窗的设计要求 ………………………………………………… 258
　　12.1.2 门窗的类型 ……………………………………………………… 259
12.2 门窗的开启方式与尺度 ………………………………………………… 260
　　12.2.1 门的开启方式与尺度 …………………………………………… 260
　　12.2.2 窗的开启方式与尺度 …………………………………………… 262
12.3 木门窗构造 ……………………………………………………………… 263
　　12.3.1 平开木门的组成与构造 ………………………………………… 263
　　12.3.2 平开木窗的组成与构造 ………………………………………… 266
　　12.3.3 门窗的固定安装 ………………………………………………… 267
12.4 铝合金及塑料门窗 ……………………………………………………… 268
　　12.4.1 铝合金门窗 ……………………………………………………… 268
　　12.4.2 塑料门窗 ………………………………………………………… 272
本章小结 ………………………………………………………………………… 273
复习思考题 ……………………………………………………………………… 273

第13章 变形缝构造　274

13.1 伸缩缝 …………………………………………………………………… 274

  13.2 沉降缝 …………………………………………………………… 276
  13.3 防震缝 …………………………………………………………… 277
  13.4 变形缝的构造 …………………………………………………… 278
    13.4.1 墙体变形缝构造 ………………………………………… 278
    13.4.2 楼地面变形缝构造 ……………………………………… 279
    13.4.3 屋面变形缝构造 ………………………………………… 281
  本章小结 …………………………………………………………………… 282
  复习思考题 ………………………………………………………………… 282

▶ 第14章　工业建筑概论　283

  14.1 工业建筑概述 …………………………………………………… 283
    14.1.1 工业建筑的特点 ………………………………………… 283
    14.1.2 工业建筑的分类 ………………………………………… 284
  14.2 厂房内部的起重运输设备 ……………………………………… 286
  14.3 单层厂房的结构组成 …………………………………………… 288
    14.3.1 单层厂房的结构体系 …………………………………… 288
    14.3.2 装配式钢筋混凝土排架结构组成 ……………………… 290
  本章小结 …………………………………………………………………… 292
  复习思考题 ………………………………………………………………… 292

▶ 第15章　单层厂房设计　293

  15.1 单层厂房平面设计 ……………………………………………… 293
    15.1.1 厂房平面设计和生产工艺的关系 ……………………… 293
    15.1.2 单层厂房平面形式的选择 ……………………………… 293
    15.1.3 柱网的选择 ……………………………………………… 295
    15.1.4 工厂总平面图对厂房平面设计的影响 ………………… 296
  15.2 单层厂房剖面设计 ……………………………………………… 297
    15.2.1 生产工艺对柱顶标高的影响 …………………………… 298
    15.2.2 室内外地坪标高 ………………………………………… 298
    15.2.3 厂房内部空间利用 ……………………………………… 299
    15.2.4 厂房天然采光 …………………………………………… 299
  15.3 单层厂房立面设计 ……………………………………………… 300
  15.4 单层厂房生活间设计 …………………………………………… 301
  15.5 单层厂房的定位轴线 …………………………………………… 302
    15.5.1 横向定位轴线 …………………………………………… 302

15.5.2 纵向定位轴线 …………………………………… 304
15.5.3 纵横跨相交处的定位轴线 …………………………… 308
本章小结 ……………………………………………………… 309
复习思考题 …………………………………………………… 310

第 16 章 单层厂房构造   311

16.1 单层厂房外墙构造 ……………………………… 311
16.1.1 砌体围护墙 ……………………………………… 311
16.1.2 大型板材墙 ……………………………………… 312
16.2 单层厂房屋面构造 ……………………………… 317
16.2.1 厂房屋面基层类型及组成 …………………… 317
16.2.2 厂房屋面排水 …………………………………… 317
16.2.3 厂房屋面防水 …………………………………… 320
16.3 单层厂房天窗构造 ……………………………… 326
16.4 单层厂房侧窗及大门构造 ……………………… 328
16.4.1 单层厂房侧窗 …………………………………… 328
16.4.2 单层厂房大门 …………………………………… 328
16.5 单层厂房地面及其他构造 ……………………… 331
16.5.1 地面 ……………………………………………… 331
16.5.2 排水沟、地沟 …………………………………… 333
16.5.3 坡道 ……………………………………………… 334
16.5.4 钢梯 ……………………………………………… 334
本章小结 ……………………………………………………… 335
复习思考题 …………………………………………………… 335

第 17 章 建筑工业化   337

17.1 建筑工业化概述 ………………………………… 337
17.2 建筑工业化评价 ………………………………… 339
17.3 建筑工业化对建筑设计的基本要求 …………… 340
17.4 装配式建筑 ……………………………………… 342
17.4.1 板材装配式建筑 ………………………………… 343
17.4.2 盒子装配式建筑 ………………………………… 343
17.4.3 钢筋混凝土骨架装配式建筑 ………………… 345
本章小结 ……………………………………………………… 350
复习思考题 …………………………………………………… 350

- 附录一　课程设计学习指导　351
- 附录二　课程设计任务书　356
- 附录三　某住宅楼建筑施工图　361
- 参考文献　375

第1章

建筑设计概论

建筑是伴随着人类成长的一部史书。自有人类开始,人类就不断地创造着建筑物与建筑艺术。从原始岩洞、树木巢居到罗马建筑的宏大壮阔,再到哥特建筑的奇异灵动,乃至现代建筑的理性表达,建筑美始终在不断的建筑追求中被表达着。建筑是人类按照实用要求,在对自然界加工改造过程中创造出来的物质实体,同时又在这个加工改造过程中运用了美学规律,注入了审美理念。

从广义上讲,建筑既表示建筑工程的建造活动,同时又表示这种活动的成果——建筑物。建筑也是一个通称,包括建筑物和构筑物。凡供人们在其内部生产、生活或其他活动的房屋或场所都叫做"建筑物",如:住宅、学校、影剧院、工厂的车间等;而人们不直接在其内部生产、生活的工程设施,则叫做"构筑物",如:水塔、烟囱、桥梁、堤坝、囤仓等等。

1.1 建筑的产生与发展

建筑的产生是由于人类生产生活的需要,并伴随着人类社会的发展而发展的。在人类的发展过程中,随着知识的积累和社会的进步,人类对建筑有了更高的要求,不仅要求建筑外表具有形式美,而且要求建筑给人类提供一个安全、舒适、便捷的生产生活环境,从而许多不同使用功能、不同体量、不同结构体系的建筑不断被设计建造出来。

建筑的发展大概经历了三个阶段:古代建筑、近代建筑和现代建筑。

(1) 古代建筑

古代建筑的历史跨度很长,大致从旧石器时代(约公元前5000年起)到17世纪中叶。这个历史时期内,建筑所用材料最早只是当地的天然材料,如泥土、砾石、树干、竹、茅草、芦苇等,后来出现了土坯、石材、砖、瓦、木、青铜、铁、铅以及混合材料如草筋泥、混合土等。古代建筑主要的结构形式主要是木结构、石结构、砖结构。典型的古代建筑如图1-1所示。

(a) 山西应县木塔　　　　　(b) 希腊帕特农神庙　　　　　(c) 陕西西安大雁塔

图 1-1　典型的古代建筑

(2) 近代建筑

一般认为，近代建筑从 17 世纪中叶至 20 世纪中叶（第二次世界大战前后）的 300 年间。这一时期，随着数学和力学的发展，在 19 世纪后期建立了为实际工程所需要的计算理论和方法，形成系统的结构科学。这样就可以在建筑工程开始之前预先计算出结构的受力状态，做出合理、经济而坚固的建筑结构设计，从而建筑的结构设计有了较系统的理论指导；工业发展给建筑业带来新型建筑材料如混凝土、钢材、钢筋混凝土以及早期的预应力混凝土，为近代建筑的发展奠定了物质基础；新的施工机械和施工方法纷纷出现，也为快速高效地建造近代建筑提供了有力手段。典型的近代建筑如图 1-2 所示。

(a) 埃菲尔铁塔　　　　　(b) 上海国际饭店　　　　　(c) 纽约帝国大厦

图 1-2　典型的近代建筑

(3) 现代建筑

第二次世界大战之后，现代科学技术迅速发展，从而为现代建筑的进一步发展提供了强大的物质基础和技术手段。计算机辅助设计、系统论、控制论、信息论以及行为科学、

(a) 北京国家体育场(鸟巢)

(b) 悉尼歌剧院

(c) 香港国际金融中心

图 1-3　典型的现代建筑

环境科学等渗入建筑领域，孕育着建筑新的突破。功能要求更多、高度更高、跨度更大的建筑不断涌现出来。同时在建筑艺术风格方面，发生激烈争论，在建筑设计理论方面也取得重大进展。现代建筑所取得的进步，无论在建筑科学技术方面，还是在建筑设计和建筑艺术方面，都是历史上任何时期所不能比拟的。典型的现代建筑如图1-3所示。

1.2 建筑的构成要素和建筑方针

1.2.1 建筑的构成要素

构成建筑的基本要素是建筑功能、建筑技术、建筑形象。

第一，建筑功能。建筑功能即房屋的使用要求，它体现着建筑物的目的性。例如，建设工厂是为了生产，修建住宅是为了居住、生活和休息，建造剧院是为了文化生活的需要。因此，满足生产、居住和演出的要求，就分别是工业建筑、住宅建筑、剧院建筑的功能要求。

各类房屋的建筑功能不是一成不变的，随着科学技术的发展，经济的繁荣，物质和文化水平的提高，人们对建筑功能的要求也将日益提高。因此，在建筑设计中应充分重视使用功能的可持续性，以及建筑物在使用过程中的可改造性。

第二，建筑技术。建筑技术是实现建筑的物质技术条件。它包括建筑材料、结构与构造、设备、施工技术等有关方面的内容。建筑水平的提高，离不开物质技术条件的发展，而后者的发展，又与社会生产力的水平、科学技术的进步有关。以高层建筑在西方的发展为例，19世纪中叶以后，由于金属框架结构和升降机的出现，高层建筑才有了实现的可能性。随着建筑技术的进步、建筑设备的完善、新材料的出现、新结构体系的产生，为高层建筑建设与发展奠定了物质基础。

第三，建筑形象。建筑形象是建筑体型、立面处理、室内外空间的组织、建筑色彩与材料质感、细部装修等的综合反映。建筑形象处理得当，就能产生一定的艺术效果，给人以一定的感染力和美的享受。例如我们看到的一些建筑，常常给人以庄严雄伟、朴素大方、生动活泼等不同的感觉，这就是建筑艺术形象的魅力。

建筑构成三要素彼此之间是辩证统一的关系，既相互依存，又有主次之分。第一是建筑功能，是起主导作用的因素；第二是建筑技术，是达到目的的手段，同时建筑技术对建筑功能具有约束和促进的作用；第三是建筑形象，是建筑功能和建筑技术在形式美方面的反映。充分发挥设计者的主观作用，在一定建筑功能和建筑技术条件下，也能够把建筑设计得更加美观。

1.2.2 建筑方针

2016年《中共中央国务院关于进一步加强城市规划建设管理工作的若干意见》提出了新的建筑方针：适用、经济、绿色、美观。

适用是指根据建筑功能的需要，恰当地确定建筑物的面积和体量，合理地布局，拥有必需的设施，具有良好的卫生条件，并满足保温、隔热、隔声等要求，能够满足建筑物耐久性和使用寿命。

经济是指建筑的经济效益和社会效益。建筑的经济效益是指建筑造价、材料能源消耗、建设周期、投入使用后的日常运行和维修管理费用等综合经济效益。要防止片面强调降低造价、节约材料，使建筑处于质量低、性能差、能耗高、污染严重的状态；建筑的社会效益是指建筑在投入使用前后，对人口素质、国民收入、文化福利、社会安全等方面所产生的影响。

绿色是指在建筑的全寿命期内，最大限度地节约资源（节能、节地、节水、节材）、保护环境、减少污染，为人们提供健康、适用、高效、与自然和谐共生的使用空间。

美观是指在适用、经济、绿色的前提下，把建筑美与环境美列为设计的重要内容。美观是建筑造型、室内装修、室外景观等综合艺术处理的结果。对城市与环境起重要影响的建筑物要特别强调美观因素，使其为整个城市及环境增色。对住宅建筑要注意群体艺术效果，实现多样化和具有地方风格。对风景区和古建筑保护区，要特别注意保护原有景观特色和古建筑环境。建筑艺术形式和风格应多样化，设计者应进行多种探索。

"适用、经济、绿色、美观"的建筑方针突出建筑使用功能以及节能、节水、节地、节材和环保，防止片面追求建筑外观形象。该建筑方针既是建筑工作者进行工作的指导方针，又是评价建筑优劣的基本准则，是建筑各要素的全面体现。

1.3 建筑的分类和分级

1.3.1 建筑的分类

（1）按使用性质分类

建筑物按其使用性质，通常可分为民用建筑、工业建筑、农业建筑。

① 民用建筑——供人们居住和进行公共活动的建筑 民用建筑按使用功能不同分为居住建筑和公共建筑。

a. 居住建筑，供人们居住使用的建筑，如：住宅、公寓、宿舍等。

b. 公共建筑，供人们进行各种公共活动的建筑，如：办公建筑、文教建筑、科研建筑、托幼建筑、医疗建筑、商业建筑、生活服务建筑、旅游建筑、观演建筑、体育建筑、展览建筑、通讯建筑、园林建筑、纪念建筑、娱乐建筑等等。

② 工业建筑——生产性建筑 包括主要生产厂房、辅助生产厂房、动力类厂房、储藏类建筑、运输类建筑等。

③ 农业建筑——农副业生产建筑 包括温室、粮仓、畜禽饲养场、农副业产品加工厂等。此外还有一些农业用建筑，如农产品仓库、农机修理站等，已包括在工业建筑

之中。

(2) 按建筑层数和高度分类

依据《建筑防火设计规范》(GB 50016—2014)，民用建筑根据建筑层数和高度分为单、多层民用建筑和高层民用建筑。高层民用建筑又根据其建筑高度、使用功能和楼层的建筑面积分为一类和二类，具体见表1-1。

表1-1 《建筑防火设计规范》中民用建筑的分类

名称	高层民用建筑		单、多层民用建筑
	一类	二类	
住宅建筑	建筑高度大于54m的住宅建筑(包括设置商业服务网点)	建筑高度大于27m，但不大于54m的住宅建筑(包括设置商业服务网点)	建筑高度不大于27m的住宅建筑(包括设置商业服务网点)
公共建筑	1. 建筑高度大于50m的公共建筑； 2. 建筑高度24m以上部分任一楼层建筑面积大于1000m²的商店、展览、电信、邮政、财贸金融建筑和其他多种功能组合的建筑； 3. 医疗建筑、重要的公共建筑； 4. 省级以上的广播电视和防灾指挥调度建筑、网局级和省级电力调度建筑； 5. 藏书超过100万册的图书馆、书库	除一类高层公共建筑外的其他高层公共建筑	1. 建筑高度大于24m的单层公共建筑； 2. 建筑高度不大于24m的其他公共建筑

注：1. 表中未列入的建筑，其类别应根据本表类比确定。
2. 除本规范另有规定外，宿舍、公寓等非住宅类居住建筑的防火要求，应符合本规范有关公共建筑的规定。
3. 除本规范另有规定外，裙房的防火要求应符合本规范有关高层民用建筑的规定。

1972年国际高层会议规定9~40层（最高100m）为高层建筑，40层以上的为超高层建筑。《民用建筑设计通则》(GB 50352—2005)规定，无论住宅还是公共建筑，建筑高度超过100m时均为超高层建筑。

(3) 按建筑规模和数量分类

① 大量性建筑 是指量大面广，与人民生活、生产密切相关的建筑，如住宅、幼儿园、学校、商店、医院、中小型厂房等。这些建筑在大中小城市和乡村都是不可缺少的，修建数量很大，故称为大量性建筑。

② 大型性建筑 是指规模宏大、耗资较多的建筑。如体育馆、影剧院、车站、航空港、展览馆、博物馆等。与大量性建筑相比，大型性建筑修建数量有限，但在一个地区、一个城市具有代表性，且对城市的景观影响较大。

(4) 按建筑的结构类型分类

① 混合结构 由两种或两种以上材料作为主要承重构件的建筑。

② 框架结构 建筑物由钢筋混凝土或钢材制作的梁和柱为主要构件组成的承受竖向和水平作用的结构。墙体是填充墙，只起围护和分隔作用。

③ 剪力墙结构 建筑物由剪力墙组成的承受竖向和水平作用的结构。这种结构通常在高层建筑中大量运用。

④ 框架-剪力墙结构 建筑物由框架和剪力墙共同承受竖向和水平作用的结构。这种

结构主要适用于平面中有较大空间的高层建筑。

⑤ 筒体结构　由竖向筒体为主组成的承受竖向和水平作用的建筑结构。这种结构主要适用于高层、超高层建筑。

⑥ 空间结构　当建筑物跨度较大（超过 30m）时，由于功能要求，平面中间不设柱子，用特殊结构形式（如悬索、网架、拱、壳体等）解决，这些结构统称为空间结构。这种结构多用于体育馆、剧院等公共建筑中。

1.3.2　民用建筑的使用年限

根据《民用建筑设计通则》（GB 50352—2005）的相关规定，民用建筑的设计使用年限应符合表 1-2 的规定。

表 1-2　按设计使用年限分类

类别	设计使用年限/年	示　　例
一类	5	临时性建筑
二类	25	易于替换结构构件的建筑
三类	50	普通建筑和构筑物
四类	100	纪念建筑和特别重要的建筑

1.3.3　民用建筑的耐火等级

为了保证建筑物的安全，必须采取必要的防火措施，使之具有一定的耐火性，即使发生了火灾也不至于造成太大的损失，通常用耐火等级来表示建筑物所具有的耐火性。一座建筑物的耐火等级不是由一两个构件的耐火性决定的，是由组成建筑物的所有构件的耐火性决定的，即是由组成建筑物的墙、柱、梁、楼板等主要构件的燃烧性能和耐火极限决定的。

(1) 建筑材料的燃烧性能及分级

在建筑物中使用的材料统称为建筑材料。建筑材料的燃烧性能是指其燃烧或遇火时所发生的一切物理和化学变化，这项性能由材料表面的着火性和火焰传播性、发热、发烟、炭化、失重以及毒性生成物的产生等特性来衡量。我国国家标准《建筑材料及制品燃烧性能分级》（GB 8624—2012）将建筑材料及制品的燃烧性能分为以下几种等级（表 1-3）。

表 1-3　建筑材料及制品的燃烧性能等级

燃烧性能等级	名　　称	燃烧性能等级	名　　称
A	不燃材料(制品)	B_2	可燃材料(制品)
B_1	难燃材料(制品)	B_3	易燃材料(制品)

不燃材料是在火灾发生时不起火、不微燃、不炭化，即使烧红或熔融也不会发生燃烧现象的材料。如无机矿物材料：大理石、花岗石、混凝土制品等；金属材料：钢、铁、铜等。

难燃烧材料是在火灾发生时难起火、难微燃、难炭化。可推迟发火时间或延缓火灾蔓延，当火源移走后燃烧会立即停止的材料。如沥青混凝土、水泥刨花板、阻燃后的胶合板、纤维石膏板、玻璃棉装饰吸声板、矿棉装饰吸声板等。

可燃烧材料是火灾发生时，立即起火或微燃，且当火源移走后仍能继续燃烧的材料。如天然木材、胶合板、纸质装饰板等。

易燃烧材料是在火灾发生时立即起火，且火焰传播速度很快的材料。

对于保温材料，燃烧性能为 A 级的保温材料主要有岩（矿）棉、泡沫玻璃、无机保温砂浆等；燃烧性能为 B_1 级的保温材料主要有酚醛、胶粉聚苯颗粒；燃烧性能为 B_2 级的保温材料主要有模塑聚苯板（EPS）、挤塑聚苯板（XPS）、聚氨酯（PU）、聚乙烯（PE）等。对于民用建筑外保温系统的保温材料燃烧性能最终应当以国家认可的检测机构检测报告为准。

(2) 建筑构件的耐火极限

建筑构件的耐火极限，是指建筑构件按时间-温度标准曲线进行耐火实验，从受到火的作用时起，到失去稳定性、完整性被破坏、失去隔火作用时止的这段时间，以小时表示。

失去稳定性——非承重构件失去稳定性的表现为自身解体或垮塌，梁、板等受弯承重构件，挠曲率发生突变，即为失去稳定性。当简支钢筋混凝土梁、楼板和预应力钢筋混凝土楼板跨度总挠度值分别达到构件计算长度的 2%、3.5% 和 5% 时，则表明构件失去稳定性。

完整性被破坏——楼板、隔墙等具有分隔作用的构件，在试验中，当出现穿透裂缝或穿透的孔隙时，表明构件的完整性被破坏。

失去隔火作用——具有防火分隔作用的构件，试验中背火面测点测得的平均温度升到 140℃（不包括背火面的起始温度）；或背火面测温点任一测点的温度达到 220℃时，则表明构件失去隔火作用。

根据建筑构配件的燃烧性能和耐火极限，《建筑设计防火规范》（GB 50016—2014）将民用建筑耐火等级分为一、二、三、四级。一级的耐火性能最好，四级最差，具体如表 1-4 所示。

表1-4　不同耐火等级建筑相应构件的燃烧性能和耐火极限　　　　单位：h

构件名称		耐火等级			
		一级	二级	三级	四级
墙	防火墙	不燃性 3.00	不燃性 3.00	不燃性 3.00	不燃性 3.00
	承重墙	不燃性 3.00	不燃性 2.50	不燃性 2.00	不燃性 0.50
	非承重外墙	不燃性 1.00	不燃性 1.00	不燃性 0.50	可燃性
	楼梯间和前室的墙 电梯井的墙 住宅建筑单元之间的墙和分户墙	不燃性 2.00	不燃性 2.00	不燃性 1.50	难燃性 0.50
	疏散走道两侧的隔墙	不燃性 1.00	不燃性 1.00	不燃性 0.50	难燃性 0.25
	房间隔墙	不燃性 0.75	不燃性 0.50	难燃性 0.50	难燃性 0.25
柱		不燃性 3.00	不燃性 2.50	不燃性 2.00	难燃性 0.50

续表

构件名称	耐火等级			
	一级	二级	三级	四级
梁	不燃性 2.00	不燃性 1.50	不燃性 1.00	难燃性 0.50
楼板	不燃性 1.50	不燃性 1.00	不燃性 0.50	可燃性
屋顶承重构件	不燃性 1.50	不燃性 1.00	可燃性 0.50	可燃性
疏散楼梯	不燃性 1.50	不燃性 1.00	不燃性 0.50	可燃性
吊顶（包括吊顶格栅）	不燃性 0.25	难燃性 0.25	难燃性 0.15	可燃性

1.4 建筑工程设计的内容和程序

1.4.1 建筑工程设计的内容

一项建筑工程从拟定计划到建成使用要经过编制工程设计任务书、选择建设用地、设计、施工、工程验收及交付使用等几个阶段。设计工作是其中重要环节，具有较强的政策性、技术性和综合性。

建筑工程设计是指设计一个建筑物或建筑群所要做的全部工作，一般包括建筑设计、结构设计、设备设计等几个方面的内容。

(1) 建筑设计

建筑设计是在总体规划的前提下，根据设计任务书的要求，综合考虑基地环境、使用功能、材料设备、建筑经济及艺术等问题，着重解决建筑物内部各种使用功能和使用空间的合理安排，建筑物与周围环境、外部条件的协调配合，内部和外部的艺术效果，细部的构造方案等，创作出既符合科学性又具有艺术性的生活和生产环境。

建筑设计在整个工程设计中是主导和先行专业，除考虑上述要求以外，还应考虑建筑与结构及设备专业的技术协调，使建筑物做到适用、经济、绿色、美观。

建筑设计包括规划设计和单体设计两方面，一般是由建筑师来完成。

(2) 结构设计

结构设计主要是结合建筑设计选择切实可行的结构方案，进行结构计算及构件设计，完成全部结构施工图设计，一般是由结构工程师来完成。

(3) 设备设计

设备设计主要包括给水排水、电器照明、通信、采暖、空调通风、动力等方面的设计，由有关的设备工程师配合建筑设计来完成。

各专业设计既有分工，又密切配合，形成一个设计团队。汇总各专业设计的图纸、计算书、说明书及预算书，就完成了一项建筑工程的设计文件，作为建筑工程施工的依据。

1.4.2 建筑工程设计的程序

一个设计单位要获得某项建设工程的设计权，除了必须具有与该项工程的等级相适应的设计资质外，在一般情况下，对于符合国家规定的工程建设项目招标范围和规模标准规定的各类项目，还应通过设计投标来赢得承揽设计的资格。当接受了建设方的委托，并与之依法签订相关的设计合同之后，设计方必须经过一定的设计程序，由参与设计的各个专业之间密切配合，才能在有关部门的监督下，完成设计任务。

根据住建部《建筑工程设计文件编制深度规定》(2008年版)的规定，民用建筑工程一般应分为方案设计、初步设计和施工图设计三个阶段进行。对于技术要求相对简单的民用建筑工程，经有关主管部门同意，可在方案设计审批后直接进入施工图设计阶段。

(1) 设计文件依据

在设计工作开始之前，应有建设方提供的计划批文或计划指标，规划部门提供的设计许可文件，用地范围图（红线图），建设方提供的工程设计任务书、委托设计书或合同书，并依据国家和地方相关规范规程进行设计。

(2) 设计前的准备工作

建筑设计是一项复杂而细致的工作，涉及的学科较多，同时要受到各种客观条件的制约。为了保证设计质量，设计前必须做好充分准备，包括熟悉设计任务书、广泛深入地进行调查研究、收集必要的设计基础资料等几方面的工作。

① 熟悉设计任务书　任务书的内容包括：拟建项目的要求、建筑面积、房间组成和面积分配；有关建设投资方面的问题；建设基地的范围，周围建筑、道路、环境和地形图；供电、给排水、采暖和空调设备方面的要求，以及水源、电源等各种工程管网的接用许可文件；设计期限和项目建设进程要求等。

② 收集设计基础资料　开始设计之前要搞清楚与工程设计有关的基本条件，掌握必要和足够的基础资料。

a. 定额指标——国家和所在地区有关本设计项目的定额指标及标准。

b. 气象资料——所在地的气温、湿度、日照、降雨量、积雪厚度、风向、风速以及土壤冻结深度等。

c. 地形、地质、水文资料——基地地形及标高，土壤种类及承载力，地下水位、水质及地震设防烈度等。

d. 设备管线资料——基地地下的给水、排水、供热、煤气、通信等管线布置以及基地地上架空供电线路等。

③ 调查研究　主要应调研的内容如下。

a. 使用要求——通过调查访问掌握使用单位对拟建建筑物的使用要求，调查同类建筑物的使用情况，进行分析、研究、总结。

b. 当地建筑传统经验和生活习惯——作为设计时的参考借鉴，以取得在习惯上和风格上的协调一致。

c. 建材供应和结构施工等技术条件——了解所在地区建筑材料供应的品种、规格、价格，新型建材选用的可能性，可能选择的结构方案，当地施工力量和起重运输设备条件。

d. 基地踏勘——根据当地城市建设部门所划定的建筑红线做现场踏勘，了解基地和周围环境的现状，如方位、既有建筑、道路、绿化等，考虑拟建建筑物的位置与总平面图的可能方案。

　　(3) 方案设计

　　方案设计是按照建设单位意见设计和提供主管部门审批的设计文件，应满足初步设计文件的需要。

　　方案设计的主要任务是提出设计方案，即建筑师根据任务书的要求和收集到的基础资料，结合基地环境，综合考虑技术和经济条件以及建筑艺术的要求，对建筑总体布置、空间组合进行可能和合理的安排，提出两个或多个方案供建设单位选择。在多次征求意见并反复修改确定最后的方案后，再对其进行充实和完善，形成较为理想的方案，并制成方案设计文件，报主管部门审批。

　　方案设计文件的深度应满足确定设计方案的比较及选择需要，确定概算总投资，可以作为主要设备和材料的订货依据，据以确定工程造价，编制施工图设计以及进行施工准备。

　　方案设计的内容应包括设计说明书，总平面图以及建筑设计图纸和合同中规定的透视图、鸟瞰图、模型等。

　　(4) 初步设计

　　方案设计经建设单位同意和主管部门批准后，对于大型复杂项目需要进行初步设计。初步设计是方案设计的深化阶段。它的主要任务是在方案设计的基础上协调解决各专业之间的技术问题，经批准后的技术图纸和说明书便成为编制施工图、主要材料设备订货及工程拨款的依据文件。

　　初步设计的内容与方案设计大致相同，但更详细些，主要包括确定结构和设备的布置并进行计算，修正建筑设计方案，在建筑图中标明与技术有关的详细尺寸，并编制建筑部分的技术说明书，根据技术要求修正的工程概算书。

　　对于不太复杂的工程，可以只采用方案设计和施工图设计两个阶段，初步设计的工作相应的并入到方案设计阶段或施工图设计阶段完成。

　　(5) 施工图设计

　　施工图设计是建筑设计的最后阶段，是提交施工单位进行施工的设计文件，必须根据上级主管部门审批同意的初步设计（或方案设计）进行施工图设计。

　　施工图设计的主要任务是满足施工要求，即在方案设计或初步设计的基础上，综合建筑、结构、设备各专业，相互交底、确认核对，深入了解材料供应、施工技术、设备等条件，把满足工程施工的各项具体要求反映在图纸中，形成一套完整的、表达清晰和准确的施工图，作为建设单位施工的依据。

　　施工图设计的内容包括建筑、结构、水、电、采暖和空调通风等专业的设计图纸、工程说明书，结构及设备计算书和预算书。

　　a. 设计说明书　包括施工图设计依据、设计规模、面积、标高定位、用料说明等。

b. 建筑总平面图　比例1∶500、1∶1000、1∶2000。应表明建筑用地范围，建筑物及室外工程（道路、围墙、大门、挡土墙等）位置、尺寸、标高、建筑小品、绿化及环境设施的布置，并附必要的说明及详图、技术经济指标、地形及工程复杂时应绘制竖向设计图。

c. 建筑物各层平面图、剖面图、立面图　比例1∶50、1∶100、1∶200。除表达方案的内容以外，还应详细标出门窗洞口、墙段尺寸及必要的细部尺寸、详图索引。

d. 建筑构造详图　建筑构造详图包括平面节点、檐口、墙身、门窗、室内装修、立面装修等详图。应详细表示各部分构件关系、材料尺寸及做法、必要的文字说明。根据节点需要，比例可分别选用1∶20、1∶10、1∶5、1∶2、1∶1等。

e. 各专业相应配套的施工图纸，如基础平面图，结构布置图，水、暖、电平面图及系统图等。

f. 建筑节能、结构及设备的计算书。

1.5　建筑设计的要求和依据

1.5.1　建筑设计的要求

（1）满足建筑功能要求

满足建筑物的功能要求，为人们的生活和生产活动创造良好的环境，是建筑设计的首要任务。例如设计学校，首先要考虑满足教学活动的需要，教室设置应分班合理，采光通风良好。同时还要合理安排教师备课、办公、储藏和卫生间等房间，并配置良好的体育场和室外活动场地等。

（2）采用合理的技术措施

建筑技术包括材料、结构、设备、施工等。在建筑设计中应首先根据建筑空间组合的特点，选择合理的结构形式、建筑构造方案和建筑材料，然后确定施工方案。应注意新材料、新技术、新工艺的运用和节能技术的运用，使建筑既满足功能要求，又节能环保，且建造方便。

（3）具有良好的经济效果

建造房屋是一个复杂的物质生产过程，需要大量人力、物力和资金，在房屋的设计和建造中，要因地制宜、就地取材，尽量做到节省劳动力，节约建筑材料和资金。设计和建造房屋要有周密的计划和核算，重视经济规律，讲究经济效益。房屋设计的使用要求和技术措施，要和相应的造价、建筑标准统一起来。

（4）考虑建筑美观要求

建筑物是社会的物质和文化财富，它在满足使用要求的同时，还需要考虑人们对建筑物在美观方面的要求，考虑建筑物所赋予人们在精神上的感受。建筑设计要努力创造具有我国时代精神的建筑空间组合与建筑形象。

(5) 符合总体规划要求

单体建筑是总体规划中的组成部分，单体建筑应符合总体规划提出的要求。建筑物的设计，还要充分考虑和周围环境的关系，例如原有建筑的状况，道路的走向，基地面积大小以及绿化等方面和拟建建筑物的关系。新设计的单体建筑，应使所在基地形成协调的室外空间组合、良好的室外环境。

1.5.2 建筑设计的依据

1.5.2.1 使用功能

(1) 人体尺度和人体活动所需的空间尺度

建筑物中家具、设备的尺寸，踏步、窗台、栏杆的高度，门洞、走廊、楼梯的宽度和高度，以至各类房间的高度和面积大小，都和人体尺度以及人体活动所需的空间尺度直接或间接有关，因此人体尺度和人体活动所需的空间尺度，是确定建筑空间的基本依据之一。我国成年男子和女子的平均高度分别为 1670mm 和 1560mm，人体尺度和人体活动所需的空间尺度如图 1-4 所示。随着近年来生活水平的提高，我国人口平均身高正逐步增长，设计时应予以考虑。

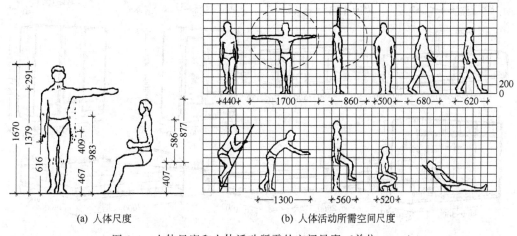

图 1-4　人体尺度和人体活动所需的空间尺度（单位：mm）

(2) 家具、设备的尺寸和使用空间

家具设备的尺寸以及人们在使用家具和设备时必要的活动空间，是确定房间内部使用面积的重要依据。建筑中常用家具尺寸如图 1-5 所示。

1.5.2.2 自然条件

(1) 气象条件

建设地区的温度、湿度、日照、雨雪、风向、风速等是建筑设计的重要依据，对建筑设计有较大的影响。例如：炎热地区的建筑应考虑隔热、通风、遮阳，建筑处理较为开

图 1-5 建筑中常用家具尺寸

敞；寒冷地区应考虑防寒保温，建筑处理较为封闭；雨量较大的地区要特别注意屋顶形式、屋面排水方案的选择以及屋面防水构造的处理；在确定建筑物间距及朝向时，应考虑当地日照情况及主导风向等因素。高层建筑、电视塔等设计中，风速是考虑结构布置和建筑体型的重要因素。

近年来，随着我国国民经济的迅速发展，政府对环境保护、节约能源以及改善人民的居住条件等方面给予了越来越多的重视。目前，建筑节能设计已纳入国家强制性规范。根据《民用建筑热工设计规范》（GB 50176—1993），全国划分为 5 个建筑热工设计分区，分区指标及设计要求见表1-5。

表 1-5　建筑热工分区指标及设计要求

分区名称		严寒地区	寒冷地区	夏热冬冷地区	夏热冬暖地区	温和地区
分区指标	主要指标	最冷月平均温度≤-10℃	最冷月平均温度-10~0℃	最冷月平均温度0~10℃；最热月平均温度25~30℃	最冷月平均温度10℃；最热月平均温度25~29℃	最冷月平均温度0~13℃；最热月平均温度18~25℃
	辅助指标	日平均温度≤5℃的天数大于145天	日平均温度≤5℃的天数为90~145天	日平均温度≤5℃的天数为0~90天；日平均温度≥25℃的天数为40~110天	日平均温度≥25℃的天数为100~200天	日平均温度≤5℃的天数为0~90天
设计要求		必须充分满足冬季保温的要求，一般可不考虑夏季防热	应满足冬季保温的要求，部分地区兼顾夏季防热	必须满足夏季防热要求，适当兼顾冬季保温	必须充分夏季防热要求，一般可不考虑冬季保温	部分地区应注意冬季保温，一般不考虑夏季防热

风向和风速是城市规划和总平面设计的重要依据。风速直接影响着高层建筑的建筑体型和结构类型。一般用风玫瑰图来表示各个地区的各个方向的吹风次数，最多次数的风向就是主导风向。

风玫瑰图是依据该地区多年统计的各个方向吹风的平均日数的百分数按比例绘制而成，一般用16个罗盘方位表示。图1-6是我国部分城市的风向频率玫瑰图，即风玫瑰图。

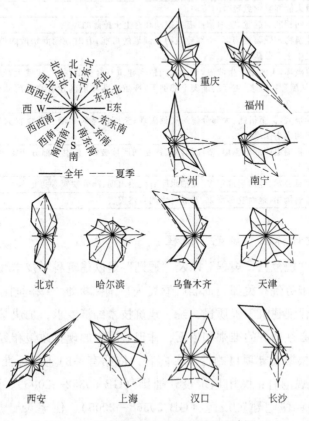

图 1-6　我国部分城市的风向频率玫瑰图

风玫瑰图上的风向是指由外侧吹向地区中心，比如由北吹向中心的风称为北风。

(2) 地形、水文地质及地震烈度

基地地形、地质构造、土壤特性和地耐力的大小，对建筑物的平面组合、结构布置、建筑构造处理和建筑体型都有明显的影响。坡度陡的地形，常使房屋结合地形采用错层、吊层或依山就势等较为自由的组合方式。复杂的地质条件，要求基础采用相应的结构与构造处理。

水文条件是指地下水位的高低及地下水的性质，直接影响建筑物基础及地下室。一般应根据地下水位的高低及地下水性质确定是否对建筑采用相应的防水和防腐蚀措施。

地震烈度表示当发生地震时，地面及建筑物遭受破坏的程度。不同地震烈度的破坏程度见表1-6所示。地震烈度在6度以下时，地震对建筑物影响较小；9度以上地区，地震破坏力很大，一般应尽量避免在此类地区建造房屋。因此，按《建筑抗震设计规范》(GB 50011—2010) 及《中国地震动参数区划图》(GB 18306—2015) 的规定，抗震设防烈度为6、7、8、9度地区均需进行抗震设计。

表1-6 不同地震烈度的破坏程度

地震烈度	地面及建筑物破坏程度
1～2度	人们一般感觉不到,只有地震仪才能记录到
3度	室内少数人能够感觉到轻微的震动
4～5度	人们有不同程度的感觉,室内物件有些摆动和有尘土掉落的现象
6度	较老的建筑物多要被损坏,个别建筑物有倒塌的可能；有时在潮湿松散的地面上,有细小裂缝出现,少数山区发生土石散落
7度	家具倾覆损坏,水池中产生波浪,对坚固的住宅建筑有轻微的损坏,如墙上产生轻微的裂缝/抹灰层大片脱落,瓦从屋顶掉下来；工厂的烟囱上部倒下；严重破坏陈旧的建筑物和简易建筑物,有时有喷砂冒水现象
8度	树干摇动很大,甚至折断；大部分建筑遭到破坏；坚固的建筑物墙上产生很大裂缝而遭到严重的破坏；工厂的烟囱和水塔倒塌
9度	一般建筑物倒塌或部分倒塌；坚固的建筑物受到严重破坏,其中大部分变得不能用,地面出现裂缝,山体有滑坡现象
10度	建筑物严重破坏；地面裂缝很多,湖泊水库有大浪出现；部分铁轨弯曲变形
11～12度	建筑物普遍倒塌,地面变形严重,造成巨大的自然灾害

1.5.2.3 建筑设计标准、规范、规程

建筑"标准"、"规范"、"规程"以及"通则"是以建筑科学技术和建筑实践经验的综合成果为基础，由国务院有关部门批准后颁发为"国家标准"，在全国执行，对于提高建筑科学管理水平，保证建筑工程质量，统一建筑技术经济要求，加快基本建设步伐等都起着重要的作用，是必须遵守的准则和依据，体现着国家的现行政策和经济技术水平。

建筑设计必须根据设计项目的性质、内容，依据有关的建筑标准、规范完成设计工作。常用的标准、规范有：民用建筑设计通则 (GB 50352—2005)、建筑设计防火规范 (GB 50016—2014)、住宅建筑规范 (GB 50368—2005)、住宅设计规范 (GB 50096—2011)、办公建筑设计规范 (JGJ 67—2006)、屋面工程技术规范 (GB 50345—2012) 等。

1.5.2.4 建筑模数

为了建筑设计、构件生产以及施工等方面的尺寸协调,从而提高建筑工业化的水平,降低造价并提高房屋设计和建造的质量和速度,建筑设计应遵守《建筑模数协调标准》(GB/T 50002—2013)。

建筑模数是选定的标准尺度单位,作为建筑物、建筑构配件、建筑制品以及有关设备尺寸相互间协调的基础。

(1) 基本模数

建筑模数协调统一标准采取的基本模数的数值为 100mm,其符号为 M,即 1M=100mm。整个建筑物或其中的一部分以及建筑组合件的模数化尺寸,应是基本模数的倍数。

(2) 扩大模数

是基本模数的整数倍。扩大模数的基数为 2M、3M、6M、12M、……,其相应尺寸分别为 200mm、300mm、600mm、1200mm、……。

(3) 分模数

是基本模数除以整数。分模数的基数为 M/10、M/5、M/2,其相应的数值分别为 10mm、20mm、50mm。

(4) 模数适用范围

① 基本模数主要用于门窗洞口、建筑物的层高、构配件断面尺寸。

② 扩大模数主要用于建筑物的开间、进深、柱距、跨度、建筑物高度、层高、构件标志尺寸和门窗洞口尺寸。

③ 分模数主要用于缝宽、构造节点、构配件断面尺寸。

1.5.3 民用建筑定位轴线

建筑平面定位轴线是确定房屋主要结构构件位置和尺寸的基准线,是施工放线的依据。确定建筑平面定位轴线的原则是:在满足建筑使用功能要求的前提下,统一与简化结构、构件的尺寸和节点构造,减少构件类型和规格,扩大预制构件的通用互换性,提高施工装配化程度。

定位轴线的具体位置,因房屋结构体系的不同而有差别,定位轴线之间的距离应符合模数制。

建筑设计中,某房间的开间是指该房间相邻两个横向定位墙体间的距离;某房间的进深指该房间相邻的两个纵向

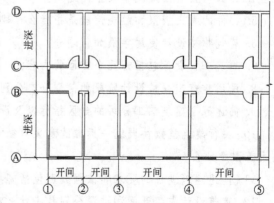

图 1-7 建筑开间与进深示意

定位墙体间的距离（图 1-7）。

本章小结

1. 建筑是指建筑物与构筑物的总称；供人们在其内部生产、生活或其他活动的房屋或场所都叫做建筑物；而人们不直接在其内部生产、生活的工程设施叫做构筑物。

2. 建筑功能、建筑技术和建筑形象是构成建筑的三个基本要素，建筑的三基本要素彼此之间是辩证统一的关系，其中建筑功能起主导作用，建筑技术是物质基础，建筑形象是建筑功能和建筑技术在形式美方面的反映。

3. 建筑物按使用性质分为民用建筑、工业建筑、农业建筑；民用建筑按使用功能不同分为居住建筑和公共建筑。按建筑物的设计使用年限分为四级；建筑物根据建筑构配件的耐火极限和燃烧性能将耐火等级分为四级。

4. 建筑工程设计是指设计一个建筑物或建筑群所要做的全部工作，按设计内容的不同分为建筑设计、结构设计和设备设计。民用建筑工程按设计阶段一般分为方案设计、初步设计和施工图设计三个阶段进行。

5. 建筑设计主要依据使用功能、自然条件、建筑模数以及相关建筑设计规范或规程等。我国根据相关指标将全国划分为五个建筑热工设计分区，分别为：严寒地区、寒冷地区、夏热冬冷地区、夏热冬暖地区和温和地区。

6. 建筑模数是选定的标准尺度单位，以作为建筑物、建筑构配件、建筑制品以及有关设备尺寸相互间协调的基础，主要包括基本模数、扩大模数和分模数。

复习思考题

1. 建筑的含义是什么？什么是建筑物和构筑物？
2. 构成建筑的基本要素有哪些？如何正确认识它们之间的关系？
3. 建筑物按使用性质如何分类？建筑物按建筑层数和高度如何分类？
4. 什么叫大量性建筑和大型性建筑？
5. 构件的耐火极限和燃烧性能是指什么？建筑的耐火等级如何划分？
6. 建筑物按设计使用年限如何划分？
7. 建筑工程设计包括哪几个方面的内容？
8. 民用建筑工程按设计阶段如何划分？分别适用于什么工程？
9. 简述五个建筑热工分区的分区指标以及设计要求。
10. 实行建筑模数协调统一标准的意义何在？基本模数、扩大模数、分模数的含义和适用范围是什么？
11. 简述建筑设计的要求和依据分别包括哪些？
12. 建筑设计中，开间和进深分别是指什么？

第 2 章
建筑总平面设计

一幢建筑物或建筑群不是孤立存在的,必然是处于一个特定的环境中,它在基地上的位置、朝向、体型的大小和形状、出入口的布置及建筑造型等都必然受到总体规划和基地条件的制约。由于基地条件、基地周围环境的影响,为使建筑物既满足使用需要,又能与基地环境协调一致,必须做好建筑总平面设计。

建筑总平面设计是根据建筑物的使用功能要求,结合城市规划、场地的地形地质条件、朝向、绿化及周围环境等因素,因地制宜地进行总体布局,确定主要出入口的位置,进行总平面功能分区,在功能分区的基础上进一步确定单体建筑的布置、道路交通系统布置、管线及绿化系统的布置。

建筑总平面设计一般应满足以下基本要求。

(1) 使用的合理性

合理的功能关系,良好的日照、通风和方便的交通联系是总平面设计要满足的基本要求。

(2) 技术的安全性

总平面设计在满足正常情况下的使用要求外,还应当考虑某些有可能发生的灾害情况,如火灾、地震和空袭等,必须按照有关规定采取相应措施,以防止灾害的发生、蔓延,减少其危害程度。

(3) 建设的经济性

总平面设计要考虑与国民经济发展水平及当地经济发展条件相适应,力求发挥建设投资的最大经济效益;并尽量多保留一些绿化用地和发展空间,使场地的生态环境和建设发展具有可持续发展性。

(4) 环境的整体性

任何建筑都处于一定的环境中,并与环境保持着某种联系。总平面设计只有从整体关系出发,使人造环境与自然环境相协调,基地环境与周围环境相协调,才有可能创造便利、舒适、优美的空间环境。

2.1 城市规划的要求

为保证城市发展的整体利益，同时也为确保建筑与总体环境的协调，建筑总平面设计必须满足城市规划的要求，同时应符合国家和地方有关部门制定的设计标准、规范、规定。

城市规划对于建筑总平面的设计要求一般包括：对用地性质和用地范围的控制；对于容积率、建筑密度、绿地率、绿化覆盖率、建筑高度、建筑后退红线距离等方面指标的控制以及对交通出入口的方位规定等等。它们对总平面设计尤其是布局形态的确定起着决定性的影响。

(1) 对用地性质的控制

城市规划管理部门根据城市总体规划的需要，对规划区域中的用地性质有明确限定，规定了它的适用范围，决定了用地内适建、不适建、有条件可建的建筑类型。

根据《城市用地分类与规划建设用地标准》（GB 50137—2011），用地分类包括城乡用地分类、城市建设用地分类两部分。

城乡用地指市域范围内所有土地，包括建设用地与非建设用地。建设用地包括城乡居民点建设用地、区域交通设施用地、区域公用设施用地、特殊用地、采矿用地等，非建设用地包括水域、农林用地以及其他非建设用地等。

城市建设用地是指城市内的居住用地、公共管理与公共服务用地、商业服务业设施用地、工业用地、物流仓储用地、道路与交通设施用地、公用设施用地、绿地与广场用地。

对于某一具体建设项目来说，如果总平面设计中需做场址选择的工作，那么对用地性质的要求就十分关键，它限定了这一项目只能在某一允许的区域内选择其基地地块。对于先取得了用地，再进行开发的场地设计，用地性质的要求也是很重要的，它限定了该地块只能做一定性质的使用，而不能随意开发建设，比如在居住用地之中则不能建设工业项目。

(2) 对用地范围、建筑范围的控制

为加强对城市道路、城市绿地、城市历史文化街区和历史建筑、城市水体和生态环境等公共资源的保护，促进城市的可持续发展，我国在城乡规划管理中设定了红、绿、蓝、紫、黑、橙和黄 7 种控制线。"红线"是指规划管理部门批准的建设用地的控制线；"绿线"是指城市各类绿地范围的控制线；"蓝线"是指城市江河湖泊水域控制线；"紫线"是指各类历史文化遗产与风景名胜资源保护控制线；"黑线"是指城市电力的用地规划控制线；"橙线"是城市对其周边区域中重大危险源的安全防护界线；"黄线"是划定的城市重大基础设施用地的控制界线。

规划对用地范围的控制多是由建筑红线与道路红线共同来完成的。另外，限定河流等用地的蓝线以及限定城市公共绿化用地的绿线，也可限定用地的边界。红线所限定的用地范围也就是用地的权属范围，除了某些特殊项目，比如公益建筑物或构筑物，经规划主管部门批准可突入道路红线建造之外，其他项目不允许超越红线布置。

道路红线是城市道路用地的规划控制边界线，一般由城市规划行政主管部门在用地条件图中标明。

用地红线是指各类建筑工程项目用地的使用权属范围的边界线。建筑红线也称建筑控制线，是建筑物基底位置的控制线，是基地中允许建造建（构）筑物的基线（图 2-1）。一般建筑红线都会从道路红线后退一定距离，用来安排广场、绿化及地下管线等设施。当基地与其他场地毗邻时，建筑红线可根据功能、防火、日照间距等要求，确定是否后退用地界线。

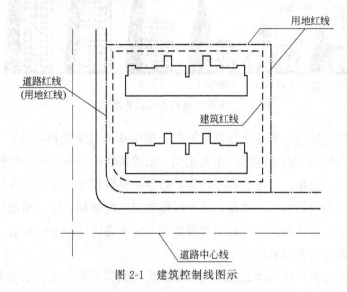

图 2-1　建筑控制线图示

蓝线是指城市规划管理部门按城市总体规划确定长期保留的河道规划线。为保证河网、水利规划实施和城市河道防洪墙的安全以及防洪抢险运输要求，沿河道新建建筑物应按规定退让河道规划蓝线。

城市绿化线是指在城市规划建设中确定的各种城市绿地的边界线。

（3）对用地强度的控制

规划中对基地使用强度的控制是通过容积率、建筑密度、绿地率等指标来实现的。通过对容积率、建筑密度和绿地率的限定将基地的使用强度控制在一个合适的范围之内。

用地面积是指可供场地建设开发使用的土地面积，其常用单位为公顷（1ha＝15 亩＝10000 m^2）

建筑面积是指建筑物（包括墙体）所形成的楼地面面积。建筑物的建筑面积应按自然层外墙结构外围水平面积之和计算，建筑物的外墙外保温层，应按其保温材料的水平截面积计算，并计入自然层建筑面积。

容积率是指基地内所有建筑物的建筑面积之和与基地总用地面积的比值，如图 2-2 所

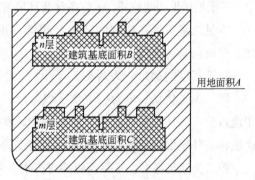

图 2-2　容积率、建筑密度、建筑层数关系图

建筑密度＝$(B+C)/A$　　容积率＝$(n×B+m×C)/A$

示。容积率是控制用地范围内建筑容量的重要指标，通过容积率的确定，能严格控制用地内总建筑面积。不同建筑形态的容积率如图 2-3 所示。

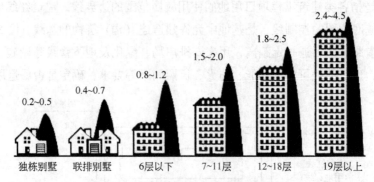

图 2-3　不同建筑形态的容积率比较

建筑密度是指基地内所有建筑物基底面积之和与基地总用地面积的百分比，如图 2-2 所示。它表明了场地内土地被建筑占用的比例，即建筑物的密集程度。建筑密度是控制用地空地（包括绿地、道路、广场、停车场等）数量的重要指标，通过建筑密度指标的合理确定，能保证建设用地所必需的道路，停车场地和绿地的面积，保证用地建成后内部的环境质量以及使用功能的正常运行。建筑密度的确定应考虑用地的使用性质、环境要求、建筑高度和容积率等方面的因素。

绿地率是指基地内绿化用地总面积与基地总用地面积的百分比。绿地率的控制可明确基地内进行绿化的土地面积，保证基地建成后的绿地环境质量。绿地率指标的确定与基地的使用性质，建设项目对绿化环境的要求以及城市或地区对建设基地的要求等因素有关。如新建居住区绿地率不低于 30%；旧城改造区绿地率不低于 25%；学校、医院、机关团体、公共文化设施等单位的绿地率不低于 35%。

(4) 建筑形态

建筑形态的控制是为保证城市整体的综合环境质量，创造地域特色、文化特质、和谐统一的城市面貌而确定的，主要针对文物保护地段、城市重点区段、风貌街区及特色街道附近的场地，并根据用地功能特征、区位条件及环境景观状况等因素，提出不同的限制要求。

常见的建筑形态控制内容有：建筑高度、建筑形体、艺术风格、群体组合、空间尺度、建筑色彩、装饰构件等。

建筑高度的确定分为两类。

第一类是机场、电台、电信、气象台、军事要塞工程、微波通信、卫星地面站及国家和地方公布的历史文化名城、文物保护区和风景名胜区内按净空要求控制建筑高度。即按建筑物室外地面至建筑物和构筑物最高点的高度计算。

第二类建筑高度：平屋顶应按建筑物室外地面至其屋面面层或女儿墙顶点的高度计算；坡屋顶应按建筑物室外地面至屋檐和屋脊的平均高度计算；下列突出物不计入建筑高度内。

① 局部突出屋面的楼梯间、电梯机房、水箱间等辅助用房占屋顶平面面积不超

过 1/4 者；

② 突出屋面的通风道、烟囱、装饰构件、花架、通信设施等；

③ 空调冷却塔等设备。

除了上述几方面的要求之外，城市规划对交通出入口的方位、建筑主要朝向、主入口方位等方面的要求，在建筑总平面设计中也应同时予以满足。

2.2 建筑总平面的影响因素

任何一幢建筑物都必须处于具体的环境中，因此周围的环境状况必然影响着建筑的布局。在建筑总平面设计时，要深入了解周围环境状况，处理好与周围环境的关系，以达到整体环境的和谐有序。

2.2.1 建筑物朝向

建筑物的朝向主要考虑太阳辐射强度、日照时间、主导风向、建筑物的使用要求及地形条件。不同的季节，太阳的位置、高度都在发生着有规律的变化。由于我国地处北半球，阳光从南边照射进室内，建筑物采取坐北朝南或南偏东、南偏西向均能获得良好的日照。

当地夏季和冬季主导风向对建筑的影响同样不可忽视。应根据主导风向，调整建筑物的朝向，以改变室内气候条件，创造舒适的室内环境。

2.2.2 建筑物间距

在一定基地条件下，建筑物之间的必要间距，也会给总平面布局带来很大的影响。通常会涉及以下几个主要因素。

（1）道路的间距

《民用建筑设计通则》（GB 50352—2005）要求基地道路应满足：双车道宽度不小于7m；单车道不小于4m；人行道路宽度不小于1.5m。《住宅建筑规范》（GB 50386—2005）要求住宅至道路边缘的最小距离应满足表2-1的相关要求。

表 2-1 住宅至道路边缘的最小距离　　　　　　　　　　单位：m

与住宅距离		路面宽度		
		<6m	6～9m	>9m
住宅面向道路	无出入口	高层 2	3	5
		多层 2	3	3
	有出入口	2.5	5	—
住宅山墙面向道路		高层 1.5	2	4
		多层 1.5	2	2

注：1. 当道路设有人行便道时，其道路边缘指便道边线。
2. 表中"—"表示住宅不应向路面宽度大于9m的道路开设出入口。

(2) 日照间距

日照间距是为了保证房间有一定日照时数，建筑物彼此互不遮挡所必需的距离。房间日照的长短，是由房间和太阳相对位置的变化关系决定的，这个相对位置以太阳的高度角 α 和方位角 β 表示，如图 2-4(a) 所示，它的大小与建筑物所在的地理纬度、建筑方位、季节和时间有关。

通常以当地冬至日正午 12 时太阳能照到后排底层窗台高度为设计依据，以控制建筑物的日照间距，见图 2-4(b)。

日照间距的计算公式为：

$$L = \frac{H}{\tan\alpha}$$

式中 L——日照间距；

H——前排建筑檐口和后排建筑底层窗台的高差；

α——冬至日正午的太阳高度角（当建筑正南向时）。

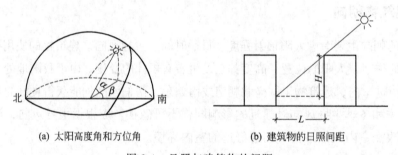

(a) 太阳高度角和方位角　　(b) 建筑物的日照间距

图 2-4　日照与建筑物的间距

冬至日太阳的高度角最小，这时阳光正好直射在南回归线上，过了冬至这一天，太阳往北运动，高度角越来越大。也就是说，只要冬至这一天房屋的日照间距能满足规划要求，那么，其他任何时间都能满足要求，所以将冬至日的日照时间作为衡量标准。但是考虑到节约用地和城市现状，规范规定采用冬至日和大寒日两级标准，根据城市所处地理纬度和气候特征，采用不同的日照标准日和日照时数，见表 2-2。

表 2-2　住宅建筑日照标准

建筑气候区划	Ⅰ、Ⅱ、Ⅲ、Ⅶ气候区		Ⅳ气候区		Ⅴ、Ⅵ气候区
	大城市	中小城市	大城市	中小城市	
日照标准日	大寒日				冬至日
日照时数/h	≥2		≥3		≥1
有效日照时间带/h	8～16				9～15
日照时间计算起点	底层窗台面(指距离室内地坪0.9m高的外墙位置)				

注：摘自《城市居住区规划设计规范》[GB 50180—93（2002版）]第 5.0.2.1 条。

在建筑总平面设计中，常用房屋间距 L 和前排房屋高度 H 的比值（称为日照间距系数）大小来控制房屋的间距。我国大部分地区的日照间距为：$L=(1.0\sim1.7)H$。因为太阳高度角在南方要大于北方，所以愈往南日照间距愈小，愈往北则日照间距愈大。这是当建筑物朝向为南偏东或南偏西时，可用建筑软件进行日照分析，以确定建筑物的最小间距。

规范还规定：每套住宅至少应有一个居住空间获得日照，并满足表2-2的要求；宿舍半数以上居室，应获得同住宅居住空间相等的日照标准；托儿所、幼儿园的主要生活用房，应获得冬至日不小于3h的日照标准；老年人、残疾人住宅的卧室、起居室，医院、疗养院半数以上的病房和疗养室，中小学半数以上的教室应获得冬至日不小于2h的日照标准。

（3）防火间距

防火间距是从安全防火角度规定的建筑物间距，其间距应满足《建筑设计防火规范》（GB 50016—2014）的规定。民用建筑之间的防火间距如表2-3所示。

表2-3　民用建筑之间的防火间距　　　　　　　　　　　　　　单位：m

建筑类别		高层民用建筑	裙房和其他民用建筑		
		一、二级	一、二级	三级	四级
高层民用建筑	一、二级	13	9	11	14
裙房和其他民用建筑	一、二级	9	6	7	9
	三级	11	7	8	10
	四级	14	9	10	12

在一般情况下，日照间距是确定建筑物间距的主要依据。但有些建筑由于所处环境不同和使用要求不同，房屋的间距也不同。对于日照要求高的建筑物，应适当加大日照间距，如中小学建筑两排教室的长边相对时，其间距不应小于25m；在医院建筑中，病房的前后间距应满足日照要求，且不宜小于12m。这样才能较好地满足建筑物日照、采光、通风的要求。

2.2.3　基地的地形条件

地形条件对建筑总平面设计的影响是很重要的。一般情况下从经济合理性和周围生态环境保护的角度出发，设计时对自然地形应以适应和利用为主，应深入分析地形、地貌的现状和特点，使建筑布置经济合理，并在充分利用地形的基础上，使场地空间更加丰富、生动，形成独特的景观。

当基地自然坡度小于5%时，可规划为平地，此时对总平面布局限制最小。当基地自然坡度大于8%时，宜规划为台地。台地的划分应与规划布局和总平面布置相协调，应尽量将性质相近的建筑物布置在同一台地上。

根据建筑物与地形等高线位置的相互关系，坡地建筑主要有以下两种布置方式。

（1）建筑物平行于等高线的布置（图2-5）

一般情况下，坡地建筑均采用这种方式布置。

这样布置通往房屋的道路和入口容易解决，房屋建造的土方量和基础造价都较省。当房屋建造在10%左右的缓坡上时，可以采用提高勒脚的方法，使房屋的前后勒脚调整到同一标高［图 2-5(a)］；或采用筑台的方法，平整房屋所在的基地［图 2-5(b)］；当坡度在 25% 以上时，房屋单体的平、剖面设计应适当调整，以采用沿进深方向横向错层的布置方式比较合理［图 2-5(c)］，这样的布置方式节省土方和基础工程量。结合地形和道路分布，房屋的入口也可以分层设置，对楼层的上下较方便［图 2-5(d)］。

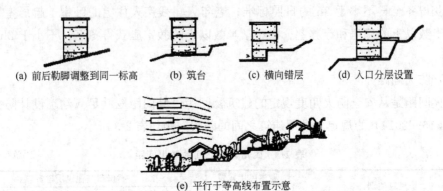

(a) 前后勒脚调整到同一标高　(b) 筑台　(c) 横向错层　(d) 入口分层设置

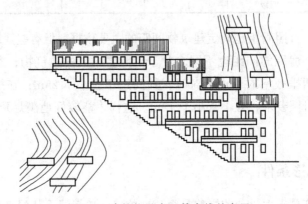

(e) 平行于等高线布置示意

图 2-5　建筑物平行于等高线的布置

(2) 建筑物垂直或斜交于等高线的布置（图 2-6）

图 2-6　建筑物垂直于等高线的布置

当基地坡度大于 25%，房屋平行于等高线布置对朝向不利时，常采用垂直或斜交于等高线的布置方式。这种布置方式，在坡度较大时，房屋的通风、排水问题比平行于等高线布置较容易解决，但基础处理和道路布置比平行于等高线布置时复杂得多。

2.3　基地道路交通的设计

道路是场地中组织生产、生活活动所必需的车辆、行人通行往来的通道，是联系场地内各个组成部分并与外部环境相贯通的交通枢纽。道路的走向在一定程度上影响着沿路建筑的日照、通风和景观等。道路是建筑物的依托，也是步行者活动的主要空间。

建筑总平面设计中，道路交通系统的布置是总体布置的重要部分之一，它直接影响着场地的各地块的使用功能，也影响着场地中各项内容的位置安排。

(1) 道路布置原则

道路布置要满足交通运输多种行车功能的同时，还要满足人、车安全；道路选线应尽量节省场地并应留有良好的建筑条件；道路布置应利用自然地形，节约土方量和投资；在场地内尽量形成环形路，避免尽端式道路，在道路尽端可设回车场。

(2) 道路设计

场地内的道路应平坦坚固、宽度适宜、坡度平缓、线路流畅、对环境干扰少、安全适用。场地内常采用缓速坡等技术措施限制机动车的行驶速度，以保证场地环境的安静、安全。

为保证车辆在交叉口处右转弯时能以一定的速度安全、顺畅地通过，则道路需在车辆转弯处满足车辆做曲线运动的条件，道路在交叉口处的缘石应做成圆曲线形式，圆曲线的半径 R 称为缘石（转弯）半径。

道路等级不同，设计车速不同，转弯半径取值不同。一般的主干道 $R=20\sim25m$，次干道 $R=10\sim15m$，支路 $R=6\sim9m$。为节省道路用地和建设费用，在保证车辆安全行驶的前提下应尽量采用机动车最小转弯半径，见图 2-7。

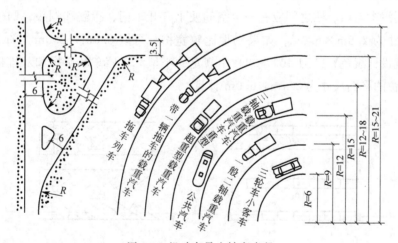

图 2-7 机动车最小转弯半径

道路宽度按行车通过量及种类确定。单车道 3.5m，考虑与自行车共用，取 4.0m；双车道 6～7m，考虑与自行车共用，取 7m；人行道不小于 1.0m，供消防车通行的道路宽度不小于 4m。

为保证道路上行车的安全，并不影响相邻建筑物的正常功能，住宅至道路边缘的最小距离应该按规范预留一定距离，其最小距离见表 2-1。

(3) 小型停车场设计

停车场是指供各种车辆（包括机动车和非机动车）停放的露天或室内场所。机动车停放方式应以占地面积小、疏散方便、保证安全为原则。公共建筑附近停车场的停车泊位数量，主要取决于该公共建筑的使用功能、建筑面积、客流量等，与公共建筑所处区位、服务对象等也有直接关系。设计时应满足当地规划、交通等主管部门的规定，或根据项目的具体情况，并参照表2-4所列出的有关建议指标予以确定。

表 2-4　公共建筑配建机动车停车位建议指标

类　别	单　位	停车位数	类　别	单　位	停车位数
宾馆	每客房	0.3～0.6	医院	每1000m² 建筑面积	4.5～6.5
办公楼	每1000m² 建筑面积	6.5	购物中心	每1000m² 建筑面积	10
商业	每1000m² 建筑面积	4.5～6.5	学校	每100学生	0.5～0.7
体育馆	每100座位	2.0～4.2	高档别墅	每户	1.3
电影院	每100座位	3.5	普通住宅	每户	0.50
展览馆	每1000m² 建筑面积	7	餐饮	每1000m² 建筑面积	1.2～7.5

注："停车位数"是指标准当量（小型汽车）停车位的数量。

一般地面停车场用地面积，每个标准当量停车位宜为25～30m²。摩托车停车场用地面积，每个停车位宜为2.5～2.7m²。自行车公共停车场用地面积，每个停车位宜为1.5～1.8m²。

一般机动车停车场内的主要通道宽度不得小于6m。主要停车方式有平行式、垂直式和斜列式三种。设计时选用的小型车标准车型尺寸宜为4.9m×1.8m×1.6m（长×宽×高），考虑到汽车与墙、柱之间应有一定空间便于打开车门、行驶和调头，则一个小轿车标准车位尺寸为2.8m×6.0m，如果场地比较宽裕，可取3.0m×6.0m。图2-8是根据《汽车库建筑设计规范》（JGJ 100—98）中规定的小型汽车停车场单排和双排停车最小尺寸，按停车位的平面尺寸为2.4m×6.0m计算。

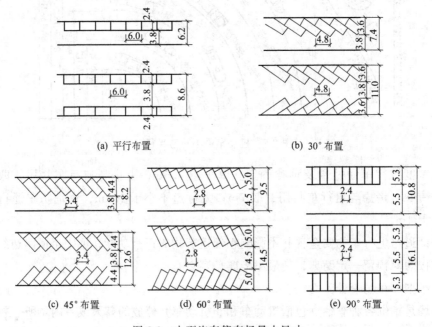

图 2-8　小型汽车停车场最小尺寸

本章小结

1. 建筑总平面设计是根据建筑物的使用功能要求,结合城市规划、场地的地形地质条件、朝向、绿化及周围环境等因素,因地制宜地进行总体布局,确定主要出入口的位置,进行总平面功能分区。在功能分区的基础上进一步确定单体建筑的布置、道路交通系统布置、管线及绿化系统的布置。

2. 城市规划对于建筑总平面的设计要求一般包括:对用地性质和用地范围的控制;对于容积率、建筑密度、绿地率、绿化覆盖率、建筑高度、建筑后退红线距离等方面指标的控制以及对交通出入口的方位规定等。

3. 日照间距是为了保证房间有一定日照时数,建筑物彼此互不遮挡所必需的距离。通常以当地冬至日正午12时太阳能照到后排底层窗台高度为设计依据,以控制建筑物的日照间距。

复习思考题

1. 建筑总平面设计一般应满足哪些基本要求?
2. 城市规划对于建筑总平面的设计要求有哪些?
3. 城乡规划管理中7种控制线,分别是指什么哪些控制线?
4. 简述道路红线、用地红线和建筑红线。
5. 简述城市规划部门如何对用地强度进行控制。
6. 简述容积率、建筑密度、绿地率。
7. 建筑总平面的影响因素有哪些?
8. 什么是防火间距?根据什么确定?
9. 什么是日照间距?根据什么确定?

第 3 章

建筑平面设计

3.1 建筑的空间组成与平面设计的任务

一幢建筑物通常是由若干个体部有机组合起来的三维立体空间。在进行建筑设计时，为了表达方便、准确，一般分为平面设计、剖面设计和立面设计来进行，并采用相应的图纸予以表达。

建筑平面图是建筑物各层的水平剖面图，一般在建筑物的门窗洞口处水平剖切俯视（屋顶平面图应在屋面以上俯视）所得的水平投影图即为该层的平面图，如图 3-1 所示。建筑平面图主要反映建筑的功能，它既表示建筑物在水平方向各部分之间的组合关系，又反映各建筑空间与围合它们的垂直构件之间的相互关系。

建筑的平面、剖面、立面设计三者是紧密联系而又互相制约的。一般首先进行平面设计，因为建筑平面集中反映各组成部分的功能特征和相互关系及建筑与周围环境的关系。另外，建筑平面还不同程度反映了建筑的造型艺术及结构布置特征等。在此基础上进行剖面设计及立面设计，同时兼顾剖面、立面设计可能对平面设计带来的影响。

3.1.1 建筑的空间组成

民用建筑的类型很多，各类建筑的使用性质和空间组成也不尽相同，其房间数量可以少到几间，多到数十间甚至数百间，但总的来说，各种类型的建筑其平面组成均由各种使用部分和交通联系部分组成，而使用部分（房间）又分为主要使用房间和辅助使用房间。

主要使用房间通常指在建筑中起主导作用，同时决定建筑物性质的房间。这类房间往往数量多或空间大，如住宅建筑中的起居室、卧室，教学建筑中的教室、办公室，影剧院的观众厅就分别是上述建筑的主要使用房间。

辅助使用房间与主要使用房间相比，在使用上则属于服务性、附属性、次要的部分，如公共建筑中的卫生间、储藏室、开水间；住宅建筑中的厨房、卫生间等。

交通联系空间则是用以联系各个房间、各个楼层以及室内外过渡的空间，如走廊、楼梯和门厅等。

图 3-1 给出某教学楼的一层平面图。

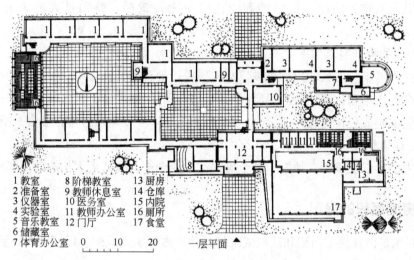

图 3-1　某教学楼的一层平面图

3.1.2　建筑平面设计的任务

首先在进行总体功能分析的基础上，确定建筑出入口的位置以及建筑平面形状。

其次分析建筑内部功能关系、流线组织，安排建筑各组成部分的平面位置，选择和确定建筑平面组合形式。

然后确定各部分房间的平面形状、面积大小和尺寸等。

但为了学习方便起见，通常从研究单个房间平面设计开始，再研究交通联系部分平面设计，最后讲解建筑平面组合设计。

3.2　主要使用房间平面设计

主要使用房间是建筑物的核心，由于它们的使用要求不同，形成了不同类型的建筑物，如住宅建筑中的起居室、卧室，教学建筑中的教室、办公室，商业建筑中的营业厅，影剧院的观众厅等都是构成各类建筑的基本空间。

从主要使用房间的功能要求来分类如下。

① 生活用房间：居住建筑的起居室、卧室、宿舍等；

② 工作学习用房间：各类建筑中的办公室、值班室，学校中的教室、实验室，图书馆中的阅览室等；

③ 公共活动空间：商场的营业厅，剧院的观众厅，博物馆和展览馆的陈列厅、展厅等。

一般来讲，生活、工作和学习用的房间要求安静、少干扰，由于人们在其中停留时间相对较长，因此希望能有较好的朝向；公共活动房间的主要特点是人流比较集中，通常出入频繁，因此室内活动和交通组织比较重要，特别是人流的疏散问题较为突出。

使用房间的设计要求如下。

① 房间的面积、形状和尺寸要满足室内使用活动和家具、设备合理布置的要求；

② 门窗的大小和位置，应考虑房间的出入方便、疏散安全、采光通风良好；

③ 房间的构成应使结构布置合理，施工方便，有利于房间之间的组合，所用材料要符合相应的建筑标准；

④ 室内空间以及顶棚、地面、各个墙面和构件细部，要考虑人们的使用和审美要求。

3.2.1 房间面积的确定

房间面积是由其使用面积和结构或围护构件所占面积组成的。以图 3-2 所示教室和卧室为例，其使用面积由如下三个部分组成。

① 家具和设备所占的面积；

② 使用家具设备及活动所需面积；

③ 房间内部的交通面积。

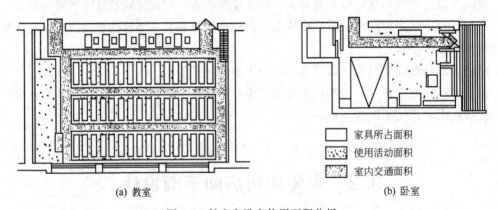

图 3-2 教室和卧室使用面积分析

上述三部分面积一旦分别确定，即房间的使用面积就被确定，再加上结构或围护构件所占面积，房间的面积就随之确定了。

影响房间面积大小的因素主要有两点：使用人数的多少和人体活动所占面积；家具设备的大小以及人们使用这些家具设备所占的面积大小。

在实际设计工作中，各类建筑主要使用房间面积的确定主要是依据我国有关部门颁布的建筑单体设计规范中规定的面积定额指标。设计人员根据房间的容纳人数及面积定额就可以得出房间的总面积。应当指出：每人所需的面积除面积定额指标外，还需通过调查研究并结合建筑物的标准综合考虑。表 3-1 是部分民用建筑房间使用面积定额参考指标。

表 3-1 部分民用建筑房间使用面积定额参考指标

建筑类型	房间名称	面积定额/(m²/人)	备注
中小学	普通教室	1.1~1.12	小学取下限
	自然教室、实验室	1.57~1.8	小学取下限
	合班教室	≥1.0	
办公建筑	普通办公室	≥4	
	会议室	≥1.8	有会议桌
		≥0.8	无会议桌
铁路旅客车站	候车厅	1.1~2.0	普通候车厅取下限
港口客运站	普通候船厅	≥1.1	
剧院	观众厅	0.55~0.70	甲等剧院取上限
商场	营业厅	1.35~1.70	推小车选购取上限
饮食建筑	餐厅	0.85~1.3	一级餐厅取上限
图书馆	普通阅览室	1.8~2.3	儿童阅览室取下限
	专业参考阅览室	3.5	
	报告厅	0.8	

有些建筑个别房间面积指标在相关法规中未做规定，使用人数也不固定，如展览室、营业厅等，这就需要设计人员根据设计任务书的要求，对同类型且规模相近的建筑进行必要的调研，在有充分根据的前提下，经过比较分析合理确定其面积大小。

3.2.2 房间平面形状的确定

民用建筑的房间平面形状可以是矩形、方形、圆形和其他等多种形状，在设计中，应从使用要求、平面组合、结构形式与结构布置、经济条件、建筑造型等多方面进行综合考虑，选择合适的平面形状。

实际工程中，矩形房间平面在民用建筑中采用最多，其主要原因如下。

① 便于家具设备布置，面积利用率高，使用灵活性大；

② 结构布置简单，施工方便；

③ 矩形平面便于统一开间、进深，有利于平面及空间组合。

在某些特殊情况下，采用非矩形平面往往具有较好的功能适应性，或易于形成极富个性的建筑造型，下述几种情况就是很好的例子。

有特殊功能和较高视听要求的房间，如剧院观众厅、电影院观众厅、大会堂、报告厅为了追求良好的视听效果，往往采用六边形、钟形、扇形平面等，如图3-3所示。六角形平面声音反射效果不如钟形和扇形，但优于圆形；圆形平面极易造成声音聚焦，一般不予采用，但杂技团马戏表演时，圆形平面便于表演和有利于观众从各个角度观看，只有在技术上采取措施来弥补声音聚焦的缺陷。

为适应特殊地形或为了改变朝向防止西晒房间出现时，也可以采用异形平面。如某酒店为了避免客房西晒，将客房外墙做成折线形，如图3-4所示。

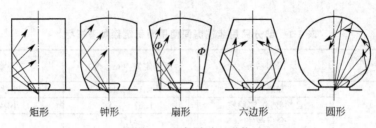

图 3-3 观众厅平面形状

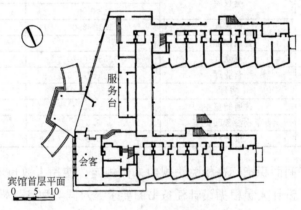

图 3-4 某酒店折线形外墙

3.2.3 房间尺寸的确定

房间尺寸通常是指房间的面宽和进深,而面宽往往可由一个或多个开间组成。在房间面积相同的情况下,面宽和进深有多种组合,因此要使房间尺寸合适,应根据以下几方面要求来综合考虑。

(1) 满足家具设备布置和人体活动的要求

住宅建筑卧室的平面尺寸应考虑床(卧室中最重要的家具)的大小、与其他家具的关系以及设法提高床布置的灵活性。主要卧室由于有使用上的特殊性,要求床能够双向布置,因此开间尺寸应保证床在横向布置后,剩余的墙面还能开设一个门,常取 3.30m,进深方向应考虑竖向两张床,或者纵横两张床中间加床头柜或衣柜,常取 4.50m 左右。小卧室则必须保证纵放一张单人床后还能开设一扇门,故开间尺寸通常取 2.4～3.0m,见图 3-5。

人们在使用不同家具设备的时候,人体活动的要求也直接影响到房间尺寸的确定,如图 3-6 所示。

医院病房的开间进深尺寸主要是满足病床的布置和医护活动的要求,3～4 人病房开间尺寸常取 3.3～3.6m,6～8 人病房开间尺寸常取 5.7～6.0m,见图 3-7。

(2) 满足视听要求

有的房间如教室、会堂、观众厅等的平面尺寸,除了要满足家具设备布置及人体活动

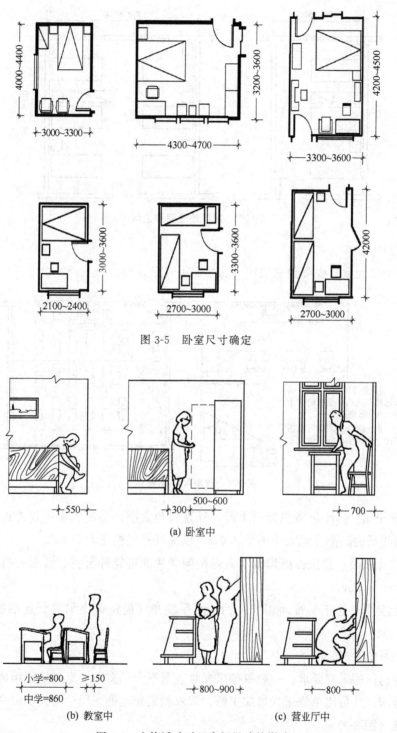

图 3-5 卧室尺寸确定

(a) 卧室中

(b) 教室中　　(c) 营业厅中

图 3-6 人体活动对于房间尺寸的影响

要求以外,还应重点保证良好的视听条件。为避免前两排靠边座位太偏,最后排座位太远,必须根据水平视角、视距、垂直视角的要求,认真研究座位的布置排列,确定出适合

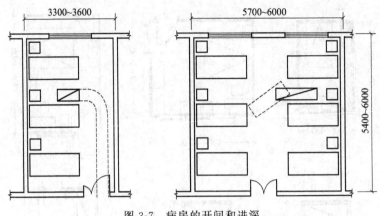

图 3-7 病房的开间和进深

的房间平面尺寸。

下面以中学教室的视听要求来做一简要说明（图 3-8）。

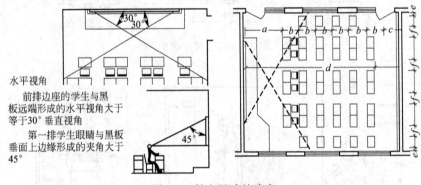

图 3-8 教室尺寸的确定

① 为防止第一排座位离黑板面太近，垂直视角太小，易造成学生视力近视，因此第一排座位到黑板的距离必须大于等于 2.0m，以保证垂直视角大于 45°。

② 为防止最后一排座位离黑板面太远影响学生的视觉和听觉，最后一排至黑板面的距离不宜大于 8.5m。

③ 为避免学生过于斜视而影响视力，水平视角（前排边座与黑板远端的水平夹角）应大于等于 30°。

（3）良好的天然采光

为保证房间的采光要求，一般单侧采光时进深不大于窗户上沿至地面距离的 2 倍，双侧采光时进深尺寸可比单侧采光增加 1 倍，即双侧采光时进深尺寸不大于窗户上沿至地面距离的 4 倍（图 3-9）。

（4）经济合理的结构布置

一般民用建筑常采用墙体承重的梁板式结构或框架结构体系。房间的开间、进深尺寸应尽量使构件标准化，同时使梁板构件符合经济跨度要求。较经济的开间尺寸不大于

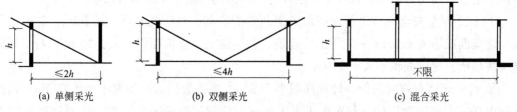

图 3-9 采光方式对房间进深的影响

4.2m，钢筋混凝土结构梁的经济跨度不大于 9.0m。

（5）符合建筑模数协调标准的要求

为了提高建筑工业化水平，统一构件类型，减少构件规格，房间的开间和进深应采用统一适当的模数尺寸。按照《建筑模数协调标准》（GB/T 50002—2013）的规定，房间的开间进深尺寸一般以 3M（即 300mm）为模数。如办公楼、宿舍、旅馆等以小空间为主的建筑，其开间尺寸常取 3.30～4.20m，住宅楼梯间的开间尺寸常取 2.70m；中学教学楼平面尺寸通常取 6.30m×9.00m、6.60m×9.00m、6.90m×9.00m 等。

3.2.4 房间门的设置

房间的门是供出入和交通联系用的，也兼作采光和通风。门的设计内容包括门的宽度、数量、位置及开启方式。

门的设计合理与否，将直接影响家具布置的灵活性、房间面积的有效利用、室内的交通组织及安全疏散、房间的通风和采光等。

（1）门的宽度和数量

平面设计中，门的宽度取决于人体尺寸、人流股数及家具设备的大小等。

一般单股人流通行最小宽度为 550mm，一个人侧身通行需要 300mm 宽，因此门的最小宽度一般为 0.7m，公共建筑内的疏散门净宽度不应小于 0.9m。《住宅设计规范》（GB 50096—2011）规定住宅建筑共用外门的洞口宽度不应小于 1.2m，入户门的洞口宽度不应小于 1.0m，起居室和卧室门的洞口宽度不应小于 0.9m，厨房门的洞口宽度不应小于 0.8m，卫生间门的洞口宽度不应小于 0.7m。普通教室、办公室等的门应考虑一人正面通行，另一人侧身通行，常采用 1000mm。有些较大的家具、设备出入的房间，如医院的病房，因为要考虑担架或者手术车出入，所以门开启以后的宽度应该在 1000mm 以上，通常采用大小扇门的形式。对于人员密集的公共场所、观众厅等，由于人流集中为保证紧急情况下人流迅速疏散，每樘门净宽度不应小于 1.4m，且不应设置门槛。

门的净宽度在 1100mm 以内，一般采用单扇门。当门宽大于 1200mm 时，为了开启方便和少占面积，通常采用双扇门或者多扇门。双扇门的宽度可为 1200～1800mm，四扇门的宽度可为 2400～3600mm。

按照《建筑设计防火规范》（GB 50016—2014）的要求，公共建筑内房间的疏散门数量应经计算确定且不应少于 2 个。除托儿所、幼儿园、老年人建筑、医疗建筑、教学建筑内位于走道尽端的房间外,符合下列条件之一的房间可设置 1 个疏散门。

① 位于两个安全出口之间或袋形走道两侧的房间,对于托儿所、幼儿园、老年人建筑,建筑面积不大于 $50m^2$;对于医疗建筑、教学建筑,建筑面积不大于 $75m^2$;对于其他建筑或场所,建筑面积不大于 $120m^2$。

② 位于走道尽端的房间,建筑面积小于 $50m^2$ 且疏散门的净宽度不小于 0.9m,或由房间内任一点至疏散门的直线距离不大于 15m;或建筑面积不大于 $200m^2$ 且疏散门的净宽度不小于 1.4m。

③ 歌舞娱乐放映游艺场所内建筑面积不大于 $50m^2$ 且经常停留人数不超过 15 人的厅、室。

建筑物房间内任一点到疏散门的最大直线距离 L 如图 3-10 所示,若建筑物内部全部设置自动喷水灭火系统时,最大直线距离取图 3-10 中括号内数值。最大直线距离 L 见表 3-2。

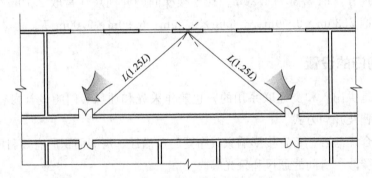

图 3-10 房间内任一点到疏散门的最大直线距离图示

表 3-2 房间内任一点到疏散门的最大直线距离 L　　　　　　　　　　单位:m

名称			建筑的耐火等级		
			一、二级	三级	四级
托儿所、幼儿园、老年人建筑			20	15	10
歌舞娱乐放映游艺场所			9	—	—
医疗建筑	单、多层		20	15	10
	高层	病房部分	12	—	—
		其他部分	15	—	—
教学建筑	单、多层		22	20	10
	高层		15	—	—
高层旅馆、展览建筑			15	—	—
其他建筑	单、多层		22	20	15
	高层		20	—	—

剧院、电影院、礼堂和体育馆的观众厅或多功能厅等人员密集场所,其疏散门的数量及总宽度应根据使用人数、耐火等级等经计算确定,且不应少于 2 个。

(2) 门的位置和开启方式

确定门的位置和开启方式应遵循如下原则。

① 便于家具设备的布置和充分利用室内面积。如图 3-11 和图 3-12 所示 (b) 优于 (a)。
② 方便交通，利于疏散。如图 3-13 所示，(a)、(b)、(c) 不正确，(d) 正确。

对于面积大、人员密集的房间，门的位置主要考虑通行简捷和疏散安全。如影剧院的观众厅、体育馆的比赛大厅门的位置通常较均匀地布置，使人员能尽快到达室外，如图 3-14 所示。同时，为了保证紧急情况下人员迅速、安全地疏散，疏散门不应设置门槛。

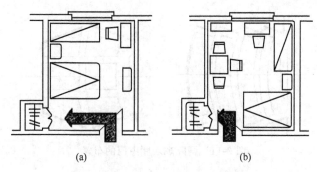

图 3-11　卧室的门对家具布置的影响

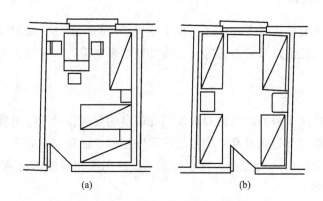

图 3-12　集体宿舍的门对家具布置的影响

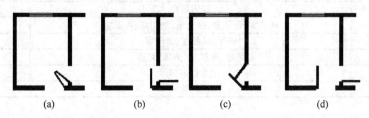

图 3-13　房间门较集中时门的开启方式

门的开启方式一般分为外开和内开，外开的门便于疏散。大多数房间的门均采用内开方式，可防止门开启的时候影响房间外的人通行。在使用人数较多的公共建筑中，为了便于人流畅通及在紧急情况下人流迅速、安全地疏散，门必须外开，即朝疏散方向开启。

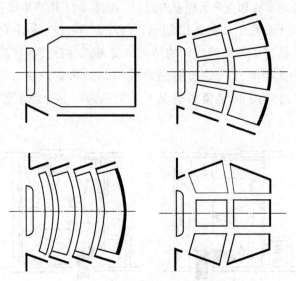

图 3-14 剧院观众厅中门的布置

3.2.5 房间窗的设置

窗在建筑中的主要作用是采光通风,也是围护结构的一部分。窗的设计内容包括窗的大小、数量、形状、位置及开启方式等。这些都直接影响采光、通风、立面造型、建筑节能等。

(1) 窗的面积

窗的面积大小取决于房间的用途对环境明亮程度的要求,设计时根据房间的用途由有关建筑设计规范查得采光等级及相应的窗地面积比指标,估算窗的面积。窗地面积比是指窗洞口面积之和与房间的地面面积的比值。表 3-3 给出民用建筑部分房间窗地面积比指标,可供设计时参考。

表 3-3 民用建筑部分房间窗地面积比指标

序号	房间名称	窗地面积比
1	托幼室、音体室、办公室、绘图室、阅览室	≥1/5
2	餐厅、医务室、复印室	≥1/6
3	卧室、起居室、书房、厨房	≥1/7
4	卫生间、过厅	≥1/10
5	楼梯、走廊	≥1/14

(2) 窗的位置

① 窗的位置应考虑采光、通风、室内家具布置和建筑平面效果等要求(图 3-15)。

② 窗口在房间中的位置决定了光线的方向及室内采光的均匀性。中小学教室在单侧采光的情况下,为保证照度均匀,窗间墙宽度不宜过大;窗口与黑板之间的距离应适当,过大的距离会形成暗角,而过小的距离又会在黑板上产生眩光。对于砌体承重结构,窗间墙的宽度还必须满足结构及抗震的要求。

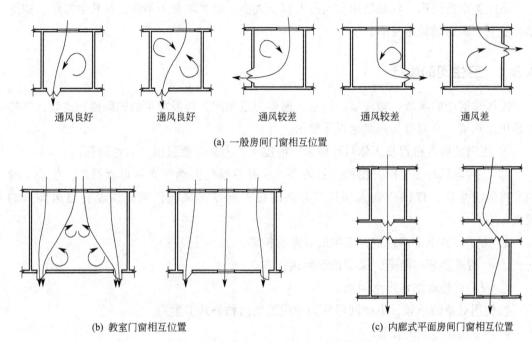

图 3-15 门窗平面位置对气流组织的影响

③ 从建筑节能与节约造价角度来看,窗户面积不宜过大,因为窗户是建筑保温与隔热的薄弱环节,它不仅冬季散热多,而且窗缝隙冷风渗透也相当可观。

窗墙面积比是指窗户洞口面积与房间立面单元面积(即建筑层高与开间定位线围成的面积)之比。《严寒和寒冷地区居住建筑节能设计标准》(JGJ 26—2010)规定严寒和寒冷地区居住建筑的窗墙面积比不应大于表 3-4 规定的限值。

表 3-4 严寒和寒冷地区居住建筑的窗墙面积比限值

朝 向	窗墙面积比	
	严寒地区	寒冷地区
北	0.25	0.30
东、西	0.30	0.35
南	0.45	0.50

注:1. 敞开式阳台的阳台门上部透明部分应计入窗户面积,下部不透明部分不应计入窗户面积。

2. 表中的窗墙面积比应按开间计算。表中的"北"代表从北偏东小于 60°至北偏西小于 60°的范围;"东、西"代表从东或西偏北小于等于 30°至偏南小于 60°的范围;"南"代表从南偏东小于等于 30°至偏西小于等于 30°的范围。

3.3 辅助使用房间平面设计

民用建筑除了主要使用房间以外,还有很多辅助使用房间。辅助使用房间主要是指建筑物中的厕所、盥洗室、浴室、厨房、通风机房、水泵房、配电室、锅炉房等服务性房间。辅助使用房间平面设计的原理和方法与主要使用房间的基本相同。

不同类型的建筑，辅助使用房间的内容、大小、形式均有所不同，而其中厕所、盥洗室、浴室、厨房是最常见的。

3.3.1 卫生间的设计

民用建筑中的厕所、盥洗室、浴室，通称为卫生间，是最常见的辅助使用房间，其特点是用水频繁，平面设计应满足以下要求。

① 在满足设备布置及人体活动要求的前提下，力求布置紧凑，节约面积；
② 公共建筑的卫生间，使用人数较多，应有足够的天然采光和自然通风；住宅、旅馆客房的卫生间，仅供少数人使用，允许间接采光或无采光，但必须设有通风换气的设施；
③ 为了节省上下水管道，卫生间宜左右相邻，上下对应；
④ 位置既要相对隐蔽，又要便于到达；
⑤ 要妥善处理防水排水问题。

按使用对象的不同，卫生间可分为专用卫生间和公共卫生间。

(1) 专用卫生间的设计

专用卫生间使用人数较少，常用于住宅、标准较高的宾馆、医院病房等。设计的时候需要首先了解各种设备及人体活动的基本尺度，如图 3-16 所示；其次根据使用人数和参考指标确定设备数量；最后确定房间的尺寸。

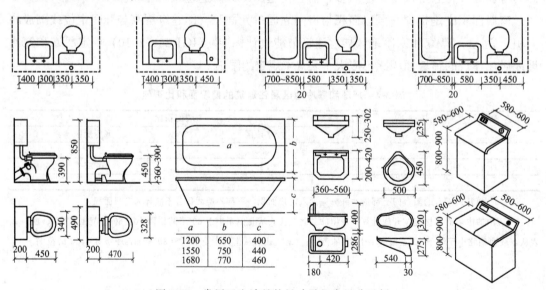

图 3-16 常用卫生洁具的尺寸及组合尺寸示例

(2) 公共卫生间的设计

公共卫生间内常用的卫生洁具有大便器、小便器（槽）、洗脸盆、污水池等。卫生洁具应根据建筑性质、规模、建筑标准、生活习惯等选用。大便器有蹲式和坐式两种，在医院、学校、办公楼、车站等公共建筑中，因使用频繁，多采用蹲式大便器；标准较高、使用人数较少的宾馆或住宅，宜采用坐式大便器。

公共建筑的卫生间不应设置在有严格卫生要求和配电、变电等房间的直接上层。为了隔绝气味、遮挡视线和缓冲人流，卫生间应设置前室，这样卫生间较隐蔽，同时改善了通向卫生间的走廊或过厅的卫生条件。前室内设置洗手盆和污水池，前室的深度不应小于1.5m。当卫生间的面积较小，不可能布置前室时，应注意门的位置，保证卫生间蹲位及小便器处于隐蔽位置。

卫生洁具的数量主要取决于使用对象、使用人数和使用特点。一般民用建筑每个卫生洁具可供使用的人数如表 3-5 所示。卫生间的尺寸需要将人体活动的尺寸与设备尺寸结合起来确定，卫生间所需尺寸如图 3-17 所示。

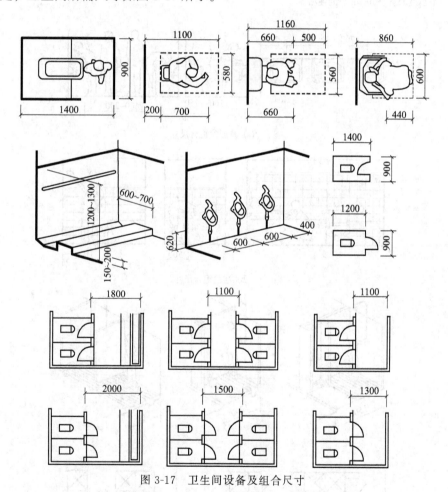

图 3-17　卫生间设备及组合尺寸

3.3.2　浴室、盥洗室

浴室和盥洗室的主要设备有洗脸盆或洗脸槽、污水池、淋浴器或浴盆等，公共浴室还设有更衣室，配有挂衣钩、衣柜、坐凳等。设计时可根据使用人数确定卫生器具的数量，同时结合设备布置及人体活动所需尺寸进行房间布置，图 3-18 为盥洗室、浴室设备及其组合尺寸。

表 3-5 部分建筑卫生间设备参考指标

建筑类型	男小便器 /(人/个)	男大便器 /(人/个)	女大便器 /(人/个)	洗手盆	男女比例
图书馆	30	60	30	60	1:1
电影院	40	100	50	150	1:1
小学	40	40	20	90	1:1
火车站、客运港	80	80	40	150	2:1
宿舍	20	20	15	12	按实际情况
旅馆	15	15	12	10	按设计要求
商场	50	100	50	1/6 个大便位	

注：一个小便器折合 0.6m 长的便槽。

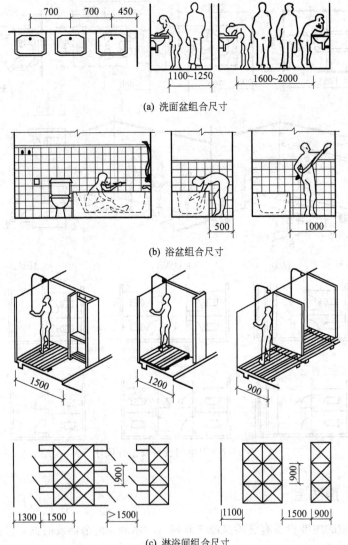

(a) 洗面盆组合尺寸

(b) 浴盆组合尺寸

(c) 淋浴间组合尺寸

图 3-18 盥洗室、浴室设备及其组合尺寸示例

3.3.3 厨房

住宅、公寓中每户使用的专用厨房是家务活动的中心，主要供烹调、洗刷、清洁等使用。厨房设备主要有灶台、案台、水池、贮藏设施及排烟装置等。

厨房设计应满足以下要求：

① 良好的自然采光和通风条件；

② 尽量利用有限空间布置足够的贮藏设备，如壁龛、吊柜等；

③ 地面、墙面应考虑防水排水、便于清洁；

④ 室内布置应符合操作程序，并保证必要的操作空间。

厨房设备的布置形式有单排、双排、L形、U形等几种。从使用效果来看，L形与U形较为理想，避免了频繁转身和路径过长的缺陷（图3-19）。

厨房的净宽、净长应符合表3-6规定。

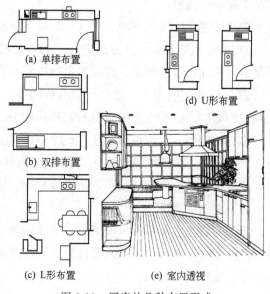

图 3-19 厨房的几种布置形式

表 3-6 不同布置形式厨房的净宽和净长

厨房设备布置形式	厨房最小净宽/m	厨房设备布置形式/m
单排布置	≥1.5	≥3.0
双排布置	≥2.2	≥2.7
L形布置	≥1.6	≥2.7
U形布置	≥1.9	≥2.7

3.4 交通联系部分平面设计

交通联系部分包括水平交通联系部分（走道），垂直交通联系部分（楼梯、电梯、坡道），交通枢纽部分（门厅、过厅）等。

交通联系部分的设计应注意以下几点。

① 交通线路简捷明确、联系通行方便；

② 人流通畅，紧急情况下疏散迅速安全；

③ 满足一定的采光和通风要求；

④ 节省交通面积，提高建筑面积的利用率；

⑤ 考虑空间造型等问题。

3.4.1 走道

走道又称过道、走廊，主要用来联系同层内各个房间、楼梯和门厅等，以解决建筑中水平交通联系问题。

走道按使用性质的不同，可以分为以下三种情况。

① 完全为交通疏散设置的走道，如办公楼、旅馆、电影院、体育馆的安全通道等，都是供人们通行疏散所用，这类走道一般不允许安排作其他用途。

② 以交通疏散为主，兼有一些其他功能，如医院走廊可兼候诊，学校走廊兼课间活动及宣传画廊，这种走道的宽度和面积应相应增加。

③ 多种功能综合使用的走道，如艺术中心的某些走廊空间，不仅布置了艺术展品以供欣赏，而且设置了座椅供参观者休息。这种走道与单一功能的走道相比，其宽度和面积会增加许多。

走道平面设计内容包括：走道宽度确定，走道长度的限定，采光要求等。

(1) 走道的宽度

走道的宽度主要根据人流通行、安全疏散、空间感受来综合确定。通常单股人流的通行宽度为550～600mm，供人通行的走廊宽度应根据人流股数并结合门的开启方向综合确定，如图3-20所示。

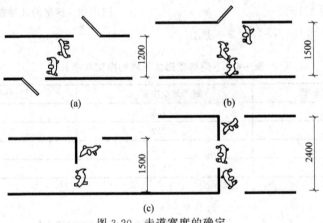

图 3-20 走道宽度的确定

为了满足人流的通行和紧急情况下的疏散要求，《建筑设计防火规范》（GB 50016—2014）规定建筑物内疏散走道和疏散楼梯的净宽度不应小于1.10m。高层公共建筑内楼梯间的首层疏散门、首层疏散外门、疏散走道和疏散楼梯的最小净宽度应符合表3-7规定。

表 3-7 高层公共建筑首层疏散门、疏散走道和疏散楼梯的最小净宽度　　单位：m

建筑类型	楼梯间的首层疏散门、首层疏散外门	走道		疏散楼梯
		单面布房	双面布房	
高层医疗建筑	1.30	1.40	1.50	1.30
其他高层公共建筑	1.20	1.30	1.40	1.20

除剧院、电影院、礼堂、体育馆外的其他公共建筑，每层的房间疏散门、安全出口、

疏散走道和疏散楼梯的各自总净宽度，应根据疏散人数按每100人的最小疏散净宽度（表3-8）计算确定。

表 3-8　每层的房间疏散门、安全出口、疏散走道和疏散楼梯每百人最小疏散净宽　　单位：m

建筑层数		建筑的耐火等级		
		一、二级	三级	四级
地上楼层	1～2层	0.65	0.75	1.00
	3层	0.75	1.00	—
	≥4层	1.00	1.25	—
地下楼层	与地面出入口地面的高差 $\Delta H \leq 10m$	0.75	—	—
	与地面出入口地面的高差 $\Delta H > 10m$	1.00	—	—

一般民用建筑常用走道宽度如下：当走道两侧布置房间时，学校建筑为2.1～3.0m，医院建筑为2.4～3.0m，旅馆建筑为1.5～2.1m，办公建筑为2.1～2.4m；当走道一侧布置房间时，走道的宽度应相应减小。

（2）走道长度

走道的长度应根据建筑性质、耐火等级来确定。按《建筑设计防火规范》（GB 50016—2014）的安全疏散要求，直接通向疏散走道的房间疏散门至最近的安全出口的直线距离必须控制在一定的范围内，见表3-9和图3-21。

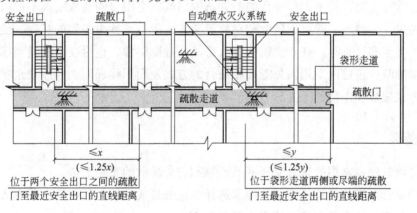

(a)

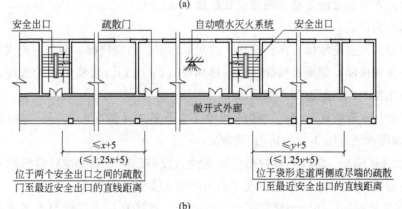

(b)

图 3-21　走道长度的控制

表 3-9　直接通向疏散走道的房间疏散门至最近的安全出口的直线距离　　单位：m

名　称			位于两个安全出口之间的疏散门			位于袋形走道两侧或尽端的疏散门		
			建筑的耐火等级			建筑的耐火等级		
			一、二级	三级	四级	一、二级	三级	四级
托儿所、幼儿园、老年人建筑			25	20	15	20	15	10
歌舞娱乐放映游艺场所			25	20	15	9	—	—
医疗建筑	单、多层		35	30	25	20	15	10
	高层	病房部分	24	—	—	12	—	—
		其他部分	30	—	—	15	—	—
教学建筑	单、多层		35	30	25	22	20	10
	高层		30	—	—	15	—	—
高层旅馆、展览建筑			30	—	—	15	—	—
其他建筑	单、多层		40	35	25	22	20	15
	高层		40	—	—	20	—	—

注：1. 建筑内开向敞开式外廊的房间疏散门至最近安全出口的直线距离可按本表规定增加 5m，如图 3-21(b) 所示。

2. 直通疏散走道的房间疏散门至最近敞开楼梯间的直线距离，当房间位于两个楼梯间之间时，应按本表的规定减少 5m。当房间位于袋形走道两侧或尽端时，应按本表的规定减少 2m。

3. 建筑物内全部设置自动喷水灭火系统时，其安全疏散距离可按本表规定增加 25%。

一、二级耐火等级建筑内疏散门或安全出口不少于 2 个的观众厅、展览厅、多功能厅、餐厅、营业厅等，其室内任一点到最近疏散门或安全出口的直线距离不应大于 30m。

考虑到采光、通风、防火、疏散和观感等要求，应力求减少走廊的长度，使平面布置紧凑合理。当走廊过长时，在走廊端部设大房间或辅助楼梯，也可在中部适当部位设开敞空间或玻璃隔断。还可以采用内外走廊相结合的方式及利用楼梯间、门厅或走廊两侧房间设高窗等方式来解决走廊的采光和通风。

3.4.2　楼梯

楼梯是建筑物中常用的垂直交通联系设施和防火疏散的重要通道。

楼梯的设计内容包括：根据使用要求选择合适的形式和恰当的位置，根据人流通行情况及防火疏散要求综合确定楼梯的宽度及数量。

(1) 楼梯的形式

楼梯的形式分直跑楼梯、两跑楼梯、曲尺形楼梯、三跑楼梯、两跑三段式楼梯、剪刀式楼梯、交叉式楼梯、螺旋形楼梯、弧形楼梯等（图 3-22）。楼梯形式的选择，主要以建筑性质、使用要求和空间造型为依据。

根据楼梯与走廊的联系情况，楼梯间可分为开敞式 [图 3-23(a)]、封闭式 [图 3-23(b)] 和防烟楼梯间 [图 3-23(c)] 三种情况。

① 开敞式楼梯间　楼梯间直接与走道连通，没有任何分隔。这种楼梯的防烟性能较差，建筑高度不大于 21m 的住宅建筑可采用开敞式楼梯间。

② 封闭式楼梯间　楼梯与楼层平台的连接处，用防火门将楼梯与走道或其他空间隔开，能防止烟雾和热气进入楼梯间内，从而起到一定的防火作用的楼梯间。可用于：裙房

(a) 弧形楼梯

(b) 双分弧形楼梯

(c) 平行双跑楼梯

(d) 双分平行楼梯

图 3-22　楼梯平面形式

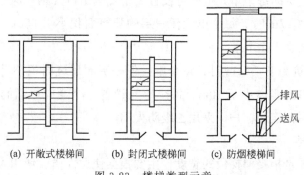

(a) 开敞式楼梯间　　(b) 封闭式楼梯间　　(c) 防烟楼梯间

图 3-23　楼梯类型示意

和建筑高度不大于 32m 的二类高层公共建筑；医疗建筑、老年人建筑、商店、图书馆、展览建筑、会议中心等及类似使用功能的多层公共建筑；建筑高度大于 21m、不大于 33m 的住宅建筑。

③ 防烟楼梯间　在楼梯间入口处设有防烟前室、阳台或凹廊等，将烟雾和热气阻挡在楼梯间外，使得楼梯间内无烟雾存留，减少人们的恐慌心理，使人们可以迅

速安全疏散的楼梯间。通往防烟前室和楼梯间的门均为防火门，防烟前室里一般设有通风井道，采用自然排烟或机械加压排烟；若防烟楼梯间的阳台或凹廊正对着室外，烟雾可直接排向室外，一般不会进入楼梯间，起到了防烟的作用。可用于：一类高层公共建筑和建筑高度大于32m的二类高层公共建筑；建筑高度大于33m的住宅建筑。

(2) 楼梯的数量

楼梯的数量应根据使用人数及建筑防火要求来确定。公共建筑内每个防火分区或一个防火分区的每个楼层，其安全出口或疏散楼梯应经计算确定，且不应少于2个。当符合下列条件之一的公共建筑，可设置1部疏散楼梯或1个安全出口。

① 除托儿所、幼儿园外，建筑面积不大于200m^2且人数不超过50人的单层公共建筑或多层公共建筑的首层。

② 除医疗建筑、老年人建筑、托儿所、幼儿园的儿童用房，儿童游乐厅等儿童活动场所和歌舞娱乐放映游艺场等外，符合表3-10规定的公共建筑。

表3-10 可设置1部疏散楼梯的公共建筑

耐火等级	最多层数	每层最大建筑面积/m^2	人　　数
一、二级	3层	200	第二、三层人数之和不超过50人
三级	3层	200	第二、三层人数之和不超过25人
四级	2层	200	第二层人数不超过15人

住宅建筑应根据建筑的耐火等级、建筑高度、建筑面积和疏散距离等因素设置安全出口（或疏散楼梯）。安全出口应分散布置，并应符合双向疏散的要求。住宅建筑每个单元每层的安全出口不应少于2个，且两个安全出口之间的距离不应小于5m。当符合下列条件时，多单元住宅建筑的每个单元每层可设置1个安全出口（图3-24）。

① 当建筑高度≤27m时，每个单元任一层的建筑面积小于650m^2，且任一套房的户门至安全出口的距离小于15m。

② 当27m＜建筑高度≤54m时，每个单元任一层的建筑面积小于650m^2，且任一套房的户门至安全出口的距离小于10m，每个单元设置一个通向屋顶的疏散楼梯，单元之间的疏散楼梯通过屋顶连通，户门采用乙级防火门。

(3) 楼梯的宽度

楼梯的宽度主要是指楼梯梯段的宽度，主要根据使用性质、使用人数和防火疏散要求来确定。按每股人流为550mm＋（0～150）mm宽度确定，并不得少于两股人流。0～150mm为人流在行进中人体的摆幅，公共建筑人流众多的场所应取上限值。一般供单人通行的楼梯宽度应不小于900mm，双人通行为1100～1200mm，三人通行为1500～1650mm，如图3-25所示。

一般民用建筑楼梯的最小净宽应满足两股人流疏散要求，所以疏散楼梯最小梯段净宽度不得小于1100mm；对于室外疏散楼梯的净宽度不小于900mm。

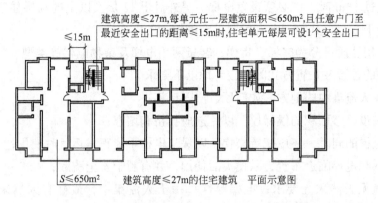

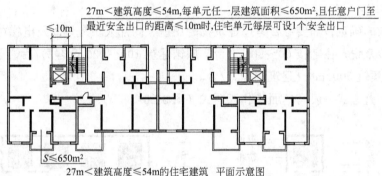

图 3-24 多单元住宅建筑设置 1 个安全出口示意

3.4.3 电梯、自动扶梯、坡道

建筑物垂直交通联系部分除楼梯外，还有电梯、自动扶梯和坡道等。电梯通常使用在多层或高层建筑中，如旅馆、办公楼、高层住宅楼等，一些有特殊使用要求的建筑，如医院、商场等也常采用。自动扶梯具有连续不断地承载大量人流的特点，因而适用于具有频繁而连续人流的大型公共建筑中，如商业中心、展览

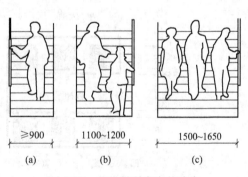

图 3-25 楼梯梯段宽度的确定

馆、火车站、地铁站、航空港等建筑物中。考虑到无障碍设计，目前在建筑中坡道在处理局部高差中使用也越来越多。

(1) 电梯

高层建筑的发展，使电梯成为了不可缺少的垂直交通设施。高层建筑的垂直交通以电梯为主，其他有特殊功能要求的多层建筑如高标准的酒店、宾馆和办公楼等，除设置楼梯外，还需设置电梯以解决垂直交通的需要。

一般来说，五层及五层以上办公建筑、集体宿舍达到 7 层及以上或顶层居室入户楼面距室外设计地面的高度超过 21m、住宅层数达到 7 层及以上或顶层住户入户楼面距室外设

计地面的高度超过16m时，就必须设置电梯。另外对于12层及以上的高层住宅，每幢楼设置电梯不应少于2台，其中一台宜配置可容纳担架的电梯。

电梯按其使用性质可分为客梯、货梯、客货两用电梯及杂物电梯等类型。

确定电梯间的位置及布置方式时，应考虑以下要求。

① 应布置在人流集中的地方，如门厅、出入口等；

② 电梯前应设足够面积的候梯厅，以免造成拥挤和堵塞；

③ 在设置电梯的同时，还应配置楼梯，以保证电梯不能正常运行时使用；

④ 需将楼梯和电梯临近布置，以便灵活使用，并有利于安全疏散；

⑤ 电梯井道无天然采光要求；电梯等候厅由于人流集中，最好有天然采光及自然通风。

电梯台数的确定，需要综合考虑建筑物的用途、内部人员流量以及电梯载重量与速度等因素。一般来说，住宅楼60～90户/台，旅馆建筑100～120个客房/台，医院建筑150床/台，办公建筑5000m²（建筑面积）/台。

电梯的布置方式一般有单面式和双面式（图3-26）。

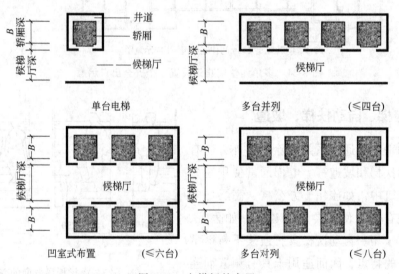

图3-26 电梯间的布置

（2）自动扶梯

自动扶梯是一种在一定方向上能大量、连续输送流动客流的装置。自动扶梯适用于有大量人流上下的公共场所，如车站、超市、商场、地铁车站等。自动扶梯可正、逆两个方向运行，可作提升及下降使用，机器停转时可作普通楼梯使用。一般设置在主要出入口处，便于引导人流。

自动扶梯的坡道比较平缓，一般采用30°、35°，运行速度为0.45～0.75m/s，宽度按输送能力有单人和双人两种。单人一般600mm宽，双人一般1000mm宽。

自动扶梯分为阶梯形自动扶梯和坡道式自动扶梯（或自动人行道）两种（图3-27）。

(a) 阶梯形自动扶梯　　　　　　　　　　　(b) 坡道式自动扶梯

图 3-27　自动扶梯实例

(3) 坡道

坡道由于坡度较为平缓，一般不大于 1∶8，其特点是行走舒适，但占地面积较大。若用于室内一般用于超市、医院、疗养院、老年人建筑、托幼建筑内。用于残疾人时，坡道坡度不应大于 1∶12。

3.4.4　门厅、过厅、出入口

(1) 门厅

门厅作为交通枢纽，其主要作用是接纳人流、分配人流、室内外空间过渡等。同时，根据建筑物使用性质不同，门厅还兼有其他功能，如医院门厅常设挂号、收费、取药的房间；旅馆建筑门厅兼有接待、登记、休息、会客、小卖等功能。除此以外，门厅作为建筑物的主要出入口，其不同空间处理可体现出不同的意境和形象，如庄严、雄伟、小巧、亲切等不同气氛。因此门厅是民用建筑设计中需要重点处理的部分。

门厅设计的要求如下。

① 位置明显突出。一般建筑主要出入口应面向主干道，便于人流出入；

② 有明确的导向性，同时交通流线简洁明确，减少干扰、拥挤堵塞和人流交叉。因此，门厅与走廊、主要楼梯应有直接便捷的联系；

③ 入口处应设宽敞的雨棚或门廊等，供出入人流停留。对于大型公共建筑，门廊还应便于汽车通达；

④ 应设宽敞的大门以便出入；

⑤ 应对顶棚、地面、墙面进行重点装饰处理，同时处理好采光和人工照明问题。

门厅的面积大小应根据建筑的使用性质、规模及质量等因素来确定，设计时也可参考有关面积定额指标（见表 3-11）。

门厅的布置方式依其在建筑平面中的位置可分为对称式与非对称式两种。对称式布置常将楼梯布置在建筑平面的主轴线上或对称布置于主轴线两侧，易于形成严肃庄重的效果

(图 3-28)。非对称式则布置灵活,富于变化 (图 3-29)。

表 3-11 部分建筑门厅面积设计参考指标

建筑类型	面积定额	备注
铁路旅客车站	≥0.2m²/人	由最高聚集人数确定
食堂	0.08~0.18m²/座	包括洗手、小卖
城市综合医院	11m²/每日百人次	包括衣帽和问询
图书馆	0.05m²/座	
电影院	0.10~0.50m²/座	

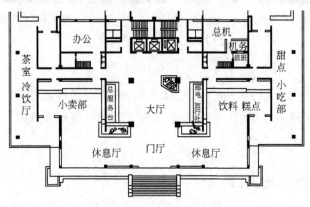

图 3-28 对称式门厅示例

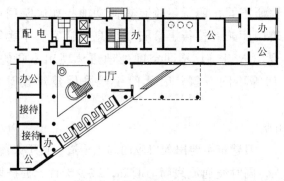

图 3-29 非对称式门厅示例

(2) 过厅

过厅是建筑物各楼层的交通枢纽,通常设置在走道和走道之间,或走道和楼梯的连接处,它起到交通人流缓冲及交通流向转折与过渡的作用。有时为了改善走道的采光、通风条件,也可以在走道的中部设置过厅。图 3-30 为某办公楼和某宾馆标准层过厅示例。

(3) 出入口

出入口是建筑物室内外的过渡空间,同时又是建筑物重点处理的地方,以满足建筑美观要求。出入口的位置应设在建筑物较为明显的部位,应面向主干道,便于出入。出入口内与门厅相连,外部应设置平台、台阶、坡道、雨篷等,以防止风沙、雨雪的侵袭。

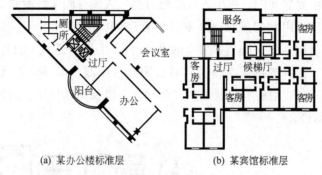

(a) 某办公楼标准层　　(b) 某宾馆标准层

图 3-30　过厅示例

3.5　建筑平面组合设计

建筑物一般是由若干房间和交通联系部分组合而成。建筑平面的组合，实际上是建筑空间在水平方向的组合，即确定水平方向的建筑物内外空间和建筑形体。建筑平面组合设计的主要任务是：根据建筑物的使用和卫生等要求，合理安排建筑物各组成部分的位置，并确定它们的相互关系，组织好建筑物内部以及内外之间方便和安全的交通联系；考虑结构布置、施工方法和所用材料的合理性，掌握建筑标准，注意美观要求；符合总体规划的要求，密切结合基地环境等平面组合的外在条件，注意节约用地和环境保护等问题。在平面组合中，要反复思考，不断调整修改，使平面设计趋于完善。

3.5.1　建筑平面的功能分析

平面组合应符合使用功能要求，集中表现为合理的功能分区及流线组织两个方面。

3.5.1.1　功能分区

建筑物的功能分区是将建筑物各个组成部分按不同的功能特点进行分类、分组，使之分区明确，联系方便。在分析功能关系时，常借助于功能分析图来形象地表示各类建筑的功能关系及联系顺序。按照功能分析图将性质相同、联系密切的房间邻近布置或组合在一起，将使用中有干扰的部分适当分隔。这样，即满足联系密切的要求，又能创造相对独立的使用环境。

具体设计时，可根据建筑物不同的功能特征，可分别从主次关系、内外关系、联系与分隔关系等几个方面加以分析。

(1) 主次关系

组成建筑物的各个房间，按使用性质和重要性的差异，必然存在主次之分。在进行平面组合时，根据它的功能特点，通常将主要房间设在朝向好，比较安静的位置，以获得较好的日照、采光、通风条件；而将次要房间布置在朝向、采光通风、交通条件相对较差的位置。公共活动的主要房间应设在出入和疏散方便，人流导向比较明确的位置。

住宅建筑中，生活用的起居室、卧室是主要房间，厨房、浴厕、储藏室等属次要房间，设计时应尽量将起居室、卧室放在朝南的一侧，采光、通风、日照均能满足。卫生间、厨房放在朝北、西、东侧，这些房间对日照要求不高，但要求有天然采光和自然通风。餐厅可以间接采光，但应有自然通风。楼梯间、电梯间对日照、通风要求不高，一般放在朝北侧（图 3-31）。

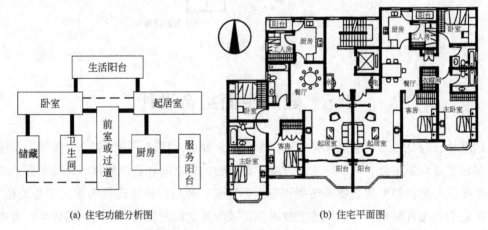

(a) 住宅功能分析图　　　　　　(b) 住宅平面图

图 3-31　住宅建筑的主次关系

商业建筑的主次关系如图见图 3-32。

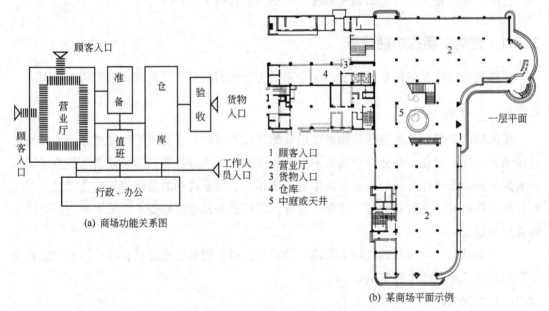

(a) 商场功能关系图　　　　　　(b) 某商场平面示例

图 3-32　商业建筑的主次关系

(2) 内外关系

各类建筑的房间组成中，有些对外联系密切，直接为公众服务，有些对内关系密切，主要供内部人员使用。按照人流活动的特点，将对外联系密切的房间布置在交通枢纽附近，位置明显，便于直接对外联系，而将对内关系密切的房间布置在较隐蔽的位置，并使之靠近内部交通区域。如餐饮建筑中的餐厅是对外的，人流量大，应布置在交通方便、位置明显处，而将厨房、库房、办公等管理用房布置在后部次要入口处（图 3-33）。

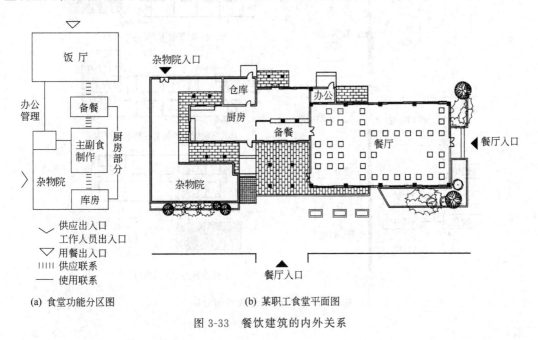

图 3-33 餐饮建筑的内外关系

（3）联系与分隔关系

在分析建筑物的功能关系时，常根据房间的使用性质如"闹"与"静"、"清"与"污"、"干"与"湿"等方面的特性进行功能分区，使其既分隔互不干扰，且又有适当的联系。如教学楼中的普通教室和音乐教室同属教室，它们之间联系密切，但为防止声音干扰，必须适当隔开。教室与办公室之间要求联系方便，但为了避免学生影响教师的工作，也需适当隔开。因此，教学楼平面组合设计中，对以上 3 个不同要求部分的联系与分隔处理，是功能组合的关键所在（图 3-34）。

对于住宅中的厨房、厕所；教学楼、办公楼中的厕所、盥洗室；旅馆中的客房卫生间、公共卫生间等，均需要使用到水，属于湿作业区，需要配置设备管线进行给水排水。在满足使用要求的同时，在平面组合的时候应尽量集中布置，方便使用，有利于施工和节约管线。

3.5.1.2 流线组织

各类民用建筑，因使用性质不同，往往存在着多种流向，总体上分为人流和货流两类。建筑物的流线组织，主要是通过房间位置的安排以及组织一定方式的交通路线来实现。

流线组织的要求是要保证各种流线简捷、通畅，不迂回，不逆行，避免相互交叉和

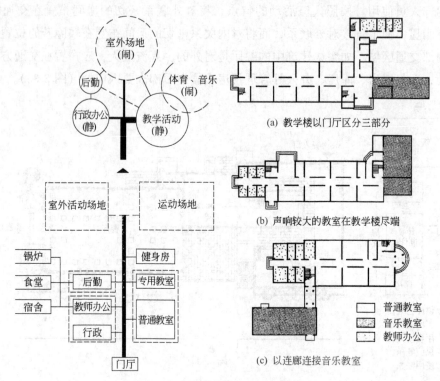

图 3-34 教学建筑的联系与分隔

干扰。

在建筑平面设计中,各房间一般是按使用流线的顺序关系有机地组合起来的。因此,流线组织合理与否,直接影响到平面组合是否紧凑、合理,平面利用是否经济等。如展览馆建筑,各展室常常是按人流参观路线的顺序连接起来。火车站建筑有旅客进站流线、出站流线、行包流线共三大流线,设计时应按此组织交通路线。平面布置是以人的流线为主,使进出站流线及行包流线分开并尽量缩短各种流线的长度(图 3-35)。

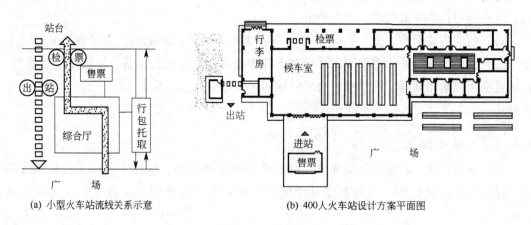

图 3-35 小型火车站流线关系及平面图

3.5.2 平面组合形式

建筑物的平面组合，是考虑建筑物设计中内外多方面因素、反复推敲的结果。建筑功能分析和交通流线的组织，是形成各种平面组合形式内在的主要根据。不同的建筑物有不同的功能要求。一幢建筑物的合理性不仅体现在单个房间上，而且很大程度上还取决于所选择的平面组合形式。

归纳起来，建筑平面组合方式有走廊式、套间式、大厅式、单元式和混合式等。

(1) 走廊式组合

走廊式组合的特征是使用房间与交通联系部分明确分开，各房间沿走廊一侧或两侧并列布置，房间门直接开向走廊，房间之间通过走廊来联系；各房间基本上不被交通穿越，能较好地保持相对独立性［图 3-36(a)］。走廊式组合的优点是：使用房间与交通联系部分分工明确，房间独立性强，各房间便于获得天然采光和自然通风，结构简单，施工方便等。因此，这种形式广泛用于一般性的民用建筑。

根据房间与走廊布置关系不同，走廊式组合又可分为内廊式与外廊式两种。

外廊式组合是指走廊的一侧布置房间，能让所有房间都有良好的采光通风和日照，但交通面积比较浪费，一般用于教学楼、办公楼、集体宿舍、小型旅馆等，如图 3-36(b)。根据所处区域的气候条件，南方一般做成开敞式外廊，便于通风；而北方为了保温，一般

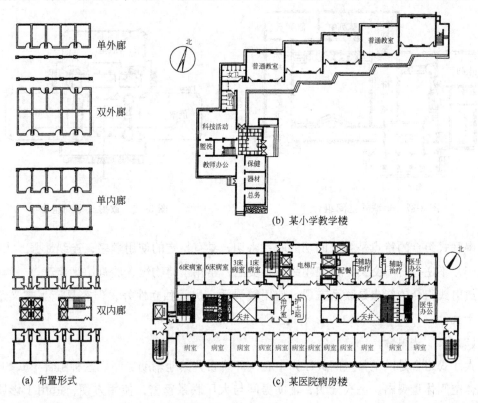

图 3-36 走廊式组合

做成封闭式外廊。

内廊式组合是在走廊两侧均布置房间，节省交通面积，平面比较紧凑，加大进深后可节约土地，是一种采用较广泛的组合方式，但这种布置方式使得一般的房间采光通风条件相对较差，设计时应注意将次要房间放在采光通风较差的一面。

双内廊组合可充分利用土地，减少交通面积，对朝向要求不太高。如大型旅馆，为了观看风景，将客房均布置在外墙一侧。在内部，利用双内廊布置楼梯、电梯和其他辅助用房等。医院病房楼可将病房设在靠外墙处，具有良好的采光和通风，护士站设在两条内廊中间，兼顾两边的病房 [图 3-36(c)]。

(2) 套间式组合

套间式组合是指房间之间直接串通的组合方式。套间式组合的特点是房间之间的联系最为简捷，把交通面积和使用面积结合起来。通常在使用顺序和连续性较强，不需要把使用房间单独分隔开的建筑物中使用。如展览馆、车站、浴室等建筑类型中主要采用套间式组合。

套间式组合按其空间序列的不同又可分为串联式和放射式两种。串联式是按一定的顺序将房间一个个连接起来（图 3-37）。放射式是将房间围绕交通枢纽呈放射状分布（图 3-38）。

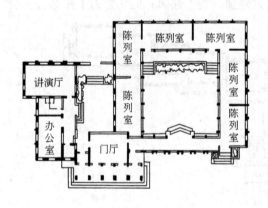

图 3-37　串联式空间组合

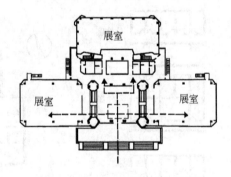

图 3-38　放射式空间组合

串联式组合的特点是各房间功能联系密切，具有特定的使用顺序，连续性强，人流方向统一，不逆行、不交叉，但使用路线不灵活，常用于博物馆、展览馆等建筑。

放射式组合的特点是联系方便，使用较灵活，房间独立性好，但容易产生交叉迂回，相互干扰。

(3) 大厅式组合

大厅式组合是以主体空间大厅为中心，环绕布置其他辅助房间。这种组合形式的特点是主体空间体量突出，主次分明，辅助房间与大厅联系紧密，使用方便，适用于影剧院、体育馆等（图 3-39）。

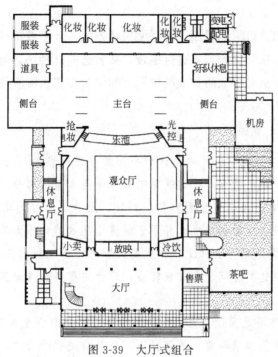

图 3-39 大厅式组合

(4) 单元式组合

将关系密切的相关房间组合在一起并成为一个相对独立的整体,称为单元。将一种或多种单元按地形和环境情况组合起来成为一幢建筑,这种组合方式称为单元式组合。

单元式组合的优点是功能分区明确,平面布局紧凑,单元与单元之间相对独立,互不干扰。除此以外,单元式组合布局灵活,并能适应不同的地形。因此广泛用于民用建筑,如住宅、学校、医院等建筑(图 3-40)。

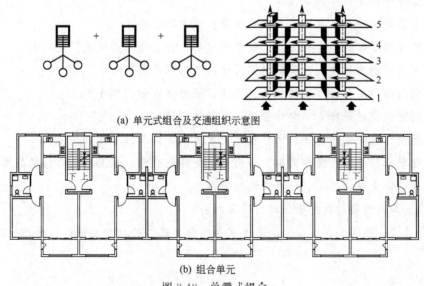

(a) 单元式组合及交通组织示意图

(b) 组合单元

图 3-40 单元式组合

(5) 混合式组合

除少数功能单一的建筑只需采用一种平面组合方式，大多数功能复杂的建筑都常常以一种方式为主，局部采用其他的方式进行组合，或者选择几种平面组合来综合考虑，以满足建筑物的不同要求，从而形成两种或两种以上的组合方式，即所谓混合式平面组合。

本章小结

1. 建筑平面设计包括单个房间的设计和平面组合设计两个部分。各种类型的建筑物其平面组成均可归纳为使用部分和交通联系部分两个基本组成部分。

2. 主要使用房间设计涉及到房间面积、形状、尺寸、良好的朝向、采光、通风及疏散等问题，同时还应符合模数制要求，并保证经济合理的结构布置等。

3. 辅助使用房间也是建筑平面设计的重要内容之一，其设计原理和设计方法与主要使用房间基本相同。但这类房间设备管线较多，设计中要特别注意房间的布置与其他房间的位置关系。

4. 建筑物内部各房间之间以及室内外之间需要通过交通联系部分组合成有机的整体，交通联系部分在满足疏散和消防要求的前提下，应具有足够的尺寸，流线简捷明确、联系方便，有明确的导向性，有足够的高度和舒适感。

5. 建筑平面组合设计时，应做到功能分区合理，流线组织明确，平面布置紧凑，从而使建筑物在平面上形成一个功能合理、使用方便的有机整体。

6. 民用建筑平面组合的方式有走道式、套间式、大厅式、单元式和混合式等。

复习思考题

1. 平面设计包含哪些基本内容？
2. 确定房间面积大小时应考虑哪些因素？试举例分析。
3. 影响房间形状的因素有哪些？试举例说明为什么矩形房间被广泛采用。
4. 房间尺寸指的是什么？确定房间尺寸应考虑哪些因素？
5. 房间门的作用什么？它的位置、宽度、开启方式如何确定？
6. 房间窗的作用是什么？它的位置、面积如何确定？
7. 辅助使用房间包括哪些房间？辅助使用房间设计应注意哪些问题？
8. 交通联系部分包括哪些内容？如何确定楼梯的数量、宽度和选择楼梯的形式？
9. 举例说明走道的类型、特点及适用范围。
10. 简述如何运用功能分析法进行平面组合？
11. 走道式、套间式、大厅式、单元式等组合形式的特点和适用范围是什么？

第4章 建筑剖面设计

建筑剖面设计主要是确定建筑物在垂直方向上的空间组合关系，重点解决建筑物各部分应有的高度、建筑层数、建筑空间的组合和利用以及建筑剖面中的结构和构造关系等问题。

通常，对于剖面形状比较简单，房间高度尺寸变化不大的建筑物，剖面设计是在平面设计完成的基础上进行，如大多数住宅、普通教学楼、办公楼等。但对于那些空间形状比较复杂，房间高度尺寸相差较大，或者有夹层及共享空间的建筑物，就必须先通过剖面设计分析空间的竖向特性，再确定平面设计方案，以解决空间的功能性和艺术性问题，如：体育馆、影剧院、大型宾馆等。

建筑剖面设计是建筑设计过程中必不可少的重要环节。它与建筑平面设计相互联系，相互制约，限定了建筑物各个组成部分的三维空间尺寸，并对建筑物的造型及立面设计起到制约作用。

剖面设计的主要内容如下。
① 确定房间的剖面形状，高度尺寸及空间比例关系；
② 确定房屋的层数及各部分的标高；
③ 选择主体结构与围护部分的构造方案；
④ 进行天然采光、自然通风、保温隔热、屋面排水的构造设计；
⑤ 进行房屋空间组合设计。

4.1 房间的剖面形状

房间的剖面形状可分为矩形和非矩形两类。矩形剖面形式简单、规整，有利于竖向空间组合，体型简洁而完整，结构形式简单，施工方便，在普通民用建筑中使用广泛。非矩形剖面常用于有特殊要求的房间，或由特殊的结构形式而形成。

房间的剖面形状的确定主要取决于以下几方面的因素。

4.1.1 房间的使用要求

在民用建筑中,绝大多数建筑的房间在功能上对其剖面形状并无特殊要求,如卧室和起居室、办公室、客房等,因此其剖面形状多采用矩形。这样既能满足使用要求,又能发挥矩形剖面的优势。对于有特殊功能(如视线、音质等)要求的房间,就需要根据使用特点合理选择剖面形状。

(1) 视线要求

有视线要求的房间主要是指影剧院的观众厅、体育馆的比赛大厅、教学楼的阶梯教室等。这类房间除平面形状、大小要满足一定的视距、视角要求外,地面还应设计起坡,以保证能够舒适而无遮挡地看清对象,获得良好的视觉效果。

地面升起坡度的大小与设计视点的选择、视线升高值 C(即后排与前排的视线升高差)、座位排列方式(即前排与后排对位或错位排列)、排距等因素有关。

设计视点是指按设计要求所能看到的极限位置,并以此作为视线设计的主要依据。各类建筑由于功能不同,观看的对象不同,设计视点的选择也会有所差异。如电影院的设计视点通常选在银幕底边的中点处,这样可以保证观众看清银幕的全部;阶梯教室的设计视点通常选在教师的讲桌面上方,距地大约 1100mm 的位置;体育馆的设计视点一般选在篮球场边线或边线上空 300~500mm 处。设计视点选择是否合理,是衡量视觉质量好坏的重要标准,也直接影响地面升起坡度的大小以及建筑的经济性。图 4-1 反映了电影院和体育馆设计视点与地面坡度的关系。从图中可以看出,设计视点越低,视觉范围就越大,但房间的地面起坡也随之加大;设计视点越高,视觉范围就越小,地面起坡也相对平缓。

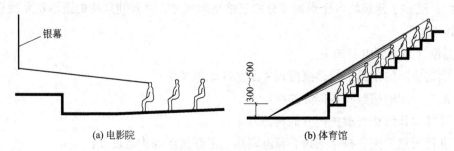

(a) 电影院   (b) 体育馆

图 4-1 设计视点与地面坡度的关系

视线升高值 C 的确定与人眼到头顶的高度和视觉标准有关,一般取 120mm。当座位排列方式采用对位排列时,C 值每排取 120mm,此时可保证视线无遮挡,被称为无障碍视线设计。当座位排列方式采用错位排列时,C 值隔排取 120mm,此时会出现部分视线遮挡,被称为允许部分遮挡设计,如图 4-2。显然,座位错位排列比对位排列的视觉标准要低。但是,由于错位排列法可以明显降低地面升起坡度,设计较为经济。

此外,地面升起坡度与排距也有着直接关系。排距大则坡度缓,排距小则坡度陡。目前影剧院的座位排列分为短排法(如双侧有走道时不应超过 22 座)和长排法(如双侧有走道时不应超过 50 座)两种。短排法的排距取 780~800mm,长排法的排距取 900~

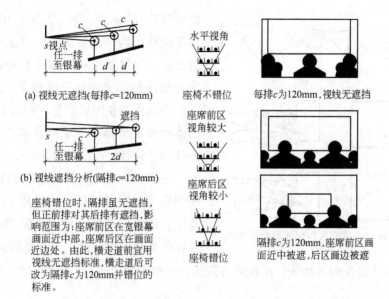

图 4-2　视觉标准与地面升起的关系

1050mm，当设计标准较高时，座位的排距也会随之加大。学校阶梯教室或报告厅的排距通常取 850～1000mm，桌椅的排放方式不同，排距也会有差异。

图 4-3 为中学阶梯教室地面升高剖面。排距取 900mm，其中图 4-3(a) 为对位排列，视线逐排升高 120mm，地面起坡较大；图 4-3(b) 为错位排列，视线每两排升高 120mm，地面起坡较小。

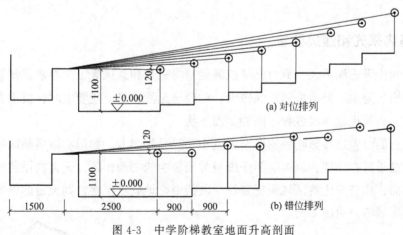

图 4-3　中学阶梯教室地面升高剖面

(2) 音质要求

在影剧院、会堂等建筑中，主要的观演大厅由于对音质要求都很高，故而需要比较特殊的剖面形状。为了保证室内声场分布均匀，避免出现声音空白区、回声及声音聚焦等现象，在剖面设计中就要特别注意顶棚、墙面、地面的处理。一方面，为了有效地利用声能，加强各处的直达声，大厅的地面需要逐渐升高，这与厅堂视线设计的要求恰好相吻合，所以按照视线要求设计的地面一般也能满足声学要求。另一方面，顶棚的高度和形状是保证厅堂音质

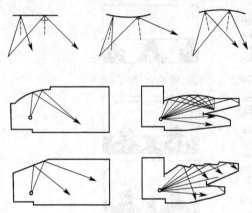

效果的又一个重要因素。为保证大厅的各个座位都能获得均匀的反射声，并加强声压不足的部位，就需要根据声音反射的基本原理对厅堂的顶棚形状进行分析和设计。一般情况下，凸面可以使声音扩散，声场分布较均匀；凹曲面和拱顶都易产生声音聚焦，声场分布不均匀，设计时应尽量避免。

图 4-4 为观众厅的几种剖面形状示意。平顶棚反射声音较好，一般用于容量小的观众厅；波浪式顶棚，反射声能均匀分布到观众厅的各个座位，适用于容量较大的观众厅；

图 4-4 观众厅音质要求与剖面形状的关系

凹曲面顶棚，声音反射不均匀，出现声音聚焦，一般不宜采用。

4.1.2 建筑结构、材料及施工要求

房间的剖面形状除了应满足使用要求外，还必须考虑建筑的结构形式、材料选择和施工因素的影响。矩形的剖面形式规整而简洁，可采用简单的梁板式结构布置，施工方便，适用于大量性民用建筑。

特殊的结构形式往往能为建筑创造独特的室内空间，这一点在大跨度建筑中显现的尤为突出。

4.1.3 室内采光和通风要求

一般房间由于进深不大，侧窗已经能满足室内采光和通风等卫生要求，剖面形式比较单一，多以矩形为主。但当房间进深较大，侧窗已无法满足上述要求时，就需要设置各种形式的天窗，从而也就形成各种不同的剖面形状。

天窗设置的位置直接影响到室内照度大小和采光均匀度。如博物馆展品应避免强烈日照，可将天窗设置在中间；顾客需要仔细观赏画廊中的书画作品，天窗的设置则将光线直接投射到墙面；体育馆比赛区域照度要好，以便更好地欣赏比赛，则天窗的设置是把光线投射到比赛区域等，见图 4-5。

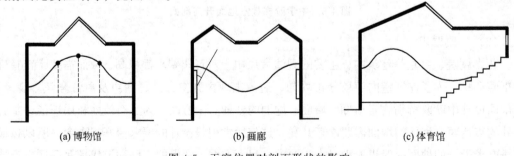

图 4-5 天窗位置对剖面形状的影响

对于厨房一类的房间，由于在操作过程中会散发出大量蒸汽、油烟，故可以通过设置通风天窗来加速有害气体的排出（图 4-6）。

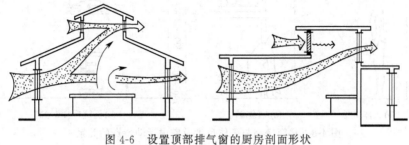

图 4-6　设置顶部排气窗的厨房剖面形状

4.2　房屋各部分高度的确定

房屋各部分高度主要指房间净高与层高、窗台高度和室内外地面高差等。

4.2.1　净高与层高

房间的净高是指楼地面到结构层（梁、板）底面或顶棚下表面之间的垂直距离，其数值反映了房间的高度。层高是指该层楼地面到上一层楼地面之间的距离。由图 4-7 可见，层高一般等于净高加上结构层的高度。

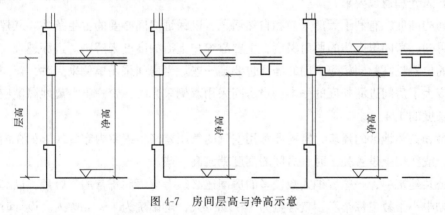

图 4-7　房间层高与净高示意

通常情况下，房间的高度是由房间的使用性质、家具设备的使用要求、室内的采光和通风、技术经济条件、室内空间比例等几方面因素决定的。

(1) 房间使用性质及家具设备的要求

房间的主要用途决定了房间的使用性质和人在其中的活动特征。

首先，房间的净高与人体活动尺度有很大关系。为保证人的正常活动，一般情况下，室内净高度应保证人在举手时不触及到顶棚，也就是不应低于 2200mm［图 4-8(a)］。地下室、储藏室、局部夹层、走道及房间的最低处的净高不应小于 2000mm。

其次，不同类型的房间由于人数的不同以及人在其中活动特点的差异，也要求有不同

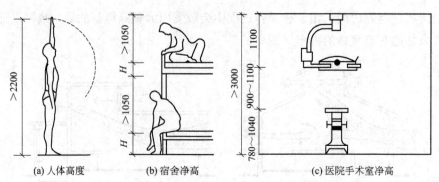

图 4-8 房间净高与人体尺度及室内活动特点的关系

的房间净高和层高。如住宅中的卧室和起居室,因使用人数较少,面积不大,净高要求一般不应小于2400mm,层高在2800mm左右;中学的普通教室,由于使用人数较多,面积较大,净高也相应加大,要求不应小于3400mm,层高在3600~3900mm之间;而同样面积的中学舞蹈教室,由于人在其中活动的幅度较大,虽然使用人数较少(一般不超过20人),但净高却要求不应少于4500mm,层高达到4800~5100mm。

此外,房间内的家具设备以及人们使用家具设备所需要的空间大小,也直接影响房间的净高和层高。如学生宿舍设有双层床时,净高不应小于3400mm,层高一般取3600mm左右[图4-8(b)];医院手术室的净高应考虑到手术台、无影灯以及手术操作所必需的空间,其净高不应小于3000mm[图4-8(c)]。

(2)采光和通风要求

房间的高度应有利于天然采光和自然通风,以保证房间必要的卫生条件。从建筑平面设计中可知,房间里光线的照射深度,主要靠窗户上沿的高度来解决。进深越大,要求窗户上沿的位置越高,即相应房间的净高也要高一些。当房间采用单侧采光时,窗户上沿离地高度应大于房间进深长度的一半;当房间采用双侧采光时,窗户上沿离地高度应大于房间进深长度的1/4。

潮湿和炎热地区的建筑,常需要利用空气的气压差来组织室内穿堂风。如在内墙上开设高窗,或在门上设置亮子时,房间的高度就应高一些。

在公共建筑中,一些容纳人数较多的房间还必须考虑房间正常的气容量,以满足卫生要求。如中小学教室每个学生气容量为3~5m^3/人,电影院为4~5m^3/人。设计时应根据房间的容纳人数、面积大小以及气容量标准,确定出符合卫生要求的房间高度。

(3)结构层高度及其构造方式的要求

结构层高度是指楼板(屋面板)、梁以及各种屋架所占高度。由于层高一般等于净高加上楼板的结构层的高度,在满足房间净高要求的前提下,结构层高度对建筑物的层高影响较大。结构层愈高,层高愈大;结构层高度小,则层高相应也小。

由图4-9可见,一般开间进深较小的房间,如住宅中的卧室、起居室等,多采用墙体承重,板直接搁置在墙上,结构层所占高度较小[图4-9(a)];而开间进深较大的房间,如教室、餐厅、商店等,多采用梁板结构布置方式,板搁置在梁上,梁支承在墙上或柱上，结构层高度较大［图 4-9(b)］；当房间的顶棚采用吊顶棚构造时，层高也应适当增加，以满足房间的净高要求。对于布置中央空调的房间，通常需要在顶棚内布置水平风管，确定层高时必须考虑风管设备的尺寸要求及必要的检修空间。一些大跨度建筑，如体育馆等，多采用屋架、薄腹梁、空间网架以及其他空间结构形式，结构层高度则更大。

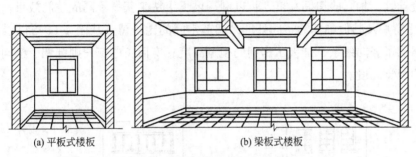

(a) 平板式楼板　　　　　　　(b) 梁板式楼板

图 4-9　结构层高度对层高的影响

（4）建筑经济性要求

层高是影响建筑造价的一个重要因素。在满足使用要求和卫生要求的前提下，合理地选择房间高度，适当降低层高可以相应地减少建筑物的间距，节约用地，减轻房屋自重，改善结构受力状况，节约材料。寒冷地区以及有空调要求的建筑，降低层高，可减少采暖和空调费用、节约能源。实践表明，普通砖混结构的建筑物，层高每降低 100mm，可节省投资 1%。

（5）室内空间比例要求

在确定房间高度时，既要考虑房间的高宽比例，又要注意选择恰当的尺度，给人以适宜的空间感。

不同的比例尺度往往得出不同的心理效果。通常高而窄的空间易使人产生兴奋、激昂、向上的情绪，且具有严肃感，但尺度过高又会使人感到不够亲切；宽而低的空间使人感到宁静、开阔、亲切，但尺度过低又会使人产生压抑、沉闷的感觉（图 4-10）。一般来

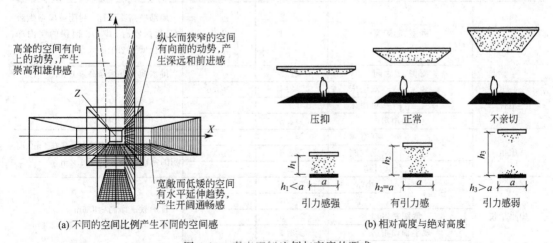

(a) 不同的空间比例产生不同的空间感　　　　　(b) 相对高度与绝对高度

图 4-10　室内空间比例与高度的要求

说，室内高度与宽度的比例宜为 (1∶1)～(1∶3)。

建筑的使用性质不同，对空间比例尺度的要求也不同。住宅建筑要求空间具有小巧、亲切、安静的气氛；纪念性建筑则要求有高大的空间，以创造出严肃、庄重的气氛；大型公共建筑的休息厅、门厅应开阔而明朗，使人感到亲切而开阔。

进行设计时，相同的房间高度，可以利用以下手法来获得不同的空间效果。

① 利用窗户及其他细部的不同处理来调节空间的比例感。从图 4-11 可以看出细而高的窗户，强调了竖向线条，加大了房间的视觉高度；宽而长的窗户则强调了横向线条，压低了房间的视觉高度。

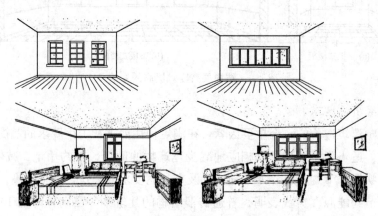

图 4-11　窗户的比例房间空间观感

② 运用高低对比的手法，通过将次要空间的顶棚降低，衬托出主要空间的高大和次要空间的亲切。

我国部分现行规范对于不同类型建筑室内净高和层高进行了规定，见表 4-1。

表 4-1　我国部分现行规范对不同类型建筑室内净高和层高的规定　　　　单位：m

建筑类型	房间名称		室内净高	层高	备注
住宅	卧室、起居室		≥2.4	2.8	局部净高≥2.1m，利用坡屋顶做卧室、起居室时，其 1/2 面积的室内净高不应低于 2.1m
	厨房、卫生间		≥2.2		排水横管下缘净高≥1.9m
宿舍	居室	双层床	≥3.4	≥3.6	
		单层床	≥2.6	≥2.8	
	辅助用房		≥2.5		
旅馆	客房	有空调	≥2.4		利用坡屋顶做客房时，应有 8m² 面积的室内净高不低于 2.4m
		无空调	≥2.6		
	卫生间、公共过道		≥2.1		
中小学校	教室	小学	≥3.1		合班教室净高≥3.6m 阶梯教室最后一排净高≥2.2m
		中学	≥3.4		
	舞蹈教室		≥4.5		
	教学辅助用房		≥3.1		
	办公及辅助用房		≥2.8		

续表

建筑类型	房间名称		室内净高	层高	备注
办公建筑	办公室	一类办公	≥2.7		无空调时净高各增加 0.1m
		二类办公	≥2.6		
		三类办公	≥2.5		
	走道		≥2.2		
	储藏室		≥2.0		
综合医院	诊查室		≥2.60		自然通风的条件下
	病房		≥2.80		
	洁净手术室		≥2.80		
汽车库	微型车、小型车		≥2.2		
	轻型车		≥2.8		
	中、大型、铰接客车		≥3.4		
	中、大型、铰接货车		≥4.2		

4.2.2 窗台高度

窗台的高度主要根据室内的使用要求、人体尺度、家具设备的尺寸及通风要求来确定。如图 4-12 所示，在民用建筑中，一般的生活、学习、工作用房，窗台高度常取 900～1000mm，以保证书桌上有充足的光线。有特殊要求的房间，如展览类建筑中的展厅、陈列室等，往往需要沿墙布置陈列品，为了消除和减少眩光，窗台到陈列品的距离应满足≥14°保护角的要求，因此窗台高度常提高到距地面 2500mm 以上。卫生间、浴室的窗台高度通常也应提高到 1800mm 左右。托儿所、幼儿园的窗台，由于考虑到儿童的身高和家具尺寸，高

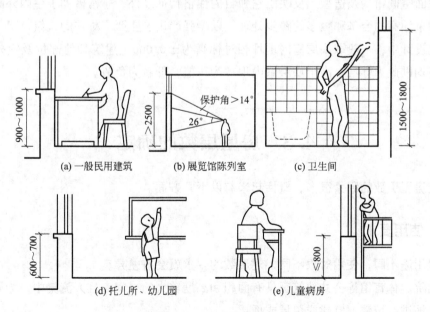

图 4-12 窗台高度的确定

度常采用600~700mm。医院儿童病房的窗台高度也较一般民用建筑的窗台低一些。除此以外，公共建筑中的某些房间，如餐厅、休息厅等，为扩大视野，丰富室内空间，常常降低窗台高度，甚至采用落地窗。需要特别强调的是，临空的窗台低于800mm（住宅为900mm）时，应采取防护措施。

4.2.3 室内外地面高差

为了防止室外雨水流入室内，并防止墙身受潮，一般民用建筑常把室内地坪适当提高，以使建筑物室内外地面形成一定高差，该高差主要由以下因素确定。

① 室内外联系方便。建筑物室内外高差应方便联系，特别对于一般住宅、商店、医院等建筑。室外踏步的级数以不超过四级，即室内外地面高差不大于600mm为宜。对于仓库类建筑，为便于运输，在入口处常设置坡道，为不使坡道过长影响室外道路布置，室内外高差以不超过300mm为宜。

② 防水、防潮要求。为了防止室外雨水流入室内，并防止墙身受潮，底层室内地面应高于室外地面，一般为300mm或300mm以上。对于地下水位较高或雨量较大的地区以及要求较高的建筑物，应增加室内外高差。

③ 地形及环境条件。位于山地和坡地的建筑物，应结合地形的起伏变化和室外道路布置等因素，综合确定室内地坪标高，使其既方便内外联系，又有利于室外排水和减少土石方工程量。

④ 建筑物性格特征。一般民用建筑如住宅、旅馆、学校、办公楼等，是人们工作、学习和生活的场所，应具有亲切、平易近人的感觉，因此室内外高差不宜过大。纪念性建筑除在平面空间布局及造型上反映出它独自的性格特征以外，还常借助于室内外高差值的增大，如采用高的台基和较多的踏步处理，以增强严肃、庄严、雄伟的气氛。

建筑设计中，一般取底层室内地坪相对标高为±0.000。建筑其他部位及室外设计地坪的标高均以此为标准，高于底层室内地坪为正值，低者为负值。

4.3 房屋层数的确定

影响房屋层数的因素很多，概括起来有以下几方面。

4.3.1 使用要求

房屋用途不同，使用对象不同，对层数的要求就会有差异。

影剧院、体育馆等公共建筑都具有面积和高度较大的房间，且人流集中，为了能够迅速、安全地进行疏散，宜建成单层或低层。

办公楼、旅馆等公共建筑，使用人数不多，室内空间高度较低，房间荷载不大，可采用多层、高层和超高层，利用楼梯、电梯作为垂直交通工具。世界上著名的高层建筑几乎都是办公建筑或酒店式办公建筑，如上海中心大厦、台北市的101大厦、迪拜的迪拜塔等。

托儿所、幼儿园等建筑，考虑到儿童的生理特点、活动特征和必要的安全性，同时便于室内与室外活动场所的联系，其层数不宜超过3层。

小学、中学的教学楼，考虑到学生在十分钟课间时间只能上下楼，为了让学生更多地吸收阳光，利于青少年健康成长，教学楼最好建低层，但又考虑到节约用地，规范规定小学教学楼不应超过4层，中学教学楼不应超过5层。

4.3.2 基地环境和城市规划要求

确定房屋的层数不能脱离一定的基地条件和环境要素。在相同建筑面积的条件下，基地面积小，建筑层数就会增加。而位于城市街道两侧、广场周围、风景园林区的建筑，还必须重视建筑与环境的关系，做到与周围建筑物、道路、绿化的协调一致，并符合城市总体规划的要求。例如，位于天安门广场周围的建筑，为了避免对天安门可能产生的不利影响，就必须严格控制新建建筑物的高度。

4.3.3 建筑结构、材料和施工要求

建筑结构形式和材料是决定房屋层数的基本因素。

砌体结构，墙体多采用砖或砌块，自重大、整体性差，下部墙体厚度随层数的增加而增加，故建筑层数一般控制在6层以内，常用于住宅、宿舍、普通办公楼、中小学教学楼等大量性建筑。

梁柱承重的框架结构、剪力墙结构、筒体结构等结构体系由于整体性好，承载力高，可用于多层、高层和超高层建筑。随着建筑高度的增加，风荷载也将逐步增加。由于不同结构体系抗水平荷载能力的不同，所以也导致不同结构体系具有不同的建设高度和建设层数。图4-13和图4-14分别表示不同结构体系所适用的建设层数。

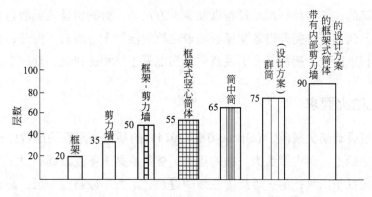

图4-13　不同结构体系的适用层数

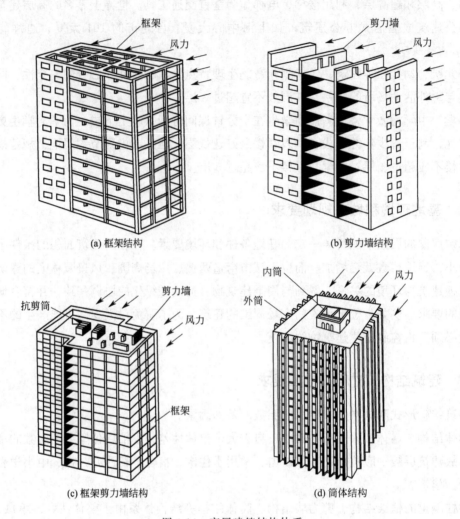

图 4-14 高层建筑结构体系

而网架结构、薄壳结构、悬索结构等空间结构体系，则常用于体育馆、影剧院等单层或低层大跨度建筑。

此外，建筑的施工条件、起重设备以及施工方法等，对确定建筑层数也有影响。如滑模施工，由于是利用一套提升设备使模板随着浇筑的混凝土不断向上滑升，直至完成全部钢筋混凝土工程。因此，适用于多层或高层钢筋混凝土结构的建筑，且层数越多越经济。

4.3.4 建筑防火要求

按照《建筑设计防火规范》（GB 50016—2014）的规定，建筑的层数应根据建筑的性质和耐火等级来确定。耐火等级为一级的建筑，层数原则上不受限制；对于二类高层建筑的耐火等级不应低于二级；耐火等级为三级的建筑，层数不应超过 5 层；耐火等级为四级的建筑，层数不应超过 2 层（表 4-2）。

表 4-2　不同耐火等级建筑的允许建筑高度或层数、防火分区最大允许建筑面积

名称	耐火等级	允许建筑高度或层数	防火分区的最大允许建筑面积/m²	备注
高层民用建筑	一、二级	按《建筑设计防火规范》5.1.1 确定	1500	对于体育馆、剧场的观众厅,防火分区的最大允许建筑面积可适当增加
单、多层民用建筑	一、二级	按《建筑设计防火规范》5.1.1 确定	2500	
	三级	5层	1200	
	四级	2层	600	
地下或半地下建筑(室)	一级	——	500	设备用房的防火分区最大允许建筑面积不应大于 1000m²

注：1. 表中规定的防火分区最大允许建筑面积,当建筑内设置自动灭火系统时,可按本表的规定增加 1.0 倍；局部设置时,防火分区的增加面积可按该局部面积的 1.0 倍计算。

2. 裙房与高层建筑主体之间设置防火墙时,裙房的防火分区可按单、多层建筑的要求确定。

4.3.5　建筑经济性要求

建筑造价与建筑层数关系密切。以砖混结构的住宅为例,在建筑面积相同,墙身截面尺寸不变的情况下,造价随着层数的增加而降低,但达到 6 层以上时,由于墙体截面尺寸的变化,造价又会随着层数的增加而显著上升 [图 4-15(a)]。

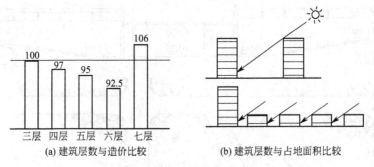

(a) 建筑层数与造价比较　　(b) 建筑层数与占地面积比较

图 4-15　建筑层数与经济性比较

此外,在建筑群体组合中,个体建筑的层数愈多,用地愈经济。如图 4-15(b),一幢 5 层的居住建筑和 5 幢低层居住建筑相比较,在保证日照间距的条件下,前者的用地面积约为后者的 1/2,且道路和室外管线设置也相应减少。但同时也应注意,建筑层数的增多也会随着结构形式的变化和公共设施（如电梯）的增加,提高单位造价。所以,确定建筑层数必须综合考虑各个方面的因素。

4.4　建筑空间的剖面组合与利用

建筑空间组合是根据建筑内部的使用要求,结合基地环境等条件,通过分析建筑在水

平方向上和垂直方向上的相互关系,将大小、高低各不相同,功能各异的空间组合起来,使之成为使用方便、结构合理、体型简洁而美观的有机整体。因此在掌握建筑平面组合设计的基础上,本节将重点叙述建筑空间的剖面组合与利用问题。

4.4.1 建筑空间的剖面组合方式

建筑剖面组合方式主要是由建筑物中各类房间的高度和剖面形状、房间的使用要求和结构布置特点等因素决定的。剖面的组合方式有单层、多层、高层、跃层、错层等。

(1) 单层

单层剖面便于房屋中各部分人流或物品与室外直接联系,疏散方便快捷,缺点是占地较多。

单层剖面适用于覆盖面及跨度较大的结构布置,如体育馆、影剧院等。一些顶部要求自然采光和通风的房屋,也采用单层剖面形式,如展览馆、食堂、单层工业厂房。

图 4-16 为某大学讲堂群,阶梯教室平面采用六边形,有着很好的视听效果;由于阶梯教室人流量较大,且教室前后高差较大,将剖面采取单层组合方式,每个教室都有不少于两个以上的疏散门,便于学生在紧急状况下从门厅和侧门疏散;中厅采用顶部采光,给学生创造了一个宽敞、明亮、优美的学习环境。

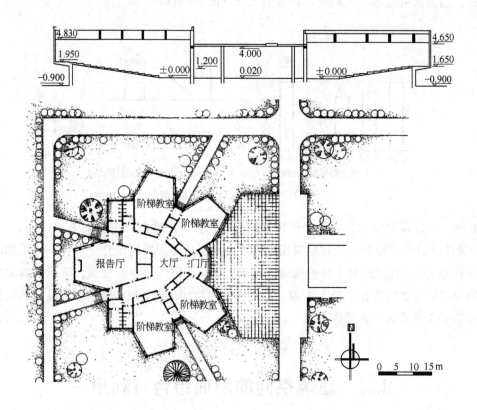

图 4-16 某大学讲堂群剖面、平面图

(2) 多层

多层剖面的室内交通联系比较紧凑,适用于有较多相同高度房间的组合,垂直交通可通过楼梯或电梯联系,如单元式住宅及走道式的教学楼、办公楼、宿舍等。

(3) 高层

高层剖面形式能在占地面积较小的条件下,建造使用面积较多的房屋,节约用地,有利于室外辅助设施和绿化的布置。高层建筑一般在垂直方向实行功能分区,将功能相近、层高相同的、空间大小相似的部分组合在一起,便于空间组合和结构选型。

图 4-17 为某高层综合办公楼,1~4 层为营业大厅,5~7 层为交易大厅,8~14 层为办公部分,地下设停车库,顶楼设设备间和电梯机房。

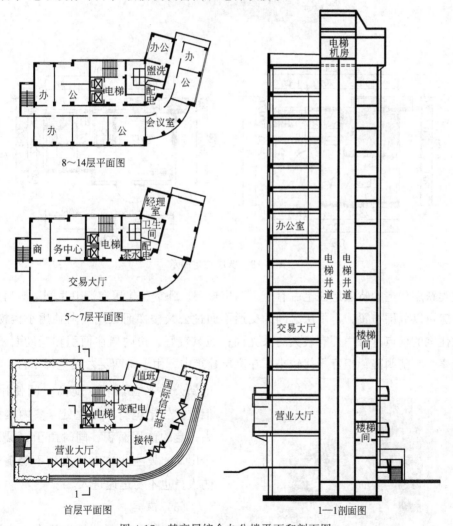

图 4-17 某高层综合办公楼平面和剖面图

(4) 跃层

当建筑物入户标高相差一层以上或一户占用一层半或两层以上户内空间时,统称为跃层式(图 4-18),这种空间组合方式常用于住宅建筑中。

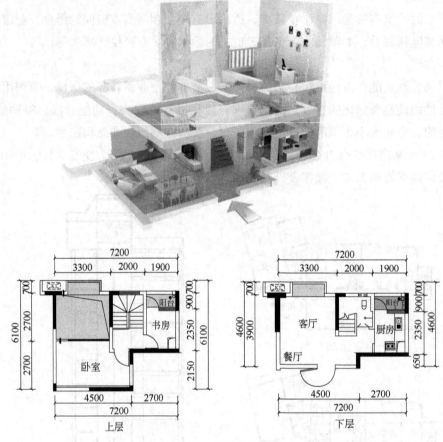

图 4-18 跃层住宅图示

这类跃层住宅的特点是住宅占有上下两层楼层，卧室、起居室、卫生间、厨房及其他辅助用房可以分层布置，上下层之间的交通不通过公共楼梯而采用户内独用小楼梯联接。跃层式住宅的优点是每户都有较大的采光面；通风较好，户内居住面积和辅助面积较大，布局紧凑，功能明确；相互干扰较小。在高层建筑中，由于每两层才设电梯平台，可缩小电梯公共平台面积，提高空间使用效率。但这类住宅也有不足之处，户内楼梯要占去一定的使用面积，同时由于二层只有一个出口，发生火灾时，人员不易疏散，消防人员也不易迅速进入。

（5）错层

当建筑物的同层楼板不在一个平面上且有一定的高差即为错层。在住宅建筑中，当入户标高相差 1/2、1/3 或 1/4 层高时，统称为错层式（图 4-19）。错层式住宅是户

图 4-19 错层住宅图示

内楼面高度不一致，错开之处由踏步联系。优点是和跃层一样能够动静分区，但因为没有完全分为两层，具有丰富的空间感。

错层式住宅不利于结构抗震，而且显得空间零散，容易使小户型显得局促，更适合于层数少、面积大的高档住宅。

4.4.2 建筑空间的剖面组合原则

(1) 根据建筑的功能和使用要求，分析建筑空间的剖面组合关系

在剖面设计中，不同用途的房间有着不同的位置要求。一般情况下，对外联系密切、人员出入频繁、室内有较重设备的房间应位于建筑的底层或下部；而那些对外联系较少、人员出入不多、要求安静或有隔离要求、室内无大型设备的房间，可以放在建筑的上部。如在旅馆建筑中，将人员出入较多、对外联系较多的餐厅、多功能厅、休息厅等放在建筑下部，而将需要安静、隔离的客房放在建筑上部。

(2) 根据房屋各部分的高度，分析建筑空间的剖面组合关系

不同功能的房间有不同的高度要求，而建筑则是集多种用途的房间为一体的综合体。在建筑的剖面组合设计中，需要在功能分析的基础上，将有不同高度要求的大小空间进行归类整合，按照建筑空间的剖面组合规律，常常把高度相同或相近、使用性质相似、功能关系密切的房间组合在同一层上，在满足室内功能要求的前提下，通过调整部分房间的高度，统一各层的楼地面标高，以利于结构布置和施工，使建筑的各个部分在垂直方向上取得协调统一。

4.4.3 建筑空间的剖面组合规律

(1) 重复小空间的组合

办公楼、教学楼、宿舍楼、住宅楼等都属于这一类型的组合。房间开间、进深基本一致，在平面组合中表现为走廊式或套间式，使用房间和辅助房间上下对齐，有水房间和管道井位于每层的同一位置。由于它们层高相近，剖面形状多为矩形，一般将层高相同、功能相同或相近的房间设置在同一层上，用楼梯连接各个楼层。当楼层根据使用要求出现不大的高差时，可通过楼梯踏步进行调整。从结构上体现出承重墙上下对齐，框架柱贯穿整个高度，整个结构体系比较规整。

如图 4-20 为某单位办公楼，办公室部分为六层小空间组合，午餐厅、会议室等大房间布置在一侧。为了简化结构，将一、二层层高定为 3.6m，其净高可满足办公和会议的要求，三层大会议室由于设在顶层，高度不受办公室影响，3~6 层办公室层高均为 3.3m，门厅部分设两层层高的中庭，显得大气、通透。

(2) 大小、高低相差悬殊的空间组合

① 以大空间为主体穿插布置小空间 有的建筑虽然有多个空间，但其中主要空间的面积和高度远大于其他空间，如歌剧院、体育馆等。在空间组合中应以大空间为中心，在

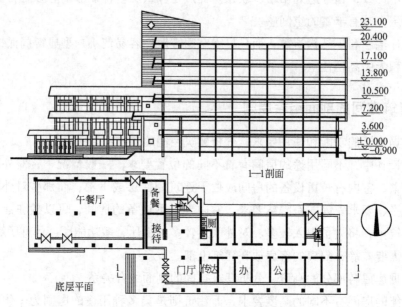

图 4-20　某单位办公楼的剖面组合

其周围布置小空间，或充分利用看台下的结构空间，将小空间布置在大厅看台下面（图 4-21）。这种组合方式应注意处理好辅助空间的采光、通风、交通疏散等问题。

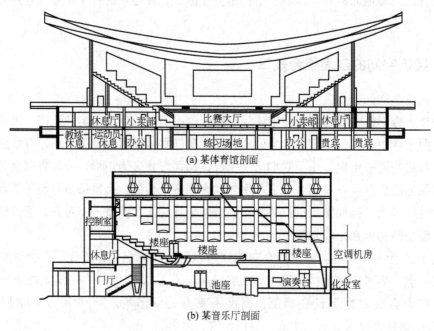

图 4-21　大空间为主体的剖面组合

② 以小空间为主体灵活布置大空间　某些类型的建筑，虽然以小空间为主，但根据功能需要，其中也还应布置有少量的大空间，如教学楼中的阶梯教室、办公楼中的报告

厅、商住楼中的营业厅等。这类建筑的空间组合应以小空间为主形成主体，将大空间依附于主体建筑一侧，从而不受层高与结构的限制；或将大小空间上下叠合，分别将大空间布置在顶层或一、二层（图 4-22）。

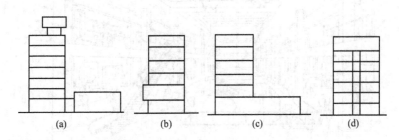

图 4-22 小空间为主体的剖面组合

③ 综合性空间组合　某些综合性建筑为了满足多种功能的需要，常常由若干个大小、高低、形状各不相同的空间构成。如文化馆建筑中的电影院、餐厅、健身房等空间，与文化馆中的阅览室、办公室等空间的差异较大，在空间要求上也各不相同，对于这一类复杂空间的组合，必须综合运用多种组合形式，才能满足功能及艺术性要求。

4.4.4　建筑空间的利用

建筑空间的利用涉及到建筑的平面及剖面设计。充分利用室内空间不仅可以增加使用面积、节约投资，而且还可以改善室内空间比例、丰富室内空间的艺术效果。

利用室内空间的处理手法很多，归纳起来有以下几种。

(1) 夹层空间的利用

一些公共建筑，基于功能要求，内部空间的大小很不一致，如体育馆的比赛大厅、影剧院的观众厅、候机楼的候机大厅等，空间高度都很大，而与此相联系的其他辅助用房空间高度却较小，因此，就常采用在大空间中设夹层的方法来组合大小空间，既提高了大厅的利用率，又改善了室内空间的艺术效果（图 4-23）。

(a) 杭州机场候机厅

图 4-23

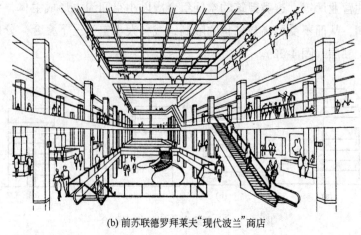

(b) 前苏联德罗拜莱夫"现代波兰"商店

图 4-23 夹层空间的利用

(2) 房间上部空间的利用

房间上部空间主要指除了人们日常活动和家具布置以外的空间。如图 4-24 所示，住宅中常利用房间上部空间设置搁板、吊柜作为贮藏之用。

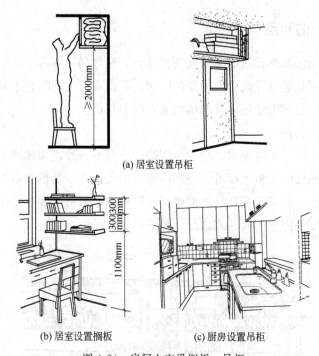

(a) 居室设置吊柜

(b) 居室设置搁板　　(c) 厨房设置吊柜

图 4-24 房间上空设搁板、吊柜

(3) 楼梯及走道空间的利用

一般民用建筑楼梯间的底层休息平台下，至少有半层的高度，如果采用降低平台下地面标高和增加第一梯段长度的方法，就可以加大平台下的净高，用以布置贮藏间、辅助用房以及出入口 [图 4-25(a)]。居住建筑的户内楼梯下还可以布置家具。

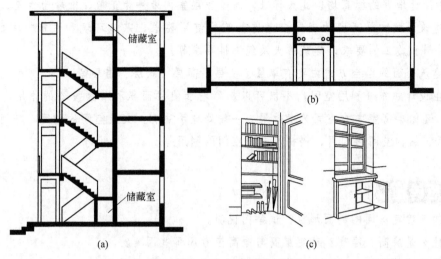

图 4-25 建筑空间利用示例

民用建筑的走道宽度一般较小,但却与其他房间的高度相同,空间浪费较大。设计时,可以利用走道上部的多余空间布置设备管道及照明线路,住宅的户内走道上空还可布置贮藏空间。这样处理不仅充分利用了空间,而且使走道的空间比例和尺度更加协调[图 4-25(b)]。

(4) 结构空间的利用

在建筑中,建筑结构构件往往会占去许多室内空间。如果能够结合建筑结构形式及特点,对结构构件的间隙加以利用,就能争取到更多的室内空间。如墙体厚度较大时,利用墙体空间可以设置壁龛、窗台柜、暖气槽等 [图 4-25(c)];利用坡屋顶的山尖部分,可以设置搁板、阁楼。

本章小结

1. 建筑剖面设计包括剖面造型、层数、层高及各部分高度的确定,建筑空间的组合与利用等。

2. 房间的剖面形状取决于房间的使用要求、采光通风、结构、材料和施工等因素。房间的剖面形状多采用矩形。

3. 房间的净高是指楼地面到结构层(梁、板)底面或顶棚下表面之间的垂直距离,其数值反映了房间的高度。层高是指该层楼地面到上一层楼地面之间的距离。层高和净高与室内活动特点、采光通风、空间比例、经济等因素有关。

4. 窗台的高度主要根据室内的使用要求、人体尺度、家具设备的尺寸及通风要求来确定。在民用建筑中,一般的生活、学习、工作用房,窗台高度常取 900~1000mm。

5. 建筑物室内外地面高差与室内外联系、防水防潮、地形及环境条件、建筑物性格特征等因素有关。在建筑设计中,一般取底层室内地坪相对标高为±0.000,建筑其他部位及室外设计地坪的标高均以此为标准，高于底层室内地坪为正值，低者为负值。

6．建筑层数和总高度的确定应考虑建筑物使用要求，基地环境和城市规划的要求，结构、材料和施工的要求，建筑防火及经济性要求等。

7．建筑剖面的组合方式主要有单层、多层、高层、跃层、错层等。

8．在设计中充分利用空间，不仅可以起到增加使用面积和节约投资的作用，而且处理得好，还能丰富室内的空间艺术效果。一般处理手法有：夹层空间的利用、房间上部空间的利用、结构空间的利用、楼梯及走道空间的利用等。

复习思考题

1．如何确定房间的剖面形状？试举例说明。
2．什么是层高、净高？确定层高与净高应考虑哪些因素？
3．确定建筑物的层数和总高度应考虑哪些因素？试举例说明。
4．窗台高度如何确定？常用尺度是多少？
5．室内外地面高差确定应考虑哪些因素？
6．建筑空间组合有哪几种处理方式？试举例说明？
7．建筑空间利用有哪些处理手法？

第 5 章
建筑体型和立面设计

建筑具有物质与精神、实用与美观的双重性。建筑首先要满足人们的使用功能要求，同时又要满足人们一定的审美需求，即精神享受的要求，因此建筑是实用与美观有机结合的整体。

建筑外部体型和立面设计着重研究建筑物的体量大小、体型组合、立面及细部处理等。在满足使用功能和经济合理的前提下，运用不同的材料、结构形式、装饰细部、构图手法等创造出预想的意境，从而不同程度地给人以庄严、挺拔、明朗、轻快、简洁、朴素、大方、亲切的印象，因此具有独特的表现力和感染力。

建筑体型和立面设计是整个建筑设计的重要组成部分。建筑外部体型和立面反映内部空间的特征，但也不等同于内部空间设计完成后的简单加工处理，实际上应和建筑平、剖面设计同时进行，并贯穿整个设计的始终。在进行方案设计时，就应同时考虑建筑体型的设计，在满足功能要求的前提下按照构图规律和美学法则来构思建筑体型和立面，反复推敲修改细化，使建筑物达到内部空间与外部形象的和谐统一。

每一幢建筑物都具有自己独特的形象，但建筑形象还要受到不同地域的自然条件、社会条件、不同民族的生活习惯和历史文化传统等因素的影响，建筑外形不可避免地要反映出特定的历史时期、特定的民族和地域特征。只有全面考虑上述因素，运用建筑造型的构图原理，精心塑造建筑体型和立面，才能创造出时代感强烈、民族风情浓郁、地域性明显，并具有感染力的建筑形象来。

5.1 建筑体型和立面设计的要求

(1) 反映建筑的性格特征

不同使用功能要求的建筑，具有不同的内部空间和组合特点，而室内空间与外部形象又往往是不可分割的有机整体，建筑物的使用功能在建筑外部形象上的表露就是建筑性格特征。建筑的外部形象设计应尽量反映室内空间的要求，并充分表现建筑物的不同性格特征,达到形式与内容的辩证统一。建筑外部形象若能较充分地反映其内部功能所决定的内部空间特征,就具备了强烈的可识别性,不易造成视觉混乱。因此,由于建筑使用功能上的差别,室内空间和组合特点的差异,必然导致不同的外部体型及立面特征。

例如住宅建筑,由于内部空间小,人流出入较少的特性,立面上常以小巧的窗户、成组排列的阳台、凹廊等形成了生活气息浓郁的住宅建筑性格特征(图5-1)。教学建筑由于使用人数较多且对采光要求高,一般具有连续的大窗、大开间及宽敞的入口等多层建筑的特征(图5-2)。大面积玻璃的陈列橱窗和接近人流的明显入口,显示出商业建筑的性格特征(图5-3)。剧院建筑以巨大而封闭的观众厅、舞台和宽敞明亮的门厅、休息厅等三大部分的体量变化显示出其明朗、轻快、活泼的性格特征(图5-4)。办公建筑形式多样,通常会根据办公建筑的定位、功能、用途等灵活变化,如作为企业形象的总部大楼,常常是企业形象和文化的代表,这类建筑在立意上尤为重要,个性分明(图5-5)。

图5-1 某住宅楼

图5-2 某中学教学楼

图5-3 某商业建筑

图5-4 青岛大剧院

图 5-5　宝马汽车总部办公楼

（2）反映建筑技术条件

建筑不同于一般的艺术品，它要运用大量的建筑材料，并通过一定的结构施工技术等手段才能建成。因此，建筑体型及立面设计必然在很大程度上受到建筑技术条件的制约，并反映出结构、材料和施工的特点。

中国传统建筑（图 5-6）的形象和使用木材以及运用木构架系统分不开；希腊古典柱式建筑（图 5-7）又和使用石材以及采用梁柱布置密切相关，两种不同风格的建筑造型和立面处理，又都和当时手工生产为主的施工技术相适应。

图 5-6　中国传统建筑

图 5-7　希腊古典柱式建筑

随着现代新结构、新材料、新技术的发展，给建筑外形设计提供了更大的灵活性和多样性，特别是各种空间结构的大量运用，更加丰富了建筑物的外观形象，使建筑造型呈现出千姿百态（图 5-8）。

由于施工技术本身的限制，各种不同的施工方法对建筑造型都具有一定的影响。如滑

(a) 某框架办公楼

(b) 上海国家会展中心

(c) 望京SOHO

图 5-8 现代建筑实例

模建筑、升板建筑、大模板建筑、盒子建筑等都具有自己不同的外形特征。

(3) 满足基地环境及城市规划要求

建筑本身处于一定的环境之中,是构成该处景观的重要因素。因此,建筑外形设计与室内空间一样,不能脱离环境而孤立进行,必须与周围环境协调一致。位于自然环境中的建筑要因地制宜,结合地形起伏变化使建设高低错落、层次分明,并与环境融为一体。在这一方面赖特设计的流水别墅堪称典范,如图 5-9 所示。

位于城市街道和广场的建筑物,一般由于用地紧张,受城市规划约束较多,建筑造型设计要密切结合城市道路、基地环境、周围原有建筑的风格及城市规划部门的要求等。

(4）符合社会经济条件

建筑物从总体规划、建筑空间组合、材料选择、结构形式、施工组织直到维修管理等都包含着经济因素。对于大量性民用建筑、大型公共建筑或国家重点工程等不同类型的建筑物，根据其使用性质和规模，应严格执行国家规定的建筑标准和相应的经济指标。在建筑标准、所用材料、造型要求和装饰外观上加以区别，防止片

图 5-9　流水别墅

面强调建筑的艺术性，忽视建筑设计的经济性，应在合理满足使用要求的前提下，用较少的投资建造美观、简洁、明朗、朴素、大方的建筑物。一般来说，对于国家级纪念性、历史性建筑标准可以高一些。

(5）符合建筑构图的基本规律

建筑体型和立面设计，除了要从功能要求、技术经济条件以及总体规划和基地环境等因素考虑外，还必须符合建筑造型和立面构图的一些规律，例如比例尺度、完整均衡、变化统一以及韵律和对比等。

5.2　建筑构图的基本法则

建筑艺术属于造型艺术，必须遵守造型艺术中形式美的规律。不同时代、不同国家和地区、不同民族，尽管建筑形式千差万别，尽管人们的审美观各不相同，但形式美的规律是被人们普遍承认的，因而具有普遍性。

5.2.1　统一与变化

统一与变化包含两方面含义——秩序与变化，秩序相对于杂乱无章而言，变化相对于单调而言。

统一也可以说是整齐规则，是最简单、最常用的形式美法则。统一给人和谐宁静的秩序美感，但是过于整齐则显得刻板单调。变化应该在井然有序的情况下发挥作用，否则使人感到零乱，没有条理。因此变化与统一都存在一个"度"的问题。

统一与变化是古今中外优秀建筑师必然要遵循的一个共同准则，是建筑构图的一条重要原则，也是艺术领域里各种艺术形式都要遵循的一般原则。它是一切形式美的基本规律，具有广泛的普遍性和概括性。

(1）以简单的几何形状求统一

一般说来简单的几何形状易取得和谐统一的效果。如圆柱体、圆锥体、长方体、正方

体、球体等，这些形体也常常用于建筑上。由于它们的形状简单，构成其要素之间具有严格的制约关系，从而给人以明确、肯定的感觉，这本身就是一种秩序和统一（图 5-10）。

(a) 上海国际会议中心

(b) 浙江湖州月亮酒店

图 5-10　以简单的几何形状求统一

（2）主从分明，以陪衬求统一

复杂体量的建筑，常常有主体部分和从属部分之分，在造型设计中如果不加区别，建筑则必然会显得平淡、松散，缺乏统一中的变化。相反，恰当地处理好主体与从属，重点与一般的关系，使建筑形成主从分明，以从衬主，就可以加强建筑的表现力，取得完整统一的效果。

① 运用轴线的处理突出主体　从古至今，对称手法在建筑中运用较为普遍，从而达到突出中央入口、突出中央部位或突出两个端部目的，尤其是纪念性建筑和大型办公建筑常采用这种手法（图 5-11）。

② 以低衬高突出主体　在建筑外形设计中，可以充分利用建筑高低不同，有意识地强调较高体部，使之形成重点，而其他部分则明显处于从属地位。这种利用体量对比形成

(a) 中国国家图书馆

(b) 石家庄陆军指挥学院综合实验楼

图 5-11 对称性建筑

的以低衬高、以高控制整体的处理手法是取得完整统一的有效措施。荷兰建筑师雷姆·库哈斯设计的深圳证券交易，采用离地 36m 高的悬浮基座作为建筑的裙房，塔楼穿悬浮基座而过，较高体量的塔楼与低而平的悬浮基座形成鲜明的对比，取得主从分明、完整统一的效果（图 5-12）。

③ 利用形象变化突出主体　一般说来，曲的部分要比直的部分更加引人注目，更易激发人们的兴趣。在建筑造型上运用圆形、折线等比较复杂的轮廓线都可取得突出主体、控制全局的效果，如图 5-13、图 5-14 所示。

5.2.2　均衡与稳定

一幢建筑物，由于各体量的大小、材料的质感、色彩及虚实变化不同，常表现出不同的轻重

图 5-12　深圳证券交易所总部大楼

图 5-13　中央电视台主楼

图 5-14　多伦多市政厅

感。一般说来，体量大的、实的、粗糙的及色彩暗的部分，感觉上较重；相反，体量小的、通透的、光洁和色彩浅的部分，感觉上较轻。研究均衡与稳定，就是要使建筑形象获得稳定与平衡的感觉。

均衡主要是研究建筑物各部分前后左右之间的轻重平衡感。在建筑构图中，均衡可以用力学的杠杆原理来加以描述。图 5-15 中支点表示均衡中心，根据均衡中心的位置不同，又可分为对称的均衡与不对称的均衡。

(a) 绝对对称均衡　　(b) 基本对称均衡　　(c) 不对称均衡

图 5-15　均衡的力学原理

对称的建筑是绝对均衡的。它以中轴线为中心，并加以重点强调，两侧对称容易取得完整统一的效果，给人以端庄、雄伟、严肃的感觉，常用于纪念性建筑或者其他需要表现庄严、隆重的公共建筑。如毛主席纪念堂、人民大会堂等都是通过对称均衡的形式体现出不同建筑的特性，获得明显的完整统一。图 5-16 为对称均衡示意和对称均衡的实例。

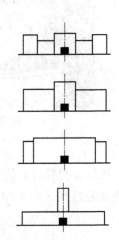

图 5-16　北京人民大会堂

建筑物由于受到功能、结构、材料、地形等各种条件的限制，不可能都采用对称形式。同时随着科学技术的进步以及人们审美观念的发展变化，要求建筑更加灵活、自由，因此不对称的均衡得以广泛采用。均衡中心偏于建筑的一侧，利用不同体量、材质、色彩、虚实等的变化，达到不对称均衡的目的。与对称均衡相比，不对称均衡显得轻巧、活泼（图 5-17）。

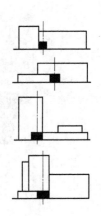

图 5-17　某不对称均衡的公共建筑

随着建筑结构技术的发展和进步，动态均衡对建筑处理的影响将日益显著，动态均衡的建筑组合更自由、更灵活，从任何角度看都有起伏变化，功能适应性更强（图 5-18）。

稳定是指建筑物整体上下之间的轻重平衡感。一般说上小下大，由底部向上逐渐缩小的建筑易获得稳定感，如河南安阳博物馆（图 5-19）就是利用这种手法而获得很好的艺术效果。随着新结构、新材料的发展，引起了人们审美观的变化。传统的砖石结构上轻下重、上小下大的稳定观念也在逐渐被突破。近代建造了不少底层架空的建筑，利用悬臂结

(a) 悉尼歌剧院　　　　　　　　　　(b) 古根海姆博物馆

图 5-18　动态均衡

构的特性、粗糙材料的质感和浓郁的色彩加强底层的厚重感，只要处理得当，同样可以达到稳定的效果（图 5-20）。

图 5-19　河南安阳博物馆

图 5-20　美国达拉斯市政厅

5.2.3　对比与微差

一个有机统一的整体，各种要素除按照一定的秩序结合在一起外，必然还有各种差异，而对比和微差就是指这种差异性。对比是指显著的差异，而微差是指不明显的差异。就形式美来讲，两者都是不可缺少的。对比可以借助相互之间的烘托、陪衬而突出各自的特点，以求变化；微差可以借彼此之间的连续性求得协调，只有把两者巧妙地结合，才能获得统一性。

对比与微差在建筑中的运用，主要有量的大小、长短、高低对比，形状的对比，方向上的对比，虚与实的对比以及色彩、质地、光影对比等［图 5-21，图 5-10(a)］。

图 5-21　巴西利亚国会大厦

5.2.4　韵律

所谓韵律，常指建筑构图中有组织的变化和有规律的重复，使变化与重复形成有节奏的韵律感，从而可以给人以美的感受。

建筑物外部形象中存在着很多重复的元素，如建筑形体、空间、构件乃至门窗、阳台、凹廊、雨篷、色彩等，为建筑造型提供了有利的条件。在建筑构图中，可以有意识地创造以条理性、重复性和连续性为特征的韵律美，丰富建筑立面（图 5-22）。

(a) 连续的韵律(西班牙巴塞罗那米拉之家)

(b) 连续的韵律(青岛东方影都项目)

图 5-22

(c) 渐变的韵律(台北101大厦)　　(d) 交错的韵律(某公共建筑)

图 5-22　韵律示例

5.2.5　比例与尺度

建筑中的比例主要指形体本身、形体之间、细部与整体之间在度量上的一种比较关系。如整幢建筑与单个房间长、宽、高之比；立面中的门窗与墙面之比等。

一般来说，抽象的几何形状以及若干几何形状之间的组合处理得当就可获得良好的比例，而易于为人所接受。良好的比例能给人以和谐、美好的感受，反之，比例失调就无法使人产生美感。在建筑造型设计中，有意识的强调几何形体间的相似关系，对于形成和谐的比例是有帮助的（图 5-23、图 5-24）。

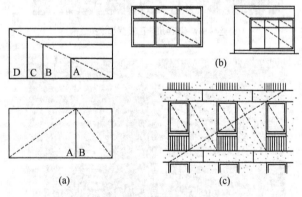

图 5-23　以相似的比例求统一

尺度所研究的是建筑物整体或局部与人体尺度之间在度量上的比较关系，两者如果协调，建筑形象就可以正确反映出其真实大小。如果不协调，建筑形象就会歪曲其真实大小。抽象的几何形体显示不了尺度感，但一经尺度处理，人们就可以感觉出它的真实大小

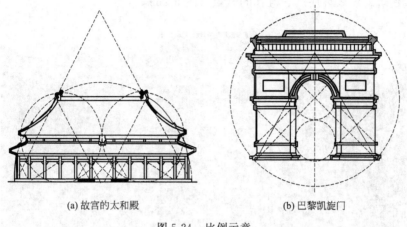

(a) 故宫的太和殿　　　　　　(b) 巴黎凯旋门

图 5-24　比例示意

来。在建筑设计过程中，人们常常以人或与人体活动有关的一些不变因素如门、台阶、栏杆等作为比较对象，通过它们之间的对比而获得一定的尺度感。如窗台和栏杆高度一般为 900～1100mm，门窗洞口高度为 2000～2400mm，踏步高度 150～175mm 等，通过这些固定的尺度与建筑整体或局部进行比较，就会得出很鲜明的尺度感。图 5-25 表示建筑物的尺度感，其中（a）图表示抽象的几何形体，没有任何尺度感。(b)、(c)、(d) 图通过与人的对比就可以得出建筑物的真实大小和高低来。

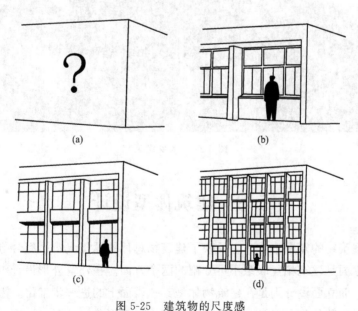

图 5-25　建筑物的尺度感

在设计工作中，尺度的处理通常有三种方法。

① 自然的尺度　以人体大小来度量建筑物的实际大小，从而给人的印象与建筑物真实大小一致。常用于住宅、办公楼、学校等建筑。

② 夸张的尺度　运用夸张的手法给人以超过真实人小的尺度感。常用于纪念性建筑

或大型公共建筑，以表现庄严、雄伟的气氛（图 5-26）。

图 5-26　南京中山陵

③ 亲切的尺度　以较小的尺度获得小于真实的感觉，从而给人以亲切宜人的尺度感。常用来创造小巧、亲切、舒适的气氛，如水乡建筑、庭园建筑（图 5-27）。

图 5-27　水乡建筑

5.3　建筑体型设计

体型是指建筑物的轮廓形状，它反映了建筑物总体的体量大小、组合方式以及比例尺度等。体型和立面是建筑相互联系不可分割的两个方面。在建筑外形设计中，可以说体型是建筑的雏形，而立面设计则是在建筑物体型某一表面上的进一步细化。因此，只有将两者作为一个有机的整体统一考虑，才能获得完美的建筑形象。

5.3.1　体型组合主要类型

(1) 单一体型

单一体型是将复杂的内部空间组合到一个完整的体型中去。外观各面基本等高，平面多呈正方形、矩形、圆形、Y 形等。这类建筑的特点是具有明显的主从关系和组合关系,造型统一简洁,轮廓分明,给人以鲜明而强烈的印象。也可以将复杂的功能关系,多种不同用途的大小房间,合理有效地概括在简单的平面空间中,便于采用统一的结构布置。美国杜勒斯航空港(图 5-28)将候机厅、餐厅、商店、宿舍、辅助用房等不同功能的房间组合在一个长方体的空间中,简洁的外形,四周有规律的倾斜列柱衬以大面积的玻璃,加上顶部的弧形大挑檐,形成了简洁、轻盈的外观形象。

图 5-28　美国杜勒斯航空港

(2)组合体型

所谓组合体型是指由若干个简单体形组合在一起的体型。当建筑物规模较大或内部空间不易在一个简单的体量内组合,或者由于功能要求需要,内部空间组成若干相对独立的部分时,常采用组合体型(图 5-29)。

图 5-29　新加坡金沙大酒店

5.3.2 体型转折与转角处理

在特定的地形或位置条件下,如丁字路口、十字路口或任意角度的转角地带布置建筑物时,如果能够结合地形,巧妙地进行转折与转角处理,不仅可以扩大组合的灵活性,适应地形的变化,而且可使建筑物显得更加完整统一。

转折主要是指建筑物依据道路或地形的变化而作相应的曲折变化。因此这种形式的临街部分实际上是长方形平面的简单变形和延伸,具有简洁流畅、自然大方、完整统一的外观形象。位于转角地带建筑的体型常采用主附体相结合,以附体陪衬主体、主从分明的方式。也可采取局部体量升高以形成塔楼的形式,以塔楼控制整个建筑物及周围道路,使交叉口、主要入口更加醒目(图 5-30、图 5-31)。

图 5-30　罗马威斯汀酒店

图 5-31　朝鲜香山宾馆

5.3.3 体量的联系与交接

复杂体型中,各体量之间的高低、大小、形状各不相同,如果连接不当,不仅影响到体型的完整性,甚至会直接破坏使用功能和结构的合理性。体型设计中常采取以下几种连接方式。

(1) 直接连接

在体型组合中,将不同体量直接相贴,称为直接连接。这种方式具有体型分明、简洁、整体性强的优点,常用于在功能上要求各房间联系紧密的建筑,如图 5-32(a)。

(2) 咬接

咬接是指各体量之间相互穿插的组合关系。虽体型较复杂,但组合紧凑,整体性强,较前者易于获得有机整体的效果,是组合设计中较为常用的一种方式,如图 5-32(b)。

(3) 以走廊或连接体相连

这种方式的特点是各体量之间相对独立而又互相联系,走廊的开敞或封闭、单层或多层,常随不同功能、地区特点、创作意图而定。建筑给人以轻快、舒展的感觉,如图 5-32(c)(d)。

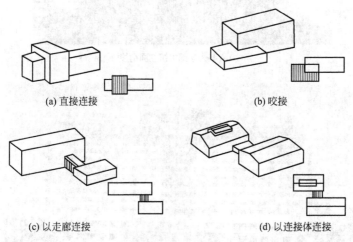

(a) 直接连接 (b) 咬接

(c) 以走廊连接 (d) 以连接体连接

图 5-32 建筑各体量之间的连接方式

5.4 建筑立面设计

建筑立面是表示建筑物外表面的细部处理,它是由许多构件组成的,这些部件包括门窗、墙柱、阳台、遮阳板、雨篷、檐口、勒脚、花饰等。立面设计就是恰当地确定这些部件的尺寸大小、比例关系以及材料色彩等,并通过形的变换、面的虚实对比、线的方向变化等求得外形的统一与变化以及内部空间与外形的协调统一。

进行立面处理,应注意以下几点。

首先,建筑立面分别包括正立面、背立面和侧立面等,但人们观察到的常常有两个立面。因此，在推敲建筑立面时不能孤立地处理单个立面，必须认真处理几个立面的相互协调和相邻面的衔接关系，以取得统一［图5-33(a)］。

其次，建筑造型是一种空间艺术，研究立面造型不能只局限于立面尺寸大小和形状，应考虑到建筑空间的透视效果。例如，对高层建筑的檐口处理，其尺度需要夸大，如果仍采用常规尺度，从立面图看虽然合适，但建成后在地面观看，由于透视的原因，就会感到檐口尺度过小。

再次，建筑立面处理应充分运用建筑物外立面上构件的直接效果、入口的重点处理以及适当装饰处理等手段，力求简洁、明快、朴素、大方，避免繁琐装饰［图5-33(b)］。

(a) 某大学图书馆立面衔接

(b) 某办公楼入口立面处理

图 5-33　建筑立面处理示意

5.4.1　立面的比例与尺度处理

立面的比例和尺度的处理与建筑功能、材料性能和结构类型分不开的。由于使用性质、容纳人数、空间大小、层高等不同，形成全然不同的比例和尺度关系。砖混结构的建筑，由于受结构和材料的限制，开间小，窗间墙又必须有一定的宽度，因而窗户多为狭长形，尺度较小。框架结构的建筑，柱距大，柱子断面尺度小，窗户可以开得宽大而明亮，与前者在比例和尺度上有较大的差别。

建筑立面常借助于门窗、细部等尺度处理反映出建筑物的真实大小。

5.4.2 立面的虚实与凹凸处理

建筑立面中"虚"的部分泛指门窗、空廊、凹廊等,常给人以轻巧、通透的感觉;"实"的部分指墙、柱、栏板等,给人以厚重、封闭的感觉。建筑外观的虚实关系主要是由功能和结构要求决定的。充分利用这两方面的特点,巧妙地处理虚实关系可以获得轻巧生动、坚实有力的外观形象。

以虚为主、虚多实少的处理手法能获得轻巧、开朗的效果。常用于剧院门厅、餐厅、车站、商店等大量人流聚集的建筑(图5-34)。

以实为主、实多虚少能产生稳定、庄严、雄伟的效果。常用于纪念性建筑及重要的公共建筑(图5-35)。

由于功能和构造上的需要,建筑外立面常出现一些凹凸部分。凸的部分一般有阳台、雨篷、遮阳板、挑檐、凸柱、突出的楼梯间等,凹的部分有凹廊、门洞等。通过凹凸关系的处理可以加强光影变化,增强建筑物的立体感,丰富立面效果(图5-36)。住宅建筑也常常利用阳台和凹廊形成虚实、凹凸变化(图5-37)。

图 5-34 香港中银大厦

图 5-35 南京大屠杀遇难同胞纪念馆

图 5-36 波士顿市政厅

图 5-37 荷兰 WoZoCo 老年公寓

5.4.3 立面的线条处理

任何线条本身都具有一种特殊的表现力和多种造型的作用。从方向变化来看，垂直线具有挺拔、高耸、向上的气氛；水平线使人感到舒展与连续、宁静与亲切；斜线具有动态的感觉；网格线有丰富的图案效果，给人以生动、活泼而有秩序的感觉。从粗细、曲折变化来看，粗线条表现厚重、有力；细线条具有精致、柔和的效果；直线表现刚强、坚定；曲线则显得优雅、轻盈。

建筑立面上存在着各种各样的线条，如立柱、墙垛、窗台、遮阳板、檐口、通长的栏板、窗间墙、分格线等。任何好的建筑，立面造型中千姿百态的优美形象也正是通过各种线条在位置、粗细、长短、方向、曲直、疏密、繁简、凹凸等方面的变化而形成的（图5-38）。

(a) 上海证券大楼

(b) 伦敦瑞士再保险总部大楼

(c) 加拿大密西沙加市梦露大楼

(d) 芝加哥怡安中心

图 5-38　立面的线条处理

5.4.4　立面的色彩与质感处理

材料质感和色彩的选择与配置，是使建筑立面产生丰富而生动效果的又一重要方面。建筑物所在地区的基地环境和气候条件不同，在材料和色彩的选配上，也应有所区别。

不同的色彩具有不同的表现力，给人以不同的感受。一般说来，以浅色或白色为基调的建筑给人以明快清新的感觉；深色显得稳重，橙黄等暖色使人感到热烈、兴奋；青、蓝、紫、绿等冷色使人感到宁静。运用不同色彩的处理，可以表现出不同建筑的性格、地方特点及民族风格。

立面色彩处理时应注意以下几点。

① 色彩处理应和谐统一并富有变化。一般建筑可采取大面积基调色为主，重点部位有所变化，以形成对比而突出重点。

② 色彩的运用必须与建筑物的性格特征一致。如医院建筑常采用白色或浅色基调，给人以安定感；商业建筑则常用暖色调，以增加热烈气氛。

③ 色彩的运用必须与环境协调，与周围相邻建筑、环境气氛相适应。

④ 基调色的选用应结合当地的气候特征，并考虑民族文化传统和地方特色。

质感是材料固有的特性。材料的表面，根据纹理结构的粗和细、光亮和暗淡的不同，建筑立面也会给人以不同的感觉。如粗糙的红砖、混凝土和毛石立面显得厚重、坚实［图5-39(a)］；光滑平整的面砖、金属及玻璃材料表面，使人感觉轻巧、细腻、平易［图5-39(b)］。

(a) 清水砖墙　　　　　　　　　　　(b) 玻璃幕墙

图 5-39　立面的材料质感

材料质感的处理包括两个方面，一方面是利用材料本身的特性，如大理石、花岗石的天然纹理，金属、玻璃的光泽等；另一方面是人工创造的某种特殊的质感，如仿石饰面砖、仿树皮纹理的粉刷等。

色彩和质感都是材料表面的属性，在很多情况下两者合为一体，很难把它们分开。一些住宅的外墙常采用浅色饰面与红砖组合，由于两种不同色彩、不同质感的材料之间互相对比和衬托而收到悦目和生动明快的效果。

5.4.5　立面的重点和细部处理

在建筑立面设计中，根据功能和造型需要，对需要引起人们注意的一些部位，如建筑物的主要出入口，商店橱窗、建筑檐口等进行重点处理，以吸引人们的视线，同时也能起到画龙点睛的作用，以增强和丰富建筑立面的艺术效果。

建筑物重点处理的部位如下。

① 建筑物主要出入口及楼梯间是人流最多的部位，要求明显突出、易于寻找。为了吸引人们的视线，常在这些部位进行重点处理。

② 根据建筑造型上的特点，重点表现有特征的部分，如体量中转折、转角、立面的突出部分及上部结束部分。如机场瞭望塔、车站钟楼、商店橱窗、房屋檐口等。

③ 为了使建筑统一中有变化，避免单调以达到一定的美观要求，也常在反映该建筑性格的重要部位，如住宅阳台、凹廊、公共建筑中的柱头、檐部等，仔细推敲其形式、比例、材料、色彩及细部处理，对丰富建筑立面起着良好作用。

本章小结

1. 建筑体型和立面设计着重研究建筑物的体量大小、体型组合、立面及细部处理等，它在很大程度上要受到使用功能、建筑技术条件、经济条件及周围环境等因素的制约。

2. 一幢建筑物从整体造型到立面设计是通过一定形式美的法则来完成的，法则包含了统一与变化、均衡与稳定、韵律与节奏、对比与微差、比例和尺度等。

3. 建筑体型的造型组合，包括单一体型、组合体型等不同的组合方式。

4. 建筑体型的组合设计中，常采用直接连接、咬接、以走廊或连接体相连等连接方式。

5. 立面设计中应注意：立面的比例和尺度处理、立面的虚实与凹凸处理、立面的线条处理、立面的色彩与质感处理、立面的重点和细部处理。

复习思考题

1. 影响建筑体型和立面设计的因素有哪些？
2. 建筑构图中的统一与变化、均衡与稳定、韵律、对比、比例尺度等的含义是什么？并用图例加以说明。
3. 建筑设计中尺度的处理通常有哪几种方法？分别简述各种方法的特点及适用建筑类型。
4. 建筑体型组合有哪几种方式？并以图例进行分析。
5. 简要说明建筑立面的处理手法。
6. 建筑立面细部设计的内容有哪些？
7. 建筑立面中虚实与凹凸分别是指哪些部分？在立面设计中具有哪些特点？
8. 建筑体型设计中常采取哪几种连接方式？试举例说明。

第 6 章

建筑构造概论

建筑构造是研究建筑物各组成部分的构造原理和构造方法的学科,是建筑设计不可分割的一部分。建筑构造的主要任务在于根据建筑物的使用功能、技术经济和艺术造型的要求,提供合理的构造方案,以作为建筑设计中综合解决技术问题及进行施工图设计、绘制大样图的依据。

构造原理就是综合多方面的技术知识,根据多种客观因素,以材料选用、结构选型、构配件制造、施工安装等为依据,研究各种构配件及其细部构造的合理性以及能更有效地满足建筑使用功能的理论。

构造方法是在构造理论的指导下,进一步研究如何运用各种材料,有机地组合各种构配件,并提出解决各构配件之间相互连接的方法和这些构配件在使用过程中的各种技术措施。

6.1 建筑物的构造组成

一幢建筑物,一般主要是由基础、墙或柱、楼地层、楼梯、屋顶和门窗等几大部分构成,如图 6-1 所示。

(1) 基础

基础是建筑物最下部的承重构件,承受建筑物上部结构传递下来的全部荷载,并把这些荷载连同基础的自重一起传给地基。因此基础必须具有足够的强度和稳定性,并能抵御地下各种因素的侵蚀。

(2) 墙和柱

墙是建筑物承重构件和围护构件。作为承重构件,墙承受着由屋顶或楼板层传来的荷载,并将其传给基础;作为围护构件,外墙抵御着自然界各种不利因素对室内的侵袭,内墙起着分隔建筑内部空间的作用。因此要求墙体必须具有足够的强度、稳定性、保温、隔热、隔声、防火、防水等能力。

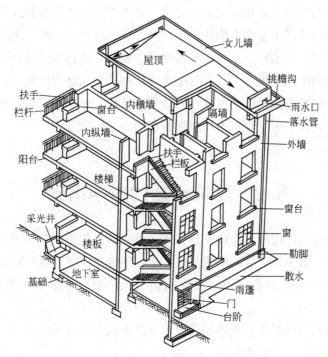

图 6-1 建筑物的基本组成

柱是建筑物的竖向构件，主要作用是承受屋顶和楼板层等传来的荷载，并将其传给基础，因此要求柱必须具有足够的强度和刚度。

(3) 楼地层

楼地层分为楼板层和地坪层。楼板层是建筑物中沿高度方向水平分隔上下空间的承重构件，承受着作用在楼板层上的家具设备和人体荷载以及本身自重，并把这种荷载通过墙柱等传给基础，同时还对墙柱起着水平支撑的作用。地坪层是底层房间地面与地基直接接触的结构层，承受底层房间内的荷载并将其传给地基。因此要求楼地层必须具有足够的强度和刚度，并具有隔声、防火、防水、保温等能力。

(4) 屋顶

屋顶是建筑物顶部的外围护构件，抵御自然界风霜、雨雪、太阳辐射、气温变化和其他外界的不利因素，为屋顶覆盖下的空间提供一个良好的使用环境。在结构上，屋顶是建筑物的承重构件，承受着风、雪和屋顶构造的荷载及施工期间的荷载，并将这些荷载连同自身的重量通过墙柱等传给基础，同时还对墙柱起着水平支撑的作用。因此要求屋顶必须具有足够的强度和刚度，并具有防水、保温、隔热等能力。

(5) 楼梯

楼梯是建筑物的垂直交通联系设施，供人们上下楼层和安全疏散之用，同时楼梯也起承重作用。因此要求楼梯必须具有足够的强度和刚度，并具有足够的通行能力，满足安全、防滑、防火等功能。

(6) 门与窗

门主要是供人们内外交通和隔离房间之用。窗主要是用来采光和通风，同时也起分隔和围护作用。门和窗均属于非承重构件，应具有保温、隔热、隔声、防水等能力。

以上六种构件中，由基础、墙或柱、楼地层、屋顶、楼梯等构件共同构成建筑物的承重结构。作为建筑物的骨架体系，它们对整个建筑物的耐久性影响较大。

外墙、门窗、屋顶等又构成了建筑物的外围护结构。外围护结构对保证建筑室内空间的环境质量和建筑的外形美观起着不可忽视的作用。

6.2 建筑构造的影响因素

建筑物建成并投入使用后，要经受自然界各种因素的作用。为了提高建筑物对外界各种影响的抵御能力，延长建筑物的使用寿命，更好地满足使用功能的要求，在进行建筑构造设计时，必须充分考虑到各种因素对它的影响，以便根据影响程度提供合理的构造方案。

影响建筑构造的因素很多，归纳起来大致可分为以下几方面。

(1) 自然因素和人为因素的影响

① 自然因素的影响　我国幅员辽阔，各地区地理环境不同，大自然的条件也多有差异。由于南北纬度相差较大，从炎热的南方到寒冷的北方，气候差异特别悬殊。因此，气温变化，太阳的热辐射，自然界的风、霜、雨、雪等均构成了影响建筑物使用功能和建筑构件使用质量的因素，如图6-2所示。有的因材料热胀冷缩而开裂，严重的遭到破坏；有的出现渗漏水现象；还有的因室内过冷或过热影响建筑物的正常使用。为防止由于自然条件的变化而造成建筑物构件的破坏和保证建筑物的正常使用，在建筑构造设计时，针对上述影响因素的性质与程度，对各有关部位采取相应的防范措施，如防潮、防水、保温、隔热、设变形缝、设隔蒸气层等。

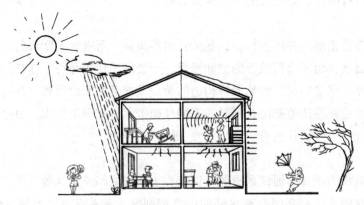

图 6-2　自然因素和人为因素对建筑的影响

② 人为因素和其他因素的影响　人们所从事的生产和生活的活动，往往会造成对建

筑物的影响，如机械振动、化学腐蚀、战争、爆炸、火灾、噪声等，都属于人为因素的影响。因此，在进行建筑构造设计时，必须针对各种可能发生的因素，从构造上采取隔振、防腐、防爆、防火、隔声等相应的措施。

另外，鼠、虫等也能对建筑物的某些构配件造成危害，如白蚂蚁等对木结构的影响等，因此也必须引起重视。

(2) 外力作用的影响

作用到建筑物上的外力称为荷载。荷载有静荷载（如建筑物的自重）和动荷载之分。动荷载又称活荷载，如人流、家具设备、风、雪以及地震作用等。荷载的大小是结构设计的主要依据，也是结构选型的重要基础，它决定着构件的尺度和用料。而构件选材、尺寸、形状等又与构造密切有关，所以在确定建筑构造方案时，必须考虑外力的影响。

在外荷载中，风力的影响不可忽视。风力往往是高层建筑主要水平荷载，特别是沿海地区影响更大。此外，地震作用是目前自然界中对建筑物影响最大也最严重的一种因素。我国是多地震国家之一，地震分布也相当广，因此，在建筑构造设计中，应该根据各地区的实际情况，予以设防。

(3) 建筑技术条件的影响

建筑材料技术、结构技术、施工技术等建筑技术条件是构成建筑的基本要素之一，建筑构造受其影响和制约。随着建筑业的发展，新材料、新结构和新工艺的不断出现，建筑构造要解决的问题也越来越多、越来越复杂，也使得建筑构造设计变得更加复杂、更加多样化。

(4) 经济条件的影响

建筑构造设计是建筑设计中不可分割的一部分，必须考虑经济效益。在确保工程质量的前提下，既要降低建造过程中材料、能源和劳动力的消耗，以降低造价，又要有利于降低使用过程中维护和管理的费用。同时，在设计过程中还要根据建筑物的不同使用年限和质量要求，在材料选择和构造方式上给予区别对待。

6.3 建筑构造设计原则

建筑构造设计是建筑设计的重要组成部分，建筑构造设计必须综合运用相关技术知识，遵循一下原则进行设计。

(1) 满足建筑使用功能要求

由于建筑物使用性质和所处条件、环境的不同，则对建筑构造设计有着不同的要求。如北方地区要求建筑在冬季能保温；南方地区则要求建筑能通风、隔热；对要求有良好声环境的建筑物则要考虑吸声、隔声等要求。总之为了满足使用功能需要，在建筑构造设计时，必须综合有关技术知识，进行合理的设计，以便确定最经济合理的构造方案。

(2) 有利于结构安全

建筑物除根据荷载大小、结构的要求确定构件的尺度外，对一些构配件的设计，如阳台和楼梯的栏杆，顶棚、墙面和地面的装修，门窗与墙体的结合以及抗震加固等，都必须在构造上采取必要的措施，以确保建筑物在使用时的安全。

(3) 适应建筑工业化的需要

为了提高建筑速度，改善劳动条件，保证施工质量，在建筑构造设计时，应大力推广先进技术，选用各种新型建筑材料，采用标准设计和定型构件，为构配件生产的工厂化、现场施工的机械化创造有利条件，以适应建筑工业化的需要。

(4) 讲求建筑经济的综合效益

在建筑构造设计中，应该注意整体建筑物的经济效益问题，既要注意降低建筑造价，减少材料的消耗，也要有利于降低建筑物在使用阶段的运行、维修和管理的费用，节能减排，使建筑物真正做到经济适用。

(5) 美观大方

构造方案在处理时还应考虑其造型、尺度、质感、色彩等艺术和美观问题。对每个细部设计都必须精心推敲，做到锦上添花，使建筑物美观、精致、耐看。

6.4 建筑防震

我国是世界上地震活动最强烈的国家之一，位于全球最活跃的两大地震带——环太平洋地震带和欧亚地震带之间。我国地震活动具有分布广、频度高、强度大和震源浅等特点。

6.4.1 地震与地震波

地壳内部存在极大的能量，地壳中的岩层在这些能量所产生的巨大作用力下发生变形、弯曲、褶皱，当最脆弱部分的岩层承受不了这种作用力时，岩层就开始断裂、错动，这种运动传至地面，就表现为地震，具体如图 6-3 所示。

地下岩层断裂和错动的地方称为震源，理论上常将震源看成一个点，而实际上震源是具有一定规模的区域。震源正上方地面称为震中。震源到地面的垂直距离称为震源深度，根据震源深度不同，地震分为浅源地震（小于 70km）、中源地震（70～300km）和深源地震（大于 300km）。目前浅源地震占全球地震的 90%以上。

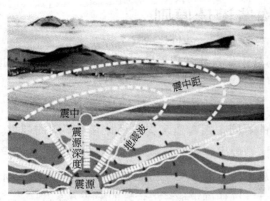

图 6-3 地震示意图

岩层断裂错动，突然释放大量能量并以波的形式向四周传播，这种波就是地震波。地震波分为横波和纵波，纵波振幅小，波速快；横波振幅大，波速慢。

6.4.2 地震震级与地震烈度

(1) 地震震级

地震震级是度量地震中震源所释放能量多少的指标，一般称里氏震级，它取决于一次地震释放的能量大小。我国目前使用的震级标准是国际上通用的里氏分级表，共分为9个等级。

一般将小于1级的地震称为超微震；大于等于1级，小于3级的称为弱震或微震；大于等于3级，小于4.5级的称为有感地震；大于等于4.5级，小于6级的称为中强震；大于等于6级，小于7级的称为强震；大于等于7级的称为大地震；8级以及8级以上的称为巨大地震，如2008年5月12日四川汶川地震震级为8.0级。

(2) 地震烈度

地震烈度是指某一地区地面和建筑遭受地震影响的强烈程度，它不仅与震级有关，且与震源的深度、距震中的距离、场地土质类型等因素有关。一次地震只有一个震级，而在不同地方会表现出不同的破坏程度，也就是不同的地震烈度。

例如，1976年唐山地震，震级为7.8级，震中烈度为11度。受唐山地震的影响，天津市地震烈度为8度，北京市地震烈度为6度，再远到石家庄、太原等地的地震烈度就只有4~5度。

6.4.3 建筑抗震设防

由于地震时产生的巨大能量，往往造成各类建筑和设施的破坏，甚至倒塌，并由此引起各种次生灾害的发生以及人员的伤亡。国内外大量震害都表明，采用科学合理的抗震设防标准、抗震设计方法和抗震构造措施，是当前减轻地震灾害的最有效途径。

(1) 抗震设防烈度

抗震设防烈度是按国家规定的权限批准作为一个地区抗震设防的地震烈度。一般情况，取某一地区50年内超越概率10%的地震烈度作为该地区的抗震设防烈度。目前，我国主要城镇抗震设防烈度见《中国地震动参数区划图》(GB 18306—2015)。

(2) 抗震设防目标

按《建筑抗震设计规范》(GB 50011—2011) 规定，抗震设防烈度为6度及以上地区的建筑，必须进行抗震设计。进行抗震设计的建筑，其基本的抗震设防目标是：当遭受低于本地区抗震设防烈度的多遇地震影响时，主体结构不受损坏或不需修理可继续使用；当遭受相当于本地区抗震设防烈度的设防地震影响时，可能发生损坏，但经一般性修理仍可继续使用；当遭受高于本地区抗震设防烈度的罕遇地震影响时，不致倒塌或发生危及生命的严重破坏。也即我国的抗震设防目标为：小震不坏、中震可修、大震不倒。

(3) 建筑抗震设防类别

建筑抗震设防类别是根据建筑破坏造成的人员伤亡、直接和间接经济损失及社会影响的大小；建筑使用功能失效后，对全局的影响范围大小、抗震救灾影响及恢复的难易程度；以及城镇的大小、行业的特点、工矿企业的规模等因素的综合分析确定。

《建筑工程抗震设防分类标准》（GB 50223—2008）规定建筑抗震类别分为特殊设防类（甲类）、重点设防类（乙类）、标准设防类（丙类）和适度设防类（丁类）四个抗震设防类别。

特殊设防类是指使用上有特殊设施，涉及国家公共安全的重大建筑工程和地震时可能发生严重次生灾害等特别重大灾害后果，需要进行特殊设防的建筑。如三级医院的门诊和住院用房、核电站等。

重点设防类是指地震时使用功能不能中断或需尽快恢复的生命线相关建筑以及地震时可能导致大量人员伤亡等重大灾害后果，需要提高设防标准的建筑。如教育建筑、结构单元内经常使用人数超过10000人的高层建筑、20万人口以上城镇给水和燃气建筑。

适度设防类是指使用上人员稀少且震损不致产生次生灾害，允许在一定条件下适度降低要求的建筑。一般为储存物品价值低、人员活动少的单层仓库等建筑。

标准设防类是指大量的除以上几款以外按标准要求进行设防的建筑。如大量性的一般工业与民用建筑等。

(4) 抗震概念设计

根据地震震害和工程经验，在进行建筑设计时一般遵循下列要点。

① 选择对建筑物抗震有利的场地，宜避开对建筑抗震不利的场地。

② 建筑设计应采用平面和竖向规则的设计方案，不宜采用不规则的设计方案，不应采用严重不规则的设计方案。建筑体型和立面处理力求匀称，建筑体型宜规则、对称，建筑立面宜避免高低错落、突然变化；

③ 因使用和美观方面的要求，建筑体型复杂、平立面特别不规则的建筑，应用防震缝将建筑物分割成若干结构单元，使每个单元体型规则、平面规整、结构体系单一。

④ 加强结构的整体刚度，从抗震要求出发，合理选择结构类型，合理布置墙和柱，加强结构构件之间的连接，合理设置钢筋混凝土圈梁和构造柱等。

⑤ 对非结构构件，如女儿墙、围护墙、雨篷等，应与主体结构有可靠连接和锚固，避免地震时倒塌、脱落伤人；对围护墙和隔墙与主体结构的连接，应避免其不合理的设置而导致主体结构的破坏；应避免吊顶在地震时塌落伤人；应避免贴镶或悬吊较重的装饰物或采取可靠的防护措施。

6.5 建筑构造详图的表达

建筑构造设计是通过构造详图来加以表达。构造详图通常是在建筑的平、立、剖面图上，通过引出放大或进一步剖切放大节点的方法，将细部用详图表达清楚。

为了满足施工的需要，建筑构造详图除了表述构件形状和必要的图例外，构造详图中还应该标明相关的尺寸以及所用的材料、级配、厚度和做法。对于某些建筑构造或构件的通用做法，可采用国家或地方制定的标准图集或通用图集中的图样，通过索引符号加以注明，不必另画详图。

建筑构造详图的层次表示法如图6-4所示，详图索引如图6-5所示。

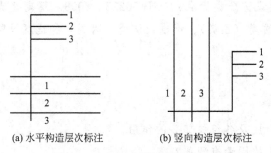

图 6-4　建筑构造详图层次表示法

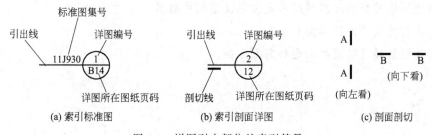

图 6-5　详图引出部位的索引符号

本章小结 ▶▶▶

1. 建筑构造是研究组成建筑的各种构配件组合原理及构造方法的学科，是建筑设计不可分割的一部分。建筑构造的主要任务在于根据建筑物的使用功能、技术经济和艺术造型的要求，提供合理的构造方案，从而提高建筑物抵御外界各种影响因素的能力，保证建筑物的使用质量，延长建筑物的使用年限。

2. 一幢建筑物主要是由基础、墙或柱、楼地层、楼梯、屋顶、门窗等六大部分所组成。

3. 影响建筑构造的因素包括自然及人为因素、外力作用、建筑技术条件、经济条件等。

4. 地震是目前自然界中对建筑物影响最大也是最严重的一种因素。根据震源深度不同，地震分为浅源地震（小于70km）、中源地震（70～300km）和深源地震（大于300km）。

5. 地震震级是度量地震中震源所释放能力多少的指标，一般称里氏震级，它取决于一次地震释放的能量大小。我国目前使用的震级标准是国际上通用的里氏分级表，共分为9个等级。

6. 地震烈度是指某一地区地面和建筑遭受地震影响的强烈程度，它不仅与震级有关，且与震源的深度、距震中的距离、场地土质类型等因素有关。

7. 抗震设防烈度是按国家规定的权限批准作为一个地区抗震设防的地震烈度。一般情况，取某一地区50年内超越概率10%的地震烈度作为该地区的抗震设防烈度。

8. 《建筑工程抗震设防分类标准》（GB 50223—2008）规定建筑抗震类别分为特殊设防类（甲类）、重点设防类（乙类）、标准设防类（丙类）和适度设防类（丁类）四个抗震设防类别。

复习思考题

1. 简述建筑物的组成及各组成部分的作用？
2. 影响建筑物构造的因素有哪些？
3. 建筑构造设计原则有哪些？
4. 简述地震震级和地震烈度的定义以及它们的联系。
5. 我国抗震设防的目标是什么？
6. 简述我国建筑抗震类别是如何划分的。

第 7 章

基础与地下室构造

7.1 地基与基础

7.1.1 基本概念

基础是房屋的重要组成部分,是建筑地面以下的承重构件,它承受建筑物上部结构传递下来的全部荷载,并把这些荷载连同基础的自重一起传到地基上。

地基则是支承基础的土体和岩体,它不是建筑物的组成部分,它的作用是承受基础传来的荷载。

地基在保持稳定的条件下,单位面积所能承受的最大垂直压力称为地基承载力(或地耐力)。当基础传来的荷载超过地基承载力时,地基往往由于承载力不足而产生剪切破坏。一般应将基础与地基接触部分的面积扩大,尽量增加基础的底面积,也就是扩大建筑物与地基土的接触面积,以减小地基单位面积上的压力,使它处于地基承载力的允许范围之内,才能保证建筑物的使用安全,这就是我们所说基础的"大放脚"。

基础的大小与地基承载能力成反比,与上部荷载大小成正比。在进行结构设计时必须对基础下面土层的承载能力进行勘察,确定其大小和性质。基底下的第一层土叫持力层,地基内持力层下面的土层叫下卧层,如图 7-1 所示。

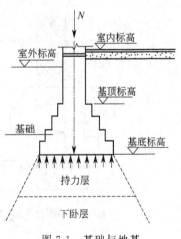

图 7-1 基础与地基

地基按土层性质的不同,可分为天然地基与人工地基两大类。

天然地基是指天然土层具有足够的承载力,不需要经过人工改良或加固,可直接在上面建造建筑物的地基。天然地基根据土质的不同可分为岩石、碎石土、砂土、粉土、黏性土和人工填土六大类。天然地基的土层分布及承载力等物理力学参数由勘察部门实测提供。

当地基土层的承载力较差或虽然土层较好，但上部荷载较大时，为使地基具有足够的承载能力，应对土体进行人工加固，从而满足工程的需要。这种经人工处理的土层，称为人工地基。如淤泥、湿陷性黄土、膨胀土、冻土等地基土需要通过人工加固处理（如压实法、换土法、挤密法、排水固结法、桩基础等），才能满足工程的需要。

7.1.2 基础的类型

7.1.2.1 按基础的材料及受力特点分类

（1）无筋扩展基础

由刚性材料制作的基础称为无筋扩展基础，也称刚性基础。所谓刚性材料，一般指抗压强度高，抗拉、抗剪强度低的材料。在常用工程材料中，砖、三合土、灰土、混凝土、毛石、毛石混凝土等均属于刚性材料。

根据试验得知，上部结构（墙或柱）在基础中传递压力是沿一定角度分布的，这个传力角度称为压力分布角，或刚性角，以 α 表示，如图 7-2(a) 所示。由于刚性材料抗压强度高，抗拉强度低，因此基础底面面积只能控制在压力分布角的范围内。如果基础底面宽度超过了控制刚性角的范围，即基础底面宽度由 B 增大到 B'，这时基础底部将产生拉应力而破坏，如图 7-2(b) 所示。

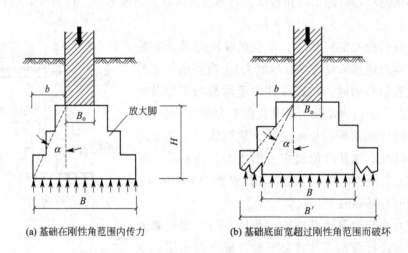

(a) 基础在刚性角范围内传力　　(b) 基础底面宽超过刚性角范围而破坏

图 7-2　刚性基础的受力、传力特点

由于刚性基础底面宽度的增大受刚性角的限制，要想增加刚性基础的底面积，就必须增加刚性基础的高度。随着基础高度的增加，基础的埋置深度也增加，从而导致工程土方量、人工费等均相应增加，进而增加了工程成本，所以刚性基础在使用时具有一定的局限性。

为设计施工方便，工程上常用刚性角的正切值 b/H（基础的宽高比）表示刚性角。不同材料和不同压力条件下，刚性基础台阶的允许宽高比也不同，如表 7-1 所示。

表 7-1 无筋扩展基础台阶宽高比的允许值

基础材料	质量要求	台阶宽高比的允许值		
		$p_k \leq 100$	$100 < p_k \leq 200$	$200 < p_k \leq 300$
混凝土基础	C15 混凝土	1:1.00	1:1.00	1:1.25
毛石混凝土基础	C15 混凝土	1:1.00	1:1.25	1:1.50
砖基础	砖不低于 MU10、砂浆不低于 M5	1:1.50	1:1.50	1:1.50
毛石基础	砂浆不低于 M5	1:1.25	1:1.50	—
灰土基础	体积比为 3:7 或 2:8 的灰土,其最小干密度:粉土 1550kg/m³ 粉质黏土 1500kg/m³ 黏土 1450kg/m³	1:1.25	1:1.50	—
三合土基础	体积比 1:2:4～1:3:6(石灰:砂:骨料),每层约虚铺 220mm,夯至 150mm	1:1.50	1:2.00	—

注:p_k 为荷载标准组合时基础底面处的平均压力值,kPa。

① 砖基础 砖基础是由普通黏土砖和砂浆砌筑而成,由于取材容易,价格低廉,是工程中最常见的一种无筋扩展基础。由于砖的强度、耐久性、耐水性、抗冻性都比较差,一般用于地基土质好、地下水位低的低层和多层砖混结构中。

砖基础一般做成台阶式,为满足刚性角的限制,其砌筑方式有"二皮一收"(每二皮砖挑出 1/4 砖)和"二一间隔收"(每二皮砖挑出 1/4 砖和一皮砖挑出 1/4 砖相间砌筑)两种,如图 7-3 所示。

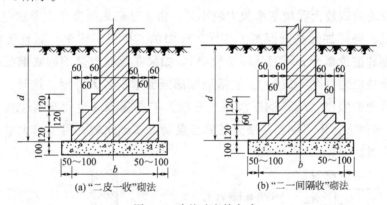

图 7-3 砖基础砌筑方式

② 毛石基础 毛石基础由未加工成形的石块和砂浆砌筑而成。毛石基础具有强度高、抗冻、耐水性好、经济等特点,可用于地下水位较高和冻土深度较深地区的多层建筑。

③ 混凝土基础 混凝土基础坚固耐久、耐水性、抗冻性好,刚性角大($\alpha=45°$),常用于地下水位较高和冻土深度较深地区的建筑物基础。

为了节约混凝土用量,对于体积较大的混凝土基础,常常在浇筑混凝土时加入 20%～30%的粒径不超过 300mm 的毛石,这种基础称为毛石混凝土基础。所用毛石尺寸应小于基础宽度的 1/3,且毛石在混凝土中应均匀分布。

④ 灰土基础和三合土基础 灰土基础是指将砖基础下的灰土垫层作为基础的一部分考虑,并把它的承载力计算在内,这样可以节省一部分砌体材料。完全用灰土是无法做基

础的,这一点必须清楚。三合土基础也是这个道理,是指考虑砖基础下的三合土垫层承载力的基础。

灰土是由石灰和黏土加适量水拌合夯实而成。根据石灰和黏土的比例不同有三七灰土和二八灰土。灰土基础应分层施工,每层虚铺220~250mm,夯实后厚度150mm左右。

三合土是由石灰、砂、骨料(碎砖或碎石)按一定体积比(一般为1:3:6或1:2:4)加水拌合夯实。做法与灰土基础基本相同。

灰土基础与三合土基础可节省砖砌体,但是抗冻性、耐水性差,只能用于地下水位以上、冻结深度以下的低层建筑,如图7-4所示。

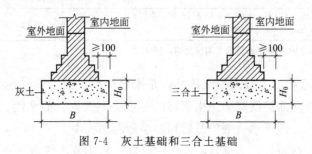

图7-4 灰土基础和三合土基础

(2)扩展基础

扩展基础是指柱下钢筋混凝土独立基础和墙下钢筋混凝土条形基础。

当建筑物的荷载较大而地基承载力较小时,由于基础底面宽度需要加宽,如果仍采用混凝土基础,势必加大基础深度。这样,既增加了挖土工作量,而且还使材料用量增加,对工期和造价都十分不利[图7-5(a)]。如果在混凝土基础的底部配以钢筋,利用钢筋来承受拉应力[图7-5(b)],使基础底部能够承受较大弯矩。这时,基础宽度的加大不受刚性角的限制,故称钢筋混凝土基础为扩展基础(也称非刚性基础或柔性基础)。在同样条件下,采用钢筋混凝土基础与混凝土基础比较,可节省大量的混凝土材料和挖土工作量。

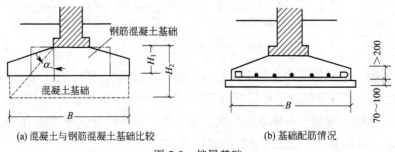

(a)混凝土与钢筋混凝土基础比较　　(b)基础配筋情况

图7-5 扩展基础

扩展基础的做法需在基础底板下均匀浇注一层素混凝土垫层,目的是保证基础钢筋和地基之间有足够的距离,以免钢筋锈蚀。为了保证钢筋混凝土基础施工时,钢筋不致陷入泥土中,垫层一般采用C15素混凝土,厚度70~100mm,垫层两边应伸出基础底板边缘各100mm。

7.1.2.2 按基础的构造形式分类

基础构造形式的确定随建筑物上部结构形式、荷载大小及地基土质情况而定。在一般情况下,上部结构形式直接影响基础的形式。当上部荷载增大,且地基承载能力有变化时,基础形式也随之变化。

(1) 条形基础

条形基础呈连续的带状,也称带形基础。

当建筑物上部为混合结构,在承重墙下往往做成通长的条形基础。如一般多层建筑常采用砖、毛石、混凝土、灰土等材料的刚性条形基础,如图 7-6(a) 所示。当上部是钢筋混凝土墙,或地基很差、荷载很大时,承重墙下也可以用钢筋混凝土条形基础,如图 7-6(b)。

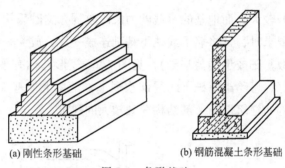

图 7-6 条形基础

(2) 独立基础

独立基础呈独立的块状,形式有台阶形,锥形、杯形等。当建筑物上部采用框架结构、单层排架及门架结构承重时,基础常采用独立基础。独立基础是柱下基础的基本形式,如图 7-7(a)。当柱子采用预制构件时,则基础做成杯口形,柱子嵌固于杯口内,故称为杯形基础,如图 7-7(b)。

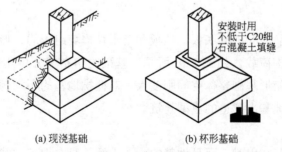

图 7-7 独立基础

(3) 井格基础

当地基软弱而荷载较大时,若采用柱下独立基础,基础底面积将增加较多。在柱距较小时,采用柱下独立基础时,独立基础将靠得比较近,影响施工。为了增加基础的整体性并方便施工,可将同一排的柱基础连通做成钢筋混凝土条形基础。对于框架结构,为提高建筑物的整体性、防止柱子之间产生不均匀沉降,常将柱下基础沿纵横两个方向连接起来，做成十字交叉的井格基础，又称十字交叉基础，如图 7-8 所示。

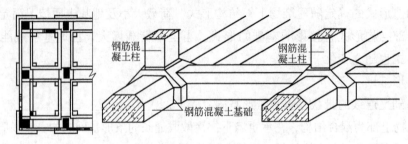

图 7-8　井格基础

(4) 筏形基础

当建筑物上部荷载较大，而地基的承载能力又比较弱，这时采用条形基础或井格基础已不能满足地基变形要求时，常将墙下或柱下基础连成一片，成为一个整板，这种基础称为筏形基础（也称筏板基础或倒楼盖基础），见图 7-9。筏形基础有平板式和梁板式之分。由于筏形基础整体性好，可跨越基础下的局部软弱土，常用于地基软弱的多层砌体结构、框架结构、剪力墙结构的建筑以及上部结构荷载较大的建筑。

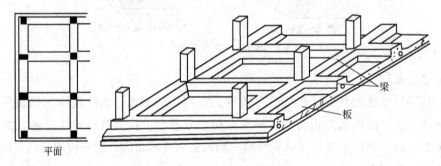

图 7-9　梁板式筏形基础

(5) 箱形基础

箱形基础是由钢筋混凝土的底板、顶板和若干纵横墙组成的，形成空心箱体的整体结构，共同承受上部结构荷载，如图 7-10 所示。基础的中空部分可用作地下室（单层或多层）或地下停车库。箱形基础整体空间刚度大，对抵抗地基的不均匀沉降有利，一般适用于高层建筑或在软弱地基上建造的重型建筑。

(6) 桩基础

当建筑物上部荷载较大时，而且地基的软弱土层较厚，地基承载力不能满足要求，做人工地基又不具备条件或不经济时，可采用桩基础。上部结构的荷载通过桩传给地基土层，以保证建筑物的均匀沉降或安全使用。

桩基础通常由单桩和桩顶承台两部分组成。桩按材料可分为木桩、钢筋混凝土桩、钢桩等；桩按制作工艺可分为预制桩和灌注桩；桩按入土方法可分为打入桩、振入桩、压入桩及灌注桩等；桩按受力性能可分为端承桩和摩擦桩两种，如图 7-11 所示。

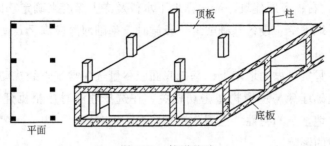

图 7-10 箱形基础

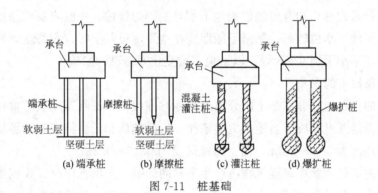

图 7-11 桩基础

7.1.3 基础的埋置深度

由室外设计地面到基础底面的垂直距离叫基础的埋置深度,简称基础的埋深,如图 7-12 所示。

根据基础埋置深度的不同,基础可分为浅基础和深基础。但是深浅没有明显界线,一般认为,基础埋置深度不超过 5m 的基础称为浅基础,埋深大于 5m 的基础称为深基础。

从施工工期和工程造价的角度来看,由于浅基础构造简单、施工方便,造价相对低廉且不需要特殊施工设备,因此在保证安全使用的前提下,应优先选用浅基础,以减少工期和降低工程造价。但当基础埋深过小时,基础容易产生滑移而失去稳定,同时易受到自然因素的侵蚀和影响,故基础的最小埋置深度不应小于 500mm。

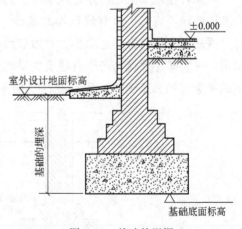

图 7-12 基础的埋深

影响基础埋置深度的因素有很多,主要考虑以下几个因素的影响。

(1) 建筑上部荷载的大小和建筑物的性质及用途

建筑基础的埋置深度应满足地基承载力、变形和稳定性要求。建筑基坑挖出土的重量理论上应大于或等于建筑物的上部荷载。高层建筑的基础埋深一般是地面以上建筑物总高度的 1/15～1/10 左右；多层建筑一般根据地下水位及冻土深度来确定基础埋深。

当建筑物设置地下室、设备基础或地下设施时，基础埋深应满足其使用要求。

(2) 工程地质条件

基础应建造在坚实可靠的地基上，基础底面应尽量选在常年未经扰动而且坚实平坦的土层或岩石上。基础埋深与地质构造密切相关，在选择埋深时应根据建筑物的大小、特性、体型、刚度、地基土的特性、土层分布等情况区别对待。

(3) 地下水位的影响

地下水对地基和基础的影响很大。为了避免地下水位变化对地基承载力的影响、地下水对基础施工带来的麻烦和有侵蚀性的地下水对基础的侵蚀，一般将基础埋置在地下水最高水位之上。当地下水位较高，基础不能埋置在地下水位以上时，应将基础底面埋置在最低地下水位以下不小于 200mm 处，以避免水位变化对基础的影响。

(4) 土冻结深度的影响

地面以下的冻结土与非冻结土的分界线称为冰冻线，冰冻线至地表的垂直距离称为冻结深度。土的冻结深度取决于当地的气候条件，气温越低和低温持续时间越长，冻结深度越大。如北京地区为 0.8～1.0m，而上海地区仅为 0.12～0.2m。

地基土层的冻结和解冻对建筑物将产生不利的影响。土层冻胀时，建筑物基础会向上拱起；冻土解冻，基础又会随之下沉。由于土层冻融不均匀，建筑物会产生变形，严重时会产生墙体开裂等破坏情况。因此，对于有冻胀性的地基土，基础应埋置在冰冻线以下不小于 200mm 处。

(5) 相邻建筑物基础的影响

在原有建筑物附近新建建筑物时，为保证原有建筑物的安全和正常使用，新建建筑物的基础埋深不宜大于原有建筑物的基础。当新建建筑物的基础埋深大于原有建筑物基础时，两基础间应保持一定净距，其数值应根据原有建筑物荷载大小、基础形式和土质情况确定。一般新建建筑物与原有建筑物基础之间的水平距离应取两基础底面高差的 1～2 倍，基础埋深与相邻基础的关系如图 7-13 所示。

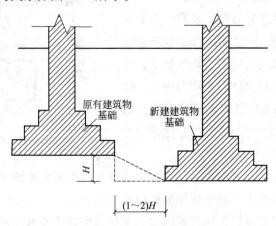

图 7-13 基础埋深与相邻基础的关系

7.2 地下室

7.2.1 地下室的分类

(1) 按埋入地下深度分类

按埋入地下深度的不同，可分为全地下室和半地下室。

① 全地下室：是指地下室地面低于室外地坪的高度超过该房间净高的1/2。

② 半地下室：是指地下室地面低于室外地坪的高度为该房间净高的1/3～1/2。

(2) 按使用功能分类

按使用功能的不同，可分为普通地下室和人防地下室。

① 普通地下室：一般用作高层建筑的地下停车库、设备用房；根据用途及结构需要可做成一层或二、三层、多层地下室。

② 人防地下室：结合人防要求设置的地下空间，用以应付战时情况下人员的隐蔽和疏散，并有具备保障人身安全的各项技术措施。

7.2.2 地下室的组成

地下室一般由墙、底板、顶板、门和窗、采光井等部分组成，如图7-14所示。

地下室的外墙不仅承受上部的垂直荷载，还要承受土体和地下水的侧压力，因此地下室外墙应按照挡土墙设计，同时还应做防潮或防水处理。

地下室的顶板，一般采用现浇钢筋混凝土的楼板。如地下室顶板作为上部结构的嵌固部位时，地下室顶板的厚度不应小于180mm；如为防空地下室，应按有关规定确定厚度和混凝土强度等级。

地下室底板处于最高地下水位以上，仅承受上部垂直荷载作用时，可按一般地面工程处理，即垫层上现浇混凝土

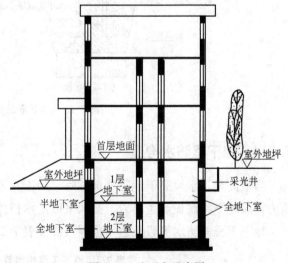

图7-14　地下室示意图

60～80mm厚，再做面层；如底板处于最高地下水位以下时，底板不仅承受上部垂直荷载，还承受地下水的浮力作用，因此还需要进行抗浮计算，同时设置防水层，以防渗漏。

地下室的门和窗与地上部分相同，主要起疏散、通风和采光的作用。

地下室的采光井由侧墙、底板、遮雨设施等组成。采光井的深度视地下室窗台的高度

而定,一般采光井底板顶面应低于窗台 250~300mm。

7.2.3 地下室防潮构造

当地下水的常年水位和最高水位均在地下室地坪标高以下时,地下水不能直接侵入室内,地下室外墙和地坪仅受到土层中潮气的影响,这时地下室只需做防潮处理。

地下室防潮构造的要求是:砖墙体必须采用水泥砂浆砌筑,灰缝必须饱满;在地下室外墙外面设垂直防潮层,其做法是在墙体外表面先抹一层 20mm 厚的 1:2.5 水泥砂浆找平,再涂防水涂料 1~2 遍,防潮层需涂刷至室外散水坡处。然后在外侧回填低渗透性土壤,如黏土、灰土等,并逐层夯实,土层宽度为 500mm 左右,以防地面雨水或其他地表水的影响。

另外,地下室的所有外墙都应设两道水平防潮层,一道设在地下室地坪结构层附近,另一道设在室外地坪以上 150~200mm 处,使整个地下室防潮层连成整体,以防土层中潮气沿地下室下部墙身或勒脚处侵入室内,如图 7-15 所示。

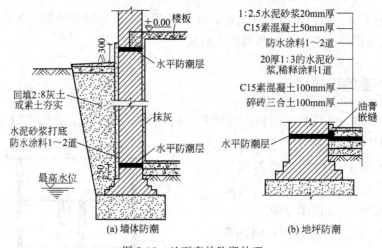

图 7-15 地下室的防潮处理

7.2.4 地下室防水构造

当最高地下水位高于地下室地坪时,地下水不但会侵入墙体,还对地下室外墙产生侧压力,对地下室底板产生浮力,必须采取防水措施。

地下工程的防水等级及适用范围可参照表 7-2。

表 7-2 地下工程防水等级及适用范围

防水等级	标准	适用范围	项目举例
一级	不允许渗水,结构表面无湿渍	适用于人员长期停留的场所以及极重要的战备工程	居住建筑地下用房、办公用房、医院、餐厅、旅馆、影剧院、商场、娱乐场所、档案库、金库、配电房、发电机房等;人防指挥工程、地下铁道车站等

续表

防水等级	标准	适用范围	项目举例
二级	不允许漏水,结构表面可有少量湿渍 工业与民用建筑:湿渍总面积不大于总防水面积的1%,单个湿渍面积不大于0.1m²,任意100m²防水面积不超过一处 其他地下工程:湿渍总面积不大于总防水面积的6%,单个湿渍面积不大于0.2m²,任意100m²防水面积不超过4处	适用于人员经常活动的场所以及重要的战备工程	地下车库、城市人行地道、空调机房、燃料库、防水要求不高的库房。一般人员掩蔽工程、水泵房等。
三级	有少量漏水点,不得有线流和漏泥砂 单个湿渍面积不大于0.3m²,单个漏水点的漏水量不大于2.5L/d,任意100m²防水面积不超过7处	适用于人员临时活动停留的场所以及一般的战备工程	一般战备工程交通和疏散通道等
四级	有漏水点,不得有线流和漏泥砂 整个工程平均漏水量不大于2L/m²·d,任意100m²防水面积的平均漏水量不大于4L/m²·d	适用于对渗漏无严格要求的工程	

地下室防水方法主要有卷材防水（柔性防水）和防水混凝土防水（刚性防水）两大类。由于绝大多数民用建筑的地下室防水等级都较高，因此在设计中，通常是采用将柔性防水（或涂料防水）与刚性防水相结合的复合防水做法。

(1) 卷材防水

卷材应采用高聚物改性沥青防水卷材和合成高分子防水卷材。防水按防水层铺贴位置的不同，有外防水和内防水之分。

卷材铺贴在地下室外墙的外表面（迎水面）的做法称为外防水。这种方法对防水有利，但维修困难，常用于新建工程。具体做法是先在混凝土垫层上铺设底板防水层，再浇注混凝土底板。底板下的防水卷材必须留出足够的长度，以便与墙面垂直防水卷材搭接。防水卷材自底板下方包上来，沿墙身由下而上连续密封粘贴（底板、保护砖墙部分卷材为外防内贴，保护墙以上卷材为外防外贴）。然后在防水层外侧做保护层（砌筑保护墙和搁置聚苯板等软质保护层），保护层外侧回填低渗透性土壤，如黏土、2:8灰土等，并分层夯实，土层宽度不小于500mm，以防地面雨水或其他地表水的影响。在阴阳角处，卷材应做成圆弧过渡，而且加铺一道宽度大于500mm的相同卷材，如图7-16所示。

卷材铺贴在地下室外墙的内表面的做法称为内防水，这种方法防水效果较差，但是施工简单，便于修补，常用于修缮工程。

(2) 防水混凝土防水

常采用的防水混凝土有普通混凝土和外加剂混凝土。普通混凝土主要是采用不同粒径的骨料进行级配，并提高混凝土中水泥砂浆的含量，使砂浆充满于骨料之间，从而堵塞因骨料间不密实而出现的渗水通路，以达到防水目的。外加剂混凝土是在混凝土中渗入密实剂（防水剂），以提高混凝土的抗渗性能。

防水混凝土适用于防水等级为1~4级的地下整体式混凝土结构，不适用环境温度高于80℃或处于耐侵蚀系数小于0.8的侵蚀性介质中使用的地下工程。防水混凝土结构厚

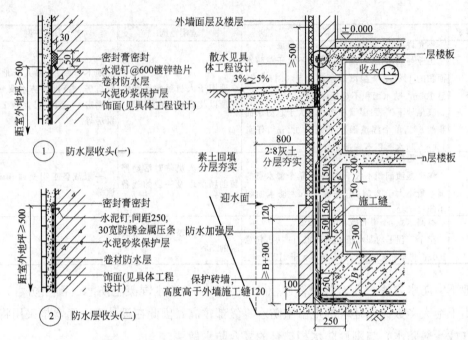

图 7-16 地下室卷材外防水构造示意

度不应小于 250mm；受荷时，裂缝宽度不得大于 0.2mm，并不得贯通；钢筋的混凝土保护层厚度迎水面不应小于 50mm。

防水混凝土的施工为现场浇注，浇注时应尽可能少留施工缝。当留设施工缝时，墙体水平施工缝不应留在剪力与弯矩最大处或底板与侧墙的交接处，应留在高出底板上表面 300mm 的墙体上，如图 7-16 所示。墙体有预留孔洞时，施工缝距孔洞边缘不应小于 300mm。设置施工缝处需要进行防水处理，可以采用遇水膨胀止水条、中埋式止水带、外贴式止水带、外涂防水涂料等措施进行处理，如图 7-17 所示。

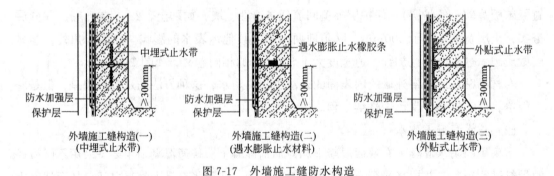

图 7-17 外墙施工缝防水构造

(3) 涂料防水

涂料防水是在施工现场以刷涂、刮涂、滚涂等方法将无定型液态涂料在常温下涂敷于地下室结构表面的一种防水方法，适用于受侵蚀性介质或受震动作用的地下工程主体迎水面或背水面的涂刷。

涂料防水一般用于地下室的防潮，在防水构造中一般不单独使用。通常在新建防水钢筋混凝土结构中，涂料防水应做在迎水面作为多道防水设防中的一道，加强防水和防腐能力。

此外还有塑料防水板防水和金属板防水等地下室防水方法。

本章小结

1. 基础是房屋的重要组成部分，是建筑地面以下的承重构件，它承受建筑物上部结构传递下来的全部荷载，并把这些荷载连同基础的自重一起传到地基上。

2. 地基是受建筑物荷载影响的土那部分土体和岩体，它不是建筑物的组成部分，它的作用是承受基础传来的荷载。地基按土层性质的不同，可分为天然地基与人工地基两大类。

3. 按基础的材料及受力特点分为无筋扩展基础（或刚性基础）和扩展基础（或柔性基础），刚性基础受刚性角的限制。

4. 按基础的构造形式分为条形基础、独立基础、井格基础、筏形基础、箱形基础和桩基础等。

5. 基础埋置深度的影响因素有：建筑上部荷载的大小和建筑物的性质及用途；工程地质条件；地下水位的影响；土冻结深度的影响；相邻建筑物基础的影响。

6. 地下室按埋入地下深度的不同，可分为全地下室和半地下室；按使用功能的不同，可分为普通地下室和人防地下室。

7. 地下室经常受到下渗地表水、土壤中的潮气和地下水的侵蚀，应妥善处理地下室的防潮和防水构造。当地下水的常年水位和最高水位均在地下室地坪标高以下时，地下水不能直接侵入室内，地下室外墙和地坪仅受到土层中潮气的影响，这时地下室只需做防潮处理。当最高地下水位高于地下室地坪时，地下水不但会侵入墙体，还对地下室外墙产生侧压力，地下室底板产生浮力，必须采取防水措施。

复习思考题

1. 基础和地基有何不同？它们之间的关系如何？
2. 天然地基和人工地基有什么不同？地基加固方法有哪些？
3. 基础埋深是指什么？影响基础埋置深度的因素有哪些？
4. 常见基础类型有哪些？各有何特点？应用范围如何？
5. 何谓刚性基础和柔性基础？两种有什么不同？
6. 全地下室和半地下室有什么不同？
7. 地下室防潮构造的要点有哪些？构造上要注意些什么问题？
8. 地下室在什么情况下要防水？防水做法有哪些？
9. 混凝土防水的细部构造要点有哪些？

第8章 墙体构造

8.1 墙体的类型及设计要求

墙体是建筑物的重要组成构件，墙体的工程量占较大的比重，在工程设计中，合理地选择墙体材料、结构方案及构造做法对降低房屋造价起着重要作用。

8.1.1 墙体的作用

墙体在建筑中的作用主要有三个方面。
① 承重作用 既承受建筑物自重和人及设备等荷载，又承受风荷载和地震的作用。
② 围护作用 抵御自然界风、雨、雪等的侵袭，防止太阳辐射和噪声的干扰等。
③ 分隔作用 将建筑物的室内外空间分隔开来，或将建筑物内部空间分隔成若干个空间。

8.1.2 墙体的类型

建筑物的墙体按其所在位置、材料组成、受力情况及施工方法不同进行分类。
(1) 按所在位置及方向分类
墙体按在平面中所处位置及方向不同分为外墙和内墙或纵墙和横墙。位于建筑物外围四周的墙称外墙，外墙是建筑物的外围护结构，起着挡风、阻雨、保温、隔热等围护室内房间不受侵袭的作用；位于建筑物内部的墙称内墙，起着分隔房间的作用。沿建筑物短轴方向布置的墙称横墙，横墙有内横墙和外横墙之分，外横墙一般又称山墙；沿建筑物长轴方向布置的墙称纵墙，纵墙有内纵墙和外纵墙之分。在一片墙上，窗与窗或门与窗之间的墙称为窗间墙，窗洞下部的墙为窗下墙。墙体名称如图 8-1 所示。
(2) 按所用材料分类
① 砖墙 用砖和砂浆砌筑的墙为砖墙，砖有普通黏土砖、黏土多孔砖、黏土空心砖、灰砂砖、矿渣砖等，如图 8-2(a) 所示。

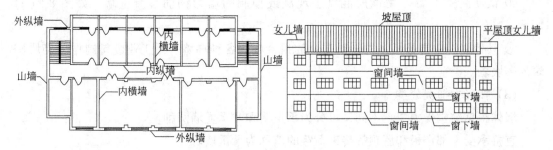

图 8-1　墙体的分类

(a) 砖墙

(b) 石墙

(c) 土墙

(d) 钢筋混凝土墙

图 8-2　墙体按材料分类实例

② 石墙　用块石和砂浆砌筑的墙为石墙，如图 8-2(b) 所示。

③ 土墙　用土坯和黏土砂浆砌筑的墙或模板内填充黏土夯实而成的墙为土墙，如图 8-2(c) 所示。

④ 钢筋混凝土墙　用钢筋混凝土现浇或预制的墙为钢筋混凝土墙，如图 8-2(d) 所示。

⑤ 其他墙　主要是指多种材料结合的组合墙、各种幕墙、用工业废料制作的砌块砌筑的砌块墙。

(3) 按受力情况分类

墙体根据结构受力情况不同，可分为承重墙和非承重墙两种。

直接承受上部楼板和屋顶等传来荷载的墙称为承重墙。

不承受上部荷载的墙称为非承重墙。非承重墙包括自承重墙、隔墙、填充墙、幕墙。外部的填充墙和幕墙虽不承受上部楼板层和屋顶的荷载，却承受风荷载和地震的作用。

(4) 按施工方法和构造分类

① 叠砌墙　包括实砌砖墙、空斗墙和砌块墙等，是各种材料制作的块材（如黏土砖、空心砖、灰砂砖、石块、小型砌块等），用砂浆等胶结材料砌筑而成，也叫块材墙。

② 板筑墙　是在施工时，先在墙体部位竖立模板，然后在模板内夯筑或浇筑材料而成的墙体。如夯土墙、灰砂土筑墙以及滑模、大模板施工的混凝土墙体等。

③ 装配式墙　是在预制厂生产的墙体构件，运到施工现场进行机械安装的墙体，包括板材墙、组合墙和幕墙等，特点是机械化程度高，施工速度快、工期短。

8.1.3　墙体的设计要求

墙体在不同的位置具有不同的功能要求，在设计时要满足下列要求。

(1) 安全方面

① 承载力要求　承载力是指墙体承受荷载的能力。影响墙体承载力的因素很多，主要是所采用的材料强度等级及墙体截面尺寸。如砖砌体的强度与砖、砂浆强度等级有关；混凝土墙与混凝土的强度等级有关。

② 稳定性要求　墙体的稳定性与墙的长度、高度、厚度以及纵、横向墙体间的距离有关。解决好墙体的高厚比、长厚比是保证其稳定的重要措施。当墙身高度、长度确定后，通常可通过增加墙体厚度、增设墙垛、壁柱、构造柱、圈梁等办法增加墙体稳定性。

③ 防火要求　墙体材料及墙身厚度，都应符合《建筑设计防火规范》（GB 50016—2014）中相应燃烧性能和耐火极限所规定的要求。

(2) 功能方面

① 保温、隔热要求　作为围护结构的外墙，对热工的要求十分重要。北方寒冷地区要求围护结构具有较好的保温能力，以减少室内热损失，同时还应防止在围护结构内表面和保温材料内部出现凝结水现象。对南方地区为防止夏季室内温度过热，除布置上考虑朝向、通风外，外墙需具有一定保温、隔热性能。

② 隔声要求　隔声是控制噪声的重要措施，作为房间围护构件的墙体，必须具有足够隔声能力，以符合有关隔声标准的要求。

③ 防水防潮要求　潮湿房间，如卫生间、厨房等房间及地下室的墙应采取防水防潮措施。

(3) 经济方面

墙体重量大、施工周期长，造价在民用建筑的总造价中占有相当比重。建筑工业化的关键之一是改革墙体，变手工操作为机械化施工，提高工效，降低劳动强度，并研制开发轻质、高强的墙体材料，以减轻自重，降低成本。

(4) 美观方面

墙体的美观效果对建筑物内外空间的影响较大，选择合理的饰面材料和构造做法非常重要。

8.1.4　承重墙体的结构布置

结构布置方式主要指承重结构的布置。大量民用建筑的结构布置方式通常可以采用墙承重和骨架承重两种方式。墙承重方式是由墙体承受屋面和楼板的荷载，并连同自重一起将荷载传至基础和地基。常用的骨架承重方式为框架承重结构，是由框架梁承担墙体和楼板的荷载，再经由框架柱传递到基础。在地震区墙体还可能受到水平地震作用的影响，不同的承重方式在抵抗水平地震作用方面有不同的要求。

墙承重的承重方案主要有：横墙承重体系、纵墙承重体系和双向承重体系。

① 横墙承重体系　建筑物的荷载主要由垂直于建筑物长度方向的横墙承担，如图 8-3(a) 所示。楼面荷载传递路线为：楼板→横墙→基础→地基。由于横墙起主要承重作用且间距较密，建筑物的空间刚度较大，整体性好，对承担水平荷载（风力、地震力）和调整地基不均匀沉降有利。但是建筑空间组合不够灵活。纵墙只承担自身的重量，主要起围护、隔断和联系的作用，因此对纵墙上开设门窗洞口限制较少。该承重方案适用于房间开间尺寸和使用面积不大，墙体位置比较固定的建筑，如住宅、宿舍、旅馆等。

② 纵墙承重体系　建筑物的荷载主要由平行于建筑物长度方向的纵墙承担，如图 8-3(b) 所示。楼面荷载传递路线为：楼板→纵墙→基础→地基。其特点是纵墙起主要承重作用，室内横墙的间距较大，建筑物的纵向刚度较大，而横向刚度较弱。为了抵抗水平荷载的影响，应适当设置承重横墙，与楼板一起形成对纵墙的侧向约束，以保证房屋空间刚度及整体性的要求。该承重方案空间划分比较灵活，适用于需要有较大空间、横墙位置在同层或上下层之间可能有变化的建筑，如教学楼、商店等公共建筑。

③ 双向承重体系　即纵横墙承重体系，建筑物的荷载由建筑物纵横两个方向的墙体共同承担，如图 8-3(c) 所示。由于双向承重体系中纵横墙均匀对称布置，在两个方向抗侧刚度均较好，可使建筑物各墙垛受力基本相同，避免薄弱部位的破坏。从抗震能力考虑，双向承重体系优于横墙承重体系，横墙承重体系优于纵墙承重体系。该承重方案建筑组合灵活，空间刚度较好，适用于开间、进深变化较多的建筑，如医院、实验楼等。

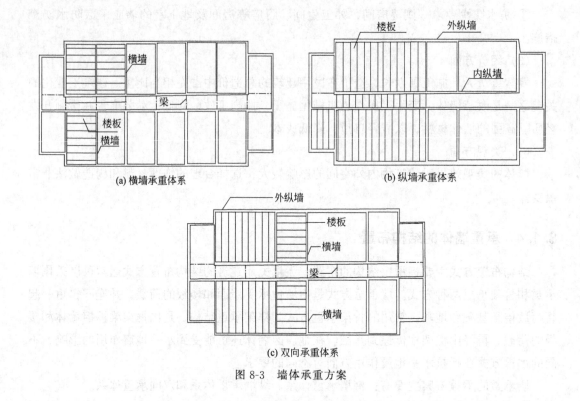

图 8-3　墙体承重方案

8.2　叠砌墙构造

叠砌墙是指由各种砌块、砖块、石块按一定规律叠放，使用各种胶凝材料黏结砌筑而成的墙体。习惯上把砖块与各种胶凝材料叠砌而成的墙体称为砖墙，各种砌块与胶凝材料叠砌而成的墙体称为砌块墙。

8.2.1　墙体材料

(1) 砖

砖的种类有很多，按材料分有黏土砖、灰砂砖、页岩砖、煤矸石砖、粉煤灰砖等；按外形分有实心砖、多孔砖、空心砖；按制作方法分有烧结砖、蒸压养护砖；常用的砖包括烧结普通砖、烧结多孔砖、蒸压灰砂普通砖、蒸压粉煤灰普通砖、混凝土普通砖、混凝土多孔砖。

烧结普通砖是由煤矸石、页岩、粉煤灰或黏土为主要材料，经过焙烧而成的实心砖，分为烧结煤矸石砖、烧结页岩砖、烧结粉煤灰砖、烧结黏土砖等。目前，我国生产的烧结普通砖的统一规格为 240mm×115mm×53mm。烧结多孔砖同样以煤矸石、页岩、粉煤灰或黏土为材料，经过烘焙而成，但此种砖开有小孔，空洞率不大于 33%，孔的尺寸小而数量多，主要用于承重部位。根据《烧结多孔砖和多孔砌块》（GB 13544—2011），烧结多孔砖的长度、宽度及高度规格尺寸可为 290mm、240mm、190mm、180mm、140mm、115mm、90mm。

砖的强度等级按其抗压强度平均值分为：MU30、MU25、MU20、MU15、MU10、MU7.5。

常用砌墙砖的种类、规格和强度等见表 8-1 所示。

表 8-1 常用砌墙砖的种类、规格和强度

名称	主要规格/mm	强度等级	密度/(kg/m³)	主要产地
普通黏土砖	240×115×53	MU7.5~MU20	1600~1800	全国各地
黏土多孔砖	190×190×190 240×115×53 240×180×115	MU7.5~MU20	1200~1300	全国各地
黏土空心砖	300×300×100 300×300×150 400×300×80	MU7.5~MU20	1100~1450	全国各地
煤矸石半内燃砖	240×115×53 240×120×55	MU10~MU15	1600~1700	宁夏、湖南、陕西、辽宁
蒸压灰砂砖	240×115×53	MU7.5~MU20	1700~1850	北京、山东、四川
炉渣砖	240×115×53 240×180×53	MU7.5~MU20	1500~1700	北京、广东、福建、湖北
粉煤灰砖	240×115×53	MU7.5~MU20	1370~1700	北京、河北、陕西
页岩砖	240×115×53	MU20~MU30	1300~1600	广西、四川

（2）砌块

砌块与砖的区别在于砌块的外形尺寸比砖大，一般将块体的高度小于 180mm 者称为砖，大于等于 180mm 者称为砌块。砌块按尺寸和质量的大小不同分为小型砌块、中型砌块和大型砌块。由于起重设备限制，中型和大型砌块应用较少。常用砌块种类、规格和强度等见表 8-2 所示。

表 8-2 常用砌块的种类、规格和强度

名称	主要规格/mm	强度等级	最大块质量/N	主要产地
条石砌块	180×280×180 180×280×380 180×280×580 180×280×780 180×280×980	MU100~MU400	1230	人工开采，加工天然花岗石
小型混凝土空心砌块	190×190×90 190×190×190 190×190×290 190×190×390	MU3.5~MU10	180	C15 细石混凝土配合比经计算与实验室确定
中型混凝土空心砌块	180×845×590 180×845×780 180×845×990 180×845×1880	MU5~MU10	2950	C20 细石混凝土配合比经计算与实验室确定

续表

名称	主要规格/mm	强度等级	最大块质量/N	主要产地
煤矸石空心砌块	200×880×485 200×880×570 200×880×770 200×880×970 200×880×1170	MU7.5~MU20	3010	以煤矸石无熟料水泥作胶结料、自然煤矸石为骨料
蒸压加气混凝土砌块	厚：100、150、200、250 高：200、250、300 长：600 各种规格可定制	MU3~MU5.0	188	以水泥-矿渣-砂或水泥-石灰-砂或水泥-石灰-粉煤灰为基本原料，以铝粉为发气剂
粉煤灰硅酸盐砌块	200×380×380 200×380×480 200×380×580 200×380×880 200×380×1880	MU10~MU15	1590	以粉煤灰、石膏、石灰和炉渣等骨料为主要原料
石膏砌块	厚：60~100 高：500 长：666	MU5.0	300	以熟石膏为主要原料

常用的混凝土小型空心砌块是由普通混凝土或轻集料混凝土制成，主规格尺寸为390mm×190mm×190mm，用于承重的双排孔或多排孔轻集料混凝土砌块砌体的孔洞率不应大于35%，简称混凝土砌块或砌块。混凝土砌块的强度等级分为MU20、MU15、MU10、MU7.5和MU5。

砌块在作为墙体材料时，有一些限制性要求。如条石砌块一般只能建造三层及以下的房屋；煤矸石空心砌块墙必须做外饰面，还要防裂、防冻、防空鼓、防脱落；加气混凝土砌块墙不得用于基础、高温高湿、长期浸水和有化学腐蚀的环境；粉煤灰硅酸盐砌块墙不得用于有酸性侵蚀介质及经常处于高温影响下的环境；石膏砌块墙不得用于有水的房间。另外，由于砌块建筑的整体性较差，其层数和房屋的总高度也受《建筑抗震设计规范》（GB 50011—2010）的限制。

(3) 砂浆

建筑砂浆是由胶结料、细集料、掺合料加水搅拌而成的混合材料。在叠砌墙中，砂浆可以把单块的砖、砌块黏结起来成为一个整体，并将其间的缝隙填实。在砂浆硬化后能将上层砌块所承受的荷载逐层均匀的传至下层砌块，共同承受荷载，以保证墙体强度。因此，在砌体中砂浆起黏结、衬垫和传递应力的作用。

为了施工方便，要求砂浆具有良好的流动性、保水性、黏结力以及一定的强度。砂浆稠度是评判砂浆施工时和易性（流动性）的主要指标；砂浆的分层度是评判砂浆施工时保水性的主要指标。

建筑砂浆按材料的不同分为水泥砂浆、石灰砂浆和混合砂浆；按使用功能不同又分为砌筑砂浆和抹面砂浆。

水泥砂浆由水泥、砂、水拌合而成，强度高、防潮性能好，一般用于基础墙体和防潮房间墙体的砌筑。

石灰砂浆由石灰膏、砂和水拌合而成,强度低,防潮性能差,一般用于墙体抹面。

混合砂浆由水泥、石灰膏、砂和水拌合而成,其和易性较好,有一定的强度,使用比较广泛。

烧结(蒸压)普通砖、烧结多孔砖采用的普通砂浆按抗压强度分为:M15、M10、M7.5、M5、M2.5。

墙体的强度等级是由不同强度等级的砖、砌块与不同强度等级的砂浆匹配来决定的。

8.2.2 墙体的组砌方式

墙体组砌方式是指砖或砌块在墙体中的排列组合方式。为了使块材和砂浆能形成一个整体共同受力,必须将块材按照一定方式进行组砌。组砌原则——内外搭接、上下错缝、避免通缝、砂浆饱满。上下皮砖之间的水平缝称为横缝;左右两砖之间的垂直缝称为竖缝。如图 8-4 所示。

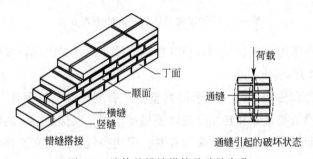

图 8-4 墙体的错缝搭接及砖缝名称

(1) 砖墙的组砌

在砖墙的组砌中,砖块的长边平行于墙面的砖称为顺砖;砖块的长边垂直于墙面的砖称为丁砖。砖墙的组砌方式与标准砖的规格有关,按照标准砖的尺寸关系可排列组合成各种不同的墙体厚度和长度。考虑砖墙的标准缝宽 10mm,砖的长宽厚之比为 4:2:1。标准砖与墙厚的关系见图 8-5 所示。各种厚度墙体的组砌方式见图 8-6。

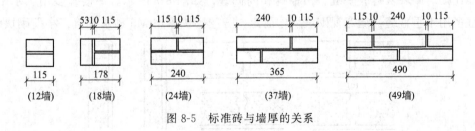

图 8-5 标准砖与墙厚的关系

(2) 砌块墙的组砌

砌块墙的组砌应按建筑物的平面尺寸、层高,对墙体进行合理的分块和搭接,以便正确选定砌块的规格、尺寸。在设计时,不仅要考虑到大面积墙面的错缝搭接、避免通缝,

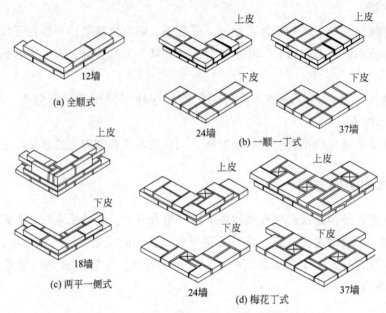

图 8-6 各种厚度墙体的实心砖组砌方式

而且还要考虑内、外墙的交接、咬砌，使其排列有致。此外，应尽量多使用主要砌块，并使其占砌块总数的 70% 以上。

砌块墙体的划分和排列原则：力求排列整齐、有规律性，以便施工；上下皮错缝搭接，避免通缝；纵横墙交接处和转角处砌块要搭接牢固，以提高墙体的整体性；当砌体组砌时出现小缝隙，而又没有合适砌块来填补时，可用少量普通砖来填补缝隙，且填补位置应分散对称，保证受力均匀；优先采用大规格的砌块，尽量减少砌块规格，充分利用吊装机械的设备能力；当采用混凝土空心砌块时，上下皮砌块应孔对孔、肋对肋，使其之间有足够的接触面，扩大受压面积。

砌块建筑进行施工前，必须遵循以上原则进行反复排列设计，通过试排来发现和分析设计与施工间的矛盾，并给予解决。

砌块在砌筑、安装时，必须使竖缝填灌密实，水平缝砌筑饱满，使上下、左右砌块能更好地连接。砌块灰缝有平缝、凹槽缝和高低缝，如图 8-7 所示。平接缝多用于水平缝，凹槽缝多用于垂直缝，缝宽视砌块尺寸而定，一般砌块采用 M5 砂浆砌筑，小型砌块缝宽

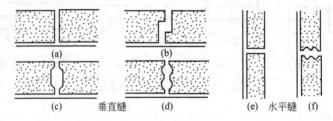

图 8-7 砌块缝型图
(a) 平接缝；(b) 高低缝；(c) 单槽缝；(d) 双槽缝；(e) 平接缝；(f) 双槽缝

10～15mm，中型砌块缝宽 15～20mm。当上下皮砌块出现通缝，或错缝距离不足 90mm 时，应在水平灰缝内设置不少于 2 根直径 4mm 的焊接钢筋网片，使之拉结成整体，如图 8-8 所示。

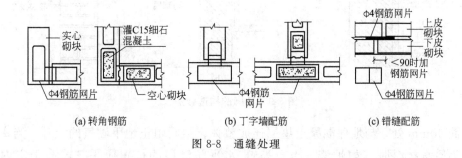

图 8-8 通缝处理

一般砌块宜做外饰面，以提高墙体的防渗能力，改善墙体的热工性能。

8.2.3 墙体的细部构造

墙体作为建筑物主要的承重或围护构件，不同部位必须进行不同的处理，才可能保证其耐久、适用。墙体主要的细部构造包括：勒脚及墙脚构造、散水及明沟构造、门窗洞口构造等。

8.2.3.1 勒脚及墙脚构造

底层室内地面以下，基础以上的墙体常称为墙脚。勒脚是指在房屋外墙接近地面部位设置的饰面保护构造。

由于勒脚常易受到外界碰撞和雨雪的侵蚀，而影响房屋的坚固、耐久、美观和使用，因此在此部位要采取一定的防碰撞、防水、防潮等措施。勒脚的高度应考虑防水、防机械碰撞以及立面美观的要求，目前一般将勒脚提高到底层窗台的位置。

(1) 勒脚加固

勒脚的做法要根据外墙的装饰而定，一般采用以下三种构造做法（见图 8-9）：

① 勒脚表面抹灰　对勒脚的外表面可采用 20～30mm 厚 1∶3 水泥砂浆抹面或 1∶2 水泥白石子浆水刷石或斩假石抹面处理［图 8-9(a)］。

② 勒脚贴面　标准较高的建筑可外贴天然石材或人工石材贴面，如花岗岩、水磨石等板材，以达到耐久性强、美观的效果［图 8-9(b)］。

③ 勒脚墙体采用条石、混凝土等坚固耐久的材料替代普通砖勒脚［图 8-9(c)］。

(2) 墙身防潮

在墙身中设防潮层的目的是为了防止土壤中的潮气沿基础墙上升和位于勒脚处地面水渗入墙内，使墙身受潮。因此必须在内外墙的勒脚部位连续设置防潮层，构造形式上有水平防潮和垂直防潮两种。

当室内地坪垫层为混凝土等密实材料时，水平防潮层的位置应设在垫层范围内，低于

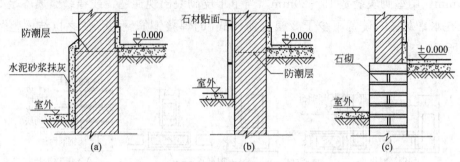

图 8-9 勒脚的构造做法

室内地面 60mm 处,与地坪混凝土垫层连成整体,共同阻止地下潮气的上升。当室内地坪垫层为透水材料时(如炉渣、碎石等),水平防潮层的位置应平齐或高于室内地面 60mm 处。当室内地面有高差或者室内地面低于室外地面时,不仅要按地面高差的不同,在墙身设置两道水平防潮层,还应在土壤一侧设垂直防潮层,见图 8-10。

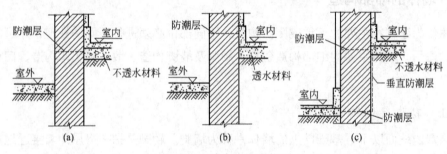

图 8-10 墙身防潮层位置

墙身垂直防潮层的做法详见第 7 章的地下室防潮构造。墙身水平防潮层的构造做法常用的有以下两种。

① 防水砂浆防潮层　1∶2 水泥砂浆加 3%～5%的防水剂,厚度为 20～25mm,或用防水砂浆砌 2～4 皮砖作防潮层,如图 8-11(a) 所示。此种做法构造简单,但砂浆开裂或不饱满时影响防潮效果,且易开裂。

② 细石混凝土防潮层　60mm 厚 C15～C20 细石混凝土带,内配 3 根 Φ6 或 Φ8 钢筋做防潮层,如图 8-11(b) 所示。其防潮性能较好,且有利于建筑的整体性。

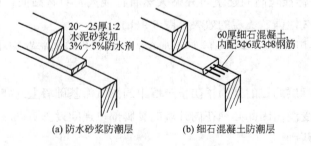

图 8-11 水平防潮层构造做法

8.2.3.2 散水及明沟构造

为了防止雨水及室外地面水浸入墙体和基础，沿建筑物四周勒脚与室外地坪相接处可设散水或排水沟（明沟、暗沟），使其附近的地面水迅速排走，如图 8-12 所示。选择散水或明沟与当地年降雨量大小有关，年降雨量≥900mm 时采用明沟做法，年降雨＜900mm 时采用散水做法。

图 8-12　散水和明沟实例

散水又称为排水坡、护坡，可用混凝土、砖、石材等材料做成。散水宽度一般为 600～1000mm，当屋面为自由落水时，散水的宽度至少应比屋面挑檐宽 200mm。散水的坡度一般为 3%～5%。散水与外墙交接处应设分隔缝，并以弹性防水材料嵌缝，以防墙体下沉时散水与墙体裂开，起不到防潮、防水的作用。对于混凝土散水每隔 10m 左右设一道宽 10mm 的伸缩缝，以避免温度应力造成散水表面裂缝，缝内灌沥青油膏。散水构造层次图如图 8-13 所示。

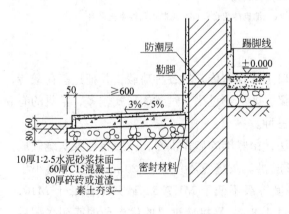

图 8-13　散水构造层次做法

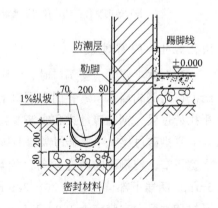

图 8-14　明沟构造做法

有些建筑由于绿化的需要，将散水设在地面以下，这种构造称为暗散水。绿化可直接延伸至外墙边，扩大了绿化面积，满足绿化率的要求。但要注意，在外墙外表面与土壤接触部分应设垂直防潮层，避免雨水对墙面的侵蚀。

明沟为有组织排水,其构造做法如图 8-14 所示。可用砖砌、石砌和混凝土浇筑。沟底应设纵坡,坡度为 0.5‰～1‰。明沟与外墙之间设分隔缝,沟体每隔 30～40m 应设伸缩缝。

8.2.3.3 窗台

外窗的窗洞下部应设窗台,目的是排除窗面流下的雨水,防止其渗入墙身和沿窗缝渗入室内,同时避免雨水污染外墙面。窗台有悬挑窗台和不悬挑窗台两种。外墙面材料为面砖时,墙面被雨水冲洗干净,可不设悬挑窗台。处于内墙或阳台等处的窗,不受雨水冲刷,也可设不悬挑窗台。

窗台可用砖砌挑出,也可采用钢筋混凝土窗台。砖砌窗台的做法是将砖侧立斜砌或平砌,并挑出外墙面 60mm,然后表面抹水泥砂浆或做贴面处理,也可做成水泥砂浆勾缝的清水窗台。应注意向外坡度不小于 1‰;抹灰与窗槛下的交接处理必须密实,防止雨水渗入室内;窗台下必须抹滴水槽避免雨水污染墙面。如图 8-15 所示。

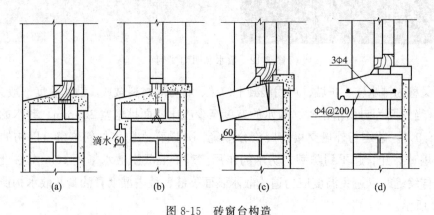

图 8-15 砖窗台构造
(a) 砖砌窗台;(b) 预制钢筋混凝土窗台;(c) 侧砌砖窗台;(d) 预制钢筋混凝土窗台

8.2.3.4 门窗过梁

当墙体上开设门窗洞口时,为了承受洞口上部砌体传来的各种荷载,并把这些荷载传给洞口两侧的墙体,常在门窗洞口上设置横梁,即门窗过梁。过梁的形式较多,常见的有平拱砖过梁、钢筋砖过梁和钢筋混凝土过梁三种。

平拱砖过梁:平拱砖过梁是我国传统做法,由竖砌的砖作拱圈,一般将砂浆灰缝做成上宽下窄,使侧砖向两边倾斜,相互挤压形成拱。灰缝宽不得大于 20mm,窄不得小于 5mm。两端下部伸入墙内 20～30mm。砖强度等级不低于 MU7.5,砂浆不能低于 M10,平拱砖过梁适宜跨度为 1.0～1.8m,不应超过 1.8m。平拱砖过梁的优点是钢筋和水泥用量少;平拱砖过梁的缺点是施工速度慢,洞口宽度有限;有集中荷载或半砖墙不宜使用。平拱砖过梁可以满足清水砖墙的统一外观效果,但是受结构和施工技术的限制,实际使用中呈减少的趋势。平拱砖过梁如图 8-16 所示。

钢筋砖过梁:即在洞口顶部配置钢筋,其上用砖平砌,形成能承受弯矩的加筋砖砌

图 8-16 平拱砖过梁实例

体。钢筋砖过梁用砖不低于 MU7.5，砌筑砂浆不低于 M5。一般在洞口上方先支木模，砖平砌，下设 2～4 根Φ6 或Φ8 钢筋放在第一皮砖和第二皮砖之间，也可将钢筋直接放在第一皮砖下面的砂浆层内，钢筋间距小于 120mm，要求伸入两端墙内不少于 240mm。过梁跨度不超过 2m，高度不应少于 5 皮砖，且不小于 1/4 洞口跨度，如图 8-17 所示。

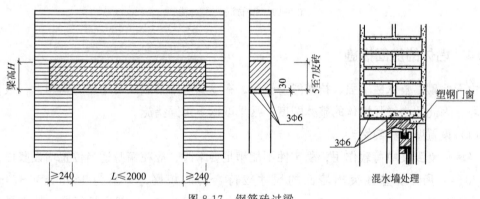

图 8-17 钢筋砖过梁

当门窗洞口较大或洞口上部有集中荷载时，应采用钢筋混凝土过梁，它承载能力强、跨度大、施工简便，目前被广泛采用。

钢筋混凝土过梁有现浇和预制两种，现浇钢筋混凝土过梁在现场支模，轧钢筋，浇筑混凝土。预制装配式过梁事先预制好后直接进入现场安装，施工速度快，属最常用的一种方式，如图 8-18 所示。钢筋混凝土过梁断面尺寸主要根据荷载的情况和跨度的大小计算确定。为了施工方便，梁

图 8-18 预制钢筋混凝土过梁实例

高应与砖的皮数相适应，以方便墙体连续砌筑，故常见梁高为60mm、120mm、180mm、240mm，即60mm的整倍数。梁宽一般同墙厚，梁两端支承在墙上的长度不少于240mm，以保证足够的承压面积。

常用的钢筋混凝土过梁有矩形和L形两种断面形式。矩形断面的过梁用于没有特殊要求的外立面墙或内墙中。L形断面多用于有窗套的窗和带窗楣板的窗，有窗套的窗一般挑出60mm，厚度60mm，带窗楣板的窗一般挑出300～500mm，厚度60mm，如图8-19所示。

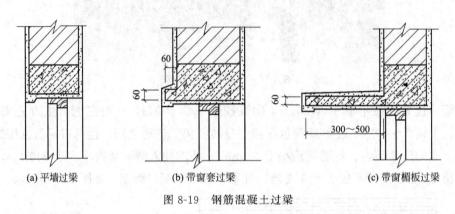

图 8-19　钢筋混凝土过梁

8.2.4　墙体的加固措施

由于叠砌墙整体性不强，抗震能力较差，在受到集中荷载以及地震力作用下，极易遭到破坏。因此，为增强墙体的整体刚度，常采取以下加固措施。

(1) 设置壁柱和门垛

当墙体受到集中荷载作用，稳定性不能满足要求时，应在墙身适当位置增设壁柱，如图8-20(a)所示。壁柱突出墙面的尺寸应符合砖的规格，一般为120mm×370mm、240mm×370mm、240mm×490mm等。墙体上开设门洞时，一般应设门垛，特别是在墙体端部开启与之垂直的门洞时必须设置门垛，以保证墙身的稳定和门框的安装，如图8-20(b)所示。门垛的长度一般为120mm或240mm，宽度同墙厚。

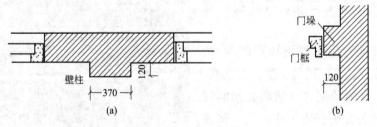

图 8-20　壁柱和门垛

(2) 限制墙体的最小尺寸

对于多层砌体房屋中砌体墙段的局部尺寸进行限制，是为了防止因这些部位的失效，而造成整幢结构的破坏而倒塌。砌体墙段局部尺寸的限值如表 8-3 所示。

表 8-3　房屋砌体墙段的局部尺寸限值　　　　　　　　　　单位：m

部　位	抗震设防烈度			
	6 度	7 度	8 度	9 度
承重窗间墙最小宽度	1.0	1.0	1.2	1.5
承重外墙尽端至门窗洞边的最小距离	1.0	1.0	1.2	1.5
非承重外墙尽端至门窗洞边的最小距离	1.0	1.0	1.0	1.0
内墙阳角至门窗洞边的最小距离	1.0	1.0	1.5	2.0
无锚固女儿墙（非出入口处）的最大高度	0.5	0.5	0.5	0

(3) 设置圈梁

圈梁是沿外墙及部分内墙设置连续闭合的梁，目的是增加房屋的整体刚度和稳定性，减轻地基不均匀沉降、较大的振动荷载及地震力的影响。

按照不同的抗震设防烈度，多层砖砌体房屋现浇钢筋混凝土圈梁的设置部位如表 8-4 所示。

表 8-4　多层砖砌体房屋现浇钢筋混凝土圈梁的设置部位

墙类	抗震设防烈度		
	6 度、7 度	8 度	9 度
外墙和内纵墙	屋盖处及每层楼盖处	屋盖处及每层楼盖处	屋盖处及每层楼盖处
内横墙	同上； 屋盖处间距不应大于 4.5m； 楼盖处间距不应大于 7.2m； 构造柱对应部位	同上； 各层所有横墙，且间距不应大于 4.5m； 构造柱对应部位	同上； 各层所有横墙

圈梁的位置宜通过相应楼层楼板下为宜。当楼板与相应门窗过梁位置靠近时，可用圈梁代替门窗过梁。圈梁应闭合，如遇洞口必须断开时，应在洞口上端设相同截面的附加圈梁，并应上下搭接，如图 8-21 所示。钢筋混凝土圈梁的宽度宜与墙厚相同，当墙厚不小于 240mm 时，其宽度不宜小于墙厚的 2/3；圈梁高度不应小于 120mm。圈梁纵向钢筋数量不应少于 4 根，直径

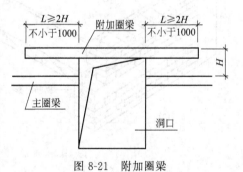

图 8-21　附加圈梁

不应小于 10mm，箍筋间距不应大于 250mm。在基础顶面或基础墙内设置的圈梁称为地圈梁，地圈梁的截面高度不小于 180mm。

(4) 设置构造柱

为了增强建筑物的整体性和稳定性，多层砖砌体建筑的墙体中还应设置钢筋混凝土构造柱，并与各层圈梁相连接，形成空间骨架，加强墙体抗弯、抗剪能力，使墙体在破坏过程中具有一定的延伸性。构造柱是防止房屋倒塌的一种有效措施。

按照不同的抗震设防烈度，多层砖砌体房屋现浇钢筋混凝土构造柱的设置部位如表 8-5 所示。

表 8-5　多层砖砌体房屋现浇钢筋混凝土构造柱的设置部位

房屋层数				设置部位	
6度	7度	8度	9度		
四、五	三、四	二、三	—	楼梯、电梯间四角,楼梯斜梯段上下端对应的墙体处	隔12m或单元横墙与外纵墙交接处;楼梯间对应的另一侧内横墙与外纵墙交接处
六	五	四	二	外墙四角和对应转角;错层部位横墙与外纵墙交接处	隔开间横墙(轴线)与外墙交接处;山墙与内纵墙交接处
七	≥六	≥五	≥三	大房间内外墙交接处;较大洞口两侧	内墙(轴线)与外墙交接处;内墙的局部较小墙垛处;内纵墙与横墙(轴线)交接处

构造柱的最小截面尺寸为 240mm×180mm,竖向钢筋多用 4Φ12,箍筋间距不大于 250mm,且在构造柱上下端箍筋应适当加密;随抗震设防烈度和建筑层数的增加构造柱也应适当加大截面和配筋。

构造柱施工时,应先放构造柱的钢筋骨架,再砌砖墙,最后浇注混凝土,这样可以加强墙体与钢筋混凝土构造柱的连接。构造柱两侧的墙体应砌成马牙槎,并沿墙高每隔 500mm 设置深入墙体不小于 1m 的 2Φ6 拉结钢筋和Φ4 分布短筋平面内点焊组成的拉结网片。构造柱的一般构造与常见施工示意图如图 8-22 所示。

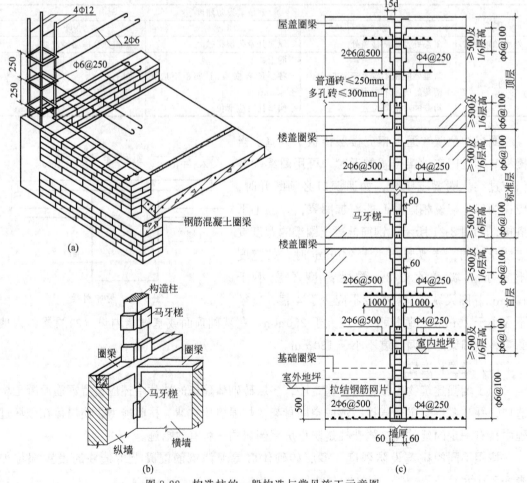

图 8-22　构造柱的一般构造与常见施工示意图

构造柱可不单独设置基础,但应深入室外地面以下500mm,或锚入浅于500mm的基础圈梁内,中间与圈梁连接,上端与屋顶圈梁或女儿墙压顶连接。

8.3 隔 墙 构 造

隔墙是分隔建筑物内部空间的非承重构件,不承受荷载并将自重传递给楼板和梁,因此隔墙一般应满足轻质、隔声、防火以及易于拆卸和安装等要求。对于一些有特殊使用要求的房间,隔墙还应具有某些要求,如防水、防潮等。

常见的隔墙形式有块材(砌筑)隔墙、轻骨架隔墙和板材隔墙三种。

8.3.1 块材(砌筑)隔墙

块材隔墙是指用普通砖、多孔砖、轻质砌块等块材砌筑而成的隔墙,常用的有普通砖隔墙和砌块隔墙。

(1) 普通砖隔墙

普通砖隔墙主要是指半砖(120mm)隔墙,半砖隔墙用普通砖顺砌,砌筑砂浆强度等级宜大于M2.5。在墙体高度超过5m时应加固,一般沿高度每隔500mm砌入2Φ4,或每隔1.2~1.5m设一道30~50mm厚的水泥砂浆层,内放2Φ6钢筋。顶部与楼板相接处用立砖斜砌,填塞墙与楼板间的空隙。隔墙上有门时,要预埋铁件或将带有木楔的混凝土预制块砌入隔墙中以固定门框。半砖隔墙坚固耐久,有一定的隔声能力,但自重大,湿作业多,施工麻烦,如图8-23所示。

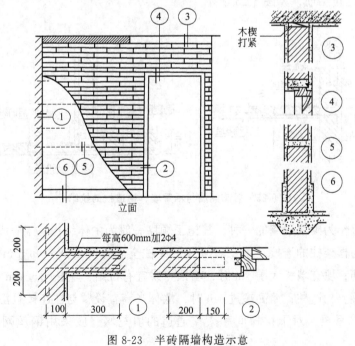

图 8-23 半砖隔墙构造示意

(2) 砌块隔墙

为了减少隔墙的重量，常采用轻质块大的各种砌块砌筑隔墙。如常采用的加气混凝土砌块、粉煤灰硅酸盐砌块等。砌筑砂浆强度等级宜大于 M5。砌块大多具有轻质、孔隙率大、隔热性能好等优点，但是吸水性强，因此，砌筑时应先在墙下砌筑 3～5 皮吸水率小的普通砖，再砌筑上部砌块。砌块墙顶部与楼板或与梁交接处，应留出一定的缝隙，待下部墙体沉实后，用立砖斜砌、填实，以防对楼板、梁或砌块隔墙造成破坏，如图 8-24。

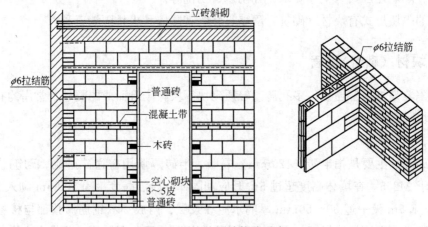

图 8-24 砌块隔墙构造示意

后砌隔墙与承重墙或构造柱交接处，应沿墙高每隔 500mm 设置伸入墙体不小于 500mm 的 2Φ6 的拉结筋，如图 8-25 所示。

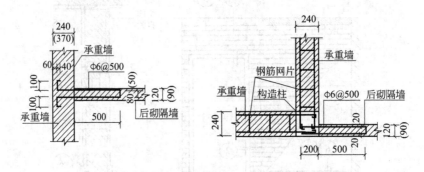

图 8-25 后砌隔墙与承重墙、构造柱的拉结

框架填充墙作为砌块隔墙的一种，其施工顺序一般为主体结构完工后砌筑填充墙，为了加强填充墙与框架柱的连接，填充墙应沿框架柱全高每隔 500～600mm 设 2Φ6 沿墙全长贯通的拉结筋；填充墙长大于 5m 时，墙顶与梁宜有拉结；墙长超过 8m 或层高 2 倍时，宜设置钢筋混凝土构造柱；墙高超过 4m 时，墙体半高宜设置与柱连接且沿墙全长贯通的钢筋混凝土水平系梁。对于楼梯间和人流通道的填充墙，应采用钢丝网砂浆面层进行加强。

8.3.2 轻骨架隔墙

轻骨架隔墙是由立筋骨架和面层材料组成，骨架有木筋骨架和金属骨架，面层有板条抹灰、木质面板、纸面石膏板、金属面板等。为了防潮，往往在楼地面上先砌筑2~3皮普通砖，然后再在上面固定骨架。轻骨架隔墙具有自重轻、易安装和拆卸等优点，但隔声和防火性能不如块材隔墙。

（1）木骨架隔墙

木骨架隔墙是指由规格木材制作的木骨架，外部覆盖墙面板，并可在木骨架构件之间填充保温材料及隔声材料而构成的非承重墙体，可以作为分户墙和房间隔墙。木骨架隔墙由于施工方便、取材简单、自重较轻，故使用较为广泛。但由于木骨架强度和防火性能较差，故只能用于一般的公共建筑和居住建筑。

木骨架由上槛、下槛、墙筋、斜撑及横撑等构成，如图8-26所示。墙筋靠上、下槛固定，上、下槛及墙筋断面通常为50mm×70mm或50mm×100mm。墙筋之间沿高度方向每隔1.5m左右设斜撑一道，当表面系铺钉面板时，则斜撑改为水平的横撑，斜撑或横撑的断面与墙筋相同或略小于墙筋。墙筋与横撑的间距由饰面材料规格而定，通常取400mm、450mm、500mm及600mm。

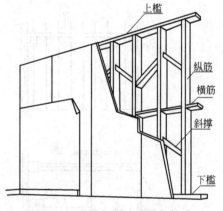

图8-26 木骨架隔墙木骨架构成

隔墙饰面是在木骨架上铺设的各种饰面材料，如板条抹灰、纸面石膏板、水泥刨花板、水泥石膏板以及各种胶合板、纤维板等。目前，一般采用纸面石膏板较多。施工中在木骨架上钉石膏板或用粘接剂安装石膏板，板缝处用50mm宽的玻璃纤维接缝带封贴，面层做法可根据需要再贴壁纸或喷涂等。但由于石膏板的耐湿性较差，不宜用于厨房、卫生间等有水的房间。

（2）金属骨架隔墙

金属骨架隔墙是在金属骨架外铺钉面板而制成的隔墙。它具有节约木材、质量轻、强度高、刚度大、结构整体性强及拆装方便等特点。

骨架用板厚0.6~1.5mm，经冷轧成型为槽形截面，其尺寸为100mm×50mm或75mm×45mm。骨架包括上槛、下槛、墙筋和横挡。骨架和楼板、墙或柱等构件相接时，多用膨胀螺栓或射钉来固接，螺钉间距600~1000mm。墙筋、横挡之间靠各种配件相互连接，墙筋间距由面板尺寸定，一般为400~600mm。面板多为胶合板、纤维板、石膏板和纤维水泥板等，面板用镀锌螺钉、自攻螺钉固牢在金属骨架上。

8.3.3 板材隔墙

板材隔墙是指采用各种预制薄型轻质板材安装而成的隔墙。条板高度尺寸较大，一般与房间净高相仿，施工时不需要立筋，可直接将条板竖立相接排列构成，隔墙四周与墙体、顶棚及地面连接。这些条板自重轻，且可锯、可钉、可刨，可以很方便地修改条板尺寸以便于安装。

常用板材有加气混凝土条板、轻质条板和复合板材等。

(1) 加气混凝土条板隔墙

加气混凝土条板是由水泥、工业废渣、石灰、砂等，加入发泡剂铝粉，经原料磨细、配料、浇注、切割，蒸压养护而成，具有质量轻、保温效果好、切割方便、易于加工等优点。加气混凝土条板规格为：长2700～3000mm，宽600～800mm，厚80～100mm。安装时条板下部先用小木楔顶紧，然后用细石混凝土堵严。条板之间用水玻璃矿渣粘接剂粘接，并用胶泥刮缝，平整后再做表面装修，如图8-27和图8-28所示。

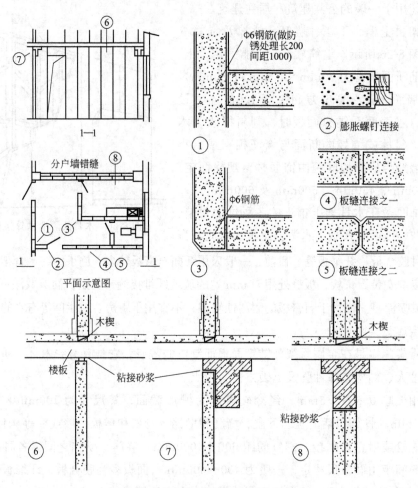

图8-27 加气混凝土条板隔墙构造示例

(2) 轻质条板隔墙

常用的轻质条板有玻璃纤维增强水泥条板、钢丝增强水泥条板、增强石膏空心条板、轻骨料混凝土条板等。条板的长度通常为2200～4000mm，宽度常用600mm，一般按

图 8-28 加气混凝土条板隔墙构造实例

100mm 递增；厚度最小 60mm，一般按 10mm 递增。

增强石膏空心条板不能用于长期处于潮湿环境或接触水的房间，如卫生间、厨房等。轻骨料混凝土条板应用于卫生间或厨房时，墙面需作防水处理。

条板在安装时，与结构连接的上端用粘接材料粘接，下端用细石混凝土填实或用一对对口木楔将板底楔紧。对隔声要求较高的墙体，在条板之间以及条板与梁、板、墙、柱相结合的部位应设置泡沫密封胶、橡胶垫等材料的密封隔声层。确定条板长度时，应考虑留出技术处理空间，一般为 20mm，当有防水、防潮要求时，应考虑墙体下方设置垫层的高度，如图 8-29 所示。

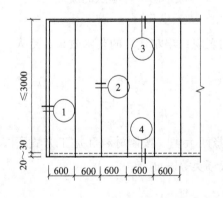
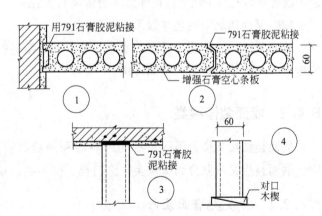

图 8-29 增强石膏空心条板的安装节点示例

(3) 复合板材隔墙

由几种材料制成的多层板材为复合板材。复合板材的面层有石棉水泥板、石膏板、铝板、树脂板、硬质纤维板、压型钢板等。夹芯材料可用矿棉、木质纤维、泡沫塑料和蜂窝状材料等。复合板材隔墙充分利用材料的性能，大多具有强度高，耐火性、防水性、隔声性能好等优点。如金属面夹芯板，其上下两层为金属薄板，芯材为具有一定刚度的保温材料，如岩棉、硬质泡沫塑料等，根据其面材和芯材的不同，板的长度一般在12m以内，宽度为900mm和1000mm，厚度在30～250mm之间。

8.4 墙面装修

不同的建筑风格对墙面的材质和色彩提出了不同的要求，根据是否对墙面进行再装修，可以将墙面分为清水墙面和浑水墙面。清水墙面是反映墙体材料自身特质、不需要另外进行装修处理的墙面。浑水墙面是采用不同于墙身基层的材料和色彩进行装饰处理的墙面。

8.4.1 墙面装修的作用

（1）保护建筑构配件

提高墙体的耐候性，减少风霜雨雪、太阳辐射、热胀冷缩、氧化、风化、锈蚀、酸碱腐蚀等对墙体的影响；加强隔离作用，使墙体在装修层的保护下不直接受到如磨损、碰撞、火灾、水泡等外力作用；提高耐久性，即延长墙体的使用寿命。

（2）改善环境条件、满足房屋的使用功能要求

墙面装修可提高环境卫生，使墙面易清洁，防止和减少污染；内墙面采用浅色装饰材料可反射光线，提高室内照度，外墙面做浅色装饰可反射太阳光；在墙体做内保温或外保温构造可改善墙体的热工性能；在保温层内侧做隔气层防止产生冷凝水影响保温层的成效。

（3）提高建筑物的艺术效果、美化环境

墙面装修往往是通过材料的质感、色彩和线型等的表现，丰富建筑的艺术效果，给人们提供一个优美、舒适的空间环境。

8.4.2 墙面装修种类

墙面装修按其位置不同可分为外墙面和内墙面装修两大类。按照材料和施工方式不同，墙面装修又可以分为抹灰类、涂料类、贴面类、裱糊类等。

8.4.2.1 抹灰类墙面装修

抹灰是我国传统的饰面做法，它是用砂浆涂抹在房屋结构表面上的一种装修方法，其材料来源广泛、施工简便、造价低，通过工艺的改变可以获得多种装饰效果，因此在建筑墙体装饰中应用广泛。

在墙面上抹灰必须分层进行，因为抹灰层次的材料和配合比不同，即使材料相同，也不能一次抹上去。一次抹成不但操作困难，难以压实，而且过厚的抹灰自重较大，不易粘

牢，而且砂浆厚度越大，其干缩率也越大，容易出现干缩裂缝。当砂浆采用分层抹灰，砂浆之间粘接比较牢固，墙面平整度便于掌握，而且当采用石灰砂浆抹灰时，较薄的抹灰层容易使石灰气化硬化。抹灰的基本构造可分为底灰（层）、中灰（层）和面灰（层）三层。

底灰主要起到与基层粘结和初步找平作用。这一层用料和施工对整个抹灰质量有较大影响，其用料视基层情况而定。当墙体基层为砖、石时，可采用水泥砂浆或混合砂浆打底；当基层为骨架板条基层时，应采用石灰砂浆做底灰，并在砂浆中掺入适量麻刀（纸筋）或其他纤维，施工时将底灰挤入板条缝隙，以加强拉结，避免开裂、脱落。

中灰主要起到进一步找平作用，材料基本与底灰相同。

面灰主要起到装饰美观作用。

抹灰按照使用要求及装饰效果分为一般抹灰和装饰抹灰。一般抹灰所使用的材料有石灰砂浆、水泥砂浆、水泥混合砂浆、聚合物水泥砂浆、麻刀石灰、纸筋石灰、石膏灰等，具体做法见表8-6。装饰抹灰的底灰、中灰同一般抹灰，但面层经特殊工艺施工，强化了装饰作用。装饰抹灰有水刷石、斩假石、干粘石等装饰抹灰，也有假面砖、拉条灰、拉毛灰、洒毛灰、喷涂、弹涂、仿石和彩砂抹灰等水泥石灰类装饰抹灰，其常做法见表8-7。

表 8-6 常用一般抹灰做法

抹灰名称	构造层次及材料配合比	主要特点及操作要点	适用范围
麻刀石灰	18厚1:3石灰砂浆打底 2厚麻刀石灰面层	表面平滑细腻，由于面层灰浆中无砂，易脱水开裂，在灰浆中加入麻刀或纸筋，可提高抹灰层的抗拉强度，增强其耐久性	用于内墙，也可作为涂料类装饰的基层
纸筋石灰	18厚1:3石灰砂浆打底 2厚纸筋石灰面层		
石灰砂浆	18厚1:3石灰砂浆打底 2厚1:0.1石灰细砂面层	粘接力较强，但强度较弱，表面较粗糙，抗拉性能较差	用于等级较低房屋的内墙面层，也可作为涂料类装修的基层
水泥砂浆（内墙）	15厚1:3石灰砂浆打底 5厚1:2水泥砂浆面层	具有结构致密和防潮防水性能。大面积粉刷用木抹搓平，小面积或线脚用铁抹压光	湿度较大的房间、混凝土墙板底层抹灰
水泥砂浆（外墙）	15厚1:3石灰砂浆打底 8厚1:2水泥砂浆面层		外墙门窗洞口的外侧壁、檐口、勒脚、压顶
水泥石灰砂浆（内墙）	15厚1:1:6水泥石灰砂浆打底 5厚1:0.5::3水泥石灰砂浆面层	在水泥砂浆中掺入一定分量的石灰膏，其流动性和保水性均较好，与基层粘接力增强，改善了水泥砂浆析水大、流动性差的缺点，用途较广	湿度较大的房间、混凝土墙板底层抹灰、混凝土墙板、硅酸盐砌块、加气混凝土砌块和条板底层抹灰、采用乳胶漆和裱糊墙面的基层
水泥石灰砂浆（外墙）	12厚1:1:6水泥石灰砂浆打底 8厚1:1::4水泥石灰砂浆面层		外墙门窗洞口的外侧壁、檐口、勒脚、压顶

表 8-7 常用装饰抹灰做法

抹灰名称	构造层次及材料配合比	主要特点及操作要点	备注
水刷石	15厚1:3水泥砂浆 刷素水泥浆一道 10厚1:1.5水泥石子，水刷表面	坚固耐磨、耐污、色彩多样、装饰性强；按设计分格施工，水泥初凝后用软毛刷蘸水刷洗表面的水泥，石子露出1/2，再用喷壶冲刷掉表面的水泥浆	石子粒径6～8mm，彩色水刷石可采用白色水泥，彩色石子

续表

抹灰名称	构造层次及材料配合比	主要特点及操作要点	备注
干粘石	15厚1:2.5水泥砂浆 4~6厚水泥石灰胶浆结合层面上撒干石子,拍平压实	坚固耐磨、耐污、装饰性强、节约水泥,但石子不易粘牢; 在结合层做好后应立即撒石子,用铁抹拍平压实,石子嵌入深度不宜小于1/2	石子粒径4~6mm,粘接层在硬化期间应洒水养护
斩假石	15厚1:3水泥砂浆 刷素水泥浆一道 10厚1:1.5水泥石子,用剁斧斩毛	仿石效果逼真,但费工费时,常用于公共建筑重点装饰部位; 在底灰上设分格,分格与石块大小相仿,待水泥石屑凝结硬化具有强度后方可斩剁	石子粒径2~4mm,也可掺入20%石屑。墙面分格条宽8~12mm
拉条灰 拉毛灰 洒毛灰	15厚1:1:6水泥石灰砂浆 5厚1:0.5:5水泥石灰砂浆拉条(拉毛、洒毛)	面灰中应有适量细砂或细纸筋,避免面层开裂; 拉条灰是将抹灰面层拉成竖向凹凸的条纹。拉毛灰是将抹灰面层拉成无数个毛头。洒毛灰是将抹灰面层上洒成云朵状的毛头	内外墙均可以使用,外墙底层抹灰采用1:3水泥砂浆

在外墙抹灰过程中,饰面会产生裂纹,加上考虑到施工的接茬以及立面处理的需要,常对抹灰面层作分格的处理,分格形成的线条称为引条线。引条线有凹线、凸线和嵌线三种形式,引条线一般采用凹缝,如图8-30所示。

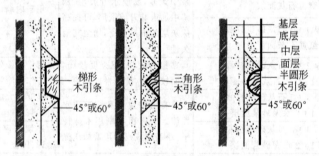

图8-30 抹灰面的引条做法

8.4.2.2 涂料类墙面装修

涂料装修是在抹灰面层或木制基层上喷刷涂料形成黏结牢固、坚韧、完整的保护薄膜,对基层起保护和装饰作用。涂料饰面造价低、施工简单、工期短、工效高、维修更新方便,在工程中得到广泛运用。

对涂料的要求是装饰效果好、黏结力强、耐久性好、耐大气污染和经济性好。外墙涂料应具有足够的耐久性、耐候性、耐污染性和耐冻融性;内墙涂料应有一定的硬度、耐干擦、耐湿擦、色彩均匀、有一定的平整度和丰满度。

另外,选择涂料时还应考虑所用基层、地域、天气和季节。如用于水泥系列基层的涂料应具有较好的耐久性;用于金属基层的涂料应具有较好的防锈性;用于南方的涂料还应具有好的防霉性;用于冬天施工的涂料应有一定的抗冻性且成膜温度要低;用于雨季施工的涂料应能迅速干燥并有较好的初期耐水性。

目前常用的墙体涂料有合成树脂乳液内墙涂料、合成树脂乳液外墙涂料、合成树脂乳液砂壁状建筑涂料、复层建筑涂料、外墙无机建筑涂料、溶剂型外墙涂料等。

(1) 合成树脂乳液内外墙涂料

合成树脂乳液内外墙涂料是指由合成树脂乳液为基料，与颜料、填料及各种助剂配置而成的建筑内外墙涂料，由合成树脂借助乳化剂的作用，以极细微粒子溶于水中构成以乳液为主要成膜物而研磨成的涂料。主要品种有丙烯酸酯乳液、苯乙烯—丙烯酸酯共聚乳液、醋酸乙烯—丙乙烯酸酯乳液、氯乙烯—偏氯乙烯乳液等配制的内外墙涂料。具有一定的透气性，可在潮湿的基面上施工，无毒无味、不易燃烧、不污染环境。

(2) 合成树脂乳液砂壁状建筑涂料

合成树脂乳液砂壁状建筑涂料是以合成树脂乳液为主要黏结料，以天然石料和砂料为骨粉，在建筑墙面上形成具有仿石质感涂层的涂料，也称真石漆。具有黏结强度高、耐水性、耐碱性、耐候性及保水性均较好的特点。可用于水泥砂浆、混凝土板、石棉水泥板、加气混凝土板等多种基层上。

(3) 溶剂型外墙涂料

溶剂型涂料是指以有机溶剂为分散介质，合成树脂溶液为基料配制的薄质涂料。主要品种有丙烯酸酯树脂、氯化橡胶树脂、硅—丙树脂、聚氨酯树脂等。其涂膜细腻、光洁坚韧，有较好的硬度、光泽和耐水性，耐候性、气密性好。

有机溶剂在施工时会挥发出有害气体，污染环境，同时应在干燥的基层上施工，不然会出现析白和脱皮现象。

(4) 复层建筑涂料

一般由底涂层、中间涂层和面涂层组成。底涂层用于封闭基层和增强主涂层涂料的附着力；中间涂层用于形成凸凹或平状的装饰面，厚度一般为 1~5mm；面涂层用于装饰面着色，提高其耐候性、耐污性和防水性。

复层涂料按主涂层中所用黏结料分为聚合物水泥系复层涂料、硅酸盐系复层涂料、合成树脂乳液系复层涂料和反应固化型合成树脂乳液系复层涂料。底涂层主要采用合成树脂乳液及无机高分子材料的混合物或溶剂型合成树脂；罩面涂层主要采用丙烯酸系乳液涂料或溶剂型丙烯酸树脂和丙烯酸-聚氨酯涂料，三层涂料应相互匹配。

复层涂料的主要特点是外观美观豪华，耐久性和耐污染性能较好，且由于涂层较厚，对墙体的保护功能也较好。

(5) 外墙无机建筑涂料

外墙无机建筑涂料是以碱金属硅酸盐及硅溶胶为主要成膜物质，加入适量固化剂、填料及助剂配置而成的涂料，具有良好的耐光、耐热、耐水、耐污染、耐老化性能，无毒无污染。

8.4.2.3 贴面类墙面装修

贴面类饰面是利用各种天然的或人造的板材、块材对墙体进行装修处理。这类装修具有耐久性强、施工方便、质量高、装饰效果好等优点；缺点是个别块材脱落后难以修复。

常见的贴面材料包括陶瓷面砖、玻璃锦砖和预制水泥石、水磨石板以及花岗岩、大理石等天然石板。其中质感细腻的瓷砖、大理石板多用作室内装修；而质感粗放、耐候性好的陶瓷锦砖、墙面砖、花岗岩板等多用作室外装修。

(1) 陶瓷贴面类

① 面砖　　面砖多数是以陶土或瓷土为原料，压制成型后经焙烧而成。由于面砖不仅可以用于墙面装饰也可用于地面，所以也称之为墙地砖。面砖规格、色彩、种类繁多，常见的面砖分为无釉面砖、有釉面砖、仿花岗岩瓷砖、劈离砖等。

无釉面砖具有质地坚硬、强度高、吸水率低等特点，多用于高级建筑外墙面装饰。有釉面砖具有表面光滑、容易擦洗、美观耐用、吸水率低等特点，主要用于高级建筑内外墙面以及厨房、卫生间的墙裙贴面。

面砖安装前首先将表面清洗干净，然后将面砖放入水中浸泡，贴前取出晾干或擦干。安装时用1：3水泥砂浆打底并划毛，用1：0.3：3水泥石灰砂浆或用掺有107胶的1：2.5水泥砂浆满刮于面砖背面，其厚度不小于10mm，然后将面砖贴于墙上，轻轻敲实，使其与底灰粘牢。一般面砖背面有凹凸纹路，更有利于面砖粘贴牢固。对贴于外墙的面砖常在面砖之间留出一定缝隙，以利于湿气排出。内墙面为了便于擦洗和防水则要求安装紧密，不留缝隙。

② 陶瓷锦砖　　陶瓷锦砖也称陶瓷马赛克，是高温烧制而成的小型块材。色彩丰富，表面致密光滑、坚硬耐磨、耐酸耐碱，一般不易变色。由于马赛克尺寸规格较小，销售和施工时一般按设计图案将多片马赛克组合，通过纸或塑料网连接而成较大尺度的块。采用纸连接时常用牛皮纸，纸贴在马赛克的正面；用塑料网连接时，塑料网贴在马赛克的背面。纸连接的方式在铺贴时统一规格，牛皮纸面向外将马赛克贴于饰面基层，待砂浆半凝后将纸洗去，矫正缝隙，修正饰面。陶瓷锦砖可用于墙面装修，更多用于地面装修。

(2) 石材面板类

常用石材面板主要分为天然石板和人造石板，石材墙面具有强度高、不易污染、装修效果好等优点，但是由于加工复杂和价格昂贵，多用于公共建筑和装饰等级要求高的建筑工程中。

① 天然石板　　天然石板是指从天然岩体中开采出来的，并经加工成板状的材料。天然石材面板由于具有各种颜色、花纹、斑点等天然材料的自然质感，且质地密实坚硬，耐久性、耐磨性好，在装饰工程中适用范围较为广泛。但由于材料的品种、来源的局限性，造价比较高，属于高级饰面材料。

用于墙面装修的天然石板常见的有花岗岩板材和大理石板材等。

a. 花岗岩板材　　花岗岩是一种非常坚硬的火成岩岩石，它的密度很高，耐划痕和耐腐蚀，能适应各种气候变化，故多用于室外装修。根据对板材表面加工方式的不同可分为剁斧石、火爆石、蘑菇石和磨光石四种。剁斧石外表纹理可细可粗，多用作室外台阶踏步铺面，也可用作台基或墙面。火爆石系花岗岩石板表面经喷灯火爆后，表面呈自然粗糙面，有特定的装饰效果。蘑菇石表面呈蘑菇状凸起，多用作室外墙面装修。磨光石表面光滑如镜，可作室外墙面装修，也可用作室内墙面、地面装修。

b. 大理石板材　大理石是一种变质岩，属于中硬石材，其质地密实，可以锯成薄板，多数经过磨光打蜡，加工成表面光滑的板材。由于其表面硬度并不大，而且化学稳定性和大气稳定性不是太好，一般宜用于室内装修。

② 人造石板　人造石板属于复合装饰材料，具有天然石板的花纹和质感，表面光洁度较高，质量轻，耐腐蚀性强，且造价低于天然石材。虽然人造石材的色泽和纹理不及天然石材自然柔和，但其花纹和色彩可以根据设计意图进行加工，可选择范围广。人造石板包括水磨石、合成石板材等。

③ 石材面板的安装　石材面板的安装构造方式主要有粘贴法、拴挂法和干挂法三种。

a. 粘贴法　粘贴法是将石材面板用聚合物水泥砂浆或胶黏剂粘贴到基层的一种施工工艺。方法是用水泥砂浆在墙柱基层上抹灰找平，用聚合物水泥砂浆或胶黏剂在找平层的表面和石材的背面铺摊饱满，将石材面板贴于墙柱上。当饰面石材厚度小于20mm、饰面石材墙面高度不大于9m时，可采用粘贴法施工。适用于一般薄型磨光花岗岩板材或大理石板材，板厚为8～12mm，规格不大于300mm×300mm。

b. 拴挂法　拴挂法的特点是在铺贴基层时，拴挂钢筋网，然后用铜丝绑扎板材，并在板材与墙体的夹缝内灌水泥砂浆，如图8-31所示。

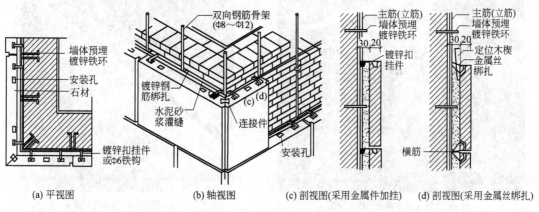

图8-31　石材拴接法细部构造

由于石材面板的尺寸大、质量重，仅靠砂浆粘贴是不安全的。因此，在构造上是先在墙柱基面上设置钢筋网（规格视石材面板的尺寸定），并将钢筋网与墙柱上的锚固件连接牢固；然后把背面上下打好孔的板材用双股16号铜丝或不易生锈的金属丝栓接在钢筋网上。灌注砂浆一般采用1∶1.25的水泥砂浆，砂浆层厚30mm左右。每次灌浆高度不宜超过150～200mm，且不得大于板高的1/3。待下层砂浆凝固后，再灌注上一层，使其连接成整体。灌注完成后将表面挤出的水泥浆擦净，并用与石材同颜色的水泥浆勾缝，然后清洗表面。

c. 干挂法　干挂法又称空挂法，该方法用一组高强耐腐蚀的金属连接件，将饰面石材直接吊挂于墙面或空挂于钢架之上,与结构可靠地连接,其间形成空气间层不作灌浆处理,如图 8-32 所示。干挂法的特点是每块石材面板独立吊挂,重量不传递给其他板材;干作业,可以有效地避免传统湿贴工艺出现的板材空鼓、开裂、脱落等现象;同时可以完全避免传统湿贴石材面板表面出现的泛白、变色等现象,有利于保持板面的清洁美观。

(a) 固定钢龙骨

(b) 用T型不锈钢高强连接件固定石材

(c) 通过T型连接件调整面板平整度

(d) 用建筑胶封闭连接接头

图 8-32　石材干挂法实例

8.4.2.4　裱糊类墙面装修

裱糊类装修是将墙纸、墙布等卷材类的装饰材料用胶粘贴在墙面上的一种装修做法。裱糊类墙面装修具有装饰性强、施工方法简单、材料更新方便、在曲面和墙面转折处粘贴可以顺应基层获得连续的饰面效果等优点,多用于内墙面。

墙纸与墙布的粘贴主要在抹灰的基层上进行,亦可在其他基层上粘贴。裱糊墙面的基层要求坚实牢固、表面平整光洁、色泽一致。在裱糊前要对基层进行处理,首先要清扫墙面,满刮腻子、用砂纸打磨光滑。在施工前,预先把墙纸或墙布裁好,然后在背面刷水,使其充分吸湿、伸胀，再刷胶。粘贴前墙面也需先刷胶。按照先上后下、先高后低的原则，对准基层的垂直基准线，用胶辊或刮板将其赶平压实，要求花纹对贴完整，不空鼓，无气泡。

8.4.2.5 特殊部位的墙面装修

内墙墙裙是设在内墙下部用于保护墙体的一种构造，高度从 1.0～1.8m 不等，见图 8-33。墙裙主要用于易受到碰撞的部位如门厅、走道的墙面和有防潮、防水要求（如厨房、浴厕）的墙面。《中小学设计规范》（GB 50099—2011）中规定教学用房及学生公共活动区的墙面宜设置墙裙，墙裙高度应符合下列规定：①各类小学的墙裙高度不宜低于 1.20m；②各类中学的墙裙高度不宜低于 1.40m；③舞蹈教室、风雨操场墙裙高度不应低于 2.10m。

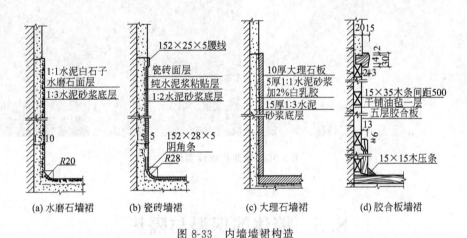

图 8-33 内墙墙裙构造

内墙面突出部位如墙体阳角、门洞转角等处容易被碰撞，在这些突出部位应设置水泥护角。护角高度一般取 1.8～2.0m，具体见图 8-34。

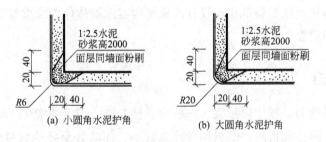

图 8-34 内墙阳角水泥护角

内墙面和楼地面交接处，为了遮盖楼地面与墙面的接缝、保护墙身以及防止擦洗地面时弄脏墙面可做成踢脚线。踢脚线的材料与楼地面相同，实际上是将楼地面向墙面延伸一定高度，以达到保护墙面的目的。踢脚线的高度一般为 120～150mm，具体构造见图 8-35。

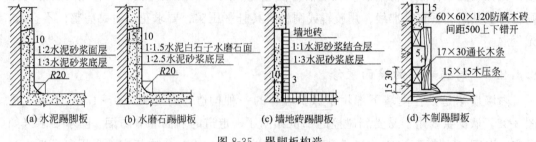

(a) 水泥踢脚板　　(b) 水磨石踢脚板　　(c) 墙地砖踢脚板　　(d) 木制踢脚板

图 8-35　踢脚板构造

为了增加室内美观,在内墙面和顶棚交接处,可做成各种装饰线,如图 8-36 所示。

图 8-36　顶棚装饰线实例

8.5　墙体的保温与隔热

适宜的室内温度和湿度状况是人们生活和生产的基本要求。对于建筑的外围护结构(外墙体和屋面)来说,由于在大多数情况下,建筑室内外都会存在温差,因此,在外围护结构的保温与隔热问题是建筑构造设计的重要内容。墙体作为最重要的外围护构件,其保温隔热显得尤为重要。

8.5.1　外墙保温

提高外墙保温能力、减少热损失,一般有三种方法:①单纯增加外墙厚度,使传热过程缓慢,达到保温隔热的目的;②采用导热系数小,保温效果好的材料作外墙围护构件;③采用多种组合材料的组合墙体解决保温问题。

在过去较长的时间内,为了改善外围护结构构件的热工性能,往往采取加大构件厚度的做法。例如在我国北方曾将底层或多层住宅的实心黏土砖墙都做到了 370mm 或 490mm 的厚度。如今实行新型墙体材料改革,减少或取消使用实心黏土砖,但由于许多新型外墙材料的导热系数都比普通实心黏土砖的导热系数要大,若简单地采用单一墙体材料,为了达到节能要求，墙体的厚度将进一步增加。例如为了达到采暖居住建筑节能设计的标准，自西安到佳木斯地区的居住建筑，单一采用加气混凝土砌块砌筑的墙体，其厚度需自 200mm 递增到 450mm；如使用黏土多孔砖，其厚度在西安地区就需 370mm，在北京地区需 490mm，在沈阳地区需 760mm，在哈尔滨地区甚至需多达 1020mm；普通钢筋混凝土墙体的热工性能就更不行。因此加大构件厚度并不是个好办法。比较好的方法是在建筑物外围护结构的基层直接复合或附加热工性能良好的材料，或者根据热量转移的基本原理，综合建筑防水、饰面等其他要求，对建筑外围护结构的构造层次和构造做法进行良好地安排及设计，以提高其整体的热工性能。

由于受外墙诸多变形因素影响以及对饰面要求较高，建筑外墙的保温构造应满足以下要求。

① 适应基层的正常变形而不产生裂缝和空鼓；
② 长期承受自重而不产生有害的变形；
③ 承受风荷载的作用而不产生破坏；
④ 在室外气候的长期反复作用下不产生破坏；
⑤ 罕遇地震时不从基层上脱落；
⑥ 防火性能符合国家有关规定；
⑦ 具有防止水渗透的功能；
⑧ 各组成部分具有物理、化学稳定性，所有的组成材料彼此相容，并具有防腐性。

外墙保温综合安全、美观、方便等因素，目前常用的有以下几种方式：外墙外保温、外墙内保温、外墙夹芯保温。

(1) 外墙外保温

外墙外保温是一种将保温材料放在外墙外侧的保温体系。外墙外保温具有较强的耐候性、防水性，绝热性能优越，能消除热桥、减少保温材料内部凝结水的可能性，便于室内装修等优点，是目前我国大部分地区最常见的保温形式。但是由于保温材料直接敷设在室外，需承受自然因素如风雨、冻晒、磨损与撞击等影响较多，所以外保温构造在对抗变形因素的影响和防止材料脱落以及防火等方面的要求更高。

外墙外保温系统的饰面材料应优先选用涂料、饰面砂浆、柔性面砖等轻质装饰材料，不宜采用粘贴饰面砖做面层。

常用外墙外保温构造有以下两种。

① 保温浆料外粉刷　具体做法是先在外墙外表面做一道界面砂浆，然后粉刷无机保温浆料等保温砂浆。如果保温砂浆的厚度较大，应当在里面钉入镀锌钢丝网，以防止开裂（但满铺金属网时应有防雷措施）。保护层及饰面用聚合物砂浆应加上耐碱玻纤布，其中保护层中的玻纤布在门窗洞口等易开裂处应加铺一道。最后用柔性耐水腻子嵌平，表面涂刷涂料，在高聚物砂浆中加入玻纤网格布是为了防止外粉刷层空鼓、开裂。玻纤布做在高聚物砂浆的层间，其原理与将钢筋埋在混凝土中制成钢筋混凝土是一样的。

② 外贴保温板材　用于外墙外保温的板材最好是自防水及阻燃型的，如岩棉保温板、发泡陶瓷保温板等；基本做法是用粘接胶浆与辅助机械锚固方法固定保温材料，再用聚合物砂浆加上耐碱玻纤布，饰面用柔性耐水腻子嵌平，表面涂刷涂料，如图 8-37 所示。

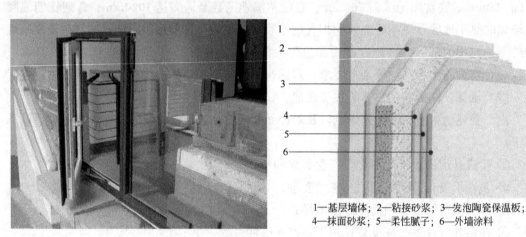

1—基层墙体；2—粘接砂浆；3—发泡陶瓷保温板；
4—抹面砂浆；5—柔性腻子；6—外墙涂料

图 8-37　外墙外保温体系外贴保温板材构造示意

(2) 外墙内保温

外墙内保温墙体是一种将保温材料放在外墙内侧的保温体系，施工简便，保温隔热效果好，技术性能要求没有外墙外保温严格，综合造价低。但是用在居住建筑上，会给用户的自主装修造成一定的麻烦，并且必须注意外围护结构由于冷（热）桥的存在使局部温差过大导致内部产生冷凝结水的问题。

(3) 外墙夹芯保温

在复合墙体保温形式中，为了避免蒸汽由室内的高温侧向室外低温侧渗透，在墙内形成凝结水，或为了避免受室外各种不利因素的影响，常采用半砖或其他预制板材加以处理，使外墙形成夹芯构件，即在双层结构的外墙中间放置保温材料，或留出封闭的空气间

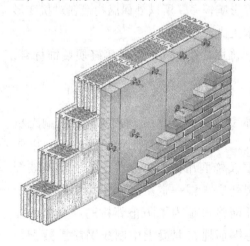 

图 8-38　外墙夹芯保温构造示意

层。图 8-38 为某外墙夹芯保温构造示意，外层为非承重围护性砖墙，中间为保温材料，里层为承重墙体。里层墙与外层墙之间，使用镀锌或者不锈钢拉结筋进行拉结。夹芯保温复合墙体可使保温材料不易受潮，且对保温材料的要求也较低，避免了受外界温度变化影响。外墙空气间层的厚度一般为 40~60mm，并且要求处于密闭状态，以达到较好的保温目的。

8.5.2　外墙隔热

建筑物的热源主要来自太阳光的辐射热。建筑隔热通常是指围护结构在夏天隔离太阳辐射热和室外高温的影响，从而使建筑内表面保持适当温度的能力。不同气候地区应采取相应的隔热措施：夏热冬冷地区和夏热冬暖地区必须满足夏季防热要求，寒冷地区适当兼顾夏季防热。夏季太阳辐射强烈，室外热量通过外墙传入室内，使室内温度升高，产生过热现象。一般要求外围结构白天隔热好，晚上尽量散热快。

外墙隔热构造措施如下。

① 外墙外饰面应采用浅色而平滑的材料，如白色外墙涂料、玻璃马赛克、浅色墙砖等，以反射太阳光，减少墙体对太阳辐射的吸收。

② 在外围护结构表面设通风的空气间层，利用层间通风带走一部分热量，降低外墙内表面温度；还可以设置铝箔热反射层等，起到隔热效果。

③ 在窗口外侧设置遮阳设施，以遮挡太阳光直射室内；遮阳按形式和效果可分为四种：水平遮阳、垂直遮阳、综合遮阳和挡板遮阳。

④ 外墙采用绿化遮阳技术。要想达到外墙绿化遮阳隔热效果，外墙在阳光方向必须大面积的被植物遮挡。常见有两种形式：一种是植物直接爬在墙上，覆盖墙面；另一种是外墙的外侧种植密集的树林，利用树荫遮挡阳光。为了不影响建筑冬季日照的要求，南向外墙宜种植落叶植物。

8.5.3　外墙保温材料

《建筑设计防火规范》（GB 50016—2014）规定：建筑的内、外保温系统，宜采用燃烧性能为 A 级的保温材料，不宜采用 B_2 级保温材料，严禁采用 B_3 级保温材料。

建筑外墙采用内保温系统时，保温系统应符合下列规定。

① 对于人员密集场所，用火、燃油、燃气等具有火灾危险性的场所以及各类建筑内的疏散楼梯间、避难走道、避难间、避难层等场所或部位，应采用燃烧性能为 A 级的保温材料。

② 对于其他场所，应采用低烟、低毒且燃烧性能不低于 B_1 级的保温材料。

③ 保温系统应采用不燃烧材料做防护层。采用燃烧性能为 B_1 级的保温材料时，防护层的厚度不应小于 10mm。

建筑物基层墙体和装饰层之间无空腔的外墙保温系统的技术要求见表 8-8 所示。

表 8-8 建筑物基层墙体和装饰层之间无空腔的外墙保温系统的技术要求

建筑及场所	建筑高度 H	A 级保温材料	B_1 级保温材料	B_2 级保温材料
人员密集场所	—	应采用	不允许	不允许
住宅建筑	$H>100m$	应采用	不允许	不允许
	$27m<H\leqslant100m$	宜采用	可采用：1. 每层设置防火隔离带 2. 建筑外墙上门、窗的耐火完整性不低于 0.50h	不允许
	$H\leqslant27m$	宜采用	可采用，每层设置防火隔离带	可采用：1. 每层设置防火隔离带 2. 建筑外墙上门、窗的耐火完整性不低于 0.50h
其他建筑	$H>50m$	应采用	不允许	不允许
	$24m<H\leqslant50m$	宜采用	可采用：1. 每层设置防火隔离带 2. 建筑外墙上门、窗的耐火完整性不低于 0.50h	不允许
	$H\leqslant24m$	宜采用	可采用，每层设置防火隔离带	可采用：1. 每层设置防火隔离带 2. 建筑外墙上门、窗的耐火完整性不低于 0.50h

注：1. 当住宅建筑与其他使用功能合建时，住宅部分的外保温系统按照住宅的建筑高度确定，非住宅部分按照公共建筑的要求确定。

2. 防火隔离带应采用燃烧性能为 A 级的材料，防火隔离带的高度不应小于 300mm，如图 8-39 所示。

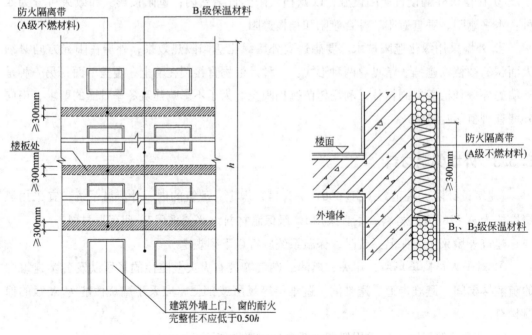

图 8-39 建筑外墙防火隔离带设置示意

建筑物基层墙体和装饰层之间有空腔的外墙保温系统的技术要求见表 8-9 所示，且建筑外墙外保温系统与基层墙体、装饰层之间的空腔，应在每层楼板处采用防火封堵材料封堵，具体如图 8-40 所示。

表 8-9　建筑物基层墙体和装饰层之间有空腔的外墙保温系统的技术要求

场所	建筑高度 H	A级保温材料	B_1级保温材料
人员密集场所	—	应采用	不允许
非人员密集场所	$H>24m$	应采用	不允许
	$H\leqslant 24m$	宜采用	可采用，每层设置防火隔离带

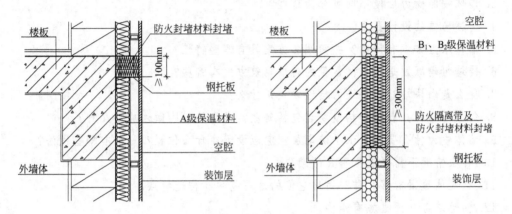

图 8-40　建筑外墙外保温系统空腔防火封堵示意

本章小结

1. 墙体是建筑物的重要组成构件，合理地选择墙体材料、结构方案及构造做法对降低房屋造价起着重要作用。墙体在建筑中的作用主要有：承重作用、围护作用和分隔作用。

2. 墙体在设计时要满足下列要求：承载力和稳定性要求；防火要求；保温隔热和隔声要求；防水防潮要求；经济性要求；美观要求等。

3. 墙体主要的细部构造包括：勒脚及墙脚构造、散水及明沟构造、门窗洞口构造等。

4. 隔墙是非承重墙，有轻骨架隔墙、块材隔墙和板材隔墙。轻骨架隔墙多与室内装修相结合；块材隔墙属于重质隔墙，一般要求在结构上考虑支承关系；板材隔墙施工安装方便，可结合墙体热工要求预制加工，是建筑工业化发展所提倡的隔墙类型。

5. 根据是否对墙面进行再装修，可以将墙面分为清水墙面和浑水墙面。清水墙面是反映墙体材料自身特质、不需要另外进行装修处理的墙面。浑水墙面是采用不同于墙身基层的材料和色彩进行装饰处理的墙面。

6. 墙面装修按其位置不同可分为外墙面和内墙面装修两大类。按照材料和施工方式不同，墙面装修又可以分为抹灰类、涂料类、贴面类、裱糊类等。

7. 墙体作为最重要的外围护构件，加强保温隔热显得尤为重要，目前常用保温方式有外墙外保温、外墙内保温、外墙夹芯保温等。

8. 《建筑设计防火规范》(GB 50016—2014)规定：建筑的内、外保温系统，宜采用燃烧性能为 A 级的保温材料，不宜采用 B_2 级保温材料，严禁采用 B_3 级保温材料。

复习思考题

1. 简述墙体在建筑中有哪些作用？
2. 墙体按所在位置及方向不同可分为哪些？
3. 墙体按照受力性能不同可分为哪些？
4. 简述墙体的设计要求。
5. 墙体承重方案有哪些？并简述各方案具有哪些特性？
6. 砖墙组砌原则是什么？常见的砖墙砌筑方式有哪些？
7. 什么是砌块墙？砌块墙的构造要点是什么？
8. 什么是勒脚？勒脚的构造要点包括哪些？常见的勒脚做法有哪几种？
9. 墙体中为什么要设置水平防潮层？它应设置在什么位置？一般有哪些做法？
10. 什么情况下需要设置垂直防潮层？
11. 常见的过梁有哪几种？简述它们的适用范围和构造特点。
12. 简述墙身加固措施有哪些。
13. 什么是圈梁？简述圈梁的作用及构造要求。
14. 什么是构造柱？简述构造柱的作用及构造要求。
15. 常见的隔墙形式有哪些？简述各种隔墙的构造做法。
16. 简述墙面装修作用有哪些。
17. 墙面装修中抹灰类的组成和各层的作用是什么？
18. 举例说明各种抹灰构造的做法和适用范围。
19. 贴面类墙面装修的分类和构造做法是什么？
20. 简述墙裙、墙角护角、墙体与顶棚和地面连接处的构造做法。
21. 简述《建筑设计防火规范》(GB 50016—2014)对各类建筑外墙保温材料的选用要求。
22. 简述建筑外墙的保温构造应满足哪些要求，外墙保温的方式有哪些。

第 9 章

楼地层构造

9.1 楼地层概述

楼地层是楼板层和地坪层的统称,是水平方向分隔建筑物屋空间的承重构件,同时也是建筑物的水平围护构件。楼板层在建筑物中间起分隔上下楼层、承受水平荷载作用以及对墙体起水平支撑作用,增加建筑物整体性和刚度。地坪层分隔建筑物底层空间,并与土壤直接接触,起承受底层室内荷载的作用。

9.1.1 楼地层的设计要求

(1) 具有足够的强度和刚度

强度是指楼板承受荷载的能力,楼板层应保证在自重和活荷载作用下安全可靠,不发生任何破坏,这主要是通过结构设计来满足要求。

刚度是指楼板抵抗变形的能力,指楼板层在一定荷载作用下不发生过大变形,以保证正常使用。《混凝土结构设计规范》(GB 50010—2010)规定现浇楼板相对挠度的限值为跨度的 $1/400 \sim 1/200$。

(2) 具有一定的隔声能力

避免楼层上下层房间的相互影响,要求楼板具有一定的隔绝噪声的能力。不同使用性质的房间对隔声的要求不同,不同房间楼板撞击声隔声标准中规定:一级隔声标准小于或等于 65dB,二级隔声标准为 75dB 等。对一些特殊性质的房间如广播室、录音室、演播室等的隔声要求则更高。不同房间楼板撞击声隔声标准应该符合表 9-1 的规定。

表 9-1 不同房间楼板撞击声隔声标准表

建筑名称	楼板部位	计权标准化撞击声压级/dB			
		特级	一级	二级	三级
住宅	分户层间楼板		≤65	≤75	
学校	有特殊安静要求的房间与一般教室之间	≤65	—	—	
	一般教室与产生噪声的活动室之间	—	≤65		
	一般教室与教室之间		—	—	≤75

续表

建筑名称	楼板部位	计权标准化撞击声压级/dB			
		特级	一级	二级	三级
医院	病房与病房之间		≤65	≤75	
	病房与手术室之间			≤75	
	听力测听室上部楼板			≤65	
旅馆	客房层间楼板	≤55	≤65	≤75	
	客房与各种有振动房间之间的楼板	≤55	≤65		

噪声的传播途径有空气传声和固体传声两种，楼板主要是隔绝固体传声，如人的脚步声，拖动家具、敲击楼板等都属于固体传声。减少或消除楼板的振动可有效隔绝固体传声，一般采取措施有设弹性面层、设弹性垫层、设弹性吊顶等。

(3) 具有一定的防火能力

楼板层作为建筑物的承重构件和分隔上下空间的围护构件，应根据建筑物的等级、防火要求进行设计，以满足防火规范对楼板层的耐火极限和燃烧性能的要求，保证在火灾发生时，在一定时间内不会因楼板塌陷而给生命和财产带来损失。

(4) 具有保温能力

楼地层需具备一定热工性能，为了使楼地面温度与室内温度一致，可在楼板层中设置保温层，以减少通过楼板的冷热损失，保证室内温度适宜。根据建筑节能要求，对于一些暴露在室外的楼板如架空层楼板应进行保温设计；对于与土壤直接接触的地坪层，有时也需要做保温层以防止热量从土壤中散失。

(5) 具有防潮、防水能力

对有水的房间（如厨房、卫生间、盥洗室等）的地面和楼面都应该进行防潮防水处理，特别是楼板与墙体交接处、管道穿过楼板处，应防止水渗漏影响下层房间的正常使用，或渗入墙体中使结构产生冷凝水，破坏墙体结构和内外饰面，影响建筑物的正常使用和使用寿命。

(6) 满足各种管线的设置

在现代建筑中，由于各种服务设施日趋完善，家用电器更加普及，建筑物中各种设备的水平管线通常要借助楼地层来敷设。为保证室内平面布置更加灵活，空间使用更加完善，在有管线要求的楼地层中，必须结合各种管线的敷设走向合理设计。

(7) 满足建筑经济的要求

一般情况下，多层建筑楼板层占自重50%～60%，占建筑总造价的20%～30%。因此，在满足功能要求的基础上，应选择经济合理的结构形式和构造方案，尽量减少材料的消耗和降低楼板层的自重。

9.1.2　楼地层的构造组成

为了满足楼地面使用功能的要求，楼地面形成了多层构造的做法，根据房间使用功能的不同，各构造层次可以增加或减少，但基本构造层次不变，而且楼地面总厚度取决于每一构造层的厚度。

由于楼地层均是提供人们在上面活动的，因而有相同的面层；但是由于它们所处位置及受力情况不同，因而其构造与设计要求也有所不同。图 9-1 为楼板层与地坪层的构造示例。

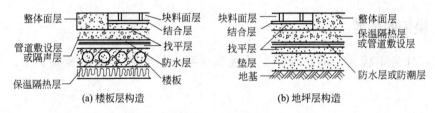

图 9-1　楼板层与地坪层的构造示例

(1) 楼板层的构造组成

楼板层通常由面层、附加层、结构层和顶棚等构成。

① 面层　又称楼面，位于楼板层的最上层，起着保护楼板、分布荷载、装饰环境的作用。

② 附加层　又称功能层，根据楼板层的具体要求而设置，主要作用是隔声、隔热、保温、防水、防潮、防腐蚀、防静电等。根据需要，有时和面层合二为一，有时又和吊顶合为一体。

③ 结构层　是楼板的承重部分，一般包括梁和板。主要功能是承受楼板层上的全部荷载，并将这些荷载传递给梁柱或墙，再通过梁柱或墙传给基础，同时还对墙身起水平支撑作用，加强房屋的整体刚度。

④ 顶棚　位于楼板层最下层，主要作用是保护楼板、安装灯具、遮挡各种水平管线，改善使用功能、装饰美化室内空间。

(2) 地坪层的构造组成

地坪层是由面层、附加层、垫层和基层等构成。

① 面层　位于地坪层的最上层，作用和构造同楼板面层。

② 附加层　为了满足某些特殊使用功能要求而设置的一些层次，如保温层、防水防潮层、管道敷设层等。

③ 垫层　是地坪的结构层，将所承受的荷载均匀地传给地基，起着承重和传力的作用。垫层有刚性垫层、非刚性垫层和复式垫层。

刚性垫层通常采用 60～100mm 厚 C15 混凝土。刚性垫层用于地面要求高、薄而脆的面层，如水磨石地面、瓷砖地面、大理石地面等。

非刚性垫层常用的有：50mm 厚砂垫层、80～100mm 厚碎石灌浆、70～120mm 厚三合土（石灰、炉渣、碎石）、3∶7 灰土等。非刚性垫层主要用于厚而不易开裂的面层，如混凝土地面、水泥制品块地面等。

复式垫层指先做非刚性垫层，再做刚性垫层的地坪，一般用于室内荷载大、地基差或室内有保温要求、面层装修标准较高的地面。目前，一般民用建筑常采用复合垫层做法。

④ 基层　即地基，一般为原土层或素土分层夯实。素土即为不含杂质的砂质黏土，经夯实后，才能承受垫层传下来的地面荷载，通常是分层填300mm厚的土夯实成200mm厚，压实系数大于等于0.9。

9.1.3　楼板的类型

楼板可分为木楼板、钢筋混凝土楼板和压型钢板组合楼板等多种类型，如图9-2所示。

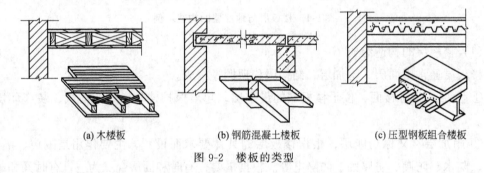

图9-2　楼板的类型

木楼板：自重轻，保温隔热性能好，舒适，有弹性，一般仅在一些木材产地采用，但耐火性和耐久性均较差，且造价偏高，为了节约木材和满足防火要求，现较少采用。

钢筋混凝土楼板：具有强度高、刚度好、耐火性和耐久性好等优点，还具有良好的可塑性且便于工业化生产和机械化施工等优点，是我国应用最广泛的楼板形式。

压型钢板组合楼板：是利用截面为凹凸相间的压型钢板做衬板与现浇混凝土浇注在一起支承在钢梁上形成整体性很强的一种楼板结构。这种楼板能够增大结构跨度并减轻自重，加快施工进度，在高层建筑和办公建筑中被广泛应用。

9.2　钢筋混凝土楼板

钢筋混凝土楼板按施工方式不同可分为现浇整体式钢筋混凝土楼板、预制装配式钢筋混凝土楼板和装配整体式钢筋混凝土楼板三种类型。目前现浇整体式钢筋混凝土楼板使用较为广泛，但随着建筑工业化的不断发展，装配整体式钢筋混凝土楼板使用的范围将越来越广泛。

9.2.1　现浇整体式钢筋混凝土楼板

现浇整体式钢筋混凝土楼板是在施工现场经过支模、绑扎钢筋、浇筑混凝土、养护、拆模等施工程序而形成的楼板。其优点是整体性好、刚度大、强度高、抗震性能好、结构布置灵活,可以适应各种不规则的建筑平面,预留管道孔洞较方便;缺点是湿作业量大、工序繁多、需要养护、施工工期较长,而且受气候条件影响较大。

现浇整体式钢筋混凝土楼板,根据受力和传力情况可分为板式楼板、梁板式楼板、无梁楼板。

(1) 板式楼板

在墙体承重建筑中,当房间跨度较小,楼面荷载可直接通过楼板传给墙体,而不需要在楼板下方另外设梁,形成厚度一致的楼板,称为板式楼板。板式楼板易于支模浇筑,板底平整,可以得到最大的使用净高。板式楼板多用于小开间的建筑物,例如住宅、旅馆等。

平板按受力特点分为单向板和双向板。当板的长方向与短方向之比大于2时,则把它看成单向板,这时荷载向一个方向传递;当板的长方向与短方向之比小于等于2时,则把它看成双向板,这时荷载向两个方向传递,如图9-3所示。

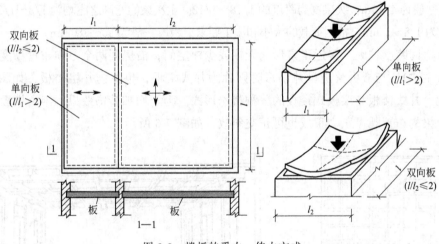

图 9-3 楼板的受力、传力方式

单向板的板厚为板短边跨度的 1/35~1/30,双向板的板厚为板短边跨度的 1/40~1/35。民用建筑楼楼板厚一般为 70~100mm;工业建筑楼板板厚一般为 80~180mm。

(2) 梁板式楼板

当房间的开间、进深较大时,若采用板式楼板,板的厚度和板内配筋均会增大,这样既不经济且增加结构自重。为使楼板结构的受力与传力更加合理,常在楼板下设梁,作为板的支承点,以减小板的跨度,使楼板上的荷载先由板传递给梁,再由梁传递给墙或柱,这种楼板结构称为梁板式楼板。

梁板式楼板下的梁有主梁和次梁之分,主次梁呈双向布置,交叉形成梁格。主梁一般沿房间短方向布置,次梁跨度即为主梁的间距,板的跨度即为次梁的间距,如图9-4所示。当梁板式楼板下某一方向的次梁平行排列成肋状时,可称之为肋梁楼板;当楼板为单向板时,称为单向板肋梁楼板;当楼板为双向板时,称为双向板肋梁楼板。

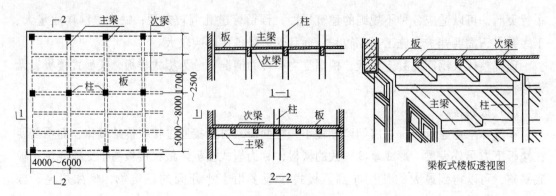

图 9-4 梁板式楼板

单向板肋梁楼板是由板、次梁、主梁组成,其荷载传递路线为板→次梁→主梁→墙(或柱)。为了更充分发挥楼板结构的效力,合理选择构件的截面尺寸至关重要。梁板式楼板常用的经济尺寸如下:主梁的跨度一般为5~9m,最大可达12m,主梁高为跨度的1/14~1/8;次梁的跨度一般为4~6m,次梁高为跨度的1/18~1/12。主次梁的宽高之比均为1/3~1/2;板的跨度一般为1.8~3.6m,根据荷载的大小和施工要求,板厚一般为60~180mm。

一般房间跨度较大,接近正方形,无柱或少柱空间,沿房间两个方向布置高度相等的梁(不分主次),与楼板整浇呈井字形时则称为井式楼板,也称为井格楼板,如图9-5所示。因此,井式楼板是梁板式楼板的一种特殊形式。为了增加装饰效果,丰富楼板下部空间效果,梁的布置既可正交正放也可正交斜放,如图9-6所示。

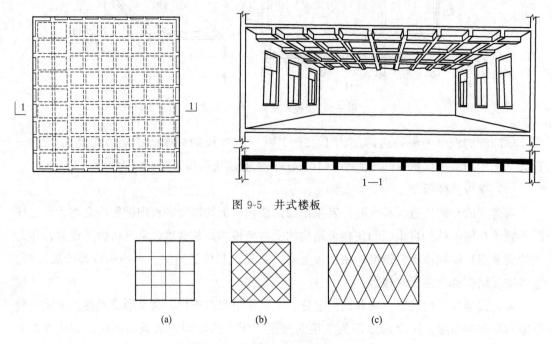

图 9-5 井式楼板

图 9-6 井式楼板的几种布置形式
(a)正交正放;(b)正交斜放;(c)斜交斜放

井式楼板可以看成广义的双向板,具有很突出的结构上优势,能覆盖较大的空间,一般梁跨度可取 10~20m,工程上有做到近 30m 的实例。由于这种楼板外形规则、美观,而且梁的截面尺寸较小,相应提高了房间的净高,适用于建筑平面尺寸较大且平面形状为方形或近于方形的房间或门厅。

(3) 无梁楼板

无梁楼板形式上是以结构柱与楼板组合,取消了柱间及板底的梁,直接将板支承于柱上的一种楼板结构,如图 9-7 所示。

(a) 无柱帽无梁楼板

(b) 有柱帽无梁楼板

图 9-7 无梁楼板

无梁楼板为等厚的平板直接支承在柱上,柱顶构造分为有柱帽和无柱帽两种。当楼面荷载较小时,采用无柱帽的形式;当楼面荷载较大时,为提高楼板的承载能力、刚度和抗冲切能力,可以在柱顶设置柱帽和托板来减小板跨、增加柱对板的支托面积。无梁楼板的柱间距宜为 6m,成方形布置。由于板的跨度较大,故板厚不宜小于 150mm,且不小于板跨的 1/35~1/30,一般为 160~200mm。

无梁楼板由于没有梁,钢筋混凝土板直接支承在柱上,故与相同柱网尺寸的梁板式楼板相比,其板厚要大些,但无梁楼板的建筑结构高度比梁板式楼板小,所以无梁楼板具有室内净空高度大、板底平整、采光、通风条件好、施工简便等优点。无梁楼板常用在对于建筑物净高与层高限制较严格的建筑物以及楼面荷载较大的商场、地下车库、书库、仓库等建筑物内。

考虑到普通无梁楼板需要较厚的楼板、材料消耗较多、自重较重的缺点,近年来出现一种新型现浇混凝土楼板结构形式——现浇混凝土空心楼板。现浇混凝土空心楼板就是按一定规则放置埋入式内模后,经现场浇筑混凝土而在楼板中形成空腔的楼板。"内模"即为埋置在现浇混凝土空心楼板中用以形成空腔且不取出的物体,常见截面为筒芯和箱体两种,如图 9-8 所示。

现浇混凝土空心无梁楼板通过在楼板中设置双向受力的肋梁,将传统梁板体系中的大梁转化为小肋梁、明梁转化为暗梁,形成网状肋梁和柱受力体系,满足建筑整体的受力性能;同时现浇混凝土空心楼板通过在楼板内部埋置轻质的内模,抽空楼板内部对于受力没有影响的部分混凝土,增加了板的计算高度,对承载更有利,而且具有节约混凝土用量、

图 9-8 现浇混凝土空心楼板

减轻结构自重、降低造价、减少地震的作用；在保证使用净高的条件下，可降低层高（每层可降低建筑梁高 0.3～0.4m），对于有高度限制的房屋可增加楼层数，建筑节能效果显著；采用现浇混凝土无梁楼板结构体系后，由于没有了纵横交错的梁，无须吊顶，减少了楼面装饰工作；另外还具有缩短施工工期、隔音效果好、消除消防隐患等优点。

目前，现浇混凝土空心楼板广泛应用在地下室、商场、多层厂房、教室、会议室、展馆、体育馆、人防工程、电影院等大开间、大跨度、大荷载、强隔音的建筑物中。

9.2.2 预制装配式钢筋混凝土楼板

预制装配式钢筋混凝土楼板，是把楼板分成若干构件，在预制构件加工厂或施工现场预先制作，然后运到施工现场进行安装的钢筋混凝土楼板。这种楼板不用现场支设模板和浇筑混凝土，能加快施工速度，缩短工期，且施工不受季节限制，建筑工业化施工水平高。缺点是楼板的整体性和抗震性能不如现浇整体式钢筋混凝土楼板，故一些抗震要求较高的地区不宜采用。

预制楼板的长度一般与房屋的开间或进深一致，为 3M 的倍数；板的宽度一般为 1M 的倍数；板的截面尺寸需经结构计算确定。

9.2.2.1 预制装配式钢筋混凝土楼板的类型

预制装配式钢筋混凝土楼板按生产方式不同可分为预应力和非预应力两种。采用预应力构件，可推迟裂缝的出现和限制裂缝的开展，从而提高了构件的抗裂度和刚度。预应力与非预应力构件相比较，可节省钢材约 30%～50%，节省混凝土 10%～30%，减轻自重，降低造价。

预制钢筋混凝土楼板常用类型有实心平板、槽形板、空心板三种。

(1) 实心平板

实心平板的规格尺寸较小，多用于小跨度空间，跨度一般≤3m，板厚多取 50～

80mm，板宽 600～900mm。平板板面上下平整，制作简单，但自重较大，隔声效果差。常用作走道板、阳台板、管沟盖板等，如图 9-9 所示。

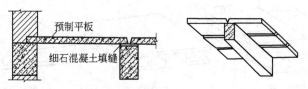

图 9-9 预制钢筋混凝土实心平板

(2) 槽形板

槽形板是一种由板和肋（梁）组合而成的槽型构件。由于槽形板的纵肋起到了梁的作用，荷载主要由纵肋承受，因此，板可以做得较薄，而且跨度可以很大。为使板受力均匀，在板的端部和中间加上加劲肋，一般每隔 500～700mm 增设横肋一道，如图 9-10 所示。

槽形板板跨为 3～6m，板宽为 600～1200mm，板厚 25～30mm，肋高为 120～240mm。槽形板减轻了板的自重，具有节省材料、便于在板上开洞且不影响板的强度和刚度等优点，但是隔声效果差。槽形板经常被制成大型屋面板，用于较大跨度的工业建筑中。

槽形板的搁置有正置与倒置两种。正置板底不平，有碍观瞻，需另加吊顶；倒置槽型板时，板底平整，但需另作面板，可利用其肋间空隙填充保温或隔声材料。

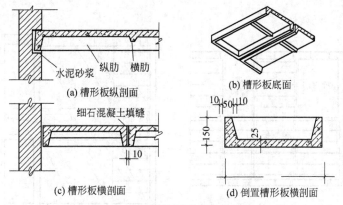

图 9-10 预制钢筋混凝土槽形板

(3) 空心板

空心板是为了减轻板的自重，节省材料，将预制平板沿纵向抽孔而成的构件。空心板的孔洞断面形式有圆形、方形、椭圆形等，如图 9-11 所示。矩形孔较为经济但抽孔困难，圆形孔的板抽孔脱模容易且刚度好，因此应用较普遍。

目前我国预应力空心板的跨度可达到 6m、6.6m、7.2m 等，板的厚度为 120～300mm。空心板减轻了板的自重，具有节省材料、上下板面平整且隔声和隔热效果优于实心平板和槽形板，在预制板中应用广泛。但是空心板不宜任意打洞，如需打洞，应在空心板预制时提前预留孔洞。

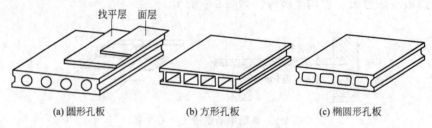

图 9-11　预制钢筋混凝空心板

9.2.2.2　预制装配式钢筋混凝土楼板的布置和细部构造

(1) 板的结构布置

板的布置方式应根据空间的大小、铺板的范围以及尽可能减少板的规格种类等因素综合考虑，以达到结构布置经济合理的目的。

对一个房间进行楼板的结构布置时，首先应根据房间的开间、进深尺寸确定板的支承方式，然后根据板的规格进行布置。板的支承方式有板式和梁板式，预制板直接搁置在墙上的称板式布置 [图 9-12(a)]；若楼板支承在梁上，梁再搁置在墙上的称为梁板式布置 [图 9-12(b)]。在确定板的规格时，应首先以房间的短边为板跨进行布置，一般要求板的规格、类型越少越好。因为板的规格多，不仅施工麻烦，同时容易搞错。板布置时，应避免出现三面支承，即板的长边不得嵌入墙内，否则在荷载作用下，板会发生纵向裂缝。

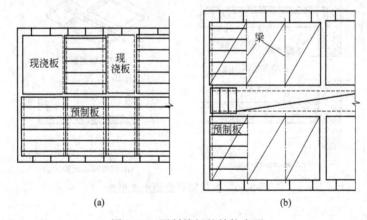

图 9-12　预制楼板的结构布置

(2) 板的搁置要求

为了保证板与墙或梁有很好的连接，首先应使板具有足够的搁置长度。板端搁置长度，在外墙上不应小于 120mm，在内墙上不应小于 100mm，在梁上不应小于 80mm；同时，铺板前，先在墙或梁上铺约 10～20mm 厚 M5 水泥砂浆找平（俗称坐浆），然后再铺板，使板和墙或梁有较好的粘接，同时使板上的荷载可均匀传递给墙或梁。此外，由于预制板的整体性较差，为了提高其抗震性能，增强建筑物的整体刚度，常在楼板与墙体、楼板与楼板之间用钢筋进行拉结，这种拉结钢筋也称为锚固钢筋，如图 9-13 所示。

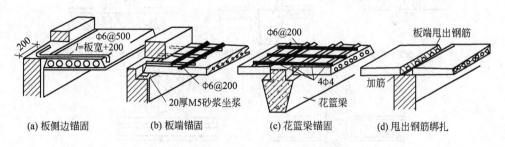

图 9-13　各种锚固钢筋的配置方法

（3）板缝的处理

为了便于安装楼板，预制楼板的构造尺寸总是比其标志尺寸小 10～20mm，这样在布置预制楼板时就形成了侧缝和端缝。预制板的侧缝一般有三种形式：V 形缝、U 形缝和凹槽缝，其中凹槽缝板的受力状态较好，但灌缝较困难，常见的为 V 形缝。为了增强楼板的整体性，需要对板缝进行处理。当预制板安装就位后，应马上清扫板缝，去掉碎砖灰屑，用 C20 细石混凝土灌缝。

当缝隙小于 60mm 时，可调节板缝，使其不大于 30mm，用 C20 细石混凝土灌缝；当缝隙 60～120mm 时，在 C20 细石混凝土中加配 2Φ6 通长钢筋；当缝隙在 120～200mm 时，设现浇钢筋混凝土板带，并将板带设在墙边或有穿管的部位；当缝隙大于 200mm 时，调整预制板的规格，如图 9-14 所示。

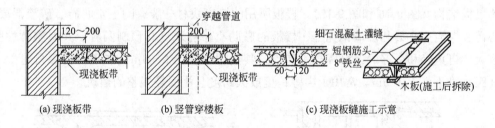

图 9-14　预制板缝的处理

（4）楼板与隔墙

在楼板上设立隔墙时，宜采用轻质隔墙。如采用砖隔墙、砌块隔墙等自重较大的隔墙时，必须从结构上予以考虑，隔墙的位置应有利于楼板的受力。在确定隔墙位置时，不宜将隔墙直接搁置在楼板上，而应采取一些构造措施。如在隔墙下部设置钢筋混凝土小梁，通过梁将隔墙荷载传给墙体；当楼板结构层为预制槽形板时，可将隔墙设置在槽形板的纵肋上；当楼板结构层为空心板时，可将板缝拉开，在板缝内配置钢筋后浇筑 C20 细石混凝土形成钢筋混凝土小梁，或为了使板底平整，将梁上翻使梁底与板底平齐布置，再在其上设置隔墙，如图 9-15 所示。

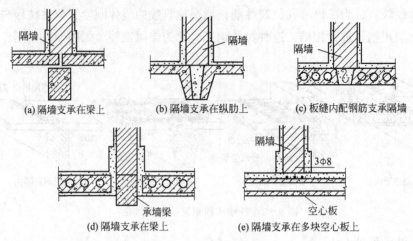

图 9-15 隔墙与楼板的关系

9.2.3 装配整体式钢筋混凝土楼板

装配整体式楼板是将楼板中部分构件预制，然后在现场安装，再以整体浇筑的办法连接而成的楼板。装配整体式楼板具有现浇整体式楼板整体性好、刚度大、强度高、抗震性能好的优点；同时也具有装配式楼板施工速度快、现场湿作业少的优点，降低了工人的劳动强度，提高了建筑工业化的水平，是未来建筑发展的方向。但是装配整体式楼板的工序较多，质量要求高，造价较高。

(1) 装配整体式密肋楼板

装配整体式密肋楼板是在现浇（亦可预制）密肋小梁间安放填充块体并现浇面板而制成的楼板结构（图 9-16 和图 9-17）。楼板所用的填充块材一般有陶土空心砖、矿渣混凝土空心砖、煤渣空心砖和玻璃钢壳等，楼板的密肋小梁有现浇和预制两种。具有整体性强、刚度大、自重轻和良好的保温隔声等特点。其适用跨度为 6~9m，加预应力后可达 12m，肋间距一般不大于 1.5m。常用于中等跨度或大跨度且平面较规整的建筑。

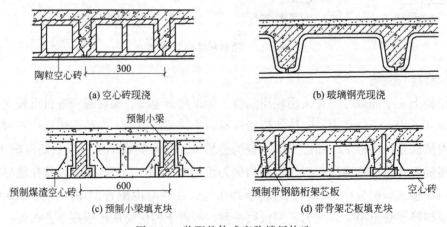

图 9-16 装配整体式密肋楼板构造

图 9-17 玻璃钢壳密肋楼板实例

(2) 预制薄板叠合楼板

预制薄板叠合楼板是采用预制的预应力薄板做底模与现浇混凝土面层叠合而成的装配整体式楼板，又称叠合楼板。这种楼板以预制混凝土薄板为永久模板，承受施工荷载，板面现浇混凝土叠合层，所有楼板层中的管线等均事先埋在叠合层内，现浇层内只需配置少量支座负筋。预制薄板底面平整，不必抹灰，作为顶棚可直接喷浆或粘贴装饰墙纸。

叠合楼板跨度一般为 4～6m，最大可达 9m。预应力薄板厚度通常为 50～70mm，板宽 1.1～1.8m。现浇叠合层采用 C20 混凝土，厚度一般 70～120mm，叠合板总厚度一般为 150～250mm，楼板厚度一般大于或等于薄板厚度的两倍为宜。

为了保证预制薄板与叠合层有较好的连接，薄板上表面需做处理，常见的有两种：一是在上表面作刻槽处理，刻槽直径 50mm，深 20mm，间距 150mm；另一种是在薄板表面露出较规则的三角形结合钢筋，如图 9-18 所示。

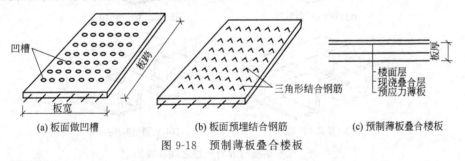

(a) 板面做凹槽　　　　(b) 板面预埋结合钢筋　　　　(c) 预制薄板叠合楼板

图 9-18 预制薄板叠合楼板

(3) 压型钢板组合楼板

压型钢板组合楼板由面层、组合板和钢梁三部分构成，根据需要还可设吊顶，如图 9-19 所示。其中组合板包括现浇混凝土和钢衬板两个部分。

根据压型钢板是否与混凝土共同工作可分为组合楼板和非组合楼板。组合楼板是指压型钢板除用作浇筑混凝土的永久性模板外，还充当板底受拉钢筋的现浇混凝土楼板。非组合楼板是指压型钢板仅作为混凝土楼板的永久性模板，不考虑参与结构受力的现浇混凝土楼板。压型钢板组合楼板的总厚度不应小于 90mm，压型钢板应采用热镀锌钢板，非组合楼板的压型钢板的基板厚度应不小于 0.5mm，组合楼板的压型钢板的基板厚度应不小于 0.75mm。

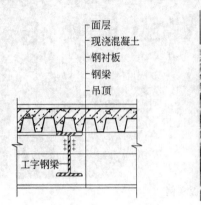 

图 9-19　压型钢板组合楼板基本组成

对于组合楼板，为了保证压型钢板与混凝土之间具有较好的连接，要求叠合面处的连接件具有足够的抗剪切强度，以抵抗楼板在外荷载作用下产生的纵向水平剪力，同时还能保证压型钢板与混凝土能在垂直方向保持共同工作。一般采取措施有：①在压型钢板上设置压痕，以增加叠合面上的机械粘接，如图 9-20(a)；②改变压型钢板截面形式（缩口型板或闭口型板），以增加叠合面上的摩擦粘接，如图 9-20(b)；③在压型钢板上翼缘焊接横向钢筋，如图 9-20(c)；④在压型钢板端部设置抗剪连接件，如图 9-20(d)。

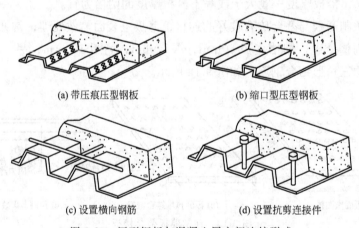

图 9-20　压型钢板与混凝土层之间连接形式

压型钢板组合楼板简化了施工程序，加快了施工进度，且楼板的整体性、强度和刚度都很好；但是用钢量较大，造价较高，耐火性、耐腐蚀性不如普通的钢筋混凝土楼盖。

9.3　楼地面构造

楼板层的面层和地坪层的面层一样，都是直接承受上部荷载的作用，并将荷载传给其下部的结构层或垫层，所以统称为楼地面。各种楼地面的构造要求与做法基本相同，均由找平层和其上的饰面材料两部分组成。

9.3.1 楼地面的设计要求

（1）具有足够的坚固性

为提高楼地面的使用寿命和使用质量，要求楼地面必须具有足够的坚固性，使其在各种外力作用下不易被磨损和破坏，且面层要平整、光洁、耐磨、不起灰和易清洁。

（2）具有良好的热工性能

要求楼地面材料的导热系数要小，给人以温暖舒适的感觉，冬季走在上面不致感到寒冷。

（3）具有一定的弹性

使人行走时感觉舒适，不致有过硬的感觉，而且有弹性的楼地面对减少噪声有利。

（4）具有一定的装饰性

使人在室内活动时感到舒适、协调。

（5）其他要求

对有水或经常浸湿楼地面的房间，楼地面应具有防水和防滑性；对有火源的房间，楼地面应具有防火及耐燃性；对有酸、碱腐蚀的房间，楼地面应具有耐腐蚀的能力。

总之，在设计楼地面时应根据房间使用功能的要求，选择有针对性的材料，提出适宜的构造措施。

9.3.2 楼地面的类型

按面层所用材料和施工方式不同，常见楼地面做法可分为以下几类。

① 整体面层楼地面　水泥砂浆楼地面、细石混凝土楼地面、水泥石屑楼地面、水磨石楼地面等。

② 块材面层楼地面　面砖、缸砖、陶瓷锦砖、天然石材、人造石材楼地面等。

③ 木材面层楼地面　普通实木楼地面、复合木地板楼地面、竹木楼地面等。

④ 粘贴面层楼地面　聚氯乙烯楼地面、橡胶板楼地面、无纺织地毯楼地面。

⑤ 涂料面层楼地面　丙烯酸涂料楼地面、环氧涂料楼地面、聚氨酯彩色楼地面等。

9.3.3 楼地面构造

9.3.3.1 整体面层楼地面

（1）水泥砂浆楼地面

水泥砂浆楼地面构造简单，坚固耐磨，防潮防水，造价低廉，常作为普通地面使用或作为其他楼地面的基层。水泥砂浆楼地面导热系数大，对不采暖的建筑，在严寒的冬季走上去会感到寒冷；同时还具有容易返潮、表面易起尘、不易清洁及装饰效果差等缺点。其常见构造做法如表 9-2 所示。

表 9-2 水泥砂浆楼地面构造

重量/(kN/m²)	厚度/mm	简图	构造	
			地面	楼面
0.40	D80 L20	地面　楼面	(1)1：2.5 水泥砂浆 20 厚 (2)刷水泥浆一道（内掺建筑胶） (3)C15 混凝土垫层 60 厚 (4)夯实土	(3)现浇钢筋混凝土楼板或预制板现浇叠合层
1.25	D230 L80	地面　楼面	(1)1：2.5 水泥砂浆 20 厚 (2)刷水泥浆一道（内掺建筑胶） (3)C15 混凝土垫层 60 厚 (4)碎石夯入土中 150 厚	(3)CL7.5 轻骨料混凝土 60 厚 (4)现浇钢筋混凝土楼板或预制板现浇叠合层

（2）水磨石楼地面

水磨石楼地面是将天然石料的石渣做成水泥石屑面层，经磨光打蜡制成的楼地面。为了防止楼地面开裂、方便施工、美观及日后维修，水磨石楼地面常需设分格条，分格条可采用铜条、铝条和玻璃条，分格条一般高 10mm，用 1：1 水泥砂浆固定。在基层上做出各种图案，再填充彩色的水泥石碴，经水磨以后，可形成美丽的图案，其常见构造做法如表 9-3 所示。水磨石楼地面坚硬耐磨、不透水、表面光洁、不起尘、易清洁、图案多样、色彩美丽。通常用于公共建筑门厅、走道、楼梯间及标准较高房间的楼地面，如图 9-21 所示。

表 9-3 水磨石楼地面构造

重量/(kN/m²)	厚度/mm	简图	构造	
			地面	楼面
1.50	D240 L90	地面　楼面	(1)1：2.5 水泥彩色石子面层 10 厚,表面磨光打蜡 (2)1：3 水泥砂浆结合层 20 厚 (3)刷水泥浆一道（内掺建筑胶） (4)C15 混凝土垫层 60 厚 (5)5～32 卵石灌 M2.5 混合砂浆,振捣密实或 3：7 灰土 150 厚 (6)夯实土	(3)1：6 水泥焦渣填充层 60 厚 (4)现浇钢筋混凝土楼板或预制板现浇叠合层

9.3.3.2 块材面层楼地面

块材楼地面是利用各种人造的预制块材、板材镶铺在基层上面，形成块材楼地面。块材有缸砖、陶瓷锦砖、陶瓷地面砖、各种人造及天然石材等。

（1）缸砖、陶瓷锦砖及陶瓷地面砖楼地面

缸砖是由陶土加矿物颜料烧制而成的一种无釉砖块，缸砖背面有凹槽，铺贴时在基层

图 9-21 水磨石楼地面实例

上铺 1∶3 水泥砂浆 15～20mm 厚，可使砖块与基层粘贴牢固。缸砖质地细密坚硬，强度较高，耐磨、耐水、耐油、耐酸碱，易于清洁，不起灰，施工简单。广泛用于卫生间、盥洗室、浴室及有防腐蚀要求的实验室楼地面。

陶瓷锦砖（也称玻璃马赛克）质地坚硬，经久耐用，色泽多样，耐磨、防水、耐腐蚀、易清洁，适用于有水、有腐蚀的地面。做法类同缸砖，基层铺设 1∶3 水泥砂浆，后将陶瓷锦砖压平，使水泥浆挤入缝隙，用水洗去表面的牛皮纸，用白水泥浆擦缝。多用于建筑物门厅、走廊、餐厅、厕所、浴室等处的楼地面。

陶瓷地砖又称墙地砖，其类型分为：有釉面地砖、无光釉面地砖和无釉防滑地砖及抛光同质地砖。陶瓷地砖的各项性能都优于缸砖，且色彩图案丰富，装饰效果好，造价也较高，多用于高档楼地面装饰。彩色釉面砖楼地面构造如表 9-4 所示。

表 9-4 彩色釉面砖楼地面构造

重量 /(kN/m²)	厚度 /mm	简图	构造	
			地面	楼面
1.45	D240 L90	地面　楼面	(1)彩色釉面砖 8～10 厚，干水泥擦缝 (2)1∶3 干硬性水泥砂浆结合层 20 厚，表面撒水泥粉	
			(3)刷水泥浆一道（内掺建筑胶）	(3)CL7.5 轻骨料混凝土 60 厚
			(4)C15 混凝土垫层 60 厚	(4)现浇钢筋混凝土楼板或预制板现浇叠合层
			(5)碎石夯入土中 150 厚	

（2）天然（人造）石板楼地面

常用的天然石板主要是指大理石板和花岗石板，它们质地坚硬，色泽丰富艳丽，但是价格十分昂贵，属高档地面装饰材料，一般多用于高级宾馆、会堂、公共建筑的大厅、门厅等处。磨光大理石板楼地面构造如表 9-5 所示。

表 9-5 磨光大理石板楼地面构造

重量/(kN/m²)	厚度/mm	简图	构造	
			地面	楼面
1.80	D250 L100	地面 楼面	(1)磨光大理石板20厚,干水泥浆擦缝 (2)1:3干硬性水泥砂浆结合层20厚,表面撒水泥粉 (3)刷水泥浆一道(内掺建筑胶) (4)C15混凝土垫层60厚 (5)5~32卵石灌M2.5混合砂浆,振捣密实或3:7灰土150厚 (6)夯实土	(3)CL7.5轻骨料混凝土60厚 (4)现浇钢筋混凝土楼板或预制板现浇叠合层

9.3.3.3 木楼地面

木楼地面的主要特点是有弹性、导热系数小、不起灰、不返潮、易清洁,但是耐火性差、造价较高。常用于装修标准较高的住宅、宾馆、体育馆、健身房、剧院舞台等建筑中。

(1) 木楼地面按面层材质可分为普通实木地板、复合木地板、竹木地板等

普通实木地板是采用不易腐蚀、不易变形和开裂、质地优良的实木(如红松、云杉、水曲柳、柞木、榆木等)整块材料经表面、侧面及其他所必要的加工后,用于楼地面上的地板材料。它保持了木材原有的纹理、色泽,无污染物质,但造价较高,维护保养麻烦。

复合木地板分为实木复合地板和强化复合木地板。实木复合地板是由耐磨面层、名贵原木板和多层纵横叠合的木片热压胶合而成,具有纯实木的外观。强化复合木地板是由中密度板、胶合板、实木板,表面带饰面层粘合而成。复合木地板具有材性稳定、耐高温、耐磨、不易变形、安装方便、保养简单、造价较实木地板便宜等优点。强化复合木楼地面构造如表 9-6 所示。

表 9-6 强化复合木楼地面构造

重量/(kN/m²)	厚度/mm	简图	构造	
			地面	楼面
1.30	D250 L100	地面 楼面	(1)8厚企口强化复合木地板,板缝用胶黏剂粘铺 (2)3~5厚泡沫塑料衬垫 (3)1:2.5水泥砂浆20厚 (4)刷水泥浆一道(内掺建筑胶) (5)C15混凝土垫层60厚 (6)碎石夯入土中150厚	(5)CL7.5轻骨料混凝土60厚 (6)现浇钢筋混凝土楼板或预制板现浇叠合层

竹木地板是将天然楠竹破解成条,去掉竹皮、竹囊选用竹径部位竹片,经蒸煮、脱脂、脱水处理后变成竹木,拼接压合而成。形态笔直、结构紧密、纹理直、硬度大,但是

没有实木的调温功能,四季都比较冰冷。

(2) 木楼地面按构造方式不同分为空铺、实铺和粘贴三种

空铺木楼地面用于面层与基层距离较大的场合,需要用砖墩或钢木支架等支撑才能达到设计的标高。其优点是富有弹性、脚感舒适且隔音、防潮,缺点是施工较复杂,耗费木料较多,造价高,目前采用较少。

实铺木楼地面是先在楼地面的垫层或找平层上固定木格栅,再在格栅上铺设木地板。底层地面为了防潮、防腐,可在结构层上刷冷底子油一道,热沥青玛碲脂两道,木龙骨和横撑等均满涂防腐剂。另外还应在踢脚板处设置通风口,使地板下的空气疏通,以保持干燥,如图9-22(a)和图9-22(b)所示。

粘贴木楼地面是将木地板用粘接材料直接粘贴在找平层上的做法。先在找平层上刷冷底子油和热沥青各一道作为防潮层,再用沥青胶或环氧树脂等随涂随铺地板,如图9-22(c)所示。粘贴木楼地面省去了木格栅,构造简单,节约木材,造价较低,但应注意保证基层平整和粘接质量。

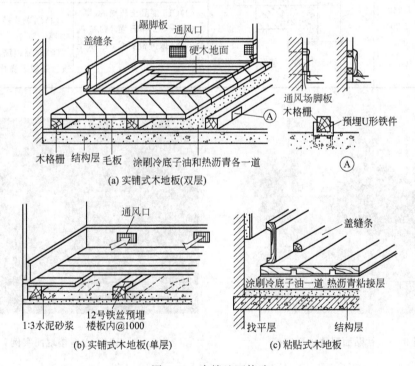

图 9-22 木楼地面构造

9.3.3.4 粘贴面层楼地面

粘贴面层楼地面主要是指塑料楼地面和橡胶楼地面,如图9-23所示。

塑料楼地面是将聚氯乙烯塑料地毡用胶粘剂粘贴(或干铺)在水泥砂浆找平层上的楼地面。塑料地毡一般用人造合成树脂(如聚氯乙烯树脂)加填充剂和颜料,以麻布衬底,经热压制成。聚氯乙烯塑料地毡品种多样,有卷材和块材之分,有软质与半软质之分,有

单层与多层之分，还有单色与复色之分。卷材可以干铺，也可同块材一样用胶黏剂粘贴（或干铺）在水泥砂浆找平层上。塑料楼地面具有弹性，色泽鲜艳，装饰效果好，且防滑、防水、耐磨、绝缘、防腐、易清洁、施工简单、便于保养维修，是较为经济的楼地面铺材。

橡胶楼地面是以天然橡胶或合成橡胶为主要原料，掺入配合剂制成的橡胶地毡做面层的楼地面。橡胶地毡可以干铺，也可用胶黏剂粘贴在水泥砂浆找平层上。橡胶楼地面具有耐磨、抗腐蚀、弹性好、电绝缘性好、隔声、保温等优点，适用于展览馆、剧院、实验室等建筑。橡胶楼地面构造如表 9-7 所示。

表 9-7 橡胶楼地面构造

重量 /(kN/m²)	厚度 /mm	简图	构造	
			地面	楼面
1.30	D240 L90	地面　楼面	(1)橡胶板 3 厚，用专用胶黏剂粘贴 (2)1:2.5 水泥砂浆 20 厚，压实抹光 (3)刷水泥浆一道（内掺建筑胶） (4)C15 混凝土垫层 60 厚 (5)5~32 卵石灌 M2.5 混合砂浆，振捣密实或 3:7 灰土 150 厚 (6)夯实土	(4)CL7.5 轻骨料混凝土 60 厚 (5)现浇钢筋混凝土楼板或预制板现浇叠合层

图 9-23　粘贴面层楼地面实例

图 9-24　涂料楼地面实例

9.3.3.5　涂料楼地面

涂料楼地面是在水泥砂浆或混凝土的表面用涂料经涂刷或涂刮处理而成的楼地面，如图 9-24 所示。涂料楼地面施工方便，造价比较低，可以提高地面的耐磨性、耐腐蚀性及防水性，具有不易起尘、易清洁、色彩艳丽等特点，容易创造个性化空间。但部分涂料在施工时会散逸出有害气体，污染环境，又由于涂层较薄，人流量大时，磨损较快。涂料楼地面构造如表 9-8 所示。

表 9-8 涂料楼地面构造

重量 /(kN/m²)	厚度 /mm	简图	构造 地面	构造 楼面
1.90	D250 L100	地面　楼面	(1)C20 细石混凝土 40 厚,随打随磨光,表面涂环氧涂料 20μm (2)刷水泥浆一道(内掺建筑胶) (3)C15 混凝土垫层 60 厚 (4)碎石夯入土中 150 厚	(3)CL7.5 轻骨料混凝土 60 厚 (4)现浇钢筋混凝土楼板或预制板现浇叠合层

9.3.4 楼地面的设计标高

标高表示建筑物某一部位相对于基准面（标高的零点）的竖向高度，是竖向定位的依据。

（1）绝对标高和相对标高

标高按基准面选取的不同分为绝对标高和相对标高。绝对标高是以一个国家或地区统一规定的基准面作为零点的标高。我国规定以青岛附近黄海的平均海平面作为标高的零点；相对标高是以建筑物室内主要地面高度为零点（一般记为±0.000），以该点为标高的起点所计算的标高。

（2）建筑标高和结构标高

建筑标高是指做完装饰装修面层（如水泥砂浆楼地面、水磨石楼地面等）后的标高。建筑标高一般用于建筑施工图中，表示装饰装修完毕后，交工状态的标高，如图 9-25 所示楼面的建筑标高。

结构标高是指不包括装饰层厚度的结构构件（梁、板、柱等）表面的高度。结构标高一般用于结构施工图中，是施工时控制结构构件高度的标高。如图 9-25 所示楼面的结构标高。

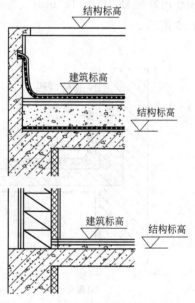

图 9-25 建筑标高和结构标高

对于楼面，一般来说，建筑标高＝结构标高＋楼地面装饰层厚度（面层做法）。如建筑标高是 3.000，面层做法为 90mm 厚的水磨石楼地面，则结构标高为 2.910。

9.3.5 楼地面的防水构造

在建筑构造设计中，对于一般房间的地面，采用现浇 C20 细石混凝土楼地面并将板缝填实密封，即可解决地面防水问题。但对于用水频繁房间的楼地面（如厨房、厕所、盥洗室等），室内积水的机会多，容易发生渗漏现象。囚此，设计时必须对这些房间的楼地面、墙身采取必要的防潮、防水措施，做好楼地面的排水和防水构造。

(1) 楼地面排水构造

为了便于排除楼地面的积水，楼地面应设地漏，并使楼地面由四周向地漏形成一定坡度，引导水流流入地漏。地面排水坡度一般为1‰～1.5‰。另外，为防止地面积水外溢，应将有水房间楼地面的标高比其他房间楼地面标高降低20～30mm。若有水房间的楼地面标高与其他房间的楼地面标高等高时，则应在门口处做一高出地面20～30mm的门槛，以防止积水外流。

(2) 楼地面防水构造

① 楼地面防水构造　对于用水的房间，楼板应以现浇钢筋混凝土楼板为佳，楼地面应采用具有防水、防滑类的面层。面层宜采用整体面层楼地面或防水性好的块材面层楼地面。为了提高防水质量，可在结构层（或垫层）与面层间增设防水层。楼板四周除门洞外，应做混凝土翻边，其高度不应小于120mm。常见的防水材料有防水卷材、防水砂浆和防水涂料等。为防止水沿房间四周侵入墙身，应将防水层沿房间四周墙边向上延伸，至少超出楼地面100～150mm，当遇到开门处，其防水层应铺出门外至少250mm，如图9-26所示。

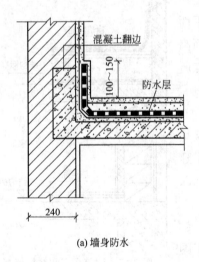 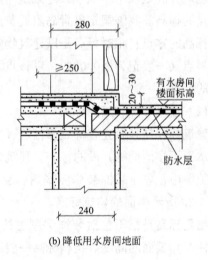

(a) 墙身防水　　　　　　　　　　(b) 降低用水房间地面

图9-26　有水房间楼板防水构造

② 穿楼板立管的防水处理　穿楼板立管处是楼层防水最薄弱的部位，该部位根据立管特性的不同，一般采用两种方法：a. 对普通管道穿过楼板层时，在管道穿过的周围用C20干硬性细石混凝土填捣密实，再用防水涂料作密封处理，如图9-27(a)所示。b. 对热力管道穿过楼板层时，由于温度变化，易引起管道周围材料出现胀缩变形而造成漏水。所以常在楼板走管的位置埋设一个比热力管径稍大的套管，以保证热水管能自由伸缩。为了避免积水从热力管道与套管的缝隙漏到下一层，要求套管应高出楼地面30mm左右，如图9-27(b)所示。

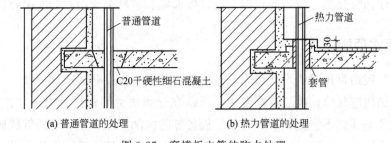

图 9-27 穿楼板立管的防水处理

9.4 顶棚构造

顶棚是位于楼板和屋盖下的装饰构造，又称天棚、天花板，是建筑物室内主要饰面之一。顶棚是室内装修的重要组成部分，它的设计常常要从审美要求、声学、节能、建筑照明、设备安装、管线敷设、防火安全等方面进行综合考虑。

9.4.1 顶棚装饰构造的功能

（1）装饰室内空间环境

顶棚是室内装饰的一个重要组成部分，它是除墙面、地面外，用以围合成室内空间的另一个大面。顶棚装饰处理能够从空间、造型、光影、材质等方面，来渲染环境，烘托气氛。

（2）改善室内环境，满足使用要求

顶棚的处理不仅要考虑室内的装饰艺术风格的要求，还要考虑室内使用功能的要求。照明、通风、保温、隔热、吸声、防火等技术性能直接影响室内环境与使用。利用吊顶棚内空间能够处理人工照明、空气调节、消防、通讯、保温隔热等技术问题。

（3）隐蔽设备管线和结构构件

现代建筑的各种管线越来越多，如照明、空调、消防管线等，一般充分利用吊顶空间对各种管线和结构构件进行隐蔽处理。

顶棚是室内装修的重要部位，应结合室内设计进行统筹考虑，满足各专业的设计要求。设计时应根据建筑物的使用功能、装修标准和经济条件来选择适宜的顶棚形式。

9.4.2 顶棚的分类

按顶棚表面与结构层的关系分类，有直接式顶棚和吊顶式顶棚。
按顶棚结构构造层的显露状况分类，有开敞式顶棚和隐蔽式顶棚。
按顶棚受力不同分类，有上人顶棚和不上人顶棚。
按照面层与和龙骨的关系分类，有活动装配式顶棚和固定式顶棚。

按顶棚表面材料分类，有木质顶棚、石膏板顶棚、各种金属板顶棚和 PVC 板顶棚等。

9.4.3 直接式顶棚

直接式顶棚包括直接喷刷涂料顶棚、直接抹灰顶棚和直接贴面顶棚三种。

直接式顶棚构造简单，构造层厚度小，可以充分利用空间；材料用量少，施工方便，造价较低。但这类顶棚不能提供隐藏管线、设备等的内部空间，小口径的管线应预埋在楼屋盖结构或构造层内，大口径的管道则无法隐蔽。因此，直接式顶棚适用于装饰要求不高的一般性建筑及功能较为简单、空间尺度较小的场所，如办公室、住宅、教学楼等。

9.4.4 吊顶式顶棚

吊顶式顶棚是指顶棚的装饰表面与屋面板或楼板之间留有一定的距离，通过悬挂物与主体结构联结在一起的吊顶。吊顶式顶棚的装饰效果较好，形式变化丰富，适用于中、高档的建筑顶棚装饰。

在没有功能要求时，吊顶式顶棚内部空间的高度不宜过大，以节约材料和降低造价；若利用其作为敷设管线设备的技术空间或有隔热通风需要时，则可根据情况适当加大，必要时可铺设检修走道以免踩坏面层，保障安全。饰面应该根据设计留出相应灯具、空调等设备安装检修孔及送风口、回风口等位置。采用吊顶式顶棚时，需要综合考虑以上因素预留一定空间的同时，还要考虑不同功能房间的净高要求。

吊顶式顶棚构造主要是由基层、吊筋、龙骨和面层组成，如图 9-28 所示。

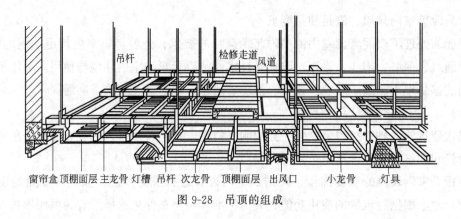

图 9-28 吊顶的组成

（1）基层

吊顶式顶棚的基层为建筑物的结构构件，主要是钢筋混凝土楼（屋）盖。

（2）吊筋

吊筋是吊顶式顶棚与基层连接的构件，一般埋在基层内，属于吊顶式顶棚的支撑部分。吊筋的主要作用是承受顶棚的荷载。吊筋的形式和材料选用，主要与顶棚的自重及顶棚所承受的灯具等设备荷载有关。吊筋可采用钢筋、型钢、方木等。钢筋吊筋用于一般顶棚，直径不小于 6mm；型钢吊筋用于重型顶棚或整体刚度要求较高的顶棚；方木吊筋一般用于木基层顶棚，多用 50mm×50mm 截面。

（3）龙骨

龙骨是固定顶棚层的构件，并将承受面层的重量传递给支承部分。龙骨是由主龙骨、次龙骨所形成的网格骨架体系，主要是承受顶棚的荷载，并通过吊筋将荷载传递给楼（屋）盖的承重结构。常用的顶棚龙骨分为木龙骨和金属龙骨两种，如图 9-29 和图 9-30 所示。

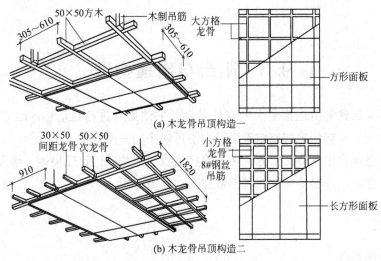

图 9-29 木龙骨吊顶示意

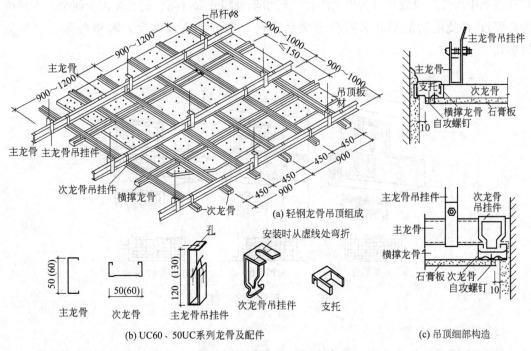

图 9-30 轻钢龙骨吊顶示意

(4) 面层

面层是顶棚的装饰层，使顶棚达到吸声、隔热、保温、防火等功能的同时，又具有美化环境的效果。

面层的材料常用纸面石膏板、纤维板、胶合板、铝塑板、矿棉吸声板、铝合金等金属板、PVC 塑料板等。玻璃顶棚的玻璃应选用夹丝玻璃、夹层玻璃或钢化玻璃。

吊顶材料的选择除满足功能和美观要求以外，必须符合防火规范所规定的燃烧性能要求。

9.5 阳台与雨篷构造

阳台是多高层建筑中连接室内的室外平台，供使用者进行活动和晾晒衣物的建筑空间，是多层住宅、高层住宅和旅馆等建筑中不可缺少的一部分。

雨篷位于建筑物出入口的上方，用来遮挡雨雪，保护外门免受侵蚀，给人们提供一个室内外的过渡空间，并起到保护门和丰富建筑立面的作用。

9.5.1 阳台

(1) 阳台的类型

阳台按其与外墙面的关系分为挑阳台、凹阳台、半挑半凹阳台，如图 9-31 所示。按其在建筑中所处的位置可分为中间阳台、转角阳台和外廊（阳台的长度大于两个开间时称为外廊）；按使用功能不同又可分为生活阳台（靠近卧室或客厅）和服务阳台（靠近厨房）。

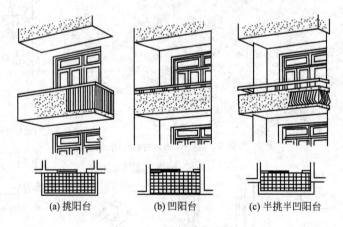

图 9-31 阳台形式示例

(2) 阳台的设计要求

① 安全适用　从结构设计角度考虑，为保证阳台在竖向荷载作用下不发生倾覆破坏，

悬挑阳台的挑出长度不宜过大，以 1.2～1.5m 为宜。从建筑构造角度考虑，阳台栏杆构造应防攀爬（不设水平栏杆）、防坠落（垂直栏杆间净距不应大于 110mm），谨防意外事故发生。多层住宅阳台栏杆净高不低于 1.05m，中高层住宅阳台栏杆净高不低于 1.1m，但也不大于 1.2m。

② 坚固耐久　阳台所用材料和构造措施应经久耐用，承重结构宜采用钢筋混凝土，金属构件应做防锈处理，构件之间的连接应牢固可靠，表面装修应注意色彩的耐久性和抗污染性。

③ 排水顺畅　对于开敞式阳台，每逢雨雪天易于积水，为保证阳台排水通畅，防止雨水倒灌室内，必须采取一些排水措施。为防止阳台上的雨水流入室内，设计时要求阳台地面标高低于室内地面标高 30～50mm 左右，并将地面抹出 1% 的排水坡，将水导入排水孔，使雨水能顺利排出。阳台排水有外排水和内排水两种，如图 9-32 所示。外排水适用于低层和多层建筑，即在阳台外侧设置泄水管将水排出。泄水管可采用 D40～D50 镀锌铁管和塑料管。为了防止雨水溅到下层阳台，泄水管外挑长度应不少于 80mm。内排水适用于高层建筑和高标准建筑，即在阳台内侧设置排水立管和地漏，将雨水直接排入地下管网，保证建筑立面美观。

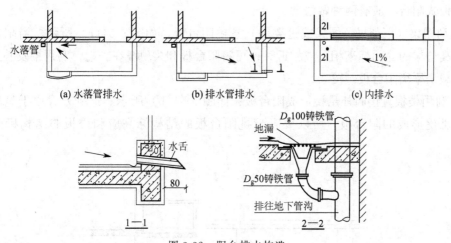

图 9-32　阳台排水构造

④ 考虑地区气候特点　南方地区宜采用有助于空气流通的空透式栏杆，而北方寒冷地区和中高层住宅应采用实体栏杆，并满足立面美观的要求，为建筑物的形象增添风采。

(3) 阳台结构布置方式

① 挑梁式　当楼板为预制楼板，结构布置为横墙承重时，可选择挑梁式。即从横墙内向外悬挑钢筋混凝土梁，其上搁置预制楼板，阳台荷载通过挑梁传给横墙，由压在挑梁上的墙体和楼板来抵抗阳台的倾覆力矩。这种结构布置简单，传力直接明确，阳台长度与房间开间一致，也可将阳台长度延长几个房间形成通长阳台。挑梁根部截面高度为悬挑净长 1/5～1/6，梁截面宽度为梁高的 1/2～1/3。为美观起见，可在挑梁端部设置面梁，既可以遮挡挑梁头，又可以承受阳台栏杆重量，还可以加强阳台的整体性，见图 9-33。

当结构形式为框架结构或抗震墙结构时，也可将挑梁从框架柱或抗震墙中挑出，阳台板可现浇、可预制，一般与室内楼板形式一致。阳台平面一般为矩形，可跨几个开间设置。

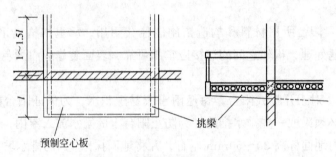

图 9-33　挑梁式阳台结构布置

② 挑板式　当楼板为现浇楼板时，可选择挑板式阳台。从楼板向外悬挑出平板，板底平整美观。由于现浇平板形状不受挑梁的限制，阳台平面可做成半圆形、弧形、梯形、斜三角等各种形状。为满足板的刚度要求，现浇挑板厚度应不小于挑出长度的 1/12，挑板式阳台的悬挑长度一般为 1.2m 左右。

挑板式阳台一般有两种做法。

a. 利用梁（框架梁、圈梁或过梁等）悬挑阳台板，如图 9-34(a) 所示。当阳台板的底面标高与梁的底面标高相同或相近时，可将阳台板和梁现浇在一起，利用梁及其上部墙体等荷载来平衡阳台板倾覆。

b. 利用楼板直接向外悬挑形成阳台板，如图 9-34(b) 所示。这种方式由于是利用楼板向外悬挑形成的阳台板，所以要求悬挑阳台板的结构标高应和楼板的结构标高基本相同。

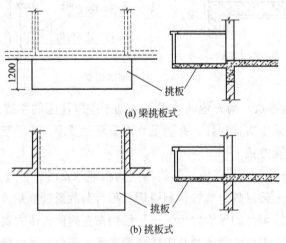

图 9-34　挑板式阳台结构布置

③ 搁板式　搁板式阳台是阳台板直接搁置在阳台两侧墙体上的阳台形式，见图 9-35

所示。这种结构形式由于没有悬挑构件，无倾覆危险，受力合理，施工方便，多用于凹阳台。

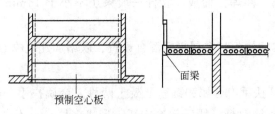

图 9-35　搁板式阳台结构布置

(4) 阳台栏杆与扶手

① 阳台栏杆　阳台栏杆是设置在阳台外围的垂直构件。主要供人们扶倚之用，以保障人身安全，且对整个建筑起装饰美化作用。阳台栏杆应该有足够的强度、刚度和稳定性，应能承受 1.0kN/m 的侧向推力。栏杆的形式有实体、空花和混合式，如图 9-36 所示。

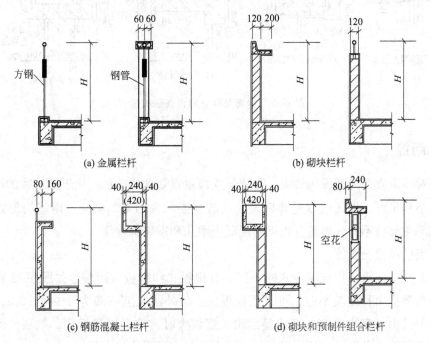

图 9-36　栏杆构造示例

实体式栏板可采用钢筋混凝土现浇而成，或用砖、加气混凝土砌块砌筑而成。

现浇钢筋混凝土栏板：80mm 厚 C20 细石混凝土内配Φ6@150 双向钢筋，立筋从挑梁、面梁或楼板中伸出。

砖栏板：用 MU7.5 砖、M5 砂浆砌 120mm 厚，栏板转角处设 120mm×120mm 的钢筋混凝土立柱，立柱钢筋下端与梁板连接，上端伸入压顶。当阳台长度较大时，钢筋混凝土立柱的间距不大于 3.6m。

加气混凝土栏板：100mm 厚加气混凝土砌块用 M5 专用砂浆砌筑，底部应现浇 C20

细石混凝土 120mm 高，转角处设 100mm×100mm 钢筋混凝土立柱，钢筋混凝土立柱的间距不大于 2.4m。

空花栏杆是用金属杆件焊接而成。立杆一般采用不小于 16mm 的方钢、圆钢和不小于 D30 的钢管。

混合式栏杆可用实体栏板与金属栏杆混合设置，以增加建筑物的美观，如常用的金属立杆加玻璃栏板的栏杆。

② 栏杆扶手　栏杆扶手有金属和钢筋混凝土两种。金属扶手一般为 $D50$、$D60$ 不锈钢管，壁厚 1.2mm。钢筋混凝土扶手用途广泛，形式多样，有不带花台、带花台、带花槽等，如图 9-37 所示。

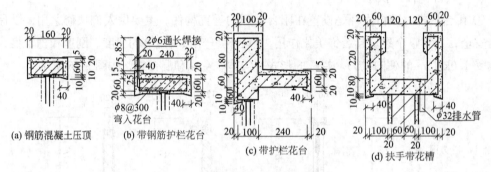

图 9-37　钢筋混凝土阳台扶手构造

9.5.2　雨篷

雨篷对建筑立面造型影响较大，是建筑立面重点处理的部位。由于建筑物的性质、出入口的大小和位置、地区气候差异以及立面造型要求等因素的影响，雨篷的形式多种多样。根据承重材料不同，雨篷分为钢筋混凝土雨篷和钢结构雨篷。

(1) 钢筋混凝土雨篷

钢筋混凝土雨篷根据支承方式的不同，有挑板式和梁板式两种，如图 9-38 和图 9-39 所示。当雨篷挑出长度较小时，可采用挑板式。板外挑长度一般为 0.9~1.5m，板根部厚度不小于挑出长度的 1/12。若雨篷挑出长度较大时，常采用梁板式，梁从门厅两侧墙柱上挑出或由室内进深梁直接挑出。为使底面平整，可将挑梁上翻。

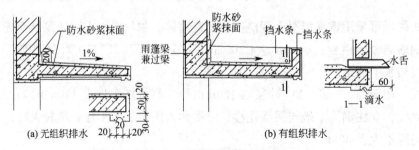

图 9-38　挑板式雨篷构造示例

雨篷排水方式可采用无组织排水和有组织排水两种。采用无组织排水方式，应在板底周边设滴水。采用有组织排水，在雨篷两侧或前方设泄水孔或伸出水舌。雨篷顶面应做好防水和排水措施，防水层延伸至四周上翻形成高度不小于 250mm 的泛水。

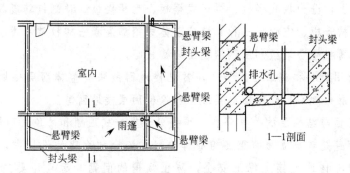

图 9-39　梁板式雨篷构造示例

（2）钢结构雨篷

钢结构雨篷以其轻巧、空透、造型美观、形式新颖，得到了越来越多的应用。按其受力状况分为悬挑钢结构雨篷和悬挂钢结构雨篷，如图 9-40 所示。

悬挑钢结构雨篷是采用型钢焊接固定在结构梁的预埋件上，型钢形式、断面尺寸、间距与雨篷的挑出长度有关。玻璃应采用夹胶安全玻璃，通过点式连接法固定在型钢上。

悬挂钢结构雨篷是将雨篷做成一个整体或骨架，一端搁置在结构梁上，另一端用拉压杆挂在雨篷上方的结构上。

(a) 悬挑钢结构雨篷

(b) 悬挂钢结构雨篷

图 9-40　钢结构雨篷实例

本章小结

1. 楼地层是楼板层和地坪层的统称，是水平方向分隔房屋空间的承重构件，同时也是建筑物的水平围护构件。

2. 楼地层的设计要求：①具有足够的强度和刚度；②具有一定的隔声能力；③具有一定的防火能力；④具有保温能力；⑤具有防潮和防水能力；⑥满足各种管线的设置；⑦

满足建筑经济的要求。

3. 钢筋混凝土楼板按施工方式不同可分为现浇整体式钢筋混凝土楼板、预制装配式钢筋混凝土楼板和装配整体式钢筋混凝土楼板三种类型。现浇整体式钢筋混凝土楼板，根据受力和传力情况，分为板式楼板、梁板式楼板、无梁楼板。预制钢筋混凝土楼板常用类型有实心平板、槽形板、空心板三种。装配整体式钢筋混凝土楼板常用类型有装配整体式密肋楼板、预制薄板叠合楼板和压型钢板组合楼板等。

4. 按面层所用材料和施工方式不同，常见楼地面做法有整体面层楼地面、块材面层楼地面、木材面层楼地面、粘贴面层楼地面和涂料面层楼地面等。

5. 按顶棚表面与结构层的关系分类，顶棚分为直接式顶棚和吊顶式顶棚。

6. 阳台和雨篷是建筑立面的重要组成部分。在阳台和雨篷的设计中，不仅要重视阳台和雨篷在结构与构造连接上保证安全，防止倾覆的问题，而且还要注意其造型的美观性。

7. 阳台按其与外墙面的关系分为挑阳台、凹阳台、半挑半凹阳台。

复习思考题

1. 简述楼地层的设计要求。
2. 楼板层由哪几部分组成？各起什么作用？
3. 楼板的隔声构造是什么？其构造原理是什么？
4. 现浇整体式钢筋混凝土楼板有何优缺点？有哪几种类型？适用范围如何？
5. 梁板式楼板的各种尺寸如何确定？经济尺度是多少？布置时应注意什么问题？
6. 预制装配式钢筋混凝土楼板有何优缺点？有哪些类型？适用范围如何？如何提高其整体性？
7. 简述预制装配式钢筋混凝土楼板的板缝如何处理。
8. 压型钢板组合楼板由哪些部分组成？各起什么作用？
9. 常见楼地面做法有哪些？试举例说明。
10. 简述水泥砂浆楼地面和水磨石楼地面的组成及优缺点、适用范围。
11. 简述建筑标高和结构标高的定义以及它们之间的关系。
12. 简述楼地面的防水构造。
13. 简述顶棚装饰构造有哪些功能。
14. 简述阳台的类型及设计要求。
15. 简述阳台结构布置方式及特点。
16. 简述钢筋混凝土雨篷的支承方式及特点。

第 10 章 楼梯构造

建筑物各个不同楼层之间的联系,需要有垂直交通设施。该项设施有楼梯、电梯、自动扶梯、台阶、坡道以及爬梯等。

楼梯作为垂直交通和人员紧急疏散的主要交通设施,使用最为广泛。楼梯的设计要求:坚固、耐久、安全、防火;做到上下通行方便,能满足必要的家具物品的搬运,有足够的通行和疏散能力;另外,楼梯尚应有一定的美观要求。

电梯用于层数较多或有特殊需要的建筑物中,即使以电梯或自动扶梯为主要交通设施的建筑物,也必须同时设置楼梯,以便紧急疏散时使用。

在建筑物入口处,为连接室内外地面高差而设置的踏步段,称为台阶。坡道是建筑物重要的无障碍交通设施,主要是为了方便车辆、轮椅等通行。爬梯则专用于检修等。

10.1 楼梯的组成、类型、尺度与设计

10.1.1 楼梯的组成

楼梯一般是由楼梯梯段、楼梯平台及栏杆扶手三部分组成,如图 10-1 所示。

(1) 楼梯梯段

楼梯梯段俗称楼梯跑,是楼梯的主要使用和承重部分,它由若干个踏步组成。为了减少人们上下楼梯时的疲劳和适应人行的习惯,一个楼梯梯段的踏步数要求最多不超过 18 级,最少不少于 3 级。相邻楼梯梯段和平台所围成上下连通的空间称为楼梯梯井。

(2) 楼梯平台

楼梯平台是指两个楼梯梯段之间的水平板。平台主要作用在于缓解疲劳,让人们在连续上楼时可以在平台上稍加休息,故又称为休息平台;同时,平台还是梯段之间转换方向的连接处。按平台所处位置和标高的不同,分为中间平台和楼层平台。

(3) 栏杆扶手

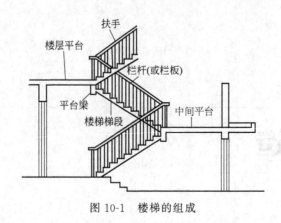

图 10-1　楼梯的组成

栏杆是设在楼梯梯段边缘和平台临空边的安全保护构件。要求必须坚固牢靠，并保证有足够的安全高度。

扶手一般附设在栏杆顶面，供倚扶用。扶手也可附设在墙体上，称为靠墙扶手。

10.1.2　楼梯的类型

① 按位置不同分，楼梯有室内楼梯和室外楼梯。

② 按材料不同分，有钢筋混凝土楼梯、钢楼梯、木楼梯及混合式楼梯。

③ 按平面形式不同可分为直跑式、折角式、弧形和螺旋式等多种形式，如图 10-2 所示。楼梯中最简单的是直跑楼梯，直跑楼梯又可分为单跑和多跑几种。楼梯的平面形式与楼梯间的建筑平面有关，当楼梯间的建筑平面为矩形时，可以做成双跑楼梯，双跑楼梯是最常采用的楼梯形式；当楼梯间的建筑平面为正方形时，适合做成三跑楼梯；有时，综合考虑到建筑物内部的装饰效果，还常常做成螺旋楼梯或圆弧形楼梯等。

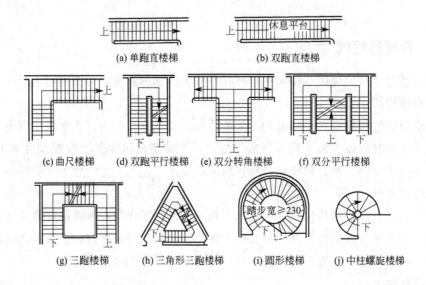

(a) 单跑直楼梯　　(b) 双跑直楼梯
(c) 曲尺楼梯　(d) 双跑平行楼梯　(e) 双分转角楼梯　(f) 双分平行楼梯
(g) 三跑楼梯　(h) 三角形三跑楼梯　(i) 圆形楼梯　(j) 中柱螺旋楼梯

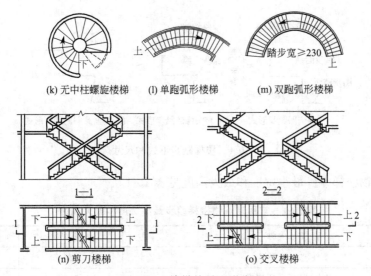

图 10-2 楼梯的平面形式

10.1.3 楼梯的尺度

(1) 楼梯的坡度和踏步尺寸

楼梯的坡度是指梯段中各级踏步前缘的假定连线与水平面形成的夹角。楼梯的坡度大小应适中。坡度过大，行走易疲劳；坡度过小，楼梯占用的建筑面积增加，不经济。楼梯的坡度范围一般在 23°～45°之间，最适宜的坡度为 30°左右。当坡度小于 10°时，可将楼梯改为坡道。当坡度大于 45°时，则采用爬梯。楼梯、爬梯、坡道等的坡度范围如图 10-3 所示。

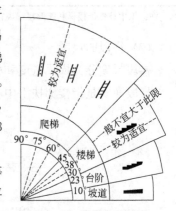

图 10-3 楼梯常用坡度

楼梯的坡度还需要根据建筑物使用要求和行走舒适性等方面来确定。公共建筑的楼梯一般人流较多，坡度应较平缓，常在 26°34′（1∶2）左右。住宅中的公用楼梯通常人流较少，坡度可稍陡些，多在 (1∶2)～(1∶1.5) 之间，楼梯坡度一般不宜超过 38°。供少量人员通行的内部专用楼梯，其坡度可适当加大。

踏步是由踏面和踢面组成，如图 10-4(a) 所示。踏步宽度 b 与成人的平均脚长相适应，一般不宜小于 260mm。为了适应人们上下楼时脚的活动情况，踏面宜适当宽一些，常用 260～320mm。在不改变梯段长度的情况下，为加宽踏面，可将踏步的前缘挑出，形成突缘，挑出长度一般为 20～40mm，也可将踢面做成倾斜面，见图 10-4(b)、(c)。踏步高度 h 一般宜在 140～175mm 之间。在通常情况下踏步尺寸可根据经验公式求出，$b+2h=$ 600～620mm，600～620mm 为成人的平均步距，室内楼梯选用低值，室外台阶应选用高值。

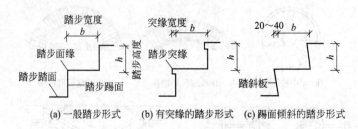

图 10-4　楼梯踏步形式和尺寸

常用建筑物楼梯踏步最小宽度和最大高度见表 10-1。

表 10-1　常用建筑物楼梯踏步最小宽度和最大高度　　　　单位：mm

楼梯类别	最小宽度	最大高度
住宅公用楼梯	260	175
幼儿园、托儿所楼梯	260	150
电影院、剧院、体育馆、商场、医院、旅馆和大中学校等楼梯	280	160
其他建筑楼梯	260	170
专用疏散楼梯	250	180
服务楼梯、住宅套内楼梯	220	200

注：无中柱螺旋楼梯和弧形楼梯离内侧扶手中心 0.25m 处踏步宽度不应小于 220mm。

(2) 梯段的尺度

梯段尺度分为梯段宽度和梯段长度。

梯段净宽是指楼梯扶手中心线至墙面或靠墙扶手中心线的水平距离，如图 10-5 所示。

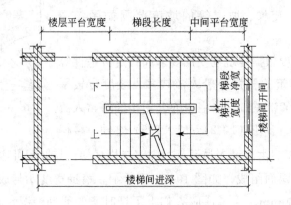

图 10-5　楼梯的平面尺寸

梯段宽度除应满足防火规范的规定外，还取决于同时通过的人流股数及家具设备搬运所需空间尺寸，其具体数值参见第 3 章中关于楼梯宽度部分的内容。

梯段长度是指梯段始末两踏步前缘线之间的水平距离。梯段长度取决于该梯段的踏步数及其踏面宽度。如果梯段踏步数为 n 步，则该梯段的长度为 $b\times(n-1)$，其中 b 为踏面宽度。

梯井宽度是指上下两个梯段内侧之间缝隙的水平距离。梯井的尺寸根据楼梯施工时支模板的需要和满足楼梯间的空间尺寸来确定，其尺寸一般为60～200mm。公共建筑梯井的净宽不应小于150mm，有儿童经常使用的楼梯，当梯井净宽大于200mm时，必须采取安全措施，防止儿童坠落。

(3) 平台的宽度

平台宽度是指墙面至扶手中心线或其他结构构件表面的水平距离。

《民用建筑设计通则》（GB 50352—2005）规定：梯段改变方向时，扶手转向端处的平台最小宽度不应小于梯段宽度，且不得小于1.2m。当有搬运大型物件需要时应适当加宽。医院、病房楼等建筑，因考虑抬担架，平台宽度不小于2.0m。

《建筑楼梯模数协调标准》（GBJ 101—1987）规定：中间平台的宽度，不应小于楼梯梯段的宽度，对不改变行进方向的平台，其宽度可不受此限制，如图10-6所示。

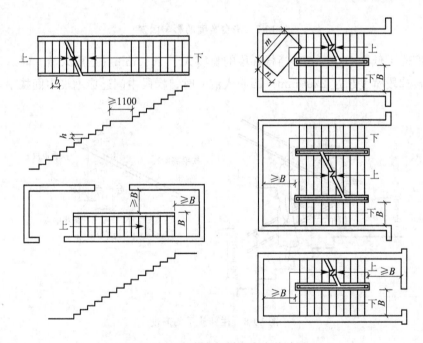

图10-6 平台宽度与梯段宽度的关系

平台宽度设计时还要考虑墙、柱、栏杆扶手、门的开启所占用的空间，净宽尺寸应满足规范要求，如图10-7所示。

(4) 栏杆扶手的高度

楼梯栏杆扶手的高度是指从踏步前缘至扶手上表面的垂直距离。

一般室内楼梯栏杆扶手的高度不宜小于900mm（通常取900mm），室外楼梯栏杆扶手高度（特别是消防楼梯）应不小于1100mm。在托幼建筑中，需要在500～600mm高度再增设一道扶手，以适应儿童的身高（图10-8）。另外，楼梯栏杆水平段长度大于500mm

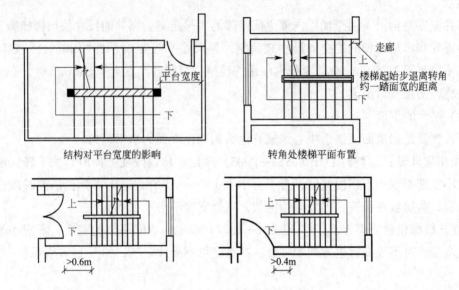

图 10-7 平台宽度的影响因素

时栏杆高度应不低于 1050mm。当楼梯段的宽度大于 1650mm（三股人流）时，应增设靠墙扶手。楼梯段宽度超过 2200mm（四股人流）时，梯段中间还应增设中间扶手。

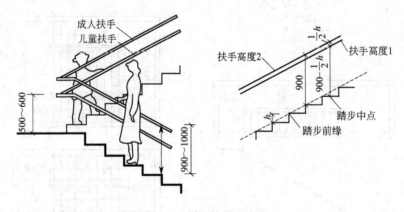

图 10-8 栏杆扶手的高度

(5) 楼梯净空高度

楼梯净空高度包括楼梯平台净高和梯段净高。平台净高是指平台面（楼地面）到上部结构底面之间的垂直距离，应不小于 2000mm，如图 10-9(a) 所示。梯段净高是指自踏步前缘线（包括最低和最高一级踏步前缘线以外 300mm 范围内）到上部结构底面的垂直距离，梯段净高应不小于 2200mm。图 10-9(b) 中虚线所示范围均为梯段净高，其中最不利位置是 a 点到 b 点的垂直高度，该处的净高均应不小于 2200mm。

楼梯下部净高的控制不但关系到行走安全，而且涉及到楼梯下部空间的利用及通行的可能性，因此，它是楼梯设计中的重点也是难点。

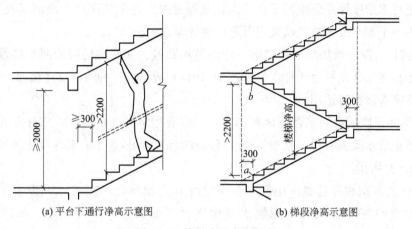

(a) 平台下通行净高示意图　　(b) 梯段净高示意图

图 10-9　楼梯净空高度控制

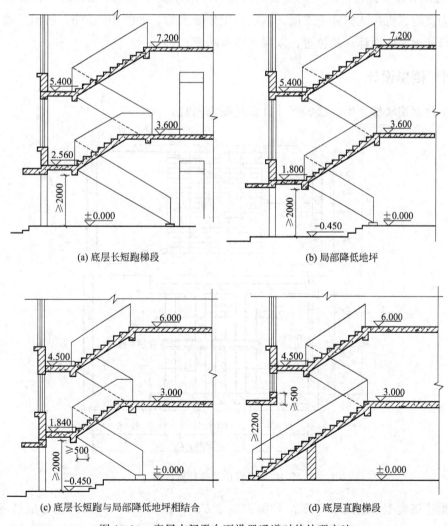

(a) 底层长短跑梯段　　(b) 局部降低地坪

(c) 底层长短跑与局部降低地坪相结合　　(d) 底层直跑梯段

图 10-10　底层中间平台下设置通道时的处理方法

当在平行双跑楼梯底层中间平台下需设置通道时，为保证平台下净高满足通行要求，一般净高不小于 2000mm，可以采用以下几种处理方法。

① 底层长短跑。增加底层楼梯第一跑的踏步数量，使底层楼梯的两个梯段形成长短跑，以此抬高底层休息平台的标高，如图 10-10(a) 所示。这种情况仅在楼梯间进深较大，底层平台宽度有富裕时适用。

② 局部降低底层中间平台下地坪标高。充分利用室内外高差，将部分室外台阶移至室内。为防止雨水流入室内，应使室内最低点的标高高出室外地面标高不小于 100mm，如图 10-10(b) 所示。

③ 底层长短跑和降低底层中间平台下地坪标高相结合。在实际工程中，经常将以上两种方法结合起来，统筹考虑解决楼梯平台下部通道的高度问题，如图 10-10(c) 所示。

④ 底层采用直跑楼梯。当底层层高较低（一般不大于 3000mm）时可将底层楼梯由双跑改为直跑，直接从室外上二层，二层以上恢复双跑，如图 10-10(d) 所示。设计时需注意入口处雨篷底面标高的位置，以保证净空高度。

10.1.4　楼梯设计

以平行双跑楼梯为例，楼梯尺寸计算见图 10-11。

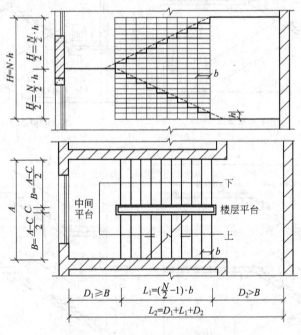

图 10-11　楼梯尺寸计算示例

根据建筑类型初选踏步高度 h 和踏步宽度 b，再根据层高 H 来试选每层踏步数 N，尽量采用等跑和偶数。用层高 H 去除踏步数 N，得出踏步高度。踏步高度可为除不尽的小数，但应在规范规定范围内，并且整个楼梯梯段内踏步高度应保持一致。

根据每段踏步级数 n 和初选踏步宽度 b 来确定梯段水平投影长度 L_1，$L_1=(n-1)b$。

根据楼梯间开间净宽 A 和梯井宽度 C 确定梯段宽度 B，$B=(A-C)/2$，同时检验其是否满足规范要求。

根据梯段宽度 B，初选中间平台宽度 $D_1(D_1 \geqslant B)$ 和楼层平台宽度 $D_2(D_2 > B)$。

根据楼梯间平台宽度 D_1 和 D_2 以及梯段水平投影长度 L_1 检验楼梯间进深净长 L_2，$L_2 \geqslant D_1+L_1+D_2$。当楼梯间进深净长有富裕时，可将富裕的尺寸增加到楼层平台处；如楼梯间进深不满足时，可对梯段水平投影长度 L_1 值进行调整。

设计实例：某住宅楼梯间的开间尺寸为 2700mm，进深 6000mm，层高 3000mm，封闭式楼梯，内外墙厚度均为 200mm，轴线均居中。室内外高差 600mm，楼梯间底层中间平台下设置出入口，试按照平行双跑楼梯设计此楼梯。

① 初选踏步尺寸 b、h：建筑物为住宅，初步选定踏步高度 $h=170$mm，踏步宽度 $b=260$mm。

② 确定踏步数 N：层高为 3000mm，$N=H/h=3000/170=17.6$ 个，踏步数取整数为 18 个，这时踏步高度 $h=3000/18 \approx 166.67$mm。

③ 底层采取"长短跑"：由于楼梯间底层中间平台下设置出入口，故取第一跑梯段步数多，第二跑梯段步数少的两跑楼梯，第一跑取 12 步，第二跑取 6 步，二层以上各取 9 步。

④ 梯段宽度 B：楼梯间开间净宽为 $2700-2 \times 100=2500$mm，取梯井宽度为 120mm，则梯段宽度 $B=(2500-120)/2=1190$mm$(\geqslant 1100$mm$)$。

⑤ 初选楼梯间平台宽度：楼梯间平台宽度不小于梯段宽度 B，故暂取 $D_1=D_2=1300$mm。

⑥ 计算梯段水平投影长度：以步数最多的梯段为准，$L_1=260 \times (12-1)=2860$mm。

⑦ 校核：

楼梯间进深净长 $L_2=6000-2 \times 100=5800$mm。

$5800-1300-2860-1300=340$mm（富裕的这段尺寸可以放在楼层平台处）。

高度尺寸：$166.67 \times 12 \approx 2000$mm。

由于入口处必须满足净高 2000mm 的要求，考虑到扣除结构层高度后，仅在底层采取"长短跑"还无法满足 2000mm 净高的要求，所以底层采取长短跑和局部降低底层中间平台下地坪标高相结合。

考虑室内外高差为 600mm，底层中间平台下地坪可降低 450mm。

局部降低底层中间平台下地坪标高后，底层中间平台下方高度为 $2000+450=2450$mm，扣除结构层高度后，净高可以满足大于 2000mm 要求，可以满足开门。

充分考虑其他楼层各梯段及平台处净高要求后，最终设计的楼梯间平面图及剖面图如图 10-12 所示。

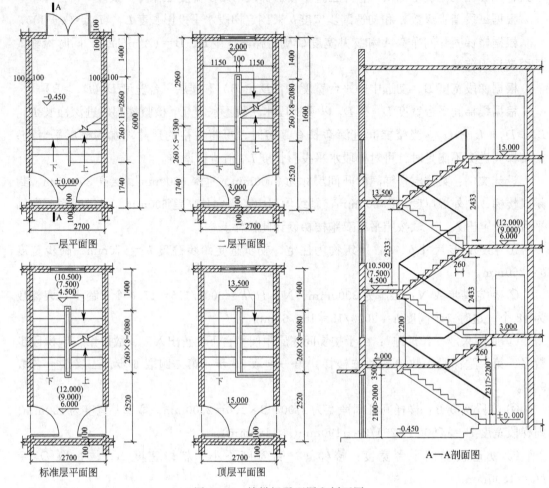

图 10-12 楼梯间平面图和剖面图

10.2 钢筋混凝土楼梯构造

钢筋混凝土楼梯的构造形式多种多样，但按传力方式不同可分为板式楼梯和梁板式楼梯两大类；按施工方法不同可分为现浇楼梯和装配式楼梯。

10.2.1 现浇钢筋混凝土楼梯

现浇式钢筋混凝土楼梯是指将楼梯梯段、楼梯平台等整浇在一起的楼梯，故又称整体式钢筋混凝土楼梯。这种楼梯整体性能好，刚度大，对抗震有利；但支模耗费较多，且施工速度慢，用于对抗震设防要求较高的建筑中。

(1) 板式楼梯

板式楼梯通常是由梯段板、平台板和平台梁组成，如图 10-13 所示。梯段板两端支承在平台梁上，平台板一端支承在平台梁上，另一端支承在墙体上或连系梁上。平台梁承受梯段板和平台板的荷载，并将荷载传给支承平台梁的墙体或框架柱（梁）。

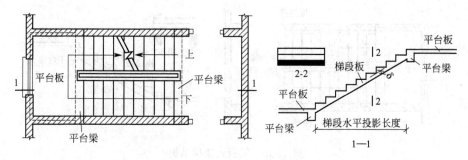

图 10-13　板式楼梯示例

板式楼梯的梯段板厚 δ 与梯段板的水平投影长度即跨度有关，δ 一般不小于梯段板水平投影长度的 1/25，且不小于 80mm。当梯段板跨度较大时（大于 3.6m），梯段板厚度增加，自重较大，经济性较差，故板式楼梯只宜在跨度不大的建筑中采用。板式楼梯由于受力明确，结构计算简单，梯段板底部平整，施工方便，是目前使用较为广泛的一种楼梯形式。

板式楼梯一般多采用平台梁承板的构造方式，如图 10-13 所示。在一些公共建筑中，为了获得更好的造型效果，板式楼梯有时采用悬挑板式、扭板式等构造方式，如公共建筑的大厅部位楼梯多采用悬挑板式或扭板式楼梯，其结构特点是梯段和平台均无支撑，靠上下梯段与平台组成的空间板式结构与上下层楼板结构共同受力，造型新颖，空间效果好，如图 10-14 所示。

(a) 扭板式楼梯　　　　　　　(b) 悬挑板式楼梯

图 10-14　板式楼梯实例

(2) 梁板式楼梯

梁板式楼梯通常是由梯段板、梯斜梁、平台板和平台梁组成，如图 10-15。

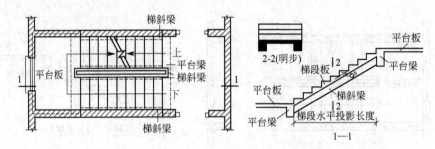

图 10-15 梁板式楼梯示例

当梯段板跨度较大、宽度较宽或楼梯负载较大时，采用板式梯段不经济，需增加梯段斜梁以承受板的荷载，并将荷载传给平台梁，这种楼梯称为梁板式楼梯。

梁板式楼梯在结构布置上有双梁布置和单梁布置之分，梯斜梁截面尺寸可参照简支梁确定。梯斜梁在踏步板下部的称正梁式梯段，如图 10-16(a)；梯斜梁反向上面称反梁式梯段，如图 10-16(b)。正梁式梯段踏步可以从侧面看到称为"明步"，反梁式梯段侧面看不到踏步称为"暗步"。

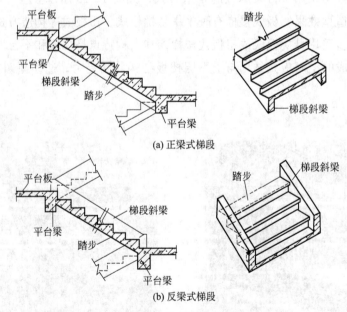

图 10-16 梁板式楼梯的正梁式梯段和反梁式梯段

10.2.2 预制装配式钢筋混凝土楼梯

装配式钢筋混凝土楼梯是将梯段、平台等构件单独预制，现场装配而成的楼梯。这种形式的楼梯可节约模板，简化操作程序，较大幅度地缩短工期，提高建筑工业化水平；但其整体性、抗震性、灵活性等不及现浇钢筋混凝土楼梯，并且施工时需要配套起重设备，投资较多。

装配式钢筋混凝土楼梯根据其生产、运输、吊装和建筑体系的不同，一般可分为小型构件装配式楼梯、中型构件装配式楼梯和大型构件装配式楼梯。

（1）小型构件装配式楼梯

小型构件装配式楼梯是以踏步板作为基本构件，将梯段、平台分割成若干部分，分别预制成小型构件装配而成。基本预制构件包括踏步、梯梁、平台梁和平台板。由于构件尺寸小、重量轻，因此制作、运输和安装简便，造价较低，但构件数量多，施工工序多，湿作业较多，施工速度较慢，主要适用于施工吊装能力较差的情况。

① 踏步　钢筋混凝土预制踏步的断面形式有三角形、L形、倒L形和一字形四种，如图10-17所示。

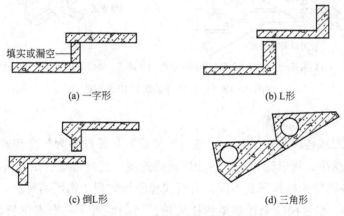

图 10-17　预制踏步的断面形式

三角形踏步板拼装后梯段底面平整、简洁，但自重大，因此常将三角形踏步板抽孔，形成空心的三角形踏步。L形踏步板自重轻、用料省，但拼装后底面形成折板，容易积灰。L形踏步板的搁置方式有两种：一种是正置，即踢板朝上搁置〔图10-17(b)〕；另一种是倒置，即踢板朝下搁置〔图10-17(c)〕。一字形踏步板只有踏板没有踢板，制作简单，存放方便，外形轻巧，必要时，可用砖补砌踢板，但受力不太合理，仅用于简易楼梯和室外楼梯等。

② 梯梁　梯梁有矩形断面、L形断面和锯齿形断面三种。矩形断面和L形断面梯梁主要用于搁置三角形踏步板；锯齿形断面梯梁主要用于一字形、L形踏步板，如图10-18所示。

③ 平台梁　平台梁可预制成矩形，为了便于支承梯斜梁或梯段板，减少平台梁占用的结构空间，一般常将平台梁做成L形断面，梯斜梁搁置在平台梁挑出的翼缘上，如图10-18所示。

④ 平台板　平台板宜采用预制钢筋混凝土空心板或槽形板。

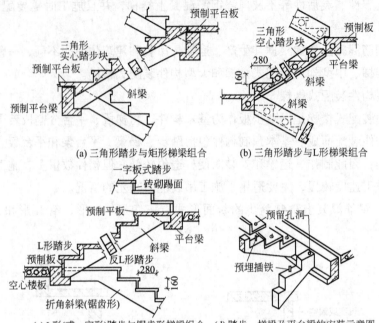

图 10-18 小型构件装配式楼梯构造

(2) 中型构件装配式楼梯

中型构件装配式楼梯是由平台板（包括平台梁）和梯段各为一个单独构件装配而成。这种楼梯构件数量少，可以简化施工，加快建设速度，但要求有一定的吊装和运输能力。

① 梯段　按梯段的结构形式不同，有板式梯段和梁板式梯段两种。

a. 板式梯段　板式梯段为预制整体梯段板，两端搁置在平台梁出挑的翼缘上，将梯段荷载直接传递给平台梁，如图 10-19 所示。结构形式有实心和空心两种类型。实心梯段板自重较大，为减轻梯段板自重，可将梯段板抽孔形成空心梯段板。

图 10-19 装配式楼梯板式梯段实例

b. 梁板式梯段　梁板式梯段是将踏步板和梯斜梁预制成一个构件，踏步板支承在梯斜梁上，梯斜梁将荷载传递给平台梁。梁板式梯段可减轻踏步的重量，节约材料，适合跨度或荷载较大情况的楼梯。

② 平台板　中型装配式楼梯通常将平台梁和平台板预制成一个构件，形成带梁的平台板。

(3) 大型构件装配式楼梯

大型构件装配式楼梯是把整个梯段和平台板预制成一个构件。按结构形式不同，分为板式楼梯和梁板式楼梯。这种楼梯的构件数量少，装配化程度高，施工速度快，但需要大型运输、起重设备。

10.3　楼梯细部构造

10.3.1　踏步

楼梯踏步面层应耐磨、防滑，便于行走，光洁易于清扫。踏步面层的材料视装修要求而定，一般与门厅或走道的楼地面材料一致，常采用水泥砂浆、水磨石、大理石和防滑地砖等踏步面层构造。

为防止行人使用楼梯时滑倒，尤其是人流量大或踏步表面光滑的楼梯，应做防滑和耐磨处理。防滑处理的方法通常有三种（图10-20）：①在接近踏口处设置略高于踏面2~3mm的防滑条，防滑条的材料主要有金刚砂、马赛克、橡胶条和金属条等。②用带槽口的金属材料包住踏口，这样既防滑又起保护作用。③在踏步面层前缘设2~3道防滑凹槽，防滑凹槽施工简单，但不易清扫，防滑效果也较差。在踏步两端靠近栏杆（或墙）处一般不设防滑条。如果踏步面层采用水泥砂浆抹面，由于其表面粗糙，具有一定吸水性，一般可不做防滑处理。

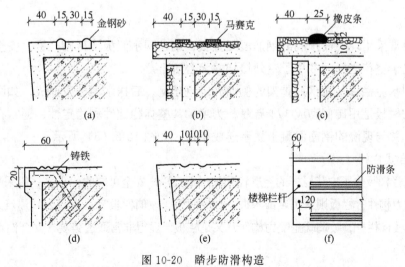

图10-20　踏步防滑构造

10.3.2 栏杆与扶手

(1) 栏杆

为保证栏杆在人流拥挤的状况下不被推倒，栏杆应能承受 1.0kN/m 的侧向推力。在托幼建筑和中小学建筑中，栏杆应采取防攀爬、防坠落措施，其垂直栏杆净距应不大于 110mm。

楼梯栏杆按构造形式不同分为空花栏杆、栏板栏杆和混合式栏杆三种。

① 空花栏杆

空花栏杆一般采用圆钢、方钢、扁钢和钢管等金属材料焊接或铆接而成，具有空透轻巧、美观大方、施工简单等优点。圆钢 $\phi16\sim30mm$，方钢 $(20mm\times20mm)\sim(30mm\times30mm)$，扁钢 $(30\sim50)mm\times(3\sim6)mm$，钢管 $\phi20\sim50mm$（壁厚不小于 1.5mm）。

栏杆与梯段、平台的连接方式有焊接、锚接和栓接三种，如图 10-21 所示。焊接是将栏杆立杆与梯段、平台中预埋的钢板或套管焊接在一起。锚接是在梯段或平台上预留孔洞，然后将栏杆立杆插入预留孔内，用水泥砂浆或细石混凝土填实。栓接是利用螺栓将栏杆固定在梯段或平台上。

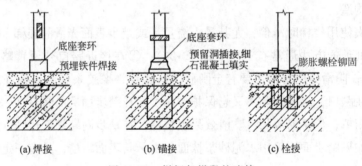

图 10-21 栏杆与梯段的连接

② 栏板

栏板通常采用现浇或预制的钢筋混凝土板，钢丝网水泥板或砖砌栏板，安全性能和耐久年限都优于空花栏杆，多用于室外楼梯或大台阶上。

钢丝网水泥栏板是在钢筋骨架的侧面先铺钢丝网，后抹水泥砂浆而成，如图 10-22(a) 所示。砖砌栏板是用砖侧砌成 1/4 砖厚，为增加其整体稳定性和稳定性，通常在栏板中加设钢筋网，并与现浇的钢筋混凝土扶手连成整体，如图 10-22(b) 所示。

③ 混合式栏杆

混合式栏杆吸收了空花栏杆的空透轻巧和栏板式栏杆安全可靠的优点。一般采用金属杆件作为垂直受力构件，栏板则采用装饰木板、金属面板、玻璃栏板等。有些公共建筑采用夹胶钢化玻璃作为楼梯栏杆，玻璃既是受力构件，又是栏板，显得非常通透美观，安全性也很好。

(2) 扶手

扶手的断面应以便于手握为宜，表面必须光滑、圆顺，顶面宽度一般不宜大于

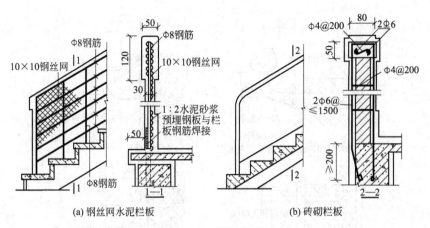

(a) 钢丝网水泥栏板　　(b) 砖砌栏板

图 10-22　栏板构造

90mm，并要注意断面的美观。

空花栏杆顶部的扶手一般采用硬木、塑料或金属材料制作，其中硬木和金属扶手应用较为普遍。扶手的断面形式和尺寸应方便手握抓牢，扶手顶面宽一般为 40~90mm。栏板顶部的扶手可用水泥砂浆或水磨石抹面而成，也可用大理石、水磨石、木材贴面而成。

扶手与栏杆应有可靠的连接，其方法视扶手和栏杆的材料而定。硬木扶手与金属栏杆的连接，通常是在金属栏杆的顶端先焊接一根通长扁钢，然后用木螺丝将扁钢与扶手连接在一起。塑料扶手与金属栏杆的连接方法和硬木扶手类似。金属扶手与金属栏杆多用焊接。栏板上的水磨石、石材扶手多采用水泥砂浆粘贴，如图 10-23 所示。

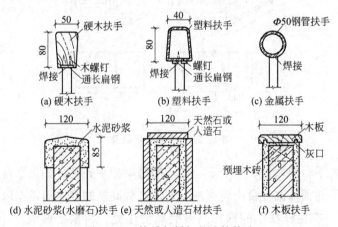

图 10-23　扶手与栏杆的连接构造

靠墙扶手及楼梯顶层的水平栏杆扶手应与墙、柱连接。若为砖墙，可以在砖墙上预留孔洞，将扶手和栏杆插入孔洞内，用水泥砂浆或细石混凝土填实。若为钢筋混凝土墙或柱，则可采用预埋铁件焊接。扶手与墙、柱的连接构造如图 10-24 所示。

(3) 楼梯起步和梯段转折处栏杆扶手处理

在底层第一跑梯段的起步处，为了增强栏杆刚度、美观和安全，一般对起步处的栏杆

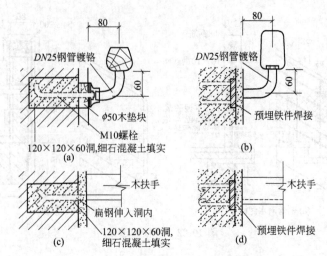

图 10-24 扶手与墙、柱的连接构造

做特殊处理。栏杆立柱一般安装在第一级踏步上，为安全起见，扶手端部应进行收口处理，如图 10-25 所示。

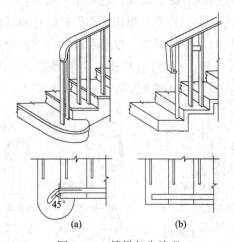

图 10-25 楼梯起步处理

在平行楼梯的平台转弯处，当上下行梯段的踏口相平齐时，如果平台栏杆紧靠踏步口设置，则栏杆扶手的顶部高度会出现高差。处理这种高差的办法通常有以下几种。

① 鹤颈扶手　在栏杆扶手的顶部高度突然变化处，将扶手做成一个较大的弯曲线，使扶手连续相连，如图 10-26(a) 所示。

② 栏杆扶手伸入平台半个踏步　上下扶手在转折处同时向平台延伸半个踏步宽度，在该位置上下行梯段的扶手顶面高度刚好相同，扶手连接较为顺畅，如图 10-26(b) 所示。这种处理方法，扶手连接简单，省工省料。但由于栏杆伸入平台半个踏步宽度，占用平台的宽度，使平台的通行宽度减小，会给人流通行和家具设备搬运带来不便。

③ 上下行梯段错开一步　这样扶手的连接比较简单、方便，但却增加了楼梯的长度，

如图 10-26(c) 所示。

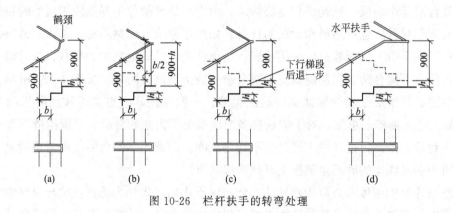

图 10-26　栏杆扶手的转弯处理

10.4　室外台阶与坡道构造

一般建筑物的室内地面都高于室外地面，为了便于出入，应根据室内外高差来设置台阶和坡道。台阶的形式分为单面踏步式和三面踏步式，坡道多为单面坡形式，如图 10-27 所示。

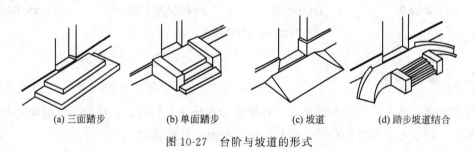

图 10-27　台阶与坡道的形式

10.4.1　室外台阶

室外台阶是由踏步和平台组成。室外台阶由于人流量大，且处于室外，踏步宽度应比楼梯大一些，使台阶坡度平缓，以提高行走舒适度。每级踏步高一般为 100~150mm，踏步宽为 300~400mm。当台阶高度超过 0.7m 并侧面临空时，应设置防护设施，防护设施净高不应低于 1.05m，如设置栏杆、花台等。

《民用建筑设计通则》(GB 50352—2005) 和《住宅设计规范》(GB 50096—2011) 规定：室内外入口处台阶踏步宽度不宜小于 0.30m，踏步高度不宜大于 0.15m，并不宜小于 0.10m；台阶踏步数不应少于 2 级，当高差不足 2 级时，应按坡道设置。

平台设置在出入口与踏步之间，起缓冲过渡作用。平台深度一般不小于 1000mm，为防止雨水积聚或溢入室内，平台面宜比室内低 20~60mm，并向外找坡 1%~3%，以利于排除雨水。从消防疏散的角度考虑，疏散出口内外 1.4m 范围内不能设台阶踏步，如影剧院、体育馆等建筑。

室外台阶是由面层、结构层和基层构成。由于室外台阶位于易受雨雪侵蚀的自然环境之中，其面层材料应选择防滑和耐久的材料，如水泥砂浆、天然石材、防滑缸砖等。结构层承受作用在台阶上的荷载，应采用抗冻、抗水性能好且质地坚实的材料，按材料不同有混凝土台阶、石砌台阶、钢筋混凝土架空台阶、换土地基台阶等，如图10-28所示。步数较少的台阶，其垫层做法与地面垫层做法类似，一般采用素土夯实后按台阶形状尺寸做C15混凝土垫层或碎石垫层。对于步数较多或地基土质太差的台阶，可根据情况架空成钢筋混凝土台阶，以避免过多填土或产生不均匀沉降。严寒地区的台阶还需考虑地基土冻胀因素，可用保水性差的砂石垫层换土至冰冻线以下。

台阶与建筑物主体因负荷相差悬殊，会出现不均匀沉降，为防止台阶与建筑物主体因沉降差而出现裂缝，台阶应等建筑物主体工程完成后再进行施工，并且台阶应与建筑物主体之间设置约10mm的沉降缝，缝内用油膏嵌实。

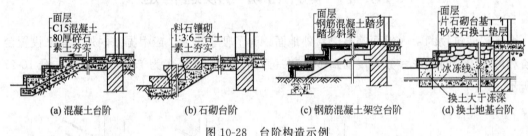

图10-28 台阶构造示例

10.4.2 室外坡道

坡道根据功能不同可分为两种，一种是考虑到残疾人和老年人行动不便所设计的无障碍坡道；一种是考虑到货物搬运方便和车辆行驶所设计的坡道。

一般坡道坡度在（1:6）～（1:12）之间，通常取1:10比较舒适，大于1:8时须采取防滑措施。

根据《城市道路和建筑物无障碍设计规范》（JGJ 50—2001）规定，坡道的坡度和宽度应符合表10-2的要求，坡道起点、终点和中间休息平台的水平长度不应小于1.50m。

表10-2 不同位置的坡道坡度和宽度

坡道位置	最大坡度	最小宽度/m
有台阶的建筑入口	1:12	≥1.20
只设坡道的建筑入口	1:20	≥1.50
室内走道	1:12	≥1.00
室外道路	1:20	≥1.50
困难地段	1:8～1:10	≥1.20

根据《汽车库、修车库、停车场设计防火规范》（GB 50067—2014）规定，汽车疏散坡道的净宽度，单车道不应小于3.0m，双车道不应小于5.5m。

与室外台阶类似,室外坡道也是由面层、结构层和基层构成,要求材料耐久性、抗冻性、耐磨性好,其构造与台阶类似。坡道面层多采用混凝土、天然石料等材料。坡道对防滑要求较高或坡度较大时可设置防滑条或做成锯齿形,如图10-29所示。

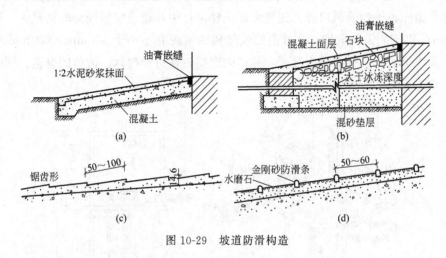

图10-29　坡道防滑构造

10.5　电梯与自动扶梯

10.5.1　电梯

(1) 电梯的类型

按其使用性质可分为客梯、货梯、客货两用电梯及杂物电梯等类型。

按电梯行驶速度分为超高速电梯(大于6m/s)、高速电梯(5～6m/s)、中速电梯(2.5～5m/s)、一般速度电梯(小于等于2.5m/s)。

消防电梯是建筑物内具有耐火封闭结构、防烟前室和专用电源,在火灾时供消防队员专用的电梯。为了节约投资,消防电梯在平时可兼做客梯或工作电梯使用。

无机房电梯是相对于有机房电梯而言的,无需设置专用电梯机房的电梯,其将原机房内的控制屏、曳引机、限速器等移往井道等处。无机房电梯的应用,节省了建筑物的空间,降低了成本。并且省掉建筑顶端的机房,给建筑物的外观设计带来了更大的灵活性,是未来电梯工业的一个重要发展方向。

(2) 电梯组成

电梯是由电梯井道、电梯机房、井道底坑及其他组成电梯的有关部件组成。

① 电梯井道　电梯井道是电梯运行的通道,内设电梯轿厢、平衡重、缓冲器、电梯出入口以及导轨等,如图10-30所示。

井道尺寸与电梯型号有关,井道一般采用钢筋混凝土或框架填充墙的井壁,井道壁应预设孔洞和预埋铁件,以便于安装导轨支架。

为了减轻电梯运行时对建筑产生振动和隔音，应采取适当隔声、隔振措施。一般情况下，只在机房基座下设弹性垫层来达到隔振和隔声的目的。对于居住建筑，电梯井应避免设在起居室、卧室或客房隔壁，否则应在井道外壁做隔声处理。

电梯井道除设排烟通风口外，还要考虑电梯运行中井道内空气流动的问题。一般运行速度在 2m/s 以上的乘客电梯，在井道的顶部和底坑应有不小于 300mm×600mm 的通风孔。由于火灾事故容易在井道内蔓延，井道内严禁设置可燃气体、液体的管道，同时井道材料应满足防火要求。

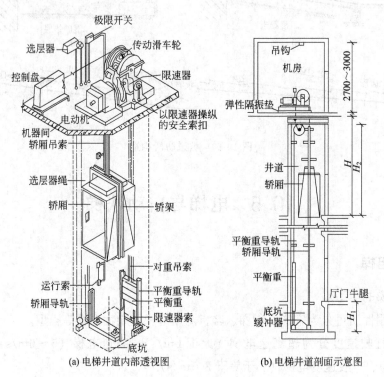

(a) 电梯井道内部透视图　(b) 电梯井道剖面示意图

图 10-30　电梯井道

② 电梯机房　电梯机房一般设置在电梯井道的顶部。机房高度多为 2.5~3.5m，机房和井道的平面相对位置应允许机房任意向一个方向或两个相邻方向伸出，并满足机房有关设备安装的要求。通向机房的通道应畅通，电梯机房门宽度应大于 1.20m，高度应大于 2.0m。机房地面应平坦整洁，能承受 $7kN/m^2$ 的均布荷载。

为了便于电梯设备的安装和维修，机房的楼板应按机械设备要求的部位预留孔洞，同时为便于安装或维修电梯时起吊电梯设备，机房的顶板下部应预埋吊钩。

③ 井道底坑　井道底坑是轿厢下降时所需的缓冲器安装空间。井道底坑壁及底板均需考虑防水处理，坑壁还应设置爬梯和检修灯槽。

10.5.2　自动扶梯

自动扶梯是由梯路和两侧的扶手组成，其主要部件有梯级、牵引链条及链轮、导轨系统、主传动系统、驱动主轴、梯路张紧装置、扶手系统、梳板、扶梯骨架和电气系统等，如图10-31所示。

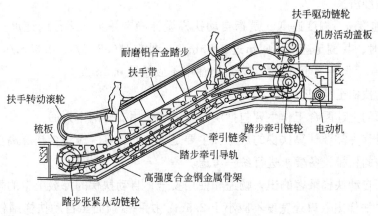

图10-31 自动扶梯构成示意图

(1) 自动扶梯布置方式

自动扶梯常用的布置方式有并联排列式、平行排列式和交叉排列式三种，如图10-32所示。

并联排列式的特点是楼层乘客流动可以连续，升降两方面交通均可分离清楚，外观豪华，但安装面积大。

平行排列式的特点是安装面积小，但楼层乘客流动不连续，必须绕过部分楼面才能上下。

交叉排列式的特点是乘客流动升降两方面均为连续，不发生混乱，安装面积小。

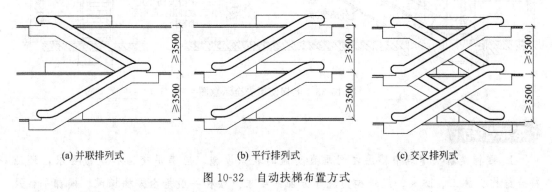

(a) 并联排列式　　　　(b) 平行排列式　　　　(c) 交叉排列式

图10-32 自动扶梯布置方式

(2) 自动扶梯的规格

① 提升高度 H　提升高度 H 是指使用自动扶梯的建筑物上、下楼层间的高度，对于35°的自动扶梯，其提升高度不应超过6m。

② 名义宽度 W　自动扶梯的名义宽度 W 是指自动扶梯梯级安装后横向测量的踏面长度。名义宽度不应小于0.58m，且不超过1.1m。常用的名义宽度有600mm、800mm和1000mm三种，600mm为单人通行，800mm为单人携物通行，1000mm为双人通行。

③ 倾斜角 α　倾斜角 α 为梯级运行方向与水平面构成的角度，一般有 27.3°、30°和 35°三种。在相同提升高度的情况下，27.3°的扶梯所需空间最大，35°的扶梯占空间小，制造成本低，最经济。

④ 额度速度 v　额度速度 v 是指自动扶梯设计确定并实际运行的速度。自动扶梯倾斜角小于 30°时，其额定速度不应超过 0.75m/s，通常为 0.5 m/s、0.65m/s 和 0.75m/s；倾斜角大于 30°，但不大于 35°时，其额定速度不应超过 0.5m/s。

(3) 自动扶梯土建配合要求

自动扶梯的土建配合工作主要包括洞口留设和使用安全两个方面。

洞口留设首先需要计算扶梯的尺寸，主要是梯长的计算，应结合楼层高度、扶梯坡度以及扶梯两端的机械设备要求进行统一考虑。

为了保证自动扶梯乘客的出入畅通和使用安全，自动扶梯的梯级上空的垂直净高不应小于 2.30m；扶梯出入口处宽度不应小于 2.5m；扶手带顶面至自动扶梯踏板面前缘的垂直高度不应小于 0.90m；扶手带外侧至任何障碍物不应小于 0.50m，否则应采取措施防止障碍物引起人员伤害，如图 10-33 所示。

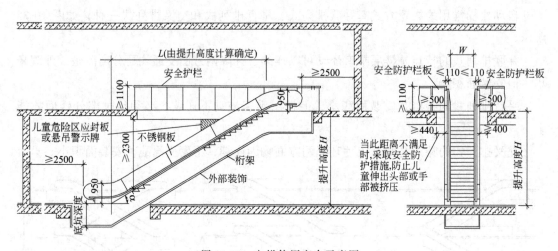

图 10-33　电梯使用安全示意图

本章小结

1. 楼梯是解决建筑中楼层之间垂直交通的联系设施，应满足交通和疏散要求，还应符合结构、施工、防火、经济和美观等方面的要求。楼梯一般是由楼梯梯段、楼梯平台及栏杆扶手三部分组成。

2. 楼梯按平面形式不同可分为直跑式、折角式、弧形和螺旋式等多种形式，最常见的是平行双跑楼梯。

3. 楼梯的坡度既要便于通行，又要节省面积，范围一般在 23°~45°之间，最适宜的坡度为 30°左右。踏步是由踏面和踢面组成。楼梯梯段、平台的宽度应按人流股数确定，并保证人流和货物的顺利通行。

4. 楼梯的通行净高在平台部位应大于2000mm，在梯段部位应大于2200mm。在平台下设出入口而净高不满足要求时，可采用底层长短跑、局部降低底层中间平台下地坪标高、底层采用直跑楼梯等办法予以解决。

5. 钢筋混凝土楼梯按传力方式不同分为板式楼梯和梁板式楼梯两大类；按施工方法不同可分为现浇楼梯和装配式楼梯。

6. 楼梯踏步面层应耐磨、防滑，便于行走，光洁易于清扫。楼梯栏杆与踏步、扶手应有可靠的连接，并应做好扶手转弯处理。

7. 室外台阶与坡道是在建筑物入口处连接室内外不同标高地面的构件，其平面布置形式有单面踏步、三面踏步以及踏步与坡道结合等多种形式。台阶与坡道应坚固耐磨，具有较好的耐久性、抗冻性和抗水性，构造方式依其所采用的材料而异。

8. 电梯是大型建筑和高层建筑的主要垂直交通联系设备，有电梯井道、电梯机房、井道地坑和其他附件组成。电梯有客梯、货梯、消防电梯等几种。自动扶梯是建筑物层间连续运输效率最高的载客设备，主要用于人流大的大型公共建筑中。

复习思考题

1. 楼梯是由哪几部分组成？各组成部分起何作用？
2. 楼梯的坡度和踏步尺寸如何确定？在不改变梯段长度的情况下如何加宽踏面？
3. 楼梯梯段和平台的宽度如何确定？
4. 楼梯为什么要设置栏杆扶手？设置栏杆扶手有哪些要求？
5. 楼梯的净高一般指什么？为保证人流和货流的顺利通行，对楼梯净高有哪些要求？
6. 当在平行双跑楼梯底层中间平台下需设置通道时，为保证平台下净高满足通行要求，可以采用哪些措施？
7. 以平行双跑楼梯为例，简述一下楼梯设计过程。
8. 钢筋混凝土楼梯按传力方式不同分为哪几种？各自有何特点？按施工方法不同可分为哪几种？
9. 装配式钢筋混凝土楼梯根据其生产、运输、吊装和建筑体系的不同，一般可分哪几种？
10. 楼梯踏面面层的防滑措施有哪些？
11. 栏杆的构造措施有哪些？
12. 简述楼梯起步和梯段转折处栏杆扶手的处理措施。
13. 如何解决台阶和建筑主体沉降不一致的情况？
14. 简述电梯的组成。

第 11 章 屋顶构造

屋顶是建筑物最顶层的围护结构,其主要作用是抵御自然界的风霜雨雪、太阳辐射、气温变化和其他外界的不利影响,使屋顶覆盖下的空间有一个良好的使用环境。同时,屋顶又是建筑物上部的承重结构,用以承受自重和作用于屋顶上的各种荷载,同时对建筑物上部构件还起着水平支撑作用。

11.1 屋顶的类型和设计要求

11.1.1 屋顶的类型

屋顶主要是由屋面和支承结构所组成。屋顶的形式与建筑物的使用功能、结构选型以及建筑造型等有关。常见的屋顶类型有平屋顶、坡屋顶,除此之外,还有球面、曲面、折面等其他形式的屋顶。

(1) 平屋顶

平屋顶是指屋面坡度小于3%的屋顶,最常用的坡度是2%~3%。平屋顶是一种较常见的屋顶形式,因其易于协调统一建筑与结构的关系,节约材料,且由于其屋面较平坦,可用作各种活动场地,屋顶可以设置屋顶花园、屋顶游泳池等。平屋顶的常见形式:挑檐平屋顶、女儿墙平屋顶、挑檐女儿墙平屋顶、盒顶平屋顶等(图 11-1)。

(a) 挑檐　　　　　　(b) 女儿墙　　　　　(c) 挑檐女儿墙　　　　(d) 盒(录)顶

图 11-1　平屋顶的形式

(2) 坡屋顶

根据《坡屋面工程技术规范》(GB 50693—2011),坡屋顶是指屋顶坡度大于等于3%的屋顶。坡屋顶在我国有着悠久的历史,传统建筑中的小青瓦和平瓦屋顶均属坡屋顶。现代建筑中考虑到景观环境和建筑风格的要求也经常采用坡屋顶。坡屋顶按其坡面的数量可分为单坡屋顶、双坡屋顶和四坡屋顶。坡屋顶的常见形式:硬山屋顶、悬山屋顶、歇山屋顶、庑殿屋顶、卷棚屋顶、圆攒尖屋顶等(图11-2)。

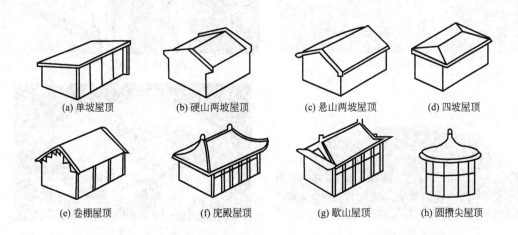

图 11-2　坡屋顶的形式

(3) 其他形式的屋顶

随着建筑科学技术的发展和应用,出现了许多新型的屋顶形式,如球形屋顶、拱形屋顶、薄壳屋顶、折板屋顶、网架屋顶和悬索屋顶等(图11-3)。这类屋顶的结构形式独特,使得建筑物的造型更加丰富多彩,多用于较大跨度的公共建筑中。更多屋顶实例见图11-4。

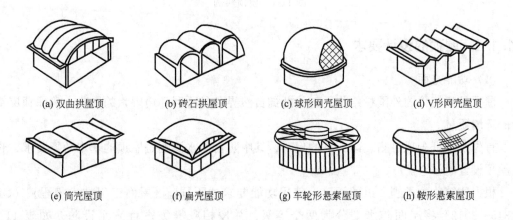

图 11-3　其他形式的屋顶

(a) 故宫古建筑

(b) 金沙大酒店(新加坡)

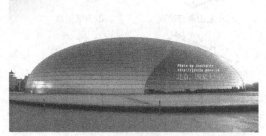
(c) 国家大剧院

(d) 青岛东方影都项目

(e) 阿利耶夫文化中心(阿塞拜疆)

(f) 深圳T3航站楼

图 11-4　屋顶实例

11.1.2　屋顶的设计要求

（1）功能方面

屋顶是建筑物的外围护结构，应能抵御自然界各种不利环境因素的影响，确保顶层空间的环境质量。

首先是能抵御风、霜、雨、雪的侵袭，其中防止雨水渗漏是屋顶的基本功能要求，也是屋顶设计的核心。

根据建筑物的类别、重要程度、使用功能要求的不同，《屋面工程技术规程》（GB 50345—2012）将屋面防水划分为两个等级，并按相应等级进行防水设防，如表 11-1 所示。

表 11-1 屋面防水等级和设防要求

防水等级	建筑类别	设防要求	防水做法
Ⅰ级	重要建筑和高层建筑	两道防水设防	卷材防水层＋卷材防水层 卷材防水层＋涂膜防水层 复合防水层
Ⅱ级	一般建筑	一道防水设防	卷材防水层 涂膜防水层 复合防水层

屋面在处理防水问题时，应兼顾"导"和"堵"两个方面。所谓"导"就是要将屋面积水顺利排除，因而应该有足够的排水坡度及相应的一套排水设施。所谓"堵"就是采用相应的防水材料，采取妥善的构造做法，防止渗漏。

其次是能够抵御气温的影响。我国幅员辽阔，南北气候相差悬殊，通过采取适当的保温隔热措施，使屋顶具有良好的热工性能，以便给建筑物提供舒适的室内环境，这也是屋顶设计的一项重要内容。

再次是采光和通风。现代建筑中对自然光要求高的美术馆、博物馆等，屋顶的采光和通风是设计的重要因素。现代居住建筑一般通过在坡屋顶上设置平天窗或老虎窗等方式解决顶层空间的采光和通风问题。

（2）结构方面

屋顶不仅是建筑物的围护结构，也是建筑物的承重结构，除承受自重外还需承受风荷载、雪荷载、施工荷载，上人的屋顶还要承受人和相关设备的荷载。所以屋顶结构应具有足够的强度和刚度，做到安全可靠、经久耐用。

（3）建筑艺术

屋顶是建筑外部形体的重要组成部分，屋顶的形式对建筑的造型有直接影响。变化多样的屋顶外形，装修精美的屋顶细部，是中国传统建筑的重要特征之一。现代建筑也应注重屋顶形式及其细部的设计，以满足人们对建筑艺术方面的需求。

11.1.3 屋面工程的设计内容

屋面工程设计的主要内容如下。

① 根据建筑物的重要性确定屋面防水等级和设防要求。

② 进行屋面排水系统的设计，即选择屋顶排水坡度、确定屋顶排水方式、进行屋顶排水有组织设计。

③ 选择屋面防水构造方案，合理选择防水材料、保温隔热材料，使其主要物理性能满足建筑所在地的气候条件，并应符合环境保护要求。

④ 进行屋面工程的细部构造设计。

11.2 屋顶排水设计

11.2.1 屋顶排水坡度

(1) 屋顶排水坡度表示方法

常用的屋顶坡度表示方法有角度法、斜率法、百分比法，如图 11-5 所示。角度法以倾斜面与水平面所成夹角的大小来表示，通常用于坡屋顶，如 30°、45°等。斜率法（也称比值法）以屋顶倾斜面的垂直投影长度（H）与水平投影长度（L）之比来表示，即 H/L，如 1∶2、1∶10、1∶50 等。百分比法以屋顶倾斜面的垂直投影长度（H）与水平投影长度（L）之比的百分比值 i 来表示，通常用于平屋顶，如 $i=2\%$。

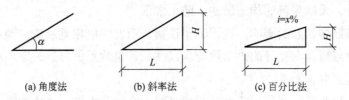

图 11-5 屋面坡度的表示方法

(2) 影响屋顶排水坡度的因素

屋顶的坡度大小受到多方面因素影响，主要有：屋面的防水材料、当地的降水量、建筑造型以及经济因素。

① 防水材料与排水坡度的关系　如果防水材料尺寸规格较小，接缝必然就较多，容易产生缝隙渗漏，因而屋面应有较大的排水坡度，以便将屋面积水迅速排除。在常见的瓦屋面和卷材屋面中，瓦屋面的拼缝比卷材屋面的多，漏水的可能性大，应适当增加屋面坡度，以提高排水速度，减少渗透机会，故瓦屋面常用较大的坡度。卷材屋面基本上是整体的防水层，拼缝较少，故坡度可以小一些。

② 降雨量大小与排水坡度的关系　降雨量大的地区，屋顶坡度应陡些，使水流速度加快，防止屋面积水引起渗漏。反之，屋顶坡度宜小些。

③ 建筑造型及经济因素与坡度的关系　屋顶坡度的大小应考虑建筑造型需要，要符合景观环境和建筑风格要求。另外，屋顶坡度也要考虑经济因素，坡度越小，耗用材料越少，但容易漏水；坡度越大，则耗用材料较多，增加成本。

(3) 屋顶排水坡度的形成方法

屋顶坡度的形成方法有材料找坡和结构找坡两种做法（图 11-6）。

① 材料找坡　材料找坡是指屋面板上表面呈现水平状态，排水坡度由垫坡材料堆积而成，又称构造找坡，一般用于坡向长度较小的屋面。垫坡材料常选用质量轻、吸水率低、有一定强度的材料，如水泥炉渣或石灰炉渣。有保温层的屋面，保温材料可兼做找坡材料。坡度宜为 2%，找坡层最薄处不小于 20mm。

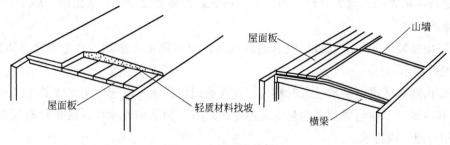

图 11-6 屋顶找坡方式

② 结构找坡 结构找坡是指屋顶结构自身就带有排水坡度，例如在上表面倾斜的屋架或屋面梁上安装屋面板，屋面板表面即呈倾斜坡面，故又称搁置坡度。单坡跨度大于 9m 的屋面宜做结构找坡，坡度不应小于 3%。

材料找坡的屋面板可以水平放置，天棚面平整，但材料找坡增加了屋面的荷载，材料和人工消耗较多。结构找坡无需在屋面上另加找坡材料，构造简单，不增加荷载，但天棚顶倾斜，室内空间不够规整。

11.2.2 屋顶的排水方式

(1) 排水方式

屋顶排水方式分为无组织排水和有组织排水两大类。

① 无组织排水 亦称自由排水，是指屋面雨水流至檐口后，不经组织直接从挑檐口滴落到地面的排水方式。无组织排水因不设天沟、雨水管来导流雨水，具有构造简单、造价低廉等优点。但也存在不足之处，例如自由下落的雨水经散水反溅常会侵蚀外墙脚部，从檐口下落的雨水会影响人流交通；当建筑物屋面面积较大、降雨量较大时，这些问题更为突出。

② 有组织排水 有组织排水是指屋面雨水流至檐口后，经檐沟、雨水管等排水设施流到地面的排水方式。其优缺点正好与无组织排水相反，由于其安全可靠，较易满足使用和建筑造型需要，所以在建筑工程中得到广泛应用。

(2) 排水方式的选择

确定屋顶的排水方式时，应根据气候条件，建筑物的高度、质量等级、使用性质、屋顶面积大小等因素加以综合考虑。一般可以按照以下原则选择。

① 底层建筑或檐口高度低于 10m 的简单建筑，为了控制造价，宜优先选用无组织排水。

② 积灰较多的屋面应采用无组织排水，如铸工车间、炼钢车间等工业厂房在生产过程中可能散发大量粉尘于屋面，下雨时被冲进天沟易造成管道堵塞，故这类屋面不宜采用有组织排水。

③ 有腐蚀性介质的工业建筑也不宜采用有组织排水。如铜冶炼车间、某些化工厂房

等生产过程中散发的大量腐蚀性介质，会使铸铁装置等遭受侵蚀，故这类厂房也不宜采用有组织排水。

④ 降雨量较大的地区或房屋较高的情况下，雨水自由滴落时，会造成随意飘落，宜采用有组织排水。

⑤ 临街建筑或檐下经常过人的建筑，宜用有组织排水，以避免雨水滴落在行人身上。

⑥ 寒冷地区，雨雪季节，为避免无组织排水时，易于结成冰柱，融化时易砸伤行人，故宜采用有组织内排水。

⑦ 为了建筑形象美观，需设置女儿墙或复杂檐口时，宜采用有组织排水。

(3) 有组织排水方案

屋面雨水系统有组织排水按管道的设置位置分为外排水、内排水和混合式排水；按屋面的排水条件分为檐沟排水和天沟排水等。

① 外排水方案　外排水是指雨水管安装在建筑物外墙之外的一种排水方案，优点是雨水管不影响室内空间的使用和美观。但是考虑立面的整体性，雨水管应靠墙、柱敷设。由于外排水构造简单，雨水管不进入室内，有利于室内美观和减少渗漏，一般应优先选用外排水方案。在湿陷性黄土地区，外排水方案可以避免因雨水管渗漏造成的沉陷。

外排水方案可以归纳为以下几种。

a. 挑檐沟外排水　屋面雨水汇集到悬挑的檐沟内，再由雨水管排至地面，如图 11-7(a) 所示。当建筑物出现高低屋面时，可先将高处屋面的雨水排至低处屋面，然后从低处屋面的挑檐沟引至地面。

b. 女儿墙外排水　由于建筑造型需要，不希望设置挑檐时，通常将外墙升起一定高度，这种高出屋面的这部分外墙称为女儿墙。此方案的特点是屋面雨水需穿过女儿墙流入外侧的雨水管，如图 11-7(b) 所示。

c. 女儿墙挑檐沟外排水　图 11-7(c) 为女儿墙挑檐沟外排水，其特点是在檐口部位既有女儿墙，又有挑檐沟。对于蓄水屋面常采用这种形式，利用女儿墙作为蓄水仓壁，利用挑檐沟汇集从蓄水池中溢出的多余雨水。

d. 暗管外排水　明装雨水管对建筑立面的美观有所影响，故在一些重要的公共建筑中，常采用暗装雨水管的方式，将雨水管隐藏在假柱或空心墙体中，如图 11-7(d) 所示。

② 内排水方案　对于高层建筑而言，因为维修室外雨水管既不方便也不安全；同时外排水在一定程度上影响高层建筑的建筑立面，一般不宜采用外排水；严寒地区的建筑也不宜采用外排水，因为低温会使室外雨水管中的雨水冻结；某些屋面宽度较大的建筑，无法完全依靠外排水排除屋面雨水，自然要采用内排水方案 [图 11-7(e)]。

11.2.3　屋面排水组织设计

屋面排水组织设计就是把屋面按分水线的排水坡度划分成若干个排水区，分别引向雨水管，使排水线路简捷，雨水管负担均匀，排水顺畅。为此，需选择适当的排水坡度，设置必要的天沟或檐沟、雨水口和雨水管等设施，并合理地确定其数量、位置和规格大小，

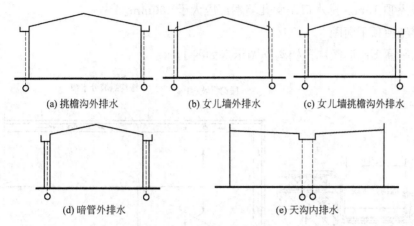

图 11-7 有组织排水方案

最后将有关内容绘制在屋顶平面图上。

(1) 划分排水分区

划分排水分区目的是便于均匀布置雨水管。排水分区的汇水面积大小一般按一个雨水口负担 150～200m² 来考虑。一般坡度屋面的排水分区汇水面积按屋面水平投影面积计算；半球形屋面或斜坡较大的屋面，其排水分区的汇水面积等于屋面的水平投影面积与竖向投影面积的一半之和。

(2) 确定排水坡数目

进深较小的房屋常采用单坡排水；进深较大时，为了减少水流路径长度，宜采用双坡排水；同时，坡屋面应结合建筑造型要求选择单坡、双坡或多坡排水。

(3) 确定天沟和檐沟的尺寸和坡度

天沟是在屋面上设置的排水沟，设在檐口处的天沟又称檐沟。天沟的作用是汇集屋面雨水，并使之迅速排离，其断面尺寸应根据当地降雨量和汇水面积的大小来确定，一般天沟净宽不小于 300mm。为迅速排离雨水，在天沟内应设纵坡，其坡度不小于 1%，天沟最浅处（分水线处）的深度不小于 100mm。

(4) 雨水管的设置

屋面雨水管的数量和管径应通过计算确定。雨水口的位置应均衡，便于快速排离雨水。当屋面有高差时，如高处屋面汇水面积较小时，可将高处屋面雨水直接排在低屋面上，雨水管下方设置水簸箕。

常用雨水管按材料分为铸铁雨水管、硬质 PVC 塑料雨水管、玻璃钢雨水管等。雨水管直径有 50mm、75mm、100mm、150mm、200mm 等几种规格。民用建筑一般用 75mm 和 100mm 两种雨水管，最常用的是 100mm 的雨水管（可服务 100～150m² 屋面汇水面积）。工业建筑常用 100～200mm 的雨水管。面积≤25m² 的阳台可用 50mm 的雨水管。雨水管下口距散水坡的高度应≤200mm。为简化计算，用雨水口间距来控制排水负荷。雨水口最大间距为：单层厂房 30m；挑檐平屋顶 24m；女儿墙平屋顶及内排水平屋顶18m；坡屋顶15m。排水口距女儿墙端部应大于500mm。

（5）绘制屋顶平面图

挑檐沟平屋顶平面图和挑檐沟详图示意如图11-8。

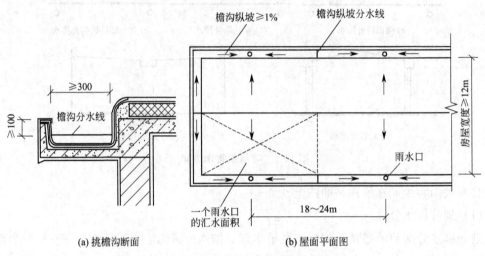

图11-8 挑檐沟平屋顶平面图和挑檐沟详图示意

11.3 卷材防水屋面

卷材防水屋面，又称柔性防水屋面，是将柔性的防水卷材或片材用胶结料粘贴在屋面上形成的封闭防水层。这种防水层具有一定的延伸性，能适用屋面的温度变形和结构变形，适用于防水等级为Ⅰ～Ⅱ级屋面防水。

11.3.1 防水卷材

防水卷材分为三大类：石油沥青防水卷材、高聚物改性沥青防水卷材和合成高分子防水卷材。

石油沥青防水卷材是传统的防水材料，是以原纸、织物、纤维毡、塑料膜等材料为胎体，浸涂石油沥青等制成的防水卷材。我国过去一直沿用石油沥青防水卷材作为屋面防水材料，其优点是造价较低，有一定防水能力，但需热施工，污染环境，且低温易脆裂，高温下易熔化流淌，隔几年就要重修。这类防水卷材只用于要求较低的屋面工程，现在已趋于淘汰。

高聚物改性沥青防水卷材是以高分子聚合物改性沥青为涂盖层，聚酯毡、玻纤毡或聚酯玻纤复合为胎体，细砂、矿物粉料或塑料膜为隔离材料而制成的防水卷材。这类卷材是用适量的合成高分子聚合物对石油沥青进行改性，使得改性后的石油沥青油毡的耐热性、低温柔性、延伸率、抗老化性能都有提高。常用的高聚物改性沥青防水卷材有SBS改性沥青防水卷材、APP改性沥青防水卷材、PVC改性沥青卷材等。

合成高分子防水卷材是以合成橡胶、合成树脂或两者的共混体为基料,加入适量的化学助剂、填充剂,经混炼压延或挤出等工艺加工而成的防水卷材。合成高分子防水卷材的特点是拉伸强度大（≥3MPa）,断裂伸长率大（≥100%）,撕裂性能好（≥25kN/m）,耐热性能好,低温柔性好（-25～100℃）,耐腐蚀性能好和施工简单等。常用合成高分子防水卷材有三元乙丙橡胶防水卷材、氯化聚乙烯防水卷材、聚氯乙烯防水卷材等。

11.3.2 卷材防水屋面构造

11.3.2.1 构造组成

卷材防水屋面基本构造按施工顺序依次为结构层、找平层、结合层、防水层、保护层,见图11-9。

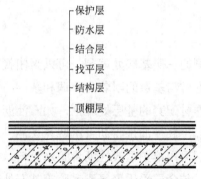

图11-9 卷材防水屋面的构造组成

(1) 结构层

作用是承重,多用钢筋混凝土现浇或预制屋面板。其要求和做法与楼板层类似,要求刚度好、变形小,具体做法由结构设计而定。

(2) 找平层

卷材防水层对其基层有两个要求:一是要有一定的强度以承受施工荷载;二是要求其表面平整,以便铺设和粘贴卷材。在一般情况下,无论是结构层还是保温层都不能同时满足上述两个要求,这就需设找平层加以处理。找平层的厚度及技术要求应符合表11-2的规定。

表11-2 找平层的厚度和技术要求

找平层分类	适用的基层	厚度/mm	技术要求
水泥砂浆	整体现浇混凝土板	15～20	1:2.5水泥砂浆
	整体材料保温板	20～25	
细石混凝土	整体现浇混凝土板	30～35	C20细石混凝土,宜加钢筋网片
	整体材料保温板		C20细石混凝土

为了防止找平层变形开裂而波及卷材防水层,宜在找平层中留设分格缝。分格缝的宽

度一般为5~20mm，纵横缝的间距不大于6m。分格缝上面应覆盖一层200~300mm宽的附加卷材，用胶黏剂单边点贴（图11-10），以使分格缝处的卷材有较大的伸缩余地，更好地适用基层的变形，避免开裂。

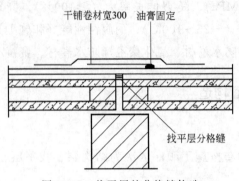

图11-10　找平层的分格缝构造

（3）结合层

结合层是在找平层上涂刷的一层基层处理剂。可以封闭找平层毛细孔隙，起到一定的防水作用，还可以增加防水卷材与基层的附着力，调和基层与防水卷材的亲和力。

结合层一般采用与防水卷材配套的基层处理剂，如石油沥青油毡、氧化沥青油毡，一般采用冷底子油作为结合层。冷底子油是将沥青溶解在煤油、汽油等有机溶剂中制成。高聚物改性沥青防水卷材结合层采用溶剂型改性沥青防水涂料、橡胶改性沥青胶结料等基层处理剂。合成高分子防水卷材结合层采用聚氨酯底胶等基层处理剂。

（4）防水层

防水卷材铺设方向应根据屋面坡度和屋面是否受震动来确定。当屋面坡度小于3%时，卷材宜平行于屋脊铺贴；当屋面坡度大于15%或屋面受震动时，防水卷材应垂直屋脊铺贴；当屋面坡度在3%~15%时，卷材可平行也可以垂直于屋脊铺贴。上下层卷材不得相互垂直铺贴。卷材铺贴方法见图11-11。

平行于屋脊铺贴防水卷材可以将成卷卷材一次铺完，接头较少，施工效率高，卷材从檐口向屋脊方向铺贴，卷材的长边搭接缝与屋面流水方向垂直，不宜漏水，还能最大限度地利用卷材的纵向拉伸强度。

当屋面坡度大于15%或屋面受震动时，卷材防水层容易下滑，故采用垂直铺贴，卷材防水层容易固定。施工时上下层卷材不得相互垂直铺贴，原因是这种铺贴方法会造成很多重叠缝，而重叠缝处是最容易漏水的地方。

防水卷材的接缝处均应采用搭接处理，根据卷材类型和铺贴方式的不同，应有50~100mm的搭接宽度。搭接缝的设置应尽量相互错开，避免接缝重叠；平行于屋脊的搭接缝，应顺流水方向搭接，垂直于屋脊的搭接缝，应顺常年主导风向搭接。

防水层的施工方法有热粘法、冷粘法、热熔法、自粘法和焊接法。卷材的铺贴方法有

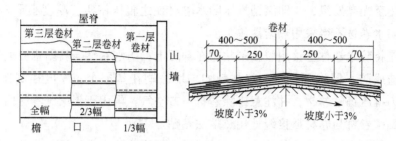

(a) 卷材平行于屋脊的铺贴方法

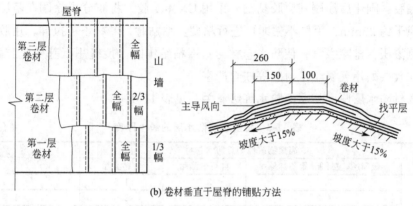

(b) 卷材垂直于屋脊的铺贴方法

图 11-11 卷材铺贴方法

满粘法、空铺法、条粘法、点粘法。

  石油沥青防水层一般采用沥青玛琋脂热粘法。沥青玛琋脂是在沥青中加入滑石粉、白云石粉、石棉粉等加工而成，可提高沥青的耐热性，改善脆性，增加韧性。施工时一般采用满粘法，将四层沥青玛琋脂和三层油毡交替粘合，沥青玛琋脂的厚度控制在 1～1.5mm 之间，油毡上下左右搭接，形成一层完整的不透水的屋面防水层，这种防水做法称为三毡四油。用三层沥青玛琋脂和二层油毡交替粘合而成的防水层，称为二毡三油。如图 11-12 所示。

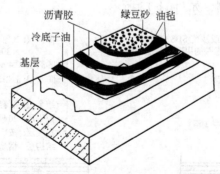

图 11-12 二毡三油卷材防水屋面示例

  高聚物改性沥青防水层可采用热熔法和冷粘法。热熔法是用火焰喷枪对准防水卷材与基层的结合处，同时加热卷材与基层，喷枪头距加热面 50～100mm。当烘烤到防水卷材底面沥青熔化至光亮发黑，立即滚铺推压防水卷材使之辊压密实。厚度小于3mm的高聚物改性沥青防水卷材不得采用热熔法施工。

冷粘法是将防水卷材直接用胶黏剂粘贴在基层上，防水卷材与胶黏剂应配套，避免材性不相容而造成防水层施工失败。胶黏剂均匀地涂刷在基层上，厚度控制在0.5mm左右，均匀用力推压铺贴卷材，并注意排除卷材下方空气，再用压辊滚压卷材面，使之与基层更好地粘贴。卷材与卷材搭接缝处用热熔法粘贴。

合成高分子防水层采用冷粘法施工。以三元乙丙橡胶防水卷材施工为例：基层处理剂为聚氨酯底胶，固化后涂刷基层胶黏剂，采用CX-404胶，将胶分别涂刷在基层及防水卷材表面，晾干约20min，手触不黏即可进行粘贴。粘贴时，卷材不可拉伸，用胶辊用力向前、向两侧滚压，排除空气，使防水卷材与基层粘结牢固。接缝用丁基橡胶胶黏剂粘贴，卷材末端和收头处用聚氨酯密封胶等嵌封严密。

每道卷材防水层厚度与屋面防水等级有关，见表11-3。

表11-3 每道卷材防水层的最小厚度　　　　　　　　　　　　单位：mm

防水等级	高聚物改性沥青防水卷材			合成高分子防水卷材
	聚酯胎、玻纤胎、聚乙烯胎	自粘聚酯胎	自粘无胎	
Ⅰ级	3.0	2.0	1.5	1.2
Ⅱ级	4.0	3.0	2.0	1.5

注：摘自《屋面工程技术规范》(GB 50345—2012)第4.5.5条。

(5) 保护层

设置保护层的目的是保护防水层，使卷材不致因光照和气候等作用迅速老化，防止沥青类卷材的沥青过热流淌或受到暴雨的冲刷。屋面保护层分为不上人屋面保护层和上人屋面保护层，这时屋面保护层做法也不同。

不上人屋面保护层可采用浅色涂料、铝箔、矿物粒料、水泥砂浆等材料，通常做法有：改性沥青卷材防水屋面一般在防水层上撒粒径为1.5～2mm的小石子作为保护层，称为绿豆砂保护层；高分子卷材如三元乙丙橡胶防水屋面等通常是在卷材面上涂刷水溶型或溶剂型的浅色保护着色剂，如图11-13所示。

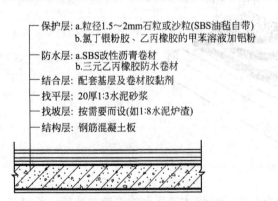

图11-13 不上人卷材防水屋面保护层做法

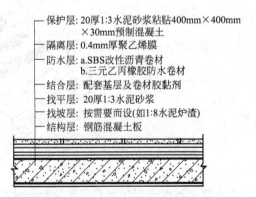

图11-14 上人卷材防水屋面保护层做法

上人屋面的保护层通常做法有：用沥青砂浆铺贴缸砖、大阶砖、混凝土块等块材；在防水层上现浇 40~50mm 厚的细石混凝土，如图 11-14 所示。块材或细石混凝土保护层均应设分格缝，分格缝用密封材料嵌填。块材类纵横分隔缝间距不宜大于 10m，分格缝宽度为 20mm；细石混凝土纵横分隔缝间距不应大于 6m，分格缝宽度为 10~20mm。

保护层材料的适用范围和技术要求应符合表 11-4 的规定。

表 11-4　保护层材料的适用范围和技术要求

保护层材料	适用范围	技术要求
浅色涂料	不上人屋面	丙烯酸系反射涂料
铝箔	不上人屋面	0.05mm 厚铝箔反射膜
矿物粒料	不上人屋面	不透明的矿物粒料
水泥砂浆	不上人屋面	20mm 厚 1:2.5 或 M15 水泥砂浆
块体材料	上人屋面	地砖或 30mm 厚 C20 细石混凝土预制块
细石混凝土	上人屋面	40mm 厚 C20 细石混凝土或 50mm 厚 C20 细石混凝土内配Φ4@100 双向钢筋网片

由于块体材料、水泥砂浆、细石混凝土等刚性保护层与防水层之间存在粘接力和机械咬合力，当刚性保护层膨胀变形，会对防水层造成损坏，故在刚性保护层与防水层之间应铺设隔离层。

(6) 其他构造层次

找坡层采用轻质材料加水泥浆拌和现浇而成，具有一定的刚度，变形较小。如 1:8 水泥蛭石、1:8 水泥膨胀珍珠岩、1:8 水泥加气混凝土碎渣等，设在找平层下方，结构层上方，最薄处 20~40mm 厚。

保温层、隔热层、隔气层等构造见本章 11.6 节。

11.3.2.2　细部构造

卷材屋面的细部主要包括屋面上的泛水、挑檐口、雨水口、变形缝等部位。

(1) 泛水构造

泛水指屋面防水层与垂直面交接处的防水处理。即屋顶上沿所有垂直面所设的防水构造，如突出屋面的女儿墙、烟囱、楼梯间、变形缝、检修孔、立管等的壁面与屋顶的交接处等地方。这些位置较容易漏水，必须将屋面防水层延伸到这些垂直面上，形成立铺的防水层。

泛水构造做法及构造要点（图 11-15）如下。

① 将屋面的卷材防水层继续铺至垂直面上，形成卷材泛水，同时再加铺一层附加卷材，泛水高度不小于 250mm。

② 屋面与垂直面交接处应将卷材下方的找平层做成圆弧形或做成 45°斜面，避免转直角，以防卷材转折时被折断或产生空鼓。

③ 做好泛水上口的卷材收头固定，防止卷材在垂直墙面上下滑，一般做法是：在垂

直墙中凿出通长凹槽,将卷材的收头压入槽内,用防水压条钉压后再用密封材料嵌填,外抹水泥砂浆保护。凹槽上部墙体则用防水砂浆抹面。

(2) 挑檐口构造

挑檐口一般分为无组织排水和有组织排水两种做法。

① 无组织排水挑檐口 无组织排水挑檐口的卷材收头极易脱胶,造成"张口",出现漏水现象。为了防止这种现象,通常采用以下做法:在混凝土檐口上用细石混凝土或水泥砂浆先做一凹槽,然后将卷材贴在槽内,将卷材收头用水泥钉钉牢,上面用防水油膏嵌填(图 11-16)。

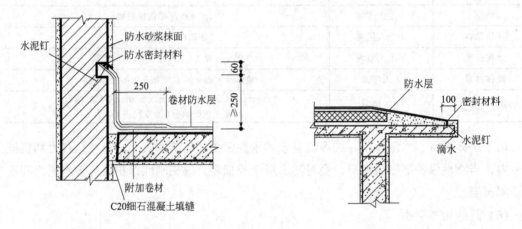

图 11-15　卷材防水屋面泛水构造　　　图 11-16　无组织排水挑檐口防水构造

② 有组织排水挑檐口 有组织排水的挑檐口常常将檐沟布置在出挑部位,现浇钢筋混凝土檐沟板可与梁连成整体(图 11-17)。

挑檐沟构造措施如下:

a. 檐沟应加铺 1~2 层附加卷材;

b. 檐沟内转角部位找平层应抹成圆弧状或 45°斜面;

c. 为了防止檐沟外壁的卷材下滑或脱落,卷材的收头处应采取固定措施,通常是在檐沟边缘用水泥钉钉压条,将卷材的收头处压牢,再用油膏或砂浆盖缝(图 11-17)。

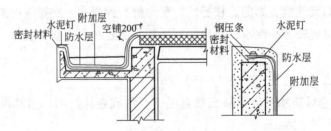

图 11-17　有组织排水挑檐口防水构造

(3) 天沟构造

屋面的排水沟称为天沟,有两种设置方式,一种是三角形天沟,另一种为矩形天沟。

① 三角形天沟 利用屋顶倾斜坡面的低洼部位做成三角形断面天沟。采用女儿墙外排水的民用建筑一般跨度（进深）不大，常采用三角形天沟排水，其构造做法如图11-18 (b)。沿天沟长向需用轻质材料垫成0.5%~1%的纵坡，迅速排除雨水。

② 矩形天沟 多雨地区或跨度较大的房屋，为增加天沟的汇水量，常采用断面为矩形的天沟，图11-18(c)。天沟内需设纵向排水坡。防水层应铺到高处的墙上形成泛水。卷材收头处理同前。

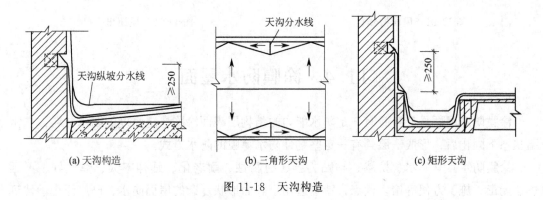

图11-18 天沟构造

（4）雨水口构造

雨水口是屋面雨水汇集并排入雨水管的关键部位，构造上要求排水通畅，防止渗漏和堵塞。雨水口通常是定型产品，分为直管式和弯管式两类，直管式适用于挑檐沟和女儿墙内檐沟（图11-19），弯管式适用于女儿墙外排水（图11-20）。

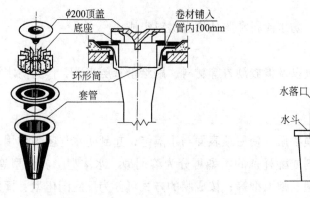

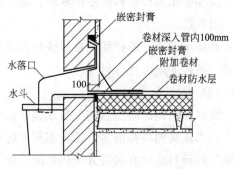

图11-19 直管式雨水口构造　　　　　　图11-20 弯管式雨水口构造

（5）屋面检修孔、屋面出入口构造

不上人屋面需设屋面检修孔，检修孔四周的孔壁可用砖立砌，也可让混凝土上翻制成，其高度一般为300mm，孔壁外侧的防水层做成泛水，如图11-21所示。

出屋面楼梯间一般需设屋顶出入口，如不能保证顶部楼梯间的室内地坪高出室外，就要在出入口设挡水的门槛，屋面出入口的构造类同于泛水构造，如图11-22所示。

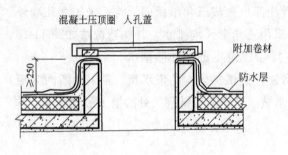
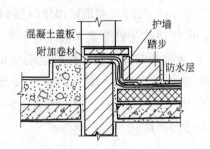

图 11-21 屋面检修孔　　　　　图 11-22 屋面出入口

11.4 涂膜防水屋面

涂膜防水屋面是在自身有一定防水能力的结构层表面涂刷一定厚度的防水材料，在常温状态下固化后，形成一层具有一定坚韧性防水薄膜的防水方式。

涂膜防水具有防水、抗渗、粘贴力强、耐腐蚀、耐老化、延伸率大、弹性好、不延燃、无毒、施工方便等诸多优点，特别适用于表面形状复杂的屋面防水，已广泛用于建筑各部分的防水工程中。

涂膜防水屋面主要适用于防水等级为Ⅱ级的屋面防水，也可作Ⅰ级屋面多道防水设防中的一道防水层。

11.4.1 防水材料

涂膜防水屋面材料主要由底漆、防水涂料和胎体增强材料组成。

（1）底漆

底漆主要有合成树脂、合成橡胶以及橡胶沥青等材料，刷涂于基层表面，作为防水施工第一阶段的基层处理材料。

（2）防水涂料

防水涂料是涂膜防水的主要成膜物质，使屋顶表面与水隔绝，起到防水与密封作用。

防水涂料的种类很多，按其溶剂或稀释剂的类型可分为溶剂型、水溶型、乳液型等；按施工时涂料液化方法可分为热熔型、常温型等；按成膜的方式可分为反应固化型、挥发固化型等；按主要成膜物质可分为合成高分子防水涂料、高聚物改性沥青防水涂料、聚合物水泥防水涂料等。

防水涂膜的厚度与防水等级有关，见表 11-5。

表 11-5　每道涂膜防水层最小厚度　　　　　　　　　　　　单位：mm

防水等级	合成高分子防水涂膜	高聚物改性沥青防水涂膜	聚合物水泥防水涂膜
Ⅰ级	1.5	1.5	2.0
Ⅱ级	2.0	2.0	2.0

(3) 胎体增强材料

某些防水涂料（如氯丁胶乳）需要与胎体增强材料（即所谓的布）配合，以增强涂层的贴附覆盖能力和抗变形能力。目前常用的胎体增强材料有聚酯无纺布、化纤无纺布等。

11.4.2 涂膜防水屋面构造

(1) 构造组成

涂膜防水屋面的构造基本层次同卷材防水屋面，基本构造层次（自下而上）按其作用分为结构层、找坡层、找平层、结合层、防水层、保护层。结构层、找坡层、找平层构造同卷材防水屋面。

① 结合层　结合层涂料，即基层处理剂。在防水涂料涂布前，先喷涂或刷涂一道较稀的涂料，以增强涂料与基层的粘结。结合层的涂料应与涂层涂料配套使用。如水乳性防水涂料配套使用2%～5%乳化剂的水溶液稀释涂料；高聚物改性沥青防水涂料配套冷底子油等。

② 防水层　在大面积防水涂料涂布前，先按设计要求在女儿墙根部、天沟、檐沟、雨水口等特殊部位涂刷一层防水涂料，随即铺贴胎体增强材料，然后用软刷反复干刷使之贴牢，待防水涂料干燥后再涂刷一层防水涂料。

在找平层分格缝上方空铺一层带有胎体增强材料的附加层，空铺宽度不小于100mm。

涂膜收头处应防止翘边现象，在所有收头处均应采用密封材料封边，封边宽度不得小于10mm。收头处有胎体增强材料时，应将其剪齐，嵌入凹槽内，并用密封材料嵌牢。

防水层按涂膜厚度可分为薄质防水涂料和厚质防水涂料。涂膜总厚度在3mm以内的为薄质防水涂料，涂膜总厚度在3mm以上的为厚质防水涂料，两者在施工工艺上有一定差异。

薄质防水涂料有反应型、水乳型和乳剂型的高聚物改性沥青防水涂料和合成高分子涂料。如再生橡胶沥青防水卷材、氯丁橡胶沥青防水卷材、丁基橡胶改性沥青防水卷材、丁苯橡胶改性沥青防水涂料、聚氨酯防水涂料、APP防水涂料、有机硅防水涂料等。

涂膜总厚度和单道涂刷厚度均应达到设计要求，一般要求面层至少涂刷两遍以上。合成高分子涂料还要求底层涂层厚度应由1mm以上方能铺设胎体增强材料。

胎体增强材料能增加涂膜防水层适应变形的能力，一般平行于屋脊铺贴。当屋面坡度大于15%时，为防止胎体增强材料下滑，应垂直于屋脊铺贴，胎体增强材料的搭接宽度不小于70mm。如有两层胎体材料，上下层的搭接接缝应错开不小于1/3的幅宽，防止重缝，使两层胎体有一定的延伸性。

厚质防水涂料主要有石灰膏乳化沥青防水涂料、膨润土乳化沥青防水涂料、石棉乳化沥青防水涂料、焦油塑料防水涂料等。涂层厚度一般为4～8mm，有纯涂层，也有铺衬一层胎体增强材料的图层。一般采用抹压法或刮涂法施工。

③ 保护层 如装饰涂料、保护缓冲材料,其作用是保护防水涂膜免遭破坏和装饰美化建筑屋面。可采用细砂、云母、浅色涂料、水泥砂浆、块体材料或细石混凝土等。当采用水泥砂浆、块体材料或细石混凝土做保护层时,应在涂膜与保护层之间铺设塑料薄膜做隔离层,防止涂膜被保护层刺坏。

(2) 复合防水层

复合防水层是在屋面防水工程中积极推广的一种防水技术。它是将彼此相容的卷材和涂料组合而成的防水层,为具有独立防水能力的一道防水层。

复合防水层是在设计时,要求选用的防水卷材与防水涂料应材性相容。同时要求不得相互腐蚀,且在施工过程中不得相互影响。如果做不到这一点,就必须在两种防水材料之间设隔离层。防水涂膜应设置在防水卷材之下。挥发固化型防水涂料不得作为卷材防水粘接材料使用,否则会影响防水涂膜效果。水乳型或合成高分子类防水涂膜上面,不得采用热熔型防水卷材,否则卷材防水施工时会破坏涂膜防水层。水乳型或水泥基类防水涂料,应待涂膜实际干透后再采用冷粘铺设卷材,如未干透,则成不了防水膜,起不到防水作用。

复合防水层的最小厚度与防水等级有关,见表11-6。

表 11-6 复合防水层的最小厚度　　　　　　　　　　　　　单位:mm

防水等级	合成高分子防水卷材+合成高分子防水涂膜	自粘聚合物改性沥青防水卷材(无胎)+合成高分子防水涂膜	高聚物改性沥青防水卷材+高聚物改性沥青防水涂膜	聚乙烯丙烯卷材+聚合物水泥防水胶结材料
Ⅰ级	1.2+1.5	1.5+1.5	3.0+2.0	(0.7+1.3)×2
Ⅱ级	1.0+1.0	1.2+1.0	3.0+1.2	0.7+1.3

11.5 瓦 屋 面

11.5.1 概述

瓦屋面一般是在屋面基层上铺盖各种瓦材,利用瓦材的相互搭接来防止雨水渗漏;也有出于造型需要而在屋面盖瓦,利用瓦下的基层材料防水的做法。

瓦屋面是我国传统建筑常用的屋面构造方式,近年来随着建筑设计的多样化,为了满足造型和艺术的要求,瓦屋面的应用也越来越多。

瓦屋面的名称一般根据瓦的名称而定,如平瓦屋面、小青瓦屋面、沥青瓦屋面、金属板屋面、波形瓦屋面、玻璃瓦屋面等,如图11-23所示。

瓦屋面的防水材料为各种瓦材及与瓦材配合使用的各种涂膜防水材料和卷材防水材料,其防水等级和防水做法应符合表11-7的要求。

表 11-7 瓦屋面防水等级及防水做法

防水等级	防水做法
Ⅰ级	瓦+防水层
Ⅱ级	瓦+防水垫层

注：1. 防水层厚度应符合《屋面工程技术规范》中Ⅱ级防水的规定。
2. 防水垫层宜采用自粘聚合物沥青、聚合物改性沥青防水垫层,其厚度应符合《屋面工程技术规范》和《坡屋面工程技术规范》的规定。

(a) 平瓦屋面

(b) 小青瓦屋面

(c) 沥青瓦屋面

(d) 金属板屋面

图 11-23 瓦屋面实例

瓦屋面按屋面基层的构造方式不同分为有檩体系和无檩体系。

① 有檩体系是以山墙或屋架作为檩条的支撑，山墙或屋架之间的距离就是房间的开间，也就是檩条的跨度。为了使檩条的跨度经济，一般山墙或屋架采用等距布局，间距通常为 3~4m，大跨度的可达 6m。

檩条常用木材、型钢或钢筋混凝土制成。木檩条的跨度一般在 4m 以内，断面为矩形或圆形。型钢檩条的跨度一般在 6m 以内，断面为 C 型或 Z 型。钢筋混凝土檩条的跨度一般为 4m，有的可达 6m，其断面有矩形、T 形和 L 形等。

② 无檩体系是将屋面板直接搁在山墙、屋架或屋面梁上，瓦主要起造型和装饰的作用。在住宅等小开间建筑中，往往采用现浇钢筋混凝土斜板，整体性和防水性能更好。

11.5.2 块瓦屋面

块瓦是由黏土、混凝土和树脂等材料制成的块状硬质屋面瓦材。块瓦分为平瓦、小青瓦和筒瓦等。由于块瓦瓦片的尺寸较小，且瓦片相互搭接时搭接部位垫高较大，为了保证屋面的防水性能，块瓦屋面的排水坡度不应小于 30%。

块瓦屋面的基层可分为木基层和钢筋混凝土基层。

木基层构造做法有冷摊瓦屋面和木望板瓦屋面两种。

① 冷摊瓦屋面 先在檩条上顺水流方向钉木椽条,断面一般为 40mm×60mm 或 50mm×50mm,中距 400mm 左右,然后在木椽条上垂直于水流方向钉挂瓦条,挂瓦条的断面尺寸一般为 30mm×30mm,中距 330mm,最后在挂瓦条上铺挂块瓦,见图 11-24(a)。这种结构经济简便,但雨水可能从块瓦的搭接缝隙中渗入室内,屋顶的防水、隔热保温均较差,一般不在永久性建筑中使用。

② 木望板瓦屋面 在檩条上铺钉 15～20mm 厚木望板,然后在木望板上干铺一层油毡,油毡需平行于屋脊铺设并顺流水方向钉顺水条,其断面尺寸为 30mm×15mm,中距 500mm。挂瓦条平行于屋脊方向钉在顺水条上面,其断面和中距与冷摊瓦屋面相同,见图 11-24(b)。这种屋面较冷摊瓦屋面多了木望板和油毡,防水保温效果优于冷摊瓦屋面。

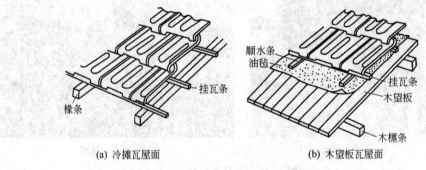

图 11-24 木基层平瓦屋面构造

当基层为钢筋混凝土时,块瓦与基层的连接方式有砂浆卧瓦、钢挂条挂瓦、木挂条挂瓦三种。根据屋面是否需要保温隔热和屋面防水等级不同,其构造做法也不同,如图 11-25 所示。

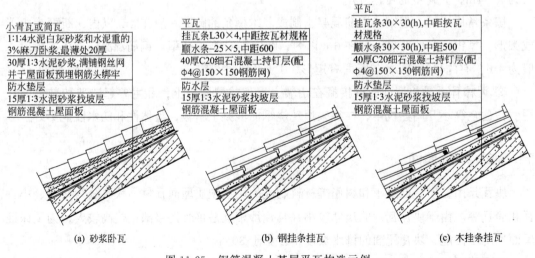

图 11-25 钢筋混凝土基层平瓦构造示例

块瓦屋面檐口常用有挑出檐口（图11-26）和挑檐沟檐口（图11-27）两种。

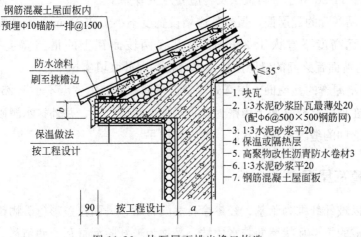

图11-26 块瓦屋面挑出檐口构造

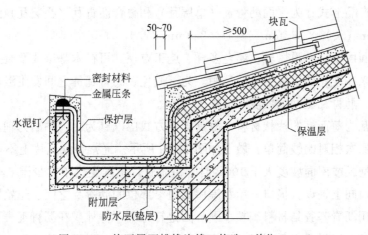

图11-27 块瓦屋面挑檐沟檐口构造（单位：mm）

挑檐沟檐口的做法及构造要点主要如下。

① 檐沟防水层下应增设附加防水层，附加层伸入屋面的宽度不应小于500mm；

② 檐沟防水层伸入瓦内的宽度不应小于150mm，并应与屋面防水层或防水垫层顺流水方向搭接；

③ 檐沟防水层和附加层应由檐沟底上翻至外侧顶部，并进行相应收头处理；

④ 瓦材伸入檐沟的长度宜为50~70mm。

块瓦屋面的屋脊可以采用与主瓦

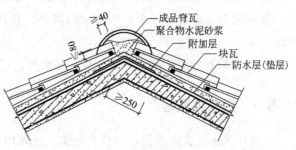

图11-28 块瓦屋面屋脊构造（单位：mm）

相配套的成品脊瓦；也可采用 C20 混凝土捣制或与屋面板同时浇捣的现浇屋脊。屋脊处的细部构造如图 11-28 所示，其做法及构造要点主要如下。

① 采用成品脊瓦的瓦屋面，屋脊处应增设宽度不小于 250mm 的附加卷材防水层；脊瓦下端距坡面瓦高度不宜大于 80mm，脊瓦在两坡面瓦上的搭盖宽度每边不应小于 40mm；脊瓦与坡面瓦之间的缝隙应采用聚合物水泥砂浆填实抹平。

② 采用现浇屋脊的瓦屋面，屋脊处应增设平面和立面上宽度不小于 250mm 的附加卷材防水层，且在现浇屋脊立面上用密封胶将附加层封严收头，并外抹水泥砂浆保护；现浇屋脊与坡面瓦之间的缝隙应采用水泥砂浆填实抹平。

11.5.3 沥青瓦屋面

沥青瓦是以玻纤纤维为胎基，经渗涂石油沥青后，一面覆盖彩色矿物粒料，另一面撒以隔离材料制成的柔性瓦状屋面防水片材，又称为玻纤胎沥青瓦、油毡瓦、多彩沥青油毡瓦等。

沥青瓦按产品形式分为平面沥青瓦（单层瓦）和叠合沥青瓦（叠层瓦）两种，其规格一般为 1000mm（长）×333mm（宽）×2.8mm（厚）。

沥青瓦屋面由于具有重量轻、颜色多样、施工方便、可在木基层或混凝土基层上使用等优点，近年来在坡屋面工程中广泛采用。为了避免在沥青瓦片之间发生浸水现象，利于屋面雨水排出，沥青瓦屋面的坡度不应小于 20%。

由于沥青瓦为薄而轻的片状材料，故其固定方式应以钉为主，粘贴为辅。因此，沥青瓦屋面的构造层次相对比较简单，做法如图 11-29 所示。通常每张瓦片上不得少于 4 个固定钉；在大风地区或屋面坡度大于 100% 时，每张瓦片上固定钉不得少于 6 个。铺设沥青瓦时，应自檐口向上铺设，檐口、屋脊等屋面边沿部位的沥青瓦之间、起始层沥青瓦与基层之间还应采用沥青基胶结材料满粘牢固。固定钉钉帽不得外露在沥青瓦表面。

沥青瓦屋面的屋脊通常采用与主瓦相配套的沥青脊瓦，脊瓦可用沥青瓦裁成，也可用专用的脊瓦。屋脊处的细部构造如图 11-30 所示，其做法及构造要点主要如下。

① 屋脊处应增设宽度不小于 250mm 的卷材附加层；

② 脊瓦在两坡面瓦上的搭盖宽度，每边不应小于 150mm；

③ 铺设脊瓦时应顺年最大频率风向搭接，脊瓦与脊瓦的压盖面不应小于脊瓦面积的 1/2；

④ 每片脊瓦除满涂沥青基胶结材料粘牢外，还应用两个固定钉固定。

11.5.4 金属板屋面

近些年来大量大跨度建筑（体育场馆、航站楼、会展中心、厂房等）的涌现使得金属板屋面迅猛发展，大量新材料的应用及细部构造和施工工艺的创新，对金属板屋面设计提出了更高的要求。

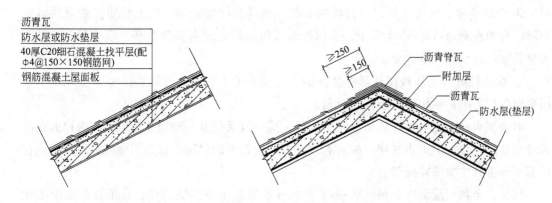

图 11-29　沥青瓦屋面防水构造　　　　图 11-30　沥青瓦屋面屋脊构造（单位：mm）

金属板屋面是指采用金属板材作为屋盖材料，将结构层和防水层合二为一的屋盖形式。金属板根据功能构造不同可分为压型金属板和金属面绝热夹芯板两大类。其中，压型金属板是指用薄钢板、镀锌钢板、铝合金板、钛合金板、镁铝锰板等经辊压冷弯成形制成的各种波形建筑板材。金属面绝热夹芯板是指上下两层为金属薄板，芯材为有一定刚度的保温材料，如岩棉、硬质泡沫塑料等，在专用的自动化生产线上复合而成的具有承载力的结构板材。

金属板屋面的金属板材间的连接方式主要有搭接式和咬接式（卷边、锁边）两种。金属板屋面的屋面坡度不宜小于 5%；对于拱形、球冠形屋面顶部的局部坡度可以小于 5%；对于积雪较大及腐蚀环境中的屋面不宜小于 8%。

金属面板既是围护结构，又是防水材料，故金属板屋面的耐久年限和防水效果与金属板的材质有密切的关系。其中压型金属板屋面可适用于Ⅰ、Ⅱ级防水等级的屋面；金属绝热夹芯板可适用于Ⅱ级防水等级的屋面。其屋面防水等级和防水做法应符合表 11-8 的要求。

表 11-8　金属板屋面防水等级及防水做法

防水等级	防水做法
Ⅰ级	压型金属板＋防水垫层
Ⅱ级	压型金属板、金属绝热夹芯板

注：1. 当防水等级为Ⅰ级时，压型铝合金板基板厚度不应小于 0.9mm；压型钢板基板厚度不应小于 0.6mm。
2. 当防水等级为Ⅰ级时，压型金属板应采用 360°咬口锁边连接方式。
3. 在Ⅰ级屋面防水做法中，仅作压型金属板时，应符合《金属压型板应用技术规范》等相关技术的规定。

金属板屋面具有下列优点。

① 轻质高强。金属板材厚度一般为 0.4～1.5mm，金属板屋面的自重通常只有 100N/m² 左右，比传统的钢筋混凝土屋面板轻，对减轻建筑物自重，尤其是减轻大跨度建筑屋顶的自重具有重要意义。

② 施工安装简便，效率高。金属面板与支承结构的连接主要采用螺栓连接，不受季节气候影响，在寒冷气候下施工具有优越性。

③ 色彩丰富，美观耐用。金属板的表面一般进行涂装处理，由于材质及涂层质量的不同，有的板寿命可达 50 年以上。金属板的表面涂层处理有多种类型，质感强，可以大大增强建筑造型的艺术效果。

④ 抗震性好。金属板屋面具有良好的适应变形能力，因此在地震区和软土地基上采用金属板作为围护结构对抗震特别有利。

但金属板屋面的板材比较薄，刚度较低，隔声效果较差，特别是单层金属板屋面在雨天时候易产生较大的雨点噪声，故对有较高声环境要求的建筑不宜采用金属板屋面，或在屋面下部进行二次降噪处理。

同时，金属板屋面在台风地区或高于 50m 的建筑上应谨慎使用；且不建议采用 180°咬口锁边连接。如需采用，必须采取适当的防风措施，如增加固定点，在屋脊、檐口、山墙转角等外侧增设通长固定压条等。对于风荷载较大地区的敞开式建筑，其屋面板上下两面同时承受较大风压，也应采取加强连接的构造措施。

11.6 屋顶的保温与隔热

屋顶和外墙一样属于建筑物的外围护结构，不但要有遮风避雨的功能，还应有保温与隔热的功能。屋顶的保温与隔热不仅仅是为了给顶层房间提供良好、舒适的热环境，同时也是为了满足建筑节能的要求。

11.6.1 屋顶的保温

11.6.1.1 保温材料的类型

保温材料一般为轻质、疏松、多孔或纤维的材料，其导热系数一般不大于 $0.2W/(m·K)$。按其成分分为无机和有机材料两种；按其形状可分为以下三种类型。

① 松散保温材料 常用的有膨胀蛭石［粒径 3～15mm，堆积密度应小于 $300kg/m^3$，导热系数应小于 $0.14W/(m·K)$］、膨胀珍珠岩、炉渣和矿棉等。

② 整体保温材料 通常是松散保温材料用水泥浆拌合后浇筑在屋面上，干燥后具有一定的强度和刚度，且不影响保温能力的保温层。一般有 1∶8 水泥加气混凝土碎渣、1∶8 水泥蛭石、1∶8 水泥珍珠岩等。也可使用单一的整体性材料，如硬质聚氨酯泡沫塑料。

③ 板状保温材料 如预制膨胀珍珠岩板、膨胀蛭石板、加气混凝土板、矿棉板材、岩棉板材等，还有聚氯乙烯泡沫塑料板、聚苯乙烯泡沫塑料板、聚氨酯泡沫塑料板等。板状保温材料施工便捷、性能稳定，是目前屋顶保温中使用最广的材料。

《建筑设计防火规范》要求，建筑的屋面外保温系统，当屋面板的耐火极限不低于 1.00h 时，保温材料的燃烧性能不低于 B_2 级；当屋面板的耐火极限低于 1.00h 时，保温材料的燃烧性能不应低于 B_1 级（图 11-31）。采用 B_1、B_2 级保温材料的外保温系统应采用不燃烧材料做防护层，且防护层的厚度不应小于 10mm；采用 A 级保温材料时，则不需要做防火保护层。

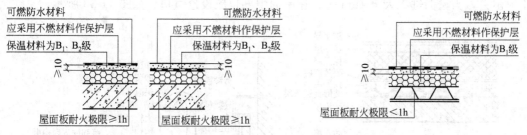

图 11-31　屋面外保温系统防火构造

11.6.1.2　平屋顶的保温构造

平屋顶的保温构造形式有两种：正铺保温屋面和倒铺保温屋面。

(1) 正铺保温屋面

正铺保温屋面是传统的构造形式。由于过去传统的保温材料吸湿性较大，受水浸泡后会失去保温性能，所以将保温层铺设在屋面的结构层和防水层之间，从而使保温层能够更好地保温，又不怕雨水的侵袭，如图 11-32 所示。

从图 11-32(a) 中可以看出，保温层直接铺设在结构层之上，由于保温层的强度和刚度较弱，必须在其上做找平层以便于防水层的铺设。图 11-32(b) 中除了增设保温层之外，还增设了隔汽层，这是因为冬季采暖房屋内水蒸气含量较大，水蒸气从压力高的一侧通过屋面围护结构向外渗透，当水蒸气进入保温层内时，容易在保温层内产生内部凝结，使保温层受潮而降低保温效果。残存于保温层当中的多余水分因受防水层的封盖不易蒸发掉，夏季太阳暴晒后极易产生水蒸气，伴随着水蒸气的膨胀可能会造成卷材防水层的起鼓甚至开裂。为了防止室内水蒸气进入屋面保温层，可在保温层之下设置隔汽层。隔汽层应选用气密性、水密性好的材料，通常采用卷材。

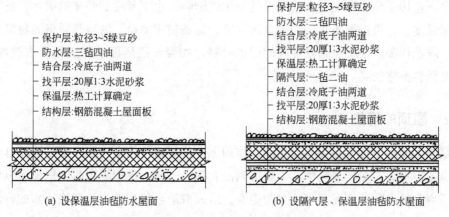

图 11-32　卷材防水平屋顶保温构造

隔汽层设置后也有一些不利影响，如室内水蒸气被隔汽层挡住出不去，会在结构层内部产生冷凝水，使得结构层内钢筋锈蚀，影响结构安全。解决办法是在隔汽层之下设透气层，使水蒸气能够流动，在檐口或靠近女儿墙根部设出风口，减小水蒸气压力，把水蒸气排泄出去。当屋面进深大于10m时，在屋面中部也应设透气口，如图11-33所示。

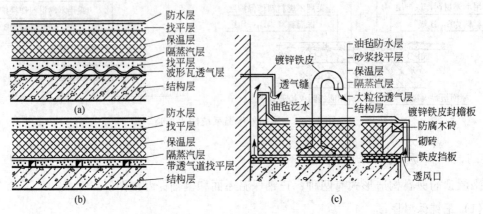

图11-33　隔汽层下透气层及出气口构造

另外，保温层被上面的防水层和下面的隔汽层封住，容易导致在保温层及其上找平层施工过程中残留的水分排泄不出去，造成与室内水蒸气相同的不良影响。所以必须在保温层中设透气层和排气槽，以便将水蒸气排泄出去。透气层可设在保温层的上部或中部，并在檐口和屋脊做透气口，排气槽间距不大于6m，排气槽交叉处设排气管，一个排气管的排气面积不大于$36m^2$，排气管宜设在结构层上，隔汽层和保温层可共用排气管，穿过保温层及排气道的管壁四周打排气孔，排气管应做防水处理，如图11-34所示。

(2) 倒铺保温屋面

倒铺保温屋面就是将保温隔热层设在防水层上面的屋面，也称倒置式屋面。构造如图11-35所示。

倒铺屋面保温构造的优点是保温层设在防水层之上，对防水层起到屏蔽和防护的作用，使之不直接受到太阳辐射和剧烈天气变化的影响，也不易受到外来的破坏，防水层的温度变化幅度小，可提高防水层的耐老化性能，延长使用寿命。缺点是对保温材料有特殊的要求，应选用吸湿性小、耐候性强的憎水材料，如聚苯乙烯板或聚氨酯泡沫塑料板等，这些保温材料价格较高。

11.6.2　屋顶的隔热

在夏季太阳辐射和和室外气温的综合作用下，从屋顶传入室内的热量要比墙体传入室内的热量多得多。在多层建筑中，顶层房间占有很大比例，屋顶的隔热问题应予以认真考虑，我国南方地区的建筑屋面隔热尤为重要，应采取适当的构造措施解决屋顶的降温和隔热问题。

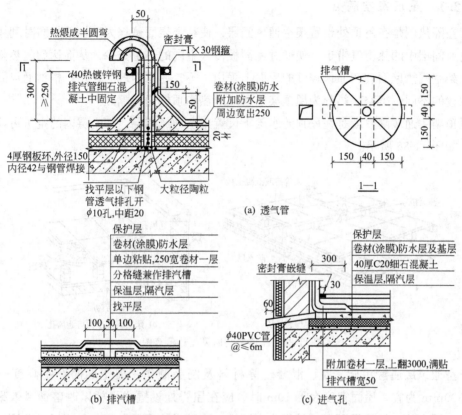

图 11-34 保温层内透气层及出气口构造

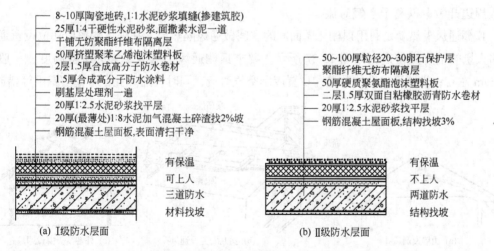

图 11-35 倒铺保温屋面构造示例

屋顶隔热降温的基本原理是：减少直接作用于屋顶表面的太阳辐射热量。所采用的主要构造做法是：屋顶架空隔热、屋顶蓄水隔热、屋顶种植隔热、屋顶反射隔热等。

11.6.2.1 屋顶架空隔热

架空隔热就是在屋顶处设置架空通风间层，使其上表面遮挡太阳辐射，同时利用风压差把通风间层中的热空气带走，使通过屋面板传入室内的热量减少，从而达到隔热降温的目的。架空隔热屋面宜在通风较好的屋面上采用，不宜在寒冷地区使用。根据通风间层的设置位置的不同，架空隔热分为屋顶架空通风隔热和顶棚通风隔热。

屋顶架空通风隔热就是在屋顶防水层上设置架空通风间层，架空层内的空气可以自由流通，如图 11-36 所示。

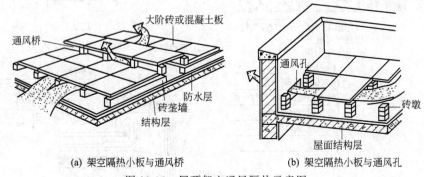

(a) 架空隔热小板与通风桥　　(b) 架空隔热小板与通风孔

图 11-36　屋顶架空通风隔热示意图

架空通风层通常用砖、瓦、混凝土等材料及制品制作，架空层的净空高度一般为 180～300mm 为宜。屋面宽度大于 10m 时，应在屋脊处设置通风桥以改善通风效果。为保证架空层内的空气流通顺畅，其周边应留设一定数量的通风孔。如果将通风孔留设在女儿墙上有碍于建筑立面造型，也可以在离女儿墙 250mm 宽的范围内不铺设架空板，让架空板周边开敞，以利于空气对流。

顶棚通风隔热就是利用顶棚与屋面间的空间做通风隔热层，在外墙或檐口部位设置通风孔将大量的辐射热带走，如图 11-37 所示。要求顶棚通风层应有足够的净空高度，一般为 500mm 左右；设置通风孔的数量和位置应利空气对流，同时，通风孔应考虑防飘雨等措施。

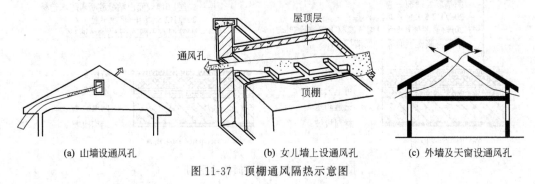

(a) 山墙设通风孔　　(b) 女儿墙上设通风孔　　(c) 外墙及天窗设通风孔

图 11-37　顶棚通风隔热示意图

11.6.2.2 屋顶蓄水隔热

蓄水隔热屋面利用平屋顶所蓄积的水层来达到屋顶隔热的目的，其原理为：在太阳辐射和室外气温的综合作用下，水能吸收大量的热而由液体蒸发为气体，从而将热量散发到空气中，减少屋顶吸收的热能，起到隔热的作用。水面还能反射阳光，减少阳光辐射对屋面的热作用。此外，水层长期将防水层淹没，使混凝土防水层处于水的养护下，减少由于变化引起的开裂和防止混凝土的碳化，使诸如沥青和嵌缝胶泥之类的防水材料在水层的保护下推迟老化过程，延长使用年限。蓄水屋面不宜用于寒冷地区、地震地区和振动较大的建筑物。

蓄水隔热屋面的构造要点如下。

(1) 蓄水深度及屋面坡度

蓄水深度过大会增加屋面荷载，过浅的蓄水夏季又容易被晒干，不便于管理。蓄水深度一般以 150~200mm 为宜，最小为 50mm。为了保证屋面蓄水深度的均匀，蓄水屋面的坡度不宜大于 0.5%。

(2) 蓄水区的划分

为了便于分区检修和避免水层产生过大的风浪，蓄水屋面应划分为若干蓄水区，每个区的边长不宜超过 10m。同时为了检修和管理，蓄水池应设置人行通道，一般采用砖砌 12 墙，上覆钢筋混凝土走道板。

(3) 溢水孔及泄水孔

为避免暴雨时蓄水深度过大，应在蓄水池外壁上均匀布置若干溢水孔，以使多余的雨水溢出屋面。为了便于检修时排出蓄水，应在池壁根部设泄水孔。泄水孔和溢水孔均应与排水檐沟或雨水管连通，如图 11-38 所示。

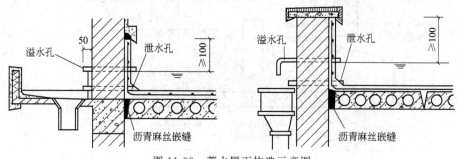

图 11-38 蓄水屋面构造示意图

(4) 防水层的做法

蓄水屋面的防水层应根据防水等级选用相应的卷材防水、涂膜防水或复合防水做法。防水层上面需要设置强度等级不低于 C25、抗渗等级不低于 P6 的钢筋混凝土，蓄水池内采用 20mm 厚防水砂浆抹面。蓄水池池壁泛水收口位置应高出溢水孔 100mm 以上。

11.6.2.3 屋顶种植隔热

种植屋面是指在建筑屋面和地下工程顶板的防水层上铺以种植土并种植植物，以起到保温、隔热、环保作用的屋面。

种植屋面的原理是利用植物和栽培（种植）介质的高热阻性能，扩大、加厚保温隔热层。除了栽培介质的保温隔热作用外，植物也具有吸收阳光进行光合作用和遮挡阳光的双重功效。同时，植物化的屋面有利于雨水渗透和保湿，减少城市排水排洪系统的压力，减少硬质屋面的热反射和热辐射，有利于城市的防灾和城市热环境的改善，并可美化环境，提供休憩空间。

种植隔热屋面的特点是荷载大、植物根系刺穿力强、防水要求高、返修困难。在进行种植隔热屋面设计时，应根据地域、气候、建筑环境、建筑功能的条件，选择相适应的屋面构造形式。

种植隔热屋面一般用于平屋面，亦可以用于坡屋面。坡度大于20%的屋面，其排水层、种植土应采取防滑措施，一般可做成梯田式，利用排水层和覆土层找坡排水。用于平屋面时，排水坡度不宜大于3%。

一般种植隔热屋面的基本构造层次分为：植被层、种植介质层、过滤层、排（蓄）水层、耐根穿刺防水层、防水层、找平层和结构层，如图11-39所示。

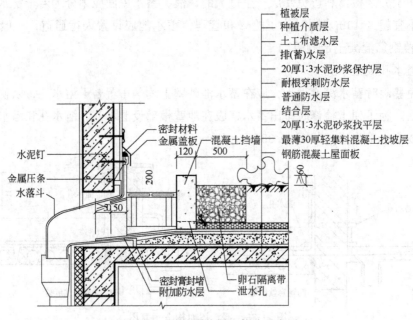

图11-39 种植隔热屋面构造示意图

(1) 植被层

植被层是屋顶绿化的主要功能层，集中体现屋顶绿化的景观、游憩、生态等各项功能，为人们提供良好的视觉景观和游憩空间。为了减轻荷载和便于维护，需选择适宜恶劣气候条件和低维护成本的植物。因此，在设计中应明确屋顶的用途：在上人休憩屋面需种植观赏性强的植物品种，一般维护成本较高；以隔热保温为主或大规模远距离观赏的屋面宜选择免（少）维护、耐旱耐热耐寒的植物品种，但其观赏性较差。在设计时应区别不同的需求、不同屋面环境，选择不同的植物种类和栽培介质的厚度，同时植物的选择应尽量选用耐候、宜生长、根系不发达、穿透能力不强的品种。

(2) 种植介质层

种植介质层含有一定有机物质，具有一定蓄水能力和渗水能力，为植物提供植物生长所需的水分、养分等，并起到固定植物根系的作用，既能防止水分的过度蒸发，也能够将多余的水分排走，避免积水给植物和建筑物带来不利的影响。

为防止过大地增加屋面荷载，栽培（种植）介质的厚度应以满足栽种植物正常生长的基本需求为主，不宜过薄或过厚，一般为 0.15～1.5m。过薄则无法保证介质中的温度，对植物的根系不利；过厚则增加荷载过多。如表 11-9 所示。

表 11-9 种植介质的厚度选择

植物种类	种植介质厚度/mm	备注
草皮	150～300	前者为该类植物的最小生存厚度，后者为最小开花结果深度（良好生长深度）
小灌木	300～450	
大灌木	450～600	
浅根乔木	600～900	
深根乔木	900～1500	

宜选用轻质材料作为栽培介质：有土栽培宜采用自然土、腐殖土与炉渣等轻质多孔材料混合的复合土来降低土壤的自重；无土栽培使用谷壳、蛭石、陶粒、锯末等，也可以使用聚苯乙烯泡沫或岩棉等纤维状材料作为固根介质，质量轻且耐久性、保水性好。

（3）过滤层

过滤层铺在种植层下，防止种植介质层中的细颗粒漏到排水层阻塞排水层及屋顶排水口，同时能够使介质中多余的水分顺利地排入排水层，防止屋面积水。过滤层宜采用 200～400g/m² 的聚酯无纺布，防止在种植介质的压力下完全变形，阻塞排水。

（4）排（蓄）水层

由于屋面种植层较薄，难以保持一定的湿度和水分，除了在屋顶设置人工浇水的水阀外，在过滤层下方可以增加一个排（蓄）水层，通常是硬质塑料制成的密集杯状凸凹材料，可以储存一定量的灌溉水或雨水，同时杯顶有孔可以排除多余的水分，通过储藏水的蒸发可以保证种植层的湿润，减少维护。

（5）耐根穿刺防水层

为防止根系的穿透，种植屋面的耐根穿刺防水层可以采用物理阻根和化学阻根两种方式：物理阻根是采用致密坚硬的材料防止根系穿透，如细石混凝土、高密度聚乙烯土工膜、铝合金防水卷材等；化学阻根是采用耐根系穿透的掺有生物添加剂的复合铜胎基 SBS 改性沥青卷材、聚氯乙烯防水卷材（PVC）等。耐根穿刺防水层可以用作屋面防水两道设防中的一道。

在屋顶特定的种植区域砌筑挡墙，形成种植床（又称苗床），挡墙宜高于种植层 60mm 左右，在排水方向上应设有不少于两个的泄水孔。在靠近屋面低侧的种植床与女儿墙间留出 300～400mm 的距离，利用所形成的天沟组织排水。

11.6.2.4 屋顶反射隔热

屋面受到太阳辐射后，一部分辐射热量被屋面吸收，另一部分被屋面反射出去，反射热量与入射热量之比称为屋面材料的反射率（用百分数表示）。该比值取决于屋面材料的颜色和粗糙程度，浅颜色和光滑表面具有更大的反射率，各种屋面材料的反射率见表11-10。

表 11-10 各种屋面材料的反射率

屋面材料与颜色	反射率/%	屋面材料与颜色	反射率/%
沥青、玛琋脂	15	石灰刷白	80
油脂	15	砂	59
镀锌薄钢板	35	红	26
混凝土	35	黄	65
铅箔	89	石棉瓦	34

屋顶反射隔热原理是利用材料的这一特性，采用浅色混凝土或涂刷白色涂料等方式取得良好的降温隔热效果。

本章小结

1. 屋顶按外形分为平屋顶、坡屋顶和其他形式屋顶。平屋顶是指屋面坡度小于3%的屋顶，最常用的坡度是2%～3%。坡屋顶是指屋顶坡度在3%以上的屋顶。其他形式的屋顶如球形屋顶、拱形屋顶、薄壳屋顶、折板屋顶、网架屋顶和悬索屋顶等多用于较大跨度的公共建筑中。

2. 屋顶的设计需要考虑功能方面、结构方面、建筑艺术等要求。功能方面要求能抵御风、霜、雨、雪的侵袭，其中防止雨水渗漏是屋顶的基本功能要求，也是屋顶设计的核心。

3. 屋面工程设计的主要内容有：根据建筑物的重要性确定屋面防水等级和设防要求；进行屋面排水系统的设计，即选择屋顶排水坡度、确定屋顶排水方式、进行屋顶排水有组织设计；选择屋面防水构造方案，合理选择防水材料、保温隔热材料，使其主要物理性能能满足建筑所在地的气候条件，并应符合环境保护要求；进行屋面工程的细部构造设计。

4. 常用的屋顶坡度表示方法有角度法、斜率法、百分比法，屋顶坡度的形成方法有材料找坡和结构找坡两种做法。

5. 屋顶排水方式分为无组织排水和有组织排水两大类。

6. 卷材防水屋面，又称柔性防水屋面，是将柔性的防水卷材或片材用胶结料粘贴在屋面上形成的封闭防水层。具有一定的延伸性，能适用屋面的温度变形和结构变形，适用于防水等级为Ⅰ～Ⅱ级屋面防水。卷材防水屋面构造层次分为结构层、找平层、结合层、防水层、保护层等。

7. 泛水指屋面防水层与垂直面交接处的防水处理。

8. 涂膜防水屋面是在自身有一定防水能力的结构层表面涂刷一定厚度的防水材料，在常温状态下固化后，形成一层具有一定坚韧性防水薄膜的防水方式。涂膜防水具有防水、抗渗、粘贴力强、耐腐蚀、耐老化、延伸率大、弹性好、不延燃、无毒、施工方便等诸多优点，主要适用于防水等级为Ⅱ级的屋面防水，也可作Ⅰ级屋面多道防水设防中的一道防水层。

9. 瓦屋面一般是在屋面基层上铺盖各种瓦材，利用瓦材的相互搭接来防止雨水渗漏；也有出于造型需要而在屋面盖瓦，利用瓦下的基层材料防水的做法。常见的瓦屋面有平瓦屋面、小青瓦屋面、沥青瓦屋面、金属板屋面、波形瓦屋面、玻璃瓦屋面等。

10. 平屋顶的保温构造形式有正铺保温屋面和倒铺保温屋面。

11. 屋顶隔热构造做法主要有屋顶架空隔热、屋顶蓄水隔热、屋顶种植隔热、屋顶反射隔热等。

复习思考题

1. 屋顶设计应满足哪些要求？
2. 影响屋顶坡度的因素有哪些？各种屋顶的坡度值是多少？屋顶坡度的形成方法有哪些？比较各种方法的优缺点。
3. 什么是有组织排水和无组织排水？它们的优缺点和适用范围是什么？
4. 屋面排水组织设计的内容和要求是什么？
5. 如何确定屋面排水坡面的数目？如何确定天沟（或檐沟）断面的大小和天沟纵坡值？如何确定雨水口的数量和雨水管的管径尺寸？
6. 卷材防水屋面的构造做法有哪些？各层做法如何？卷材防水层下面的找平层为什么要设分格缝？上人和不上人的卷材屋面在构造层次及做法上有什么不同？
7. 什么是泛水？泛水的构造要点及做法是怎样的？试绘制局部剖面图表示卷材防水屋面的泛水构造。
8. 卷材防水屋面天沟、檐口、雨水口、屋面出入口等细部构造的要点是什么？
9. 什么是涂膜防水屋面？简述涂膜防水屋面的基本构造层次及做法。
10. 绘制块瓦屋面的构造做法和细部构造。
11. 常用的屋面保温构造有哪几种？其构造原理是什么？
12. 常用的屋面隔热构造有哪几种？其构造原理是什么？

第 12 章 门窗构造

门和窗是建筑物的两个围护构件。门的主要功能是交通出入、分隔联系建筑空间，并兼有采光和通风作用。窗的主要功能是采光、通风、观察和递物。它们在不同使用条件要求下，还有保温、隔热、隔声、防水、防火、防尘、防爆及防盗等功能。

12.1 门窗设计要求和类型

12.1.1 门窗的设计要求

(1) 采光和通风方面的要求

按照建筑物的照度标准，建筑门窗应当选择适当的形式以及面积。

在通风方面，自然通风是保证室内空气质量的最重要因素。这一环节主要是通过门窗位置的设计和适当类型的选用来实现的。在进行建筑设计时，必须注意选择有利于通风的窗户形式和合理的门窗位置，以获得空气对流。

(2) 密闭性能和热工性能方面的要求

门窗大多经常启闭，构件间缝隙较多，有可能造成雨水或风沙及烟尘的渗漏和侵入，还可能对建筑的隔热、隔声带来不良影响。此外，门窗部分很难通过添加保温材料来提高热工性能，因此选用合适的门窗材料及改进门窗的构造方式，对改善整个建筑物的热工性能、减少能耗起着重要的作用。

(3) 使用和交通安全方面的要求

门窗的数量、大小、位置、开启方向等，均会涉及建筑的使用安全。例如相关规范规定了不同性质的建筑物以及不同高度的建筑物，其开窗的高度不同，这完全是出于安全防范方面的考虑。又如在公共建筑中，规范规定位于疏散通道上的门应该朝疏散的方向开启，而且通往楼梯间等处的防火门应当有自动关闭的功能，也是为了保证在紧急状况下人群疏散顺畅，而且减少火灾发生区域的烟气向垂直逃生区域的扩散。

(4) 建筑视觉效果方面的要求

门窗的数量、形状、组合、材质、色彩是建筑立面造型中非常重要的部分，特别是在一些对视觉效果要求较高的建筑中。

12.1.2 门窗的类型

(1) 按材料分类

① 木质门窗　木质门窗是采用木材为主要材料制作主要门窗框并结合玻璃、木板、胶合板等制成的门窗。由于木材制作方便，感观效果良好，木质门窗可以说是历史最悠久、应用最广泛的门窗种类。但由于木材干缩湿胀的变形特性，而且材料强度不高，不适用于大型门窗，多作为室内门窗使用。

② 型材门窗　型材门窗是指采用金属型材加工制作框料的门窗，如钢门窗、铝合金门窗、镀锌彩板门窗、不锈钢门窗等。金属材料的型材大多强度高、精度高，空腹型材又能减轻自重，在现代建筑中应用十分广泛。但一般的金属材料易于在空气中氧化，因此表面需要特殊处理。同时，由于金属的热传导性好，为了保证室内外环境的调控，在提高门窗玻璃部分热阻的同时，也需要注意门窗框冷热桥的断桥处理，目前主要采用浇筑式、插条式、垫片式、复合式几种方式切断室内外金属框体的连续性以提高热阻。

目前应用最为广泛的铝合金门窗，是一种利用变形铝合金挤压成型的薄型结构，具有自重轻、强度高、密封性好、耐腐蚀、耐火、易保养、外观美观、色彩多样等特点。为了提高铝合金的耐腐蚀性、耐磨性和美观性，一般会在铝合金的表面通过阳极氧化、喷涂漆膜、烤瓷镀膜等方法进行处理，可以形成丰富的色彩和表面质感。

③ 玻璃门窗　玻璃经过钢化、贴膜等高强度化、安全化处理后，可代替金属框料的结构支撑作用形成通透性极强的全玻璃门窗。

④ 复合门窗　复合门窗是利用多种材料的特性复合而成的门窗，如采用铝合金和木材制成的铝木门窗，既有铝合金门窗的精密和强度，又有木质的质感和绝热性能，特别适用于古代建筑的修复和高标准的装修。塑钢门窗是以改性硬质聚氯乙烯为主要原料，加上一定比例的稳定剂、着色剂、填充剂、紫外线吸收剂等辅助剂，经挤出成型材，然后通过切割、焊接或螺接的方式制成门窗框扇，配装上密封胶条、毛条、五金件等，同时为增强型材的刚性，超过一定长度的型材空腔内需要添加钢衬（加强筋），这样制成的门窗，称之为塑钢门窗。它具有如下优点：强度好、耐冲击；保温隔热、节约能源；隔音好；气密性、水密性好；耐腐蚀性强；耐老化、使用寿命长、外观精美、清洗容易等。

(2) 按功能分类

① 防火门窗　防火门是指在一定时间内能满足耐火稳定性、完整性和隔热性要求的门。它是设在防火分区间、疏散楼梯间、垂直竖井等具有一定耐火性的防火分隔物，一般用代号"FM"表示。防火门除具有普通门的作用外，更具有阻止火势蔓延和烟气扩散的作用，可在一定时间内阻止火势的蔓延，确保人员疏散。

根据《防火门新标准》（GB 12955—2008）规定，防火门根据耐火性能分为隔热防火门（A类）、部分隔热防火门（B类）和非隔热防火门（C类）。

常见的防火门有木质和钢质两种。防火窗必须采用钢窗或塑钢窗，镶嵌铅丝玻璃避免破裂后掉下，防止火焰窜入室内或窗外。

② 隔声门窗　隔声门窗用于需要特别隔绝不同空间之间声波传递的门窗，如演播室、影剧院等。一般门窗扇越重，隔声效果越好，但过重开关不便，五金件容易损坏，所以隔声门常采用多层复合结构，即在两层面板之间填吸声材料（玻璃棉、玻璃纤维板等）。若采用双层窗隔声，应采用不同厚度的玻璃，以减少吻合效应的影响。厚玻璃应位于声源一侧，玻璃间的距离一般为80～100mm。

③ 防射线门窗　放射线对人体有一定程度损害，因此对放射室要做防护处理。放射室的内墙均需装置X光线防护门，主要镶钉铅板。铅板既可以包钉于门板外，也可以夹钉于门板内。医院的X光治疗室和摄片室的观察窗，均需镶嵌铅玻璃，呈黄色或紫红色。

④ 保温门窗　保温门要求门扇具有一定热阻值和门缝密闭处理，故常在门扇两层面板间填以轻质、疏松的材料。一般保温门的面板常采用整体板材，不易发生变形。门缝密闭处理通常采用的措施是在门缝内粘贴填缝材料。

保温窗常采用双层窗及双层玻璃的单层窗两种。双层玻璃单层窗又分为：双层中空玻璃窗，双层玻璃之间的距离为5～15mm，窗扇的上下冒头应设透气孔；双层密闭玻璃窗，两层玻璃之间为封闭式空气间层，其厚度一般为4～12mm，充以干燥空气或惰性气体，玻璃四周密封，这样可增大热阻、减少空气渗透，避免空气间层内产生凝结水。

12.2　门窗的开启方式与尺度

12.2.1　门的开启方式与尺度

(1) 门的开启方式

门的开启方式主要有平开门、弹簧门（自关门）、推拉门、折叠门、转门（旋转门）、升降门（上翻门）、卷帘门、伸缩门等，如图12-1所示。

① 平开门　平开门门扇的一侧与铰链相连装于门框上，通过门扇沿铰链的水平转动实现开合的门，有单扇、双扇、子母扇。平开门的构造简单、制作方便、开关灵活、关闭密实、通行便利，是最常用的一种门。由于门扇实际上是悬挑于门的铰链，门扇受力不均，因此不适用于过大的门。一般平开木门的门扇宽度小于1m，超过这个尺寸的一般采用金属门框，或采用推拉、折叠等形式。由于平开门的开启方向与人的运动方向相同，开启迅速，因此特别适用于紧急疏散的出口，在冲撞或挤靠中都可以顺利开启，平开门也是唯一可以用作疏散出口门的形式。

② 弹簧门（自关门）　弹簧门是平开门的一种，它在门的铰链中安装弹簧铰链或重

力铰链、气压阀，借助弹簧或重力、气压等推动门扇的转动，达到自动关闭或开启的目的。选用弹簧时应注意其型号必须与门扇的尺寸和重量相适应。

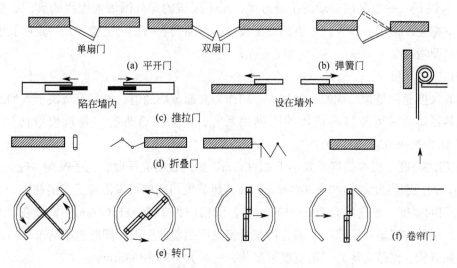

图 12-1　门的开启方式

③ 推拉门　推拉门是在门的上方或下方预制滑轨，通过门扇沿滑轨的运动达到开启、关闭的作用。推拉门有单扇、双扇和多扇之分，滑轨有单轨、双轨和多轨之分，按门扇开启后的位置可以分为交叠式、面板式、内藏式三种，滑轨也有上挂式、下滑式、上挂下滑式三种。推拉门由于沿滑轨水平左右移动开闭，没有平开门的门扇扫过的面积，节省空间，但密封性能不好，构造复杂，开关时有噪音，滑轨易损，因此多用于室内对隔声和私密性要求不高的空间分割。

④ 折叠门　折叠门可以分为侧挂折叠门、侧悬折叠门和中悬折叠门。侧挂折叠门无导轨，使用普通铰链，但一般只能挂一扇，不适用于宽大的门洞。侧悬折叠门的特点是有导轨，滑轮装在门的一侧，开关较为灵活省力。中悬折叠门设有导轨，且滑轮装在门扇的中间，可以通过一扇牵动多扇移动，但开关时较为费力。折叠门开启时可以节省占地，但构造较为复杂，一般用于商业建筑的大门或公共空间中的隔断。

⑤ 转门（旋转门）　转门是由固定的弧形门套和绕垂直轴转动的门扇组成的，门扇可以有三扇或四扇。转门密闭性好，可以有效地减少由于门的开启引起的室内外空气交换，防风节能，适用于采暖建筑；可以节省门斗空间，但由于使用的为扇形空间，一般需要直径较大的转门，多用于宾馆、饭店、写字楼等人流不太集中的公共建筑。由于不便于疏散，根据防火规范，在其两侧还需设置平开门以利于人员疏散。

⑥ 卷帘门　卷帘门由条状的金属帘板相互铰接组成，门洞两侧设有金属导轨，开启时由门洞上部的卷动滚轴将帘板卷入门上端的滚筒。卷帘有手动、电动、自动等启动方式，具有防火、防盗的功能，且开启不占室内空间，但须在门的上部留有足够的卷轴盒空间。常用于商业建筑的外门。

⑦ 升降门（上翻门）　升降门由门扇、平衡装置、导向装置三部分组成，构造较为复杂，但门扇大、不占室内空间且开启迅速，适用于车库、车间货运大门等。

⑧ 伸缩门　一般采用电动或手动方式，用于区域的室外围墙或围栏的大门，多与值班门卫室相连。由于一般大门车道的宽度较大，伸缩门收缩后仍需要占用一定的长度，在设计中需要考虑。

(2) 门的尺度

门的尺度通常是指门洞的高宽尺寸。门作为交通疏散通道，其尺度取决于人的通行要求、家具器械的搬运及与建筑物的比例关系等，并要符合现行《建筑模数协调标准》（GB/T 50002—2013）的规定。

① 门的高度　门的高度不宜小于 2100mm。如门设有亮子时，亮子高度一般为 300～600mm，则门洞高度为 2400～3000mm。公共建筑大门高度可视需要适当提高。

② 门的宽度　单扇门为 700～1000mm，双扇门为 1200～1800mm。宽度在 2100mm 以上时，则做成三扇、四扇门，因为门扇过宽易产生翘曲变形，同时也不利于开启。辅助房间（如浴厕、储藏室等）门的宽度可窄些，一般为 700～800mm。

为了使用方便，一般民用建筑门（木门、铝合金门、塑钢门等）均编制成标准图集，在图上注明类型及有关尺寸，设计时可按需要直接选用。

12.2.2　窗的开启方式与尺度

(1) 窗的开启方式

窗的开启方式主要取决于窗扇铰链的安装位置和转动方式，通常窗的开启方式主要有以下几种（图 12-2）：

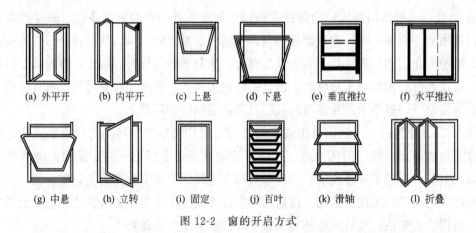

图 12-2　窗的开启方式

① 平开窗　平开窗是指窗扇围绕与窗框相连的垂直铰链沿着水平方向开启的窗。由于其构造简单、开启灵活、封闭严实，所以使用最为广泛。平开窗分为外开和内开两种，外开窗不占用室内空间，防水较容易解决，但悬臂受力的窗框和铰链容易变形和损坏，开启扇不能过大，目前在我国的高层建筑中禁止使用外开窗。内开窗占用室内空间，但安全

性好，特别是内开与内倒相结合，可为室内提供多种可能的通风效果。

② 立转窗　如果将平开窗的开启轴由一侧移动至窗扇的中央部位，窗户在开启时沿中轴转动，一部分内开，一部分外开，结合了平开外窗和内窗的特点。

③ 推拉窗　推拉窗指窗扇沿导轨或滑槽滑动的窗，按照推拉方向可以分为水平推拉和垂直推拉两种。由于受力合理，推拉窗可以做成较大的尺寸。与平开窗相比开启面积小，密闭性较差。

④ 悬窗　悬窗指窗扇沿水平轴的铰链旋转，沿垂直方向开启的窗。按照铰链的位置可分为上悬窗、中悬窗和下悬窗。上悬窗指铰链安装在上部的窗，上悬外开窗防雨性能好，但通风性能差；中悬窗是指在窗扇中部安装水平转轴，开启时窗扇上部向内、下部向外的方式，防雨通风性能均好，但占用室内空间，一般用于高侧窗；下悬窗的铰链在下部，一般为下悬内倒，占用室内空间且不宜防水，使用得较少。

⑤ 固定窗　固定窗无开启扇，只供采光和瞭望用，不能通风，因此构造简单，密封性好，经常与开启扇配合设置。由于一般自然采光与通风所要求的窗地面积比例相差一倍以上，特别是设有集中空调的建筑物需要控制可开启扇的比例以减少室内外空气的流通，达到节能效果。所以，一般建筑的外窗中可开启的面积仅占窗户总面积的1/2~1/3。

⑥ 百叶窗　利用木材或金属的薄片制成的密集排列的格栅，可以在保证自然通风的基础上防雨、防盗、遮阳，在玻璃没有普及以前是一种标准的窗扇形式，现在一般用于需要控制室内外视线和太阳辐射的位置。按照百叶是否可调节角度可分为固定和可动百叶；按照调节方式可以分为手动、电动或自动百叶；按照功能可以分为防雨百叶、遮阳百叶、降噪百叶、装饰百叶等。

(2) 窗的尺度

窗的尺度主要取决于房间的采光、通风、构造做法和建筑造型等要求，并要求符合现行《建筑模数协调标准》(GB/T 50002—2013) 的规定。对一般民用建筑用窗，各地均有通用图集，各类窗的高度与宽度尺寸通常采用扩大模数 3M 数列作为洞口的标志尺寸，需要时只要按所需类型及尺度大小直接选用。

为使窗坚固耐久，一般平开窗的窗扇高度为 800~1500mm，宽度为 400~600mm；上、下悬窗的窗扇高度为 300~600mm；中悬窗窗扇高不宜大于 1200mm，宽度不宜大于 1000mm；推拉窗高度均不宜大于 1500mm。

12.3　木门窗构造

12.3.1　平开木门的组成与构造

木门是由门框、门扇以及五金零件组成，平开门构造如图 12-3 所示。

(1) 门框

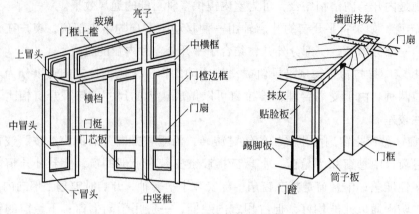

图 12-3 平开门的构造组成

门框是把门扇固定在围护墙体上并保证门在闭合时的定位和锁定的边框,一般由上槛、边框、中横框(有亮子时)、下槛(有门槛时)组成。门框在墙中的位置,可在墙的中间或与墙的一边平。一般多与开启方向一侧平齐,尽可能使门扇开启时贴近墙面,如图 12-4 所示。为便于门扇密闭,门框上要有裁口(或铲口)。裁口宽度要比门扇宽度大 1~2mm,以利于安装和开启门扇;裁口深度一般为 8~10mm。

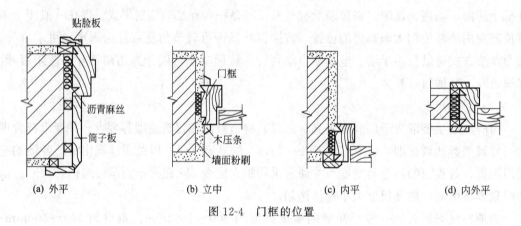

图 12-4 门框的位置

(2) 门扇

门扇由上冒头、中冒头、下冒头、边框、门芯板等组成,是代替墙体等围护构件的封闭构件。门扇按其构造方式不同,有镶板门、夹板门、拼板门、玻璃门、纱门和百叶门等类型。

① 镶板门、玻璃门、纱门 主要骨架由上下冒头和两根边梃组成门扇框,有时中间还有一条或几条横冒头或一条竖向中梃,在其中镶装门芯板、玻璃或纱。门芯板可用 10~15mm 厚木板拼装成整块,镶入边框。有的地区,门芯板用多层胶合板、硬质纤维板或其他塑料板等代替。门扇边框的厚度即上下冒头和门梃厚度,一般为 40~45mm,纱门的厚度为 30~35mm,上冒头和两侧边梃的宽度为 75~120mm,下冒头因踢脚等原因一般高度较大,常用 150~300mm。镶板门构造如图 12-5 所示。

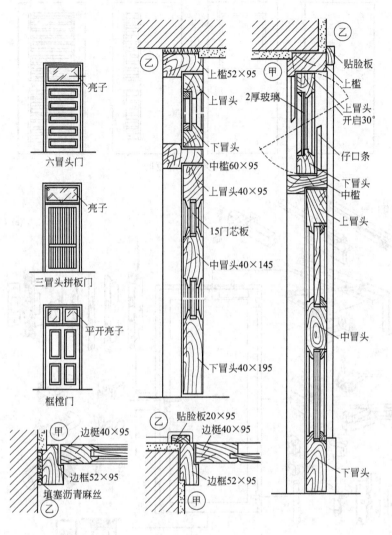

图 12-5 镶板门构造

② 夹板门和百叶门　先用木料做成木框格,再在两面用钉钉或胶粘的方法加上面板,框料的做法不一,夹板门和百叶门如图 12-6 所示。外框用 35mm×(50~70)mm 的木料,内框用 33mm×(25~35)mm 的木料,中距 100~300mm。夹板门构造需注意:面板不能用胶粘到外框边,否则经常碰撞容易损坏。为了装门锁和铰链,边框料需加宽,也可局部另钉木条。为了保持门扇内部干燥,最好在上下框格上贯通透气孔,孔径为 9mm。面板一般为胶合板、硬质纤维板或塑料板,用胶结材料双面胶结。有换气要求的房间,选用百叶门,如卫生间、厨房等。

(3) 门的五金零件

门的五金零件主要有铰链、插销、门锁、拉手、闭门器、门碰、门钩等,均为工业定型产品,形式多种多样。在选择铰链时,需特别注意其强度,以防止其影响门的使用 (图 12-7)。

图 12-6 夹板门和百叶门

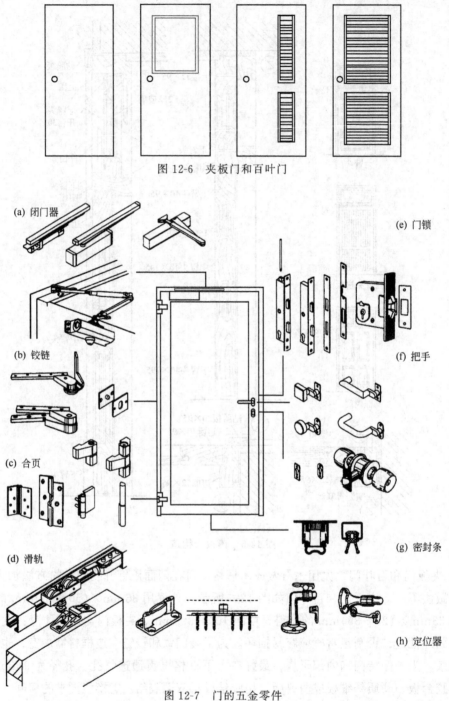

图 12-7 门的五金零件

12.3.2 平开木窗的组成与构造

由于木窗耐久性、防火、防虫均较差，现在用的很少，在外墙上多用铝合金窗和塑钢窗。铝合金窗和塑钢窗的构造组成可参考木窗构造。

木窗是由窗框、窗扇以及五金零件组成，平开窗的构造组成如图 12-8 所示。

（1）窗框

窗框是指把窗扇固定在围护墙体上，并保证窗扇在闭合时的定位和锁定的边框，一般由上槛、边框、中横框、下槛组成。一般尺度的单层窗窗框的厚度常为 40～50mm，宽度为 70～95mm。为便于窗扇密闭，窗框上要有裁口。

（2）窗扇

窗扇由上冒头、中冒头、下冒头、窗芯玻璃组成，是代替墙体等围护构件的封闭构件。窗扇厚度约为 35～42mm，一般为 40mm。窗扇用玻璃常用厚度为 3mm，较大面积可采用 5mm 或 6mm。为了满足隔声、保温等需要可采用双层中空玻璃；需遮挡或模糊视线可选用

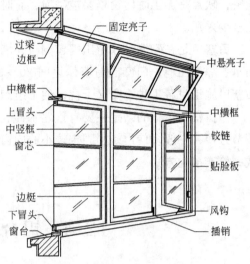

图 12-8　平开窗的构造组成

磨砂玻璃或压花玻璃；为了安全可采用夹丝玻璃、钢化玻璃以及有机玻璃等。

（3）五金零件

五金零件一般有铰链、插销、窗钩、拉手和铁三角等，主要起到加固、握持、转动和固定的作用。

12.3.3　门窗的固定安装

门窗框的安装根据施工方式分为先立口和后塞口两种，如图 12-9 所示。

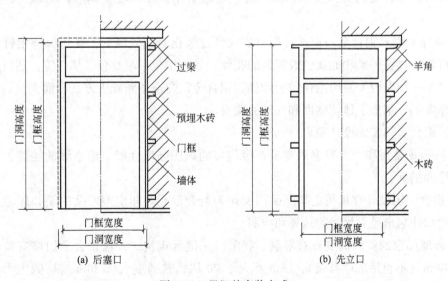

图 12-9　门框的安装方式

先立口施工时先将门窗框立好后再砌墙。这种做法的优点是门窗框与墙体的连接较为紧密，缺点是施工时门窗框易被碰撞，有时还会产生移位或破损，且不宜组织流水施工，已较少采用。

后塞口是在砌墙时预留出门窗洞口，墙体砌筑完成后再安装门窗框。为了增强保温、防水、隔声性能，门窗框与墙体之间 20~30mm 的空隙需要后期用防水保温材料填塞。后塞口施工时各工种不交叉干扰，便于组织流水施工，一般均采用后塞口方式安装。

门窗框与墙体的固定主要有预埋木砖、预留铁件、膨胀螺栓等方式。由于施工简便、调节方便，一般多使用螺栓固定较小的门窗，受力较大的大型门窗则多采用预埋铁件焊接或螺栓连接的方式。

12.4　铝合金及塑料门窗

12.4.1　铝合金门窗

(1) 铝合金门窗的特点

① 质量轻　铝合金门窗用料省、质量轻，每平方米耗用铝材平均只有 8~12kg（钢门窗为 17~20kg），较钢门窗轻 50% 左右。

② 性能好　密封性好，气密性、水密性、隔声性、隔热性都较钢、木门窗有显著的提高。适用于装设空调设备的建筑，对防火、隔声、保温、隔热有特殊要求的建筑以及多台风、多暴雨、多风沙地区的建筑。

③ 耐腐蚀、坚固耐用　铝合金门窗不需要涂刷涂料，氧化层不褪色、不脱落，表面不需要维修。铝合金门窗强度高，刚性好，坚固耐用，开闭轻便灵活，无噪声，安装速度快。

④ 色泽美观　铝合金门窗框料型材表面经过氧化着色处理后，既可保持铝材的银白色，又可以制成各种柔和的颜色或带色的花纹，如古铜色、暗红色、黑色等。还可以在铝材表面涂刷一层聚丙烯酸树脂保护装饰膜，铝合金门窗造型新颖大方、表面光洁、外形美观、色泽牢固，增加了建筑立面和内部的美观。

(2) 铝合金门窗的设计要求

① 应根据使用和安全要求确定铝合金门窗的风压强度性能、雨水渗漏性能、空气渗透性能综合指标。

② 组合门窗设计宜采用定型产品门窗作为组合单元。非定型产品的设计应考虑洞口最大尺寸和开启扇最大尺寸的选择和控制。

③ 外墙门窗的安装高度应有限制。我国广东地区规定，外墙铝合金门窗安装高度应不大于 60m（不包括玻璃幕墙），层数不大于 20 层；若高度大于 60m 或层数大于 20 层，则应进行更精确的设计。必要时，还应进行风洞模型试验。

(3) 铝合金门窗的构造及选用

铝合金门的形式很多，其构造方法与木门、钢门相似，也由门框、门扇及五金零件等组成。按其门芯板的镶嵌材料有铝合金条板门、半玻璃门、全玻璃门等形式，主要有平开、弹簧、推拉三种开启方法，其中铝合金的弹簧门、铝合金推拉门是目前常用的。

铝合金门为避免门扇变形，其单扇门宽度受型材影响有如下限制：平开门最大尺寸：55系列型材，900mm×2100mm；70系列型材，900mm×2400mm。推拉门最大尺寸：70系列型材，900mm×2100mm；90系列型材，1050mm×2400mm。地弹簧门最大尺寸：90系列型材，900mm×2400mm；100系列型材，1050mm×2400mm。图12-10为铝合金弹簧门的构造示意图。铝合金门窗的构造均有国家标准图集，各地区也有相应的通用图集供选用。

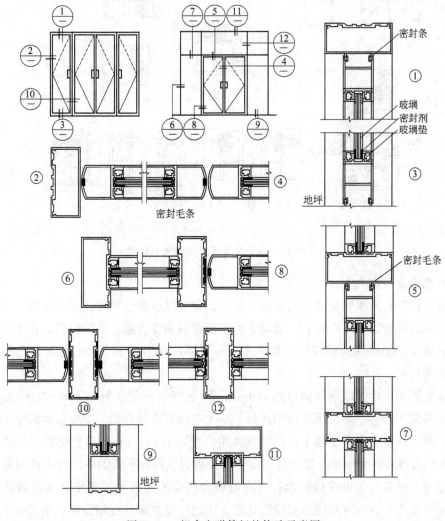

图12-10 铝合金弹簧门的构造示意图

铝合金窗常用固定、平开、推拉、上悬等开启方法。工程中应视窗的尺度、用途、开启方法和环境条件等选用适宜的型材、配套零件及密封件。建筑用窗型材常用 40mm、55mm、70mm、90mm 厚度系列等。当采用平开窗时，40mm、55mm 厚度系列型材其开启扇的最大尺寸分别是 600mm×1200mm 和 600mm×1400mm；当采用推拉窗时，55mm、70mm、90mm 厚度系列型材其开启扇的最大尺寸分别是 900mm×1200mm、900mm×1500 mm、900mm×1800mm。图 12-11 为铝合金平开窗的构造示意图。

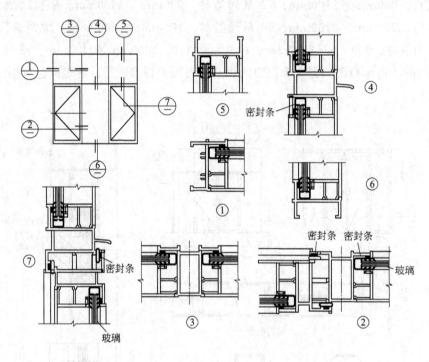

图 12-11　铝合金平开窗的构造示意图

(4) 铝合金门窗的安装

铝合金门窗安装主要依靠金属锚固件定位，安装时应保证定位正确、牢固，然后在门窗框与墙体之间分层填以矿棉毡、玻璃棉毡或沥青麻刀等保温、隔声材料，并于门窗框内外四周各留 5～8mm 深的槽口后填建筑密封膏。铝合金门窗不宜用水泥砂浆作门框与墙体间的填塞材料。

门窗框固定铁件，除四周离边角 180mm 设一点外，一般按间距 400～500mm 进行设置。铁件可采用射钉、膨胀螺栓或钢件焊于墙上的预埋件等形式，固定铁件两端均须伸出铝框外，然后用射钉固定于墙上，固定铁件用厚度不小于 1.5mm 厚的镀锌铁片，铝合金窗安装构造如图 12-12 所示。铝合金门窗框料及组合梃料除不锈钢外，均不能与其他金属直接相接触，以免产生电腐蚀现象；所有铝合金门窗的加强件及紧固件均须做防腐蚀处理，一般可采用沥青防腐漆满涂或镀锌处理；应避免将灰浆直接粘到铝合金型材上；铝合金门的边框应深入地面面层 20mm 以上。图 12-13 所示为铝合金窗安装构造示意图，图 12-14 为铝合金平开门窗安装节点示意。

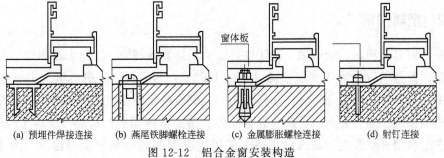

(a) 预埋件焊接连接　　(b) 燕尾铁脚螺栓连接　　(c) 金属膨胀螺栓连接　　(d) 射钉连接

图 12-12　铝合金窗安装构造

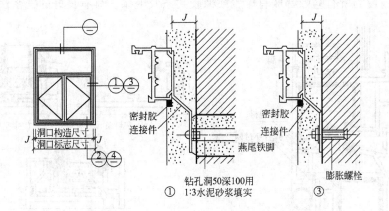

图 12-13　铝合金窗安装构造示意图

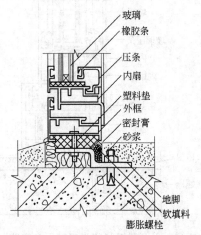

图 12-14　铝合金平开窗安装节点示意

12.4.2 塑料门窗

塑料门窗具有质轻、耐腐蚀、密闭性好、美观新颖等特性，现已大量应用于各种建筑中。塑料门窗是以改性硬质聚氯乙烯（简称 UPVC）为原料，经挤塑机挤出成型为各种断面的中空异型材，定长切断后，在其内腔衬入钢质或铝质加强型材，再用热熔焊接机焊接组装成门窗框、扇，装配上玻璃、五金配件、密封条等构成门窗成品。为了改善刚度、强度，在塑料型材空腹内加设薄壁型钢，采用这种型材的称为塑钢门窗，如图 12-15 所示。塑钢门窗的所有缝隙都嵌有橡胶或橡胶封条及毛条，具有良好的气密性和水密性。

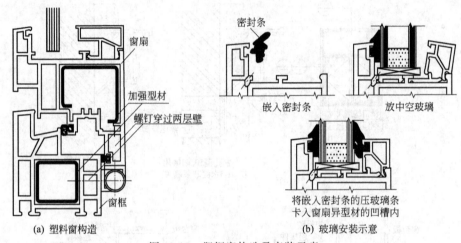

图 12-15 塑钢窗构造及安装示意

塑钢门窗的发展十分迅速，同铝合金门窗相比，它保温效果好，造价低，单框双玻璃窗的传热系数小于双层铝合金窗的传热系数，而造价为其一半左右，但是运输、储存、加工要求严格。现在塑钢门窗已成为主要的门窗类型之一。

图 12-16 为平开塑钢窗与门窗洞口安装示意，图 12-17 为推拉塑钢窗与结构构件连接示意。

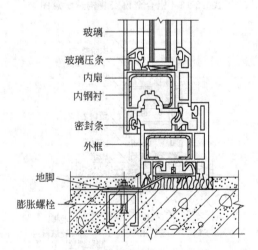

图 12-16 平开塑钢门窗与门窗洞口安装示意

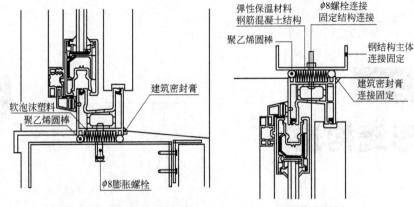

(a) 用膨胀螺栓与钢筋混凝土结构连接　　(b) 与钢结构连接固定

图 12-17　推拉塑钢窗与结构构件连接示意

本章小结 ▶▶

1. 门的主要功能是供交通出入和分隔、联系建筑空间，带亮子的门也可起到通风和采光的作用；窗的主要功能是采光、通风及观望。

2. 门窗按材料分类分为：木质门窗、型材门窗、玻璃门窗、复合门窗等；按功能分类分为：防火门窗、隔声门窗、防射线门窗、保温门窗等。

3. 门按其开启方式通常有平开门、弹簧门、推拉门、折叠门、转门、升降门、卷帘门、伸缩门等。平开门是最常见的门。门洞的高宽尺寸应符合现行《建筑模数协调标准》（GB/T 50002—2013）的规定。

4. 窗的开启方式通常有平开窗、固定窗、悬窗、推拉窗等。窗洞尺寸通常采用扩大模数 3M 数列作为洞口的标志尺寸。

5. 木门是由门框、门扇以及五金零件组成，门扇按其构造方式不同分为镶板门、夹板门、拼板门、玻璃门、纱门和百叶门等类型。

6. 门窗框的安装根据施工方式分为先立口和后塞口两种，先立口施工时先将门窗框立好后再砌墙。后塞口是在砌墙时预留出门窗洞口，墙体砌筑完成后再安装门窗框。后塞口施工时各工种不交叉干扰，便于组织流水施工，一般常采用后塞口方式安装。

复习思考题 ▶▶

1. 简述门窗的作用和要求。
2. 门的开启方式有哪些？各自的特点及适用的范围是什么？
3. 窗的开启方式有哪些？各自的特点及适用的范围是什么？
4. 简述木门的组成及镶板门、夹板门的构造。
5. 简述门窗的安装方式及各自特点。
6. 简述铝合金门窗的特点。
7. 简述塑料门窗的优缺点及构造。

第13章

变形缝构造

建筑物由于受气温变化、地基不均匀沉降以及地震等因素的影响，使建筑构件内部产生附加应力和变形，如处理不当，将会造成建筑物的破坏，产生裂缝甚至倒塌，影响使用安全。为了避免和预防建筑物发生类似破坏，一般可以采取两种措施：一是加强建筑物的整体性，使之具有足够的强度和刚度克服这些附加应力和变形；其次是预先在这些变形敏感部位将建筑构件垂直断开，并留出足够变形宽度的缝隙，将建筑物分成为若干独立的部分，形成能自由变形且互不影响的刚度单元，这种将建筑物垂直分割开来的预留缝隙称为变形缝。

设置变形缝是避免和预防建筑物由于受气温变化、地基不均匀沉降以及地震等因素影响发生破坏的一个相对有效措施，但设置变形缝会给建筑物带来许多问题。如：设置变形缝的部位一般需采取双墙或双柱承重方案，减少使用面积的同时，增加了成本；设置变形缝的部位还应根据需要分别采取防水、防火、保温、防护等措施，并使建筑物在该部位产生位移或变形时不受阻、不被破坏，处理不好会影响建筑物部分房间的使用功能；设置变形缝部位立面处需做盖缝处理，有时会影响建筑物立面的效果。

在设计时，应尽量采取措施不设变形缝。如可通过验算温度应力，加强配筋、增加屋面保温层厚度、改进施工工艺（如分段浇筑混凝土）；适当加大基础面积或设置后浇带；对于地震区，可通过简化平面和立面的形式、增加结构刚度等措施来解决。

变形缝按其功能不同分为伸缩缝、沉降缝、防震缝。

13.1 伸缩缝

建筑物因受温度变化的影响而产生热胀冷缩，在结构内部产生温度应力，当建筑物长度超过一定限度、建筑平面变化较多或结构类型变化较大时，建筑物会因热胀冷缩变形而产生开裂。为预防这种情况发生，常常沿建筑物长度方向每隔一定距离或结构变化较大处预留缝隙，将建筑物垂直断开。这种因温度变化而设置的缝隙就称为伸缩缝或温度缝。

建筑物设置伸缩缝的最大间距,即建筑物的容许连续长度,与结构所用的材料、结构类型、施工方式、建筑所处位置和环境有关。在有关结构规范中,明确规定了砌体结构和钢筋混凝土结构建筑中伸缩缝的最大间距,见表13-1和表13-2。

表13-1 砌体结构伸缩缝的最大间距　　　　　　　　　　　　　　　　　单位:m

屋盖或楼盖类别		间距
整体式或装配整体式钢筋混凝土结构	有保温层或隔热层的屋盖	50
	无保温层或隔热层的屋盖	40
装配式无檩体系钢筋混凝土结构	有保温层或隔热层的屋盖	60
	有保温层或隔热层的屋盖	50
装配式有檩体系钢筋混凝土结构	有保温层或隔热层的屋盖	75
	有保温层或隔热层的屋盖	60
瓦材屋盖、木屋盖或楼盖、轻钢屋盖		100

注:1. 对于烧结普通砖、烧结多孔砖、配筋砌体砌块房屋,取表中数值;对石砌体、蒸压灰砂普通砖、蒸压粉煤灰普通砖、混凝土砌块、混凝土普通砖和混凝土多孔砖房屋,取表中数值乘以0.8的系数,当墙体有可靠外保温措施时,其间距可取表中数值。

2. 本表参见《砌体结构设计规范》(GB 50003—2011)。

表13-2 钢筋混凝土结构伸缩缝的最大间距　　　　　　　　　　　　　　单位:m

结构类型		室内或土中	露天
排架结构	装配式	100	70
框架结构	装配式	75	50
	现浇式	55	35
剪力墙结构	装配式	65	40
	现浇式	45	30
挡土墙、地下室墙壁等类结构	装配式	40	30
	现浇式	30	20

注:1. 装配整体式结构的伸缩缝间距,可根据结构的具体情况取表中装配式结构与现浇式结构之间的数值。

2. 框架-剪力墙结构或框架-核心筒结构房屋的伸缩缝间距,可根据结构的具体情况取表中框架结构与剪力墙结构之间的数值。

3. 当屋面无保温或隔热措施时,框架结构、剪力墙结构的伸缩缝间距宜按表中露天栏的数值取用。

4. 本表参见《混凝土结构设计规范》(GB 50010—2010)。

伸缩缝要求将建筑物的墙体、楼层、屋顶等地面以上受温度变化影响较大的构件全部断开,并在两部分之间留出适当的缝隙。基础因受温度变化影响较小,不必断开。为保证伸缩缝两侧的建筑构件能在水平方向自由伸缩,伸缩缝缝宽一般为20~30mm。

墙体伸缩缝一般做成平缝、错口缝、企口缝等截面形式(图13-1),主要视墙体材料、厚度及施工条件而定,但地震区只能用平缝。

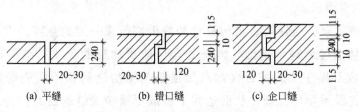

图13-1 墙体伸缩缝的截面形式

13.2 沉 降 缝

在同一幢建筑中，由于其高度、荷载、结构及地基承载力的不同，致使建筑物各部分沉降不均匀，墙体被拉裂。故在建筑物某些部位设置从基础到屋面全部断开的垂直预留缝，把一幢建筑物分成几个可自由沉降的独立单元。这种为减少地基不均匀沉降对建筑物造成危害的垂直预留缝称为沉降缝。设置位置如图13-2所示。

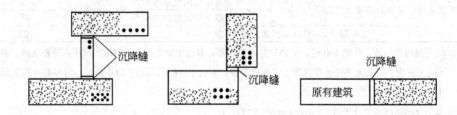

图13-2 沉降缝设置部位示意

建筑物的下列部位，宜设置沉降缝。
① 建筑平面的转折部位；
② 高度差异或荷载差异处；
③ 长高比过大的砌体承重结构或钢筋混凝土框架结构的适当部位；
④ 地基土的压缩性有显著差异处；
⑤ 建筑结构或基础类型不同处；
⑥ 分期建造建筑物的交界处。

为了防止建筑物相邻部分沉降时产生倾斜，导致相邻部分互相接触碰撞导致建筑构配件损坏，沉降缝应满足一定的宽度。沉降缝的宽度与地基情况及建筑高度有关，建筑高度越高、地基越软的建筑物，沉陷的可能性越高，沉降后所产生的倾斜距离越大，沉降缝的宽度也相应越宽，如表13-3所示。

沉降缝与伸缩缝最大的区别在于：伸缩缝只需保证建筑物在水平方向的自由伸缩变形，而沉降缝主要应满足建筑物各部分在垂直方向的自由沉降变形。所以，沉降缝应将建筑物从基础到屋顶全部断开。同时沉降缝也应兼顾伸缩缝的作用，故应在构造设计时应满足伸缩和沉降双重要求。

沉降缝构造复杂，给建筑、结构设计和施工都带来一定的难度，因此，在工程设计时，应尽可能通过合理地选址、地基处理、建筑体形的优化、结构选型和计算方法的调整以及施工程序上的配合（如高层建筑与裙房之间采用后浇带的方法，见图13-3）避免或克服不均匀沉降，从而达到不设或尽量少设缝的目的，并应根据不同情况区别对待。

图 13-3 后浇带实例

表 13-3 沉降缝宽度

地基性质	建筑物高度(H)或层数	缝宽/mm
一般地基	$H<5m$	30
	$H<5\sim10m$	50
	$H<10\sim15m$	70
软弱地基	2～3层	50～80
	4～5层	80～120
	6层以上	>120
湿陷性黄土地基		>30～70

13.3 防震缝

当建筑物体型比较复杂或建筑物各部分的结构体系不同、结构刚度和高度以及重量相差较悬殊时，为了防止建筑物的各部分在地震时相互撞击造成变形和破坏而设置的垂直预留缝，这种缝隙称为防震缝。

防震缝是将体型复杂的建筑物划分为体型简单、刚度均匀的独立单元，以便减少地震作用对建筑的破坏。图 13-4 为一般情况下防震缝在建筑平面的设置部位。

对于多层和高层钢筋混凝土框架结构房屋，应尽量选用合理的建筑结构方案，不设防震缝。当必须设置时，其最小宽度应符合有关规定。

多高层钢筋混凝土框架结构建筑

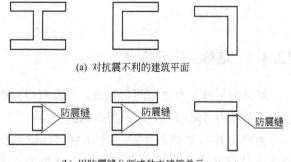

(a) 对抗震不利的建筑平面

(b) 用防震缝分割成独立建筑单元

图 13-4 防震缝设置部位

物，高度在不超过 15m 时，缝宽为 100mm；当建筑高度超过 15m 时，按设防烈度的增大增加缝宽，地震设防烈度 6 度、7 度、8 度和 9 度相应每增加高度 5m、4m、3m 和 2m，防震缝宜增加 20mm。

钢筋混凝土框架-抗震墙结构房屋的防震缝宽度不应小于框架结构规定的数值的 70%，抗震墙结构房屋的防震缝宽度可采用框架结构规定数值的 50%，且均不宜小于 100mm。

一般多层砌体建筑的防震缝宽度可取 50～100mm，防震缝两侧均需要设置墙体，以加强防震缝两侧房屋的刚度。

防震缝应沿房屋全高设置，基础可不设防震缝，但在防震缝处应加强上部结构和基础的连接。

防震缝应与伸缩缝、沉降缝统一布置，并满足防震缝的设计要求。

13.4 变形缝的构造

在建筑物设变形缝的部位必须全部做盖缝处理，对于变形缝的构造处理应满足以下几方面的要求：

① 满足变形缝力学方面的要求，即吸收变形、跟踪变形。如温度变形、沉降变形、震动变形等。

② 满足空间使用的基本功能需要。

③ 满足变形缝的防火方面的要求。变形缝的构造处理应根据所处位置的相应构件的防火要求，进行合理处理，避免由于变形缝的设置导致防火失效，如在楼面上设置了变形缝后，是否破坏了防火分区的隔火要求，在设计中应给予充分重视。

④ 满足变形缝的防水要求。不论是墙面、屋面或楼面，变形缝的防水构造都直接影响建筑物空间使用的舒适、卫生以及其他基本要求。

⑤ 满足变形缝的热工方面的要求。

⑥ 满足美观要求。

13.4.1 墙体变形缝构造

墙体变形缝分为内外两个表面，外表面与自然界直接接触，内表面则与使用建筑的人接触，所以内外表面应采取不同的构造措施。

为防止外界自然条件对墙体及室内环境的侵袭，变形缝外墙一侧常用浸沥青的麻丝或木丝板及泡沫塑料条、橡胶条、油膏等有弹性的防水材料填充，当缝隙较宽时，缝口可用镀锌铁皮、彩色薄钢板、铝板等金属调节片做盖缝处理。内墙可用具有一定装饰效果的金属片、塑料片或木盖条覆盖。

图 13-5 为外墙变形缝构造，其中图 13-5(a)、(b)、(c)适用于防震缝和伸缩缝，图 13-5(d)、(e)、(f)适用于防震缝和沉降缝，其中盖缝板上下搭接一般不少

于50mm。

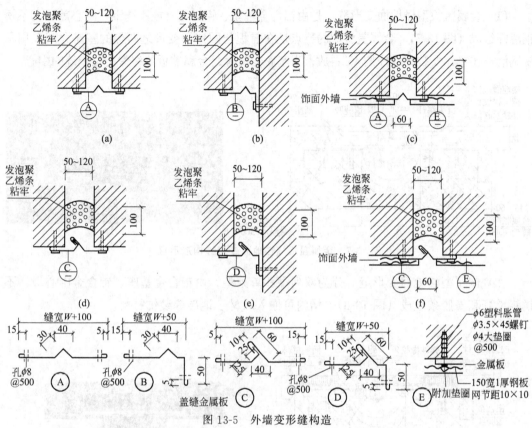

图 13-5 外墙变形缝构造

13.4.2 楼地面变形缝构造

楼地面变形缝的位置和缝宽，应与墙体变形缝相对应。在构造上应保证楼地面面层和顶棚美观的同时，又应使变形缝两侧去掉能够自由变形。

楼地层的结构层和面层均应在变形缝处断开。变形缝内常用可压缩变形的材料（如油膏、沥青麻丝、橡胶或塑料调节片等）填充，面层用金属板、硬橡胶板、塑料板等材料盖缝，以满足面层平整、光洁、防滑、防水及防尘等功能；顶棚一般采用木质或硬质塑料盖缝条（图13-6）。

根据《变形缝建筑构造（一）》（04CJ01—1），楼地面变形缝构造装置的类型分为金属盖板型、金属卡锁型、

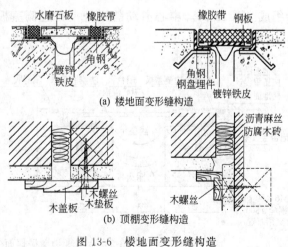

图 13-6 楼地面变形缝构造

嵌平型和抗震型。

(1) 金属盖板型楼地面变形缝　是由铝合金基座、铝合金（或不锈钢）中心盖板、不锈钢滑杆组成（图 13-7）。金属盖板型的特点是在盖板与固定于变形缝两侧的基座之间采用不锈钢滑杆连接，安装时滑杆按 45°斜放，当基座变位时，金属盖板始终保持位于缝的中心。

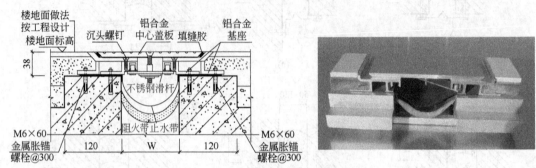

图 13-7　金属盖板型楼地面变形缝构造示意

(2) 嵌平型楼地面变形缝　分为双列型和单列型，由铝合金基座、铝合金中心板、不锈钢滑杆和橡胶条组成（图 13-8）。槽内可嵌入石材、地砖等装饰材料。

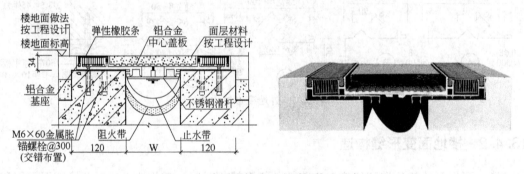

图 13-8　嵌平型楼地面变形缝构造示意

(3) 金属卡锁型楼地面变形缝　由铝合金基座、铝合金边侧盖板、铝合金中心滑动盖板组成（图 13-9）。中心滑动盖板是夹在边侧盖板与铝合金基座之间，外观整洁，安装方便。

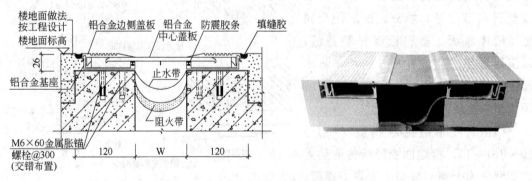

图 13-9　金属卡锁型楼地面变形缝构造示意

(4) 抗震型楼地面变形缝 由铝合金基座、中心盖板、滑杆及抗震弹簧、橡胶条组成(图 13-10)。当地震发生时,带有抗震弹簧装置的滑杆受力后变形,可使中心盖板沿基座的边框上升,以保护变形缝两侧建筑结构不少损坏。当受力消除后,中心盖板会自动恢复原始状态。

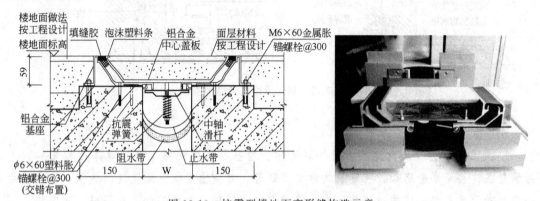

图 13-10　抗震型楼地面变形缝构造示意

13.4.3　屋面变形缝构造

屋面变形缝的位置和缝宽,应与墙体、楼地层变形缝相对应。

屋面变形缝的构造处理原则是既不能影响屋面的变形,又要防止雨水从变形缝处渗入室内。屋面变形缝构造做法分为两种情况,一种是变形缝两侧屋面的标高相同,另一种是变形缝两侧屋面的标高不同。

等高屋面变形缝的做法是:在变形缝两侧的屋面板上分别砌筑矮墙,以挡住屋面雨水。矮墙出屋面高度不小于 250mm,半砖墙厚。屋面卷材防水层与矮墙面的连接处理同泛水构造,缝内嵌填沥青麻丝。矮墙顶部可用镀锌铁皮盖缝,也可铺一层卷材后用混凝土盖板压顶,如图 13-11 所示。

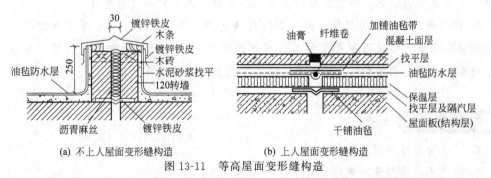

(a) 不上人屋面变形缝构造　　(b) 上人屋面变形缝构造

图 13-11　等高屋面变形缝构造

高低屋面变形缝则是在低侧屋面板上砌筑矮墙(矮墙做法同等高屋面变形缝),屋面卷材防水层与矮墙面的连接处理同泛水构造,缝内嵌填沥青麻丝。当变形缝宽度较小时,可用镀锌铁皮盖缝并固定在高侧墙上。当变形缝宽度较大时,可以从高侧墙上悬挑钢筋混凝土板盖缝,如图 13-12 所示。

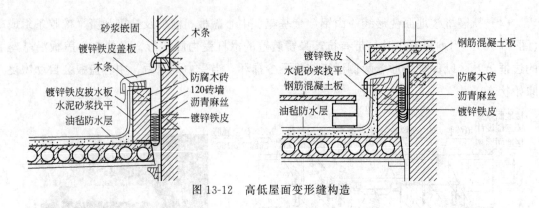

图 13-12　高低屋面变形缝构造

本章小结

1. 变形缝是为了避免建筑物受气温变化、地基不均匀沉降以及地震等因素影响，人为预先在这些变形敏感部位将建筑构件垂直断开，并留出足够变形宽度的缝隙，将建筑物分成为若干独立部分的构造措施。变形缝按其功能不同分为伸缩缝、沉降缝、防震缝。

2. 伸缩缝是为了防止建筑物因受温度变化引起破坏而设置的变形缝。伸缩缝要求将建筑物的墙体、楼层、屋顶等地面以上受温度变化影响较大的构件全部断开，并在两个部分之间留出适当的缝隙，基础因受温度变化影响较小，不必断开。为保证伸缩缝两侧的建筑构件能在水平方向自由伸缩，伸缩缝缝宽一般为 20～30mm。

3. 沉降缝是为了防止建筑物因不均匀沉降引起破坏而设置的变形缝。沉降缝主要应满足建筑物各部分在垂直方向的自由沉降变形，沉降缝应将建筑物从基础到屋顶全部断开。沉降缝的宽度与地基情况及建筑高度有关，建筑高度越高、地基越软的建筑物，沉陷的可能性越高，沉降后所产生的倾斜距离越大，沉降缝的宽度也相应越宽。

4. 防震缝是为了防止建筑物的各部分在地震时相互撞击造成变形和破坏而设置的垂直预留缝。防震缝将体型复杂的建筑物划分为体型简单、刚度均匀的独立单元，以便减少地震作用对建筑的破坏。防震缝应沿房屋全高设置，基础可不设防震缝。

5. 建筑物设变形缝的部位必须全部做盖缝处理，根据位置不同，变形缝的构造处理分为墙体变形缝、楼地面变形缝和屋面变形缝等。变形缝的嵌缝和盖缝处理，要满足防风、防雨、保温、隔热和防火等要求，还要考虑室内外的美观要求。

复习思考题

1. 简述变形缝的定义和作用。
2. 简述不同类型变形缝的设置条件及构造做法。
3. 墙体伸缩缝的截面形式有哪几种？
4. 简述楼地面变形缝的构造类型有哪些，分别有哪些特性。
5. 简述屋面变形缝构造做法有哪些。
6. 三种变形缝之间能否替代？如何替代？

第 14 章 工业建筑概论

14.1 工业建筑概述

工业建筑是指从事各类工业生产及直接为生产服务的房屋,是工业建设必不可少的物质基础。从事工业生产的房屋主要包括生产厂房、辅助生产用房以及为生产提供动力的房屋,这些房屋常被称为"厂房"或"车间"。

工业建筑既要为生产服务,也要满足广大工人的生活要求。随着科学技术及生产力的发展,工业建筑的类型越来越多,生产工艺对工业建筑提出的一些技术要求也更加复杂。

14.1.1 工业建筑的特点

工业建筑与民用建筑一样,要遵循适用、经济、绿色、美观的方针。在设计原则、建筑用料和建筑技术等方面,两者也有许多共同之处。但由于生产工艺复杂多样,在设计配合、使用要求、室内采光、屋面排水及建筑构造等方面,工业建筑又具有如下特点。

(1) 满足生产工艺的要求

厂房的建筑设计应在适应生产工艺要求的前提下,为工人创造良好的生产环境,并使厂房满足适用、安全、经济和美观的要求。

(2) 具有较大的敞通空间

厂房中的生产设备多,体量大,各部分生产联系密切,并且有多种起重运输设备通行,因此具有较大的敞通空间。厂房长度一般均在数十米以上,如有些大型轧钢厂,由于工艺的需要,其厂房的长度可达数百米甚至超过千米。

(3) 建筑构造复杂

由于厂房的面积和体积较大,多采用多跨组合;同时由于不同工艺部分对厂房提出不同的功能要求,因此工业建筑在采光通风和防水排水等建筑构造上都比较复杂,技术要求也比较高。

(4) 厂房骨架的承载能力较大

由于屋顶重量大，且多有吊车荷载，要求厂房的承重系统能承受较大的静荷载、动荷载及振动或撞击荷载，因此多采用钢筋混凝土排架结构承重或钢骨架承重。

14.1.2　工业建筑的分类

工业生产的类别繁多，生产工艺不同，分类亦随之而异。在建筑设计中，常按厂房的用途、内部生产状况及层数进行分类。

(1) 按厂房的用途分类

① 主要生产厂房　指进行产品加工和装配等主要工艺流程的厂房。例如机械制造厂中的铸工车间、机械加工车间及装配车间等。这类厂房的建筑面积较大，职工人数较多，在全厂生产中占重要地位，是工厂的主要厂房。

② 辅助生产厂房　指为主要生产厂房服务的厂房。例如机械制造厂中的机修车间、工具车间等。

③ 动力类厂房　指为全厂提供能源和动力的厂房。如发电站、锅炉房、变电站、煤气发生站、压缩空气站等。动力设备的正常运行对全厂生产特别重要，故这类厂房必须具有足够的耐久性，妥善的安全措施和良好的使用质量。

④ 储藏类建筑　指用于储存各种原材料、成品或半成品的仓库。由于所储物质的不同，在防火、防潮、防爆、防腐蚀、防变质等方面有不同的要求。设计时应根据不同要求按有关规范、标准采取妥善措施。

⑤ 运输类建筑　指用于停放各种交通运输设备的房屋。如汽车库、电瓶车库等。

(2) 按厂房内部生产状况分类

① 热加工车间　指在生产过程中散发出大量热量，有时伴随产生烟雾和灰尘等有害物质的车间。如炼钢、轧钢、铸工、锻压车间等。

② 冷加工车间　指在正常的温度和湿度条件下进行生产的车间。如机械加工车间、装配车间等。

③ 有侵蚀性介质作用的车间　指在生产过程中会受到酸、碱、盐等侵蚀性介质的作用，对厂房耐久性有影响的车间。这类车间在建筑材料选择及构造处理上应有可靠的防腐蚀措施。如化工厂和化肥厂中的某些生产车间，冶金工厂中的酸洗车间等。

④ 恒温恒湿车间　指在温度、湿度波动很小的范围内进行生产的车间。这类车间室内除装有空调设备外，厂房也要采取相应的措施，以减少室外对室内温度和湿度的影响。如纺织车间、精密仪表车间等。

⑤ 洁净车间　指产品的生产对室内空气的洁净程度要求很高的车间。这类车间除需要对室内空气进行净化处理，将空气中的含尘量控制在允许的范围内以外，厂房围护结构应保证严密，以免大气灰尘的侵入，以保证产品质量。如集成电路车间、精密仪表的微型零件加工车间等。

厂房内部生产状况是确定厂房平、剖、立面及围护结构形式和构造的主要因素之一，设计时应予以充分重视。

(3) 按厂房层数分类

① 单层厂房 单层厂房（图14-1）广泛地应用于各种工业企业，约占工业建筑总量的75%。它对具有大型生产设备、振动设备、地沟、地坑或重型起重运输设备有较大的适应性，如冶金、机械制造等工业部门。单层厂房便于沿地面水平方向组织生产工艺流程和布置生产设备，生产设备和重型加工件的荷载直接传给地基，同时也便于工艺改革。

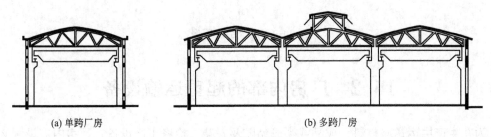

图14-1 单层厂房

单层厂房按跨数分为单跨厂房和多跨厂房。多跨厂房在实践中采用的较多，其面积可达数万平方米，单跨厂房使用的相对较少。

单层厂房占地面积大，围护结构面积多（特别是屋顶面积多），各种工程技术管道较长，维护管理费高，并且厂房扁长，立面处理相对单调。

② 多层厂房 多层厂房（图14-2）对于垂直方向组织生产及工艺流程的生产企业（如面粉厂等）和设备及产品较轻的企业具有较大的适应性，多用于轻工、食品、电子、仪表等工业部门。由于多层厂房占地面积小，更适用于在用地紧张的城市建厂或老厂的改扩建。

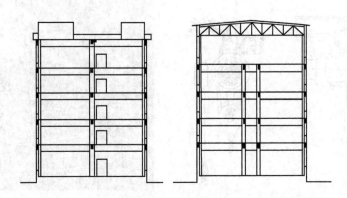

图14-2 多层厂房

③ 混合层次厂房 混合层次厂房（图14-3）是指单层跨和多层跨混合的厂房。如某些化学工业、热电站的主要使用厂房等。

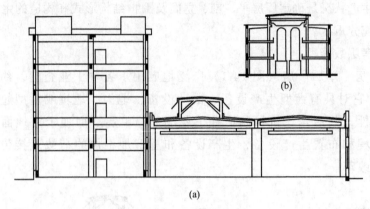

图 14-3 混合层次厂房

14.2 厂房内部的起重运输设备

为在生产中运送原材料、成品或半成品以及安装、检修生产设备，厂房内应设置必要的起重运输设备。常见的起重运输设备有单轨悬挂式吊车、梁式吊车和桥式吊车等。由于各种形式的起重运输设备与土建设计关系密切，需要充分了解。

(1) 单轨悬挂式吊车

单轨悬挂式吊车由电动葫芦和工字钢轨道组成。电动葫芦以工字钢为轨道，可沿直线、曲线往返运行。工字钢轨道可悬挂在屋架或屋面梁上，起重量一般在 1~2t。单轨悬挂式吊车结构简单，造价低廉，但不能横向运行，需借助人力和车辆辅助运输，适用于小型或辅助车间，如图 14-4 所示。

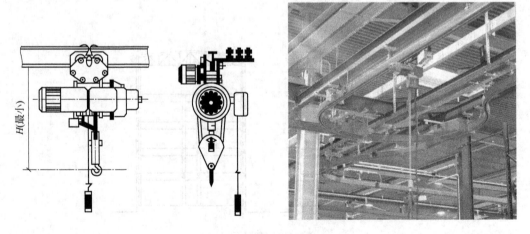

图 14-4 单轨悬挂式吊车

(2) 梁式吊车

梁式吊车有悬挂式和支承式两种类型，如图 14-5 所示。悬挂式是在屋架（或屋架梁）

下弦悬挂梁式钢轨，钢轨布置成两平行直线，在两平行轨道梁上设有沿纵向滑行的单梁，在单梁上设有可横向移动的滑动组（即电动葫芦）。支承式是在排架柱上设置牛腿，牛腿上设置吊车梁，吊车梁上安装钢轨，钢轨上设有可滑行的单梁，在滑行的单梁上设置可滑行的滑轮组，在单梁与滑轮组行走范围内均可起重。梁式吊车起重量一般不超过 5t。确定厂房高度时，应考虑该吊车净空高度的影响。

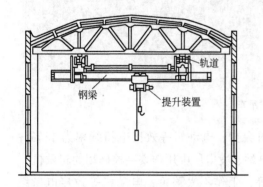

(a) 悬挂式梁式吊车

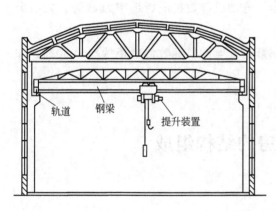

(b) 支承式梁式吊车

图 14-5　梁式吊车

(3) 桥式吊车

桥式吊车由起重行车及桥架组成，通常是在厂房排架柱上设置牛腿，牛腿上搁置吊车梁，吊车梁上安装钢轨，钢轨上设置能沿厂房纵向滑移的双榀钢桥架（或板梁），桥架上设置起重小车，小车可沿桥架横向移动，并设有供起重的滑轮组，如图 14-6 所示。

桥式吊车的起重量为 5～400t，在桥架与小车行走范围内均可起重，适用于 12～36m 跨度的厂房。桥式吊车的吊钩有单钩、主副钩（即大小钩，表示方法是分数线上为主钩的起重量，分数线下为副钩的起重量，如 50/10、100/20 等）和软钩、硬钩之分。软钩为钢丝绳挂钩，硬钩为铁臂支承的钳、槽等。

起重机按其载荷率和工作繁忙程度可分为轻级、中级、重级和特重级四种工作类型。

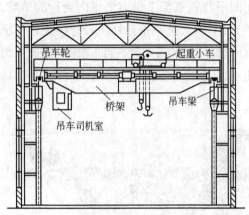

图 14-6 桥式吊车

① 轻级　工作速度低，使用次数少，满载机会少，电动机等效接电持续率为 15%~25%。用于不需紧张及繁重工作的场所，如在水电站、发电厂中用作安装检修用的起重机。

② 中级　经常在不同载荷下工作，速度中等，工作不太繁重，电动机等效接电持续率为 25%，如一般机械加工车间和装配车间用的起重机。

③ 重级　工作繁重，经常在重载荷下工作，电动机等效接电持续率为 40%，如冶金和铸造车间内使用的起重机。

④ 特重级　经常起吊额定负荷，工作特别繁忙，电动机等效接电持续率为 60%，如冶金专用的桥式起重机。

14.3　单层厂房的结构组成

14.3.1　单层厂房的结构体系

在厂房建筑中，支承各种荷载作用的构件所组成的承重骨架，通常称为结构。单层厂房的结构类型按其承重结构的材料分为混合结构、钢筋混凝土结构和钢结构等；按其施工方法分为装配式和现浇式钢筋混凝土结构；按其主要承重结构的形式分为排架结构、刚架结构和空间结构。

(1) 排架结构

排架结构是单层工业厂房中广泛采用的一种形式，分为钢筋混凝土排架（现浇或预制装配）和钢排架两种类型。它的基本特点是柱子、基础、屋架（屋面梁）均是独立构件。在连接方式上，屋架（屋面梁）与柱子的连接一般为铰接，柱子与基础的连接一般为刚接，形成横向排架。排架和排架之间通过纵向结构构件（吊车梁、连系梁、屋面板等）连接，保证排架的纵向稳定性。排架结构主要适用于跨度、高度、吊车荷载较大及地震烈度较高的单层厂房建筑，如图 14-7 所示。

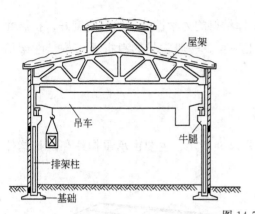 

图 14-7 排架结构

(2) 刚架结构

刚架是横梁和柱以整体连接方式构成的一种门形结构。由于梁和柱是刚性节点，在竖向荷载作用下柱对梁有约束作用，因而能减少梁的跨中弯矩；同样，在水平荷载作用下，梁对柱也有约束作用，能减少柱内的弯矩。刚架结构比排架结构轻巧，可以节省材料。由于大多数刚架的横梁是向上倾斜的，不但受力合理，且结构下部的空间增大，对某些要求较高空间的建筑特别有利。

单层厂房中的刚架结构主要是门式刚架，门式刚架依其顶部节点的连接情况有两铰刚架和三铰刚架。门式刚架构件类型少，构件制作快捷，便于工厂化加工，施工周期短，比较经济。由于刚架的刚度较差，刚架结构主要适用于无吊车或吊车起重量不超过 10t 的厂房，如图 14-8 所示。

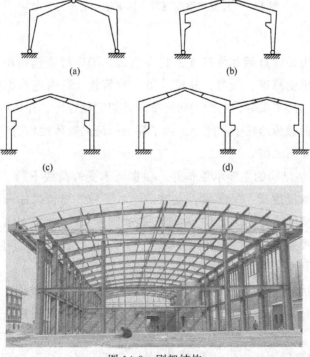

图 14-8 刚架结构

(3) 空间结构

空间结构由于传力受力合理，能较充分地发挥材料的力学性能，空间刚度好，抗震性能较强；其缺点是施工复杂，现场作业量大，工期长。一般常见的有折板结构、网架结构、薄壳结构、悬索结构等。

14.3.2 装配式钢筋混凝土排架结构组成

装配式钢筋混凝土排架结构的单层厂房如图 14-9 所示，主要由承重构件和围护构件两部分组成。

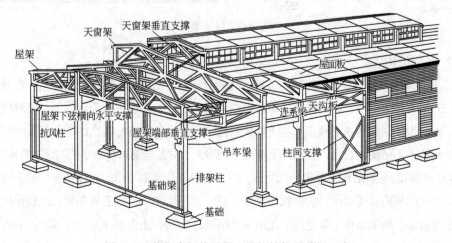

图 14-9 装配式钢筋混凝土排架结构的单层厂房

(1) 承重构件

厂房承重结构由横向排架和纵向连系构件组成。横向排架包括屋面大梁（或屋架）、柱子、柱基础。它承受屋顶、天窗、外墙及吊车的荷载。纵向连系构件包括大型屋面板（或檩条）、连系梁、吊车梁等，它们能保证横向排架的稳定性，并将作用在山墙上的风荷载和吊车纵向制动荷载传给柱子。此外，为了保证厂房的整体性和稳定性，往往还要在屋架之间和柱间设置支撑系统。

① 柱　柱是厂房结构的主要承重构件。根据所承受的荷载不同，柱分为排架柱和抗风柱。排架柱主要承受屋架、吊车梁、支撑、连系梁和外墙传来的荷载，并把它传给基础。抗风柱主要承受山墙处的风荷载，增加山墙的刚度和稳定性。山墙的风荷载一部分由抗风柱上端通过屋顶系统传到厂房纵向骨架上，另一部分由抗风柱直接传至基础。柱常用形式如图 14-10 所示。

② 基础　基础承受柱子和基础梁传来的全部荷载，并将荷载传至地基。单层厂房的基础多采用独立式基础。如钢筋混凝土排架结构，其柱下基础通常采用预制或现浇杯口基础。

③ 屋架　屋架是屋盖结构的主要承重构件，承受屋盖上的全部荷载，并将荷载传给

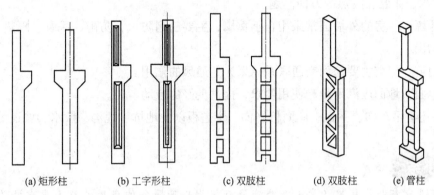

图 14-10　几种常见混凝土排架柱
(a) 矩形柱　(b) 工字形柱　(c) 双肢柱　(d) 双肢柱　(e) 管柱

柱子。常用的钢筋混凝土屋架如图 14-11 所示。屋架形式的选择，不仅要考虑屋架结构受力合理与否，而且还要综合考虑其他因素，如跨度大小、施工条件、材料供应等。

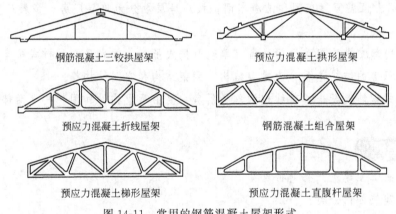

钢筋混凝土三铰拱屋架　　　预应力混凝土拱形屋架

预应力混凝土折线屋架　　　钢筋混凝土组合屋架

预应力混凝土梯形屋架　　　预应力混凝土直腹杆屋架

图 14-11　常用的钢筋混凝土屋架形式

④ 屋面板　屋面板铺设在屋架、檩条或天窗架上，直接承受板上的各类荷载（包括屋面板自重、屋面围护材料、雪、积灰、施工检修等荷载），并将荷载传给屋架。

⑤ 吊车梁　吊车梁设置在排架柱的牛腿上，承受吊车和吊车起重、运行中所有荷载（包括吊车自重、吊车最大起重量、吊车启动或刹车时所产生的横向刹车荷载、纵向刹车荷载以及冲击荷载），并将荷载传给柱子。

⑥ 基础梁　基础梁承受其上部墙体的重量，并把荷载传给基础。

⑦ 连系梁　连系梁是厂房纵向柱列的水平连系构件，用以增加厂房的纵向刚度，承受风荷载或上部墙体的荷载，并将荷载传给柱子。

⑧ 支撑系统　支撑系统分为柱间支撑系统和屋盖支撑系统。支撑系统的作用是加强结构的空间整体刚度和稳定性，保证结构构件在安装和使用阶段的稳定和安全。它主要起到承担和传递水平荷载（如水平风荷载、吊车水平刹车荷载、地震荷载等）的作用。

(2) 围护构件

① 屋面　屋面是厂房围护构件的主要部分，受自然条件直接影响，需处理好屋面的

排水、防水、保温、隔热等方面问题。

② 外墙　厂房的外墙通常采用自承重墙，主要起到防风、防雨、保温、隔热、遮阳、防火等作用。

③ 门窗　门窗主要起到交通联系、采光、通风的作用。

④ 地面　地面应满足生产使用要求，提供良好的劳动条件。

此外还有吊车梯、平台、屋面检修梯、走道板以及地坑、地沟、散水、坡道等。

本章小结

1. 工业建筑是指从事各类工业生产及直接为生产服务的房屋，是工业建设必不可少的物质基础，常被称为"厂房"或"车间"。

2. 工业建筑按厂房的用途不同分为主要生产厂房、辅助生产厂房、动力类厂房、储藏类建筑和运输类建筑；按厂房内部生产状况分为热加工车间、冷加工车间、有侵蚀性介质作用的车间、恒温恒湿车间和洁净车间；按厂房层数分为单层厂房、多层厂房和混合层次厂房。

3. 厂房内部常见的起重运输设备有单轨悬挂式吊车、梁式吊车和桥式吊车等。

4. 单层厂房的结构体系分为排架结构、刚架结构和空间结构等。

5. 装配式钢筋混凝土排架结构的单层厂房主要由承重构件和围护构件两部分组成。

复习思考题

1. 什么叫工业建筑？有何特点？
2. 工业建筑如何分类？
3. 工业建筑常用的起重运输设备有哪几种？分别具有哪些特点？如何划分其工作类型？
4. 装配式钢筋混凝土单层厂房由哪些构件组成？各构件有何作用？

第 15 章

单层厂房设计

对于厂房的设计,平面、剖面和立面设计必不可少。这三者能综合表达厂房的空间尺度,是不可分割的整体。设计时必须统一考虑三者之间的关系,设计平面的同时,考虑竖向的尺度关系;设计剖面和立面的同时,也要考虑平面的功能布局和使用要求等。

15.1 单层厂房平面设计

15.1.1 厂房平面设计和生产工艺的关系

在建筑的平面设计中,厂房建筑和民用建筑区别很大。民用建筑的平面设计主要是根据建筑的使用功能由建筑设计人员完成,而厂房的平面设计是先由工艺设计人员进行工艺平面设计(如图 15-1 所示),为使厂房平面设计适用、经济、合理,建筑设计人员需与工艺设计人员和结构设计人员、卫生工程技术人员密切合作,充分协商,全面考虑。

15.1.2 单层厂房平面形式的选择

厂房平面根据生产工艺流程、工段组合、运输组织及采光通风等要求,通常布置成单跨矩形、多跨矩形、方形、L 形、E 形和 H 形等各种平面形式。其中单跨矩形是平面形式中最简单的,它是构成其他平面形式的基本单位。当生产工艺流程需要或生产规模较大时,可以采用多跨组合的平面,其组合方式随工艺流程而定,可以组成图 15-2 所示的各种平面形式。

方形平面为在矩形平面基础上加宽形成方形或近似方形平面,其特点是在面积相同的情况下,方形平面比其他形式平面节约外围结构的周长约 25%,具有较好的保温隔热性能。方形平面简单,利于抗震,易于设计和施工,且综合造价较为经济,因此应用较广。

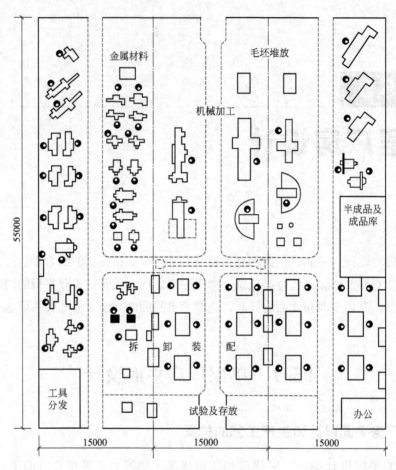

图 15-1　厂房生产工艺图

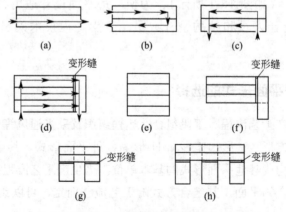

图 15-2　单层厂房平面形式

L 形、E 形和 H 形平面的特点是厂房外墙周长较长，内部宽度不大，可以有良好的室内采光、通风、散热、除尘等条件，有利于改善室内工作环境，因此适用于中型以上的热加工厂房。但因为这些平面形式有纵横跨相交，垂直交接处构件类型增多，构造复杂，会引起设计、施工及后期使用维护上的不便。

15.1.3 柱网的选择

在工业厂房中,柱子是竖向承重的主要构件。柱子在平面上排列所形成的网格称为柱网。柱网是用定位轴线来定位体现,柱子在纵横定位轴线相交处设置。柱子在纵向定位轴线(平行于厂房长度方向的定位轴线)间的距离称为跨度,横向定位轴线(垂直于厂房长度方向的定位轴线)间的距离称为柱距。柱网的选择实际上就是选择厂房的跨度和柱距,如图 15-3 所示。

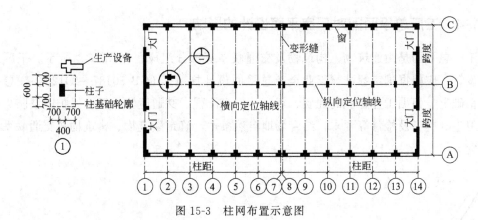

图 15-3 柱网布置示意图

柱网选择需满足以下设计要求。

(1) 满足生产工艺提出的要求

柱网选择时要满足工艺设计人员在工艺流程和设备布置上对跨度和柱距的大小要求。个别时候由于设备和产品超长和超大,一般柱距满足不了这种要求时,还需要在一定范围内少设一根或几根柱子。

(2) 遵守《厂房建筑模数协调标准》

国家标准《厂房建筑模数协调标准》(GB/T 50006—2010)要求厂房建筑的平面和竖向协调模数的基数值宜采取扩大模数 3M。

厂房的跨度小于或等于 18m 时,应采用扩大模数 30M 数列,即 9m、12m、15m、18m;大于 18m 以上时,应采用扩大模数 60M 数列,即 18m、24m、30m 和 36m。

厂房的柱距应采用扩大模数 60M 数列,即 6m 和 12m。厂房山墙处抗风柱柱距宜采用扩大模数 15M 数列,即 3m、4.5m 和 6m 等。

遵守《厂房建筑模数协调标准》(GB/T 50006—2010)可以减少厂房构件的尺寸类型,提高厂房建设的工业化水平,加快施工速度。

(3) 调整和统一柱网

厂房内部因工艺要求,有时会拔掉一些柱子,会出现大小柱距不均匀的现象,不仅给结构设计、施工带来复杂性,也降低了通用性。这时就要全面考虑调整柱距,最好使柱距统一或采用扩大柱网。

(4) 尽量选用扩大柱网

厂房设计时尽量选用扩大柱网，可以提高厂房的通用性和经济合理性，扩大生产面积，加快建设速度，提高吊车的服务范围。

一般来说，不管是否有无吊车，18m 和 24m 两个跨度适应性较强，利用率较高，较为经济合理。在工艺无特殊要求的情况下，一般不宜再扩大跨度，而应扩大柱距。6m 柱距是柱网中的基本柱距，很多地区的预制构件厂都有与之配套的相关系列构件的模具，施工方便快捷。

15.1.4 工厂总平面图对厂房平面设计的影响

工厂总平面是由建筑物、构筑物及交通联系等部分组成，如图 15-4 所示。工厂总平面图设计，应根据国家标准《工业企业总平面设计规范》(GB 50187—2012)，在总体规划的基础上，根据工业企业的性质、规模、生产流程、交通运输、环境保护以及防火、安全、卫生、施工及检修等要求，结合场地自然条件，确定建筑物、构筑物及交通联系部分的位置。

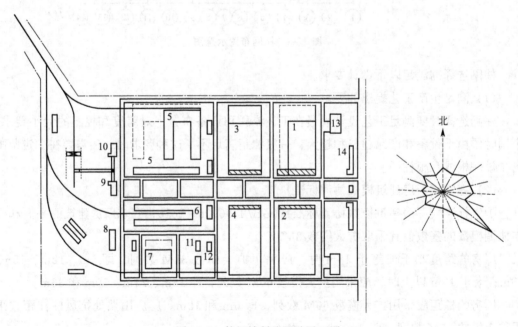

图 15-4 某机械制造厂总平面图

1—辅助车间；2—装配车间；3—机械加工车间；4—冲压车间；5—铸工车间；6—锻工车间；
7—总仓库；8—木工车间；9—锅炉房；10—煤气发生站；11—氧气站；12—压缩空气站；
13—食堂；14—厂部办公楼

(1) 交通流线的影响

工厂是由建筑物和构筑物及交通联系部分有机组成的，其具体表现为人流和物流的交通流线组织。厂房人流和物流的主要出入口位置都要受到交通流线的影响,要求流线简捷、不迂回、不交叉,避免相互干扰。

(2) 厂区地形的影响

厂房地形对厂房平面形式有直接影响,如图 15-5 所示。在不同地形中,为减少土石方工程和投资,加快施工进度,厂房平面形式在工艺条件许可的情况下应适应地形,避免过分强调平整、简单、规整,尽量减少投资,加快施工进度,使厂房能早日投产,早见经济效益。

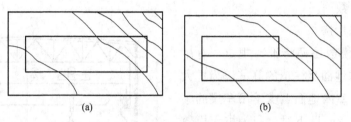

图 15-5 地形对平面形式的影响

总平面图中地形有时也影响着后建厂房的平面形式,所以设计时也要考虑工业企业远期发展规划的需要,适当留有发展的余地,符合可持续发展的国策。

(3) 气象条件的影响

应结合当地气象条件,使建筑物具有良好的朝向、采光和自然通风条件。高温、热加工、有特殊要求和人员较多的建筑物,应避免夕晒。热加工厂房或炎热地区,为使厂房有良好的自然通风,厂房宽度不宜过大,尽量采用矩形平面,并使厂房长轴与夏季主导风向的夹角 45°～90°之间。复杂平面尽量开口朝向迎风面,并在侧墙上开设窗户和大门,有效组织穿堂风。

寒冷地区为避免风对室内气温的影响,厂房的长边应平行冬季主导风向,朝向冬季主导风向的墙上尽量减少门窗面积以降低热损失。

个别地区,冬夏季节主导风向有时是矛盾的,这就要根据生产工艺要求和具体情况研究确定。

15.2 单层厂房剖面设计

单层厂房剖面设计是在平面设计基础上进行的。剖面设计要从厂房的建筑空间处理上满足生产工艺对厂房提出的各种要求,剖面设计的合理与否,直接关系到厂房的使用。厂房内部的不同高度是剖面设计主要的内容,生产工艺对厂房高度的确定起决定作用。

厂房高度是指室内地面到屋顶承重结构下表面之间的距离。如果厂房是坡屋顶,则厂房高度是指室内地面到屋顶承重结构最低点的垂直距离。由于柱子是厂房竖向承重的主要构件,厂房高度常为柱顶标高,即屋架下弦标高。

15.2.1 生产工艺对柱顶标高的影响

(1) 无吊车厂房

柱顶标高是按最大生产设备高度和安装、检修时所需的净空高度确定。同时也应考虑符合《工业建筑设计卫生标准》的要求及《厂房建筑模数协调标准》和空间心理感受的要求。

无吊车的厂房自室内地面至柱顶的高度应为扩大模数 3M 数列，砌体结构厂房的柱顶标高可符合 1M 数列。

(2) 有吊车厂房

《厂房建筑模数协调标准》规定：有吊车的厂房自室内地面至柱顶的高度应为扩大模数 3M 数列。室内地面至支承吊车梁的牛腿面的高度在 7.2m 以下时，应为扩大模数 3M 数列；在 7.2m 以上时，宜采用扩大模数 6M 数列，如 7.8m、8.4m、9.0m 和 9.6m 等数值。

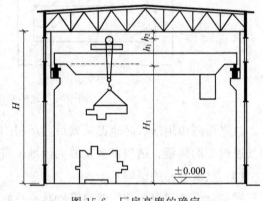

图 15-6　厂房高度的确定

有吊车厂房的剖面设计主要是确定柱顶标高和牛腿标高，如图 15-6 所示。

柱顶标高的计算公式如下

$$H = H_1 + h_1 + h_2$$

式中　H——柱顶标高，m，符合 3M 的模数；

　　　H_1——吊车轨顶标高，m，由工艺设计人员提出；

　　　h_1——吊车轨顶至小车顶面的高度，m，根据吊车样本查出；

　　　h_2——小车顶面到屋架下弦底面之间的安全运行空隙，m，根据《通用桥式起重机限界尺寸》查出。

工艺设计人员提出的吊车轨顶标高 H_1 为牛腿标高与吊车梁高、吊车轨高及垫层厚度之和，据此已知条件可以得出牛腿标高，并使之符合《厂房建筑模数协调标准》规定。根据牛腿标高及吊车梁高、吊车轨高及垫层厚度可以反推出实际的轨顶标高，可能与工艺设计人员提出轨顶标高有差异，最后轨顶标高的确定应以等于或大于工艺设计人员提出的轨顶标高为依据而定。H_1 值重新确定后，再进行 H 值的计算，并使之符合 3M 的模数。

15.2.2 室内外地坪标高

在一般情况下，单层厂房室内地坪与室外地面需设置高差，以防雨水浸入室内。《工业企业总平面设计规范》规定：建筑物的室内地坪标高，应高出室外场地地面设计标高，且不应小于 0.15m。为了便于运输工具进出厂房和不加长门口坡道的长度影响厂区路网，这个高差不宜太大，一般取 150mm。

在地势平坦的地区建厂，为便于工艺布置和生产运输，整个厂房地坪宜取一个标高。

15.2.3 厂房内部空间利用

在确定厂房高度时，要注意有效地节约并利用厂房的空间。如个别的高大设备或个别要求高空间的操作环节，采取个别处理，不使其影响整个厂房的高度。在不影响生产工艺的情况下，可以将个别高大设备布置在两榀屋架之间，使其充分利用厂房的空间[图 15-7(a)]；或把某些高大设备或工件放在地面的地坑里[图 15-7(b)]；或将有关几个柱间的屋面提高，避免提高整个厂房高度，减少浪费。

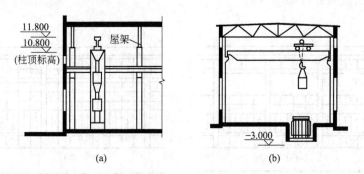

图 15-7 厂房内部空间利用

15.2.4 厂房天然采光

厂房天然采光方式主要有侧面采光、顶部采光和混合采光三种方式。

(1) 侧面采光

侧面采光分单侧采光和双侧采光。单侧采光的有效进深为侧窗口上沿至地面高度的 1.5～2.0 倍。如果厂房的进深很大，超过单侧采光所能解决的范围时，就要用双侧采光或加以人工照明。

(2) 顶部采光

顶部采光是利用开设在屋顶上的天窗进行采光。常见形式有矩形天窗、锯齿形天窗、下沉式天窗、平天窗等。

(3) 混合采光

混合采光是指侧面采光不满足厂房的采光要求时，在屋顶开设天窗，两种采光方式结合达到采光要求。

厂房采光面积，经常根据厂房的采光、通风、美观等综合要求，先大致确定开设窗洞口面积和位置，然后根据厂房的采光等级进行校核。

15.3　单层厂房立面设计

厂房的立面设计就是运用建筑构图规律在已有的厂房体形基础上利用柱子勒脚、门窗、墙面、线脚、雨篷等构件，进行有机地组合与划分，使立面简洁大方，比例恰当，节奏自然，色调质感协调统一。

厂房的立面设计常采用垂直、水平和混合等3种立面划分手法。

(1) 立面垂直划分

单层厂房的纵向外墙多为简单、扁长的条形，立面采用垂直划分可以改变墙面的扁平比例，使厂房显得雄伟、挺拔。这种组合大多根据外墙结构特点，在一个柱距内利用柱子、侧窗等构件构成竖向线条的重复单元，然后进行有规律地重复分布，使立面具有垂直方向感，形成垂直划分（图15-8）。

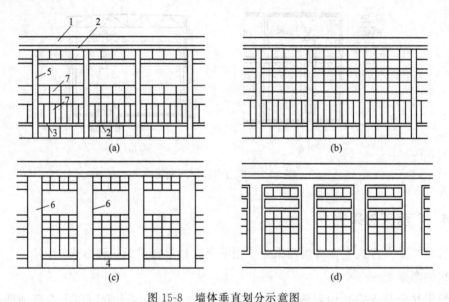

图15-8　墙体垂直划分示意图
1—女儿墙；2—窗眉线或遮阳板；3—窗台线；4—勒脚；5—柱；6—窗间墙；7—窗户

(2) 立面水平划分

厂房立面水平划分通常的处理手法是在水平方向设通长的带形窗，并可以用通长的窗眉线或窗台线，将窗连成水平条带；或者利用檐口、勒脚等水平构件，组成水平条形带；在开敞式外墙的厂房里，设置挑出墙面的多层挡雨板，用阴影的作用使水平线条更加突出；大型装配式墙板厂房，常以与墙板相同大小的窗户代替墙板，构成通常水平带形窗。也有用涂层钢板和淡色透明塑料制成的波纹板作为厂房外墙材料，它们与其他颜色墙面相间布置自然构成不同色带的水平划分，形成水平向的线条。

立面水平划分外形简洁、舒展、大方，既可简化围护结构，又利于建筑工业化，很多厂房立面都采用了这种处理手法（图15-9）。

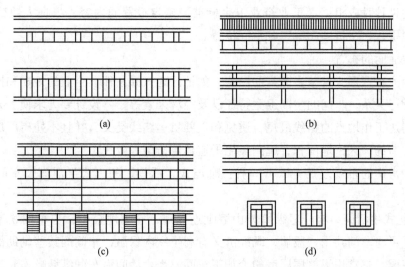

图 15-9　墙体水平划分示意图

(3) 立面混合划分

立面的水平划分与垂直划分经常不是单独存在的，一般都是结合运用。立面划分时会以某种划分为主；或者两种方式混合运用，互相结合，相互衬托，不分明显主次，从而构成水平与垂直的有机结合。

采用这种处理手法应注意垂直与水平的关系，务必使其达到互相渗透，混而不乱，以取得生动和谐、外形统一的效果（图 15-10）。

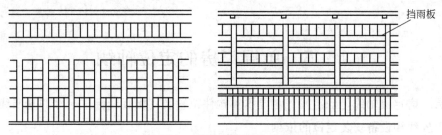

图 15-10　墙体混合划分示意图

15.4　单层厂房生活间设计

(1) 生活间的组成

为了满足生产过程的生产卫生及工人生活、健康的需要，保证产品质量、提高劳动效率，在工厂中除厂房外，尚需设置辅助用房，即生活间。

生活间应根据工业企业生产特点、实际需要和使用方便的原则设置，包括工作场所办公室、生产卫生室（浴室、存衣室、盥洗室、洗衣房）、生活室（休息室、食堂、厕所）、妇女卫生室等。

生活间设计时应根据《工业企业卫生标准》确定设置的内容，根据人数确定空间尺寸，根据性别、上下班顺序确定各空间位置。

(2) 生活间的布置

生活间的布置形式受诸多因素的影响，如地区的气候条件、企业的规模和性质、总平面人流和货运关系、车间的生产卫生特征以及经济因素等。其设计要力求使工人进厂后经过生活间到达工作地点的路线最短，避免和主要货运路线交叉，并且不妨碍厂房采光、通风和扩建，节约厂区占地面积，起到美化干道建筑造型等效果。

生活间常用的布置方式有以下3种：毗连式生活间、独立式生活间及车间内部式生活间。

① 毗连式生活间　与厂房纵墙或山墙毗连而建，它用地较少，与车间联系紧密，使用方便，并可与车间共用一段墙，既经济又有利于室内保温，车间的某些辅助部分也可设在生活间底层。它常用于单层厂房的冷加工车间。当生活间沿车间纵墙毗连时，易妨碍车间的采光与通风，所以一般不宜超过纵向长度的1/3。当生活间沿厂房山墙毗连时，人流路线多与车间内部运输线相平行，通行障碍少，但由于厂房端部常设有进出原料及成品、半成品的大门，使生活间平面尺寸受到一定的限制。

② 独立式生活间　生活间单独建造，与厂房有一定距离，此种生活间多用于热加工或散发有害物质及振动大的车间等。在寒冷和多雨地区宜采用通廊、天桥或地道与车间相连。

③ 车间内部式生活间　当车间内部生产卫生状况允许时，利用车间内部空闲位置设置生活间，具有使用方便、经济合理的特性。

15.5　单层厂房的定位轴线

单层厂房定位轴线是确定厂房主要承重构件位置及其相互间标志尺寸的基准线，也是厂房施工放线和设备安装定位的依据。

平行于厂房长度方向的定位轴线称为纵向定位轴线，相邻两条纵向定位轴线间的距离标志着厂房的跨度，即屋架的标志长度（跨度）。垂直于厂房长度方向的定位轴线称为横向定位轴线，相邻两条横向定位轴线间的距离标志着厂房的柱距，即吊车梁、连系梁、基础梁、屋面板及外墙板等一系列纵向构件的标志长度。

标定定位轴线时，应满足生产工艺的要求，并注意减少构件的类型和规格，提升预制装配化程度及其通用互换性，提高厂房建筑的工业化水平。

15.5.1　横向定位轴线

横向定位轴线通过处是吊车梁、屋面板、连系梁、基础梁及墙板标志尺寸端部的位置。

(1) 中间柱与横向定位轴线的联系

除横向变形缝及端部排架柱位置外，中间柱的中心线应与横向定位轴线相重合。此时，屋架端部位于柱中心线处。连系梁、吊车梁、基础梁、屋面板及外墙板等构件的标志长度皆以柱中心线为准，柱距相同时，这些构件的标志长度相同，连接构造方式也可统一，如图 15-11 所示。

(2) 横向伸缩缝、防震缝处柱与横向定位轴线的联系

在单层厂房中，横向伸缩缝、防震缝处一般是在一个基础上设双柱、双屋架。各柱有各自的基础杯口，这主要是考虑便于柱的吊装就位和固定。双柱间应有一定的间距，这是由于杯口基础的杯口壁要有一定厚度和构造处理的要求而定的。如其定位轴线的标定仍与中间柱的标定一样，则吊车梁间以及屋面板间将出现较大的空隙，使它们不能连接。由于吊车的运行和屋面封闭的需要，则需采用非标准的补充构件联结吊车梁和屋面板，如图 15-12(a)所示。这样处理使构件类型增多，不利于建筑工业化。为了不增加构件类型，有利于建筑工业化，横向变形缝处定位轴线的标定采用双轴线处理，各轴线均从吊车梁和屋面板标志尺寸端部通过。两条轴线间的距离 a_i（插入距）为变形缝宽度 a_e，即 $a_i = a_e$。两柱中心线分别自轴线后退 600mm，如图 15-12(b)所示。这样标定，吊车梁、屋面板等纵向连系构件的标志尺寸规格不变，与其他柱距处的尺寸规格一样，不增加补充构件。只是其与柱和屋架的联结处的埋设件位置有所改变，分别后退 600mm。变形缝两侧柱间的实际距离较其他处的柱距减少 600mm，但该处两条横向定位轴线与相邻横向定位轴线之间的距离与其他柱距保持一致。

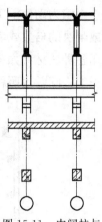

图 15-11 中间柱与横向定位轴线的联系

(3) 山墙与横向定位轴线的联系

山墙为非承重墙时，墙内缘和抗风柱外缘应与横向定位轴线相重合。端部排架柱的中心线应自横向定位轴线向内移 600mm，端部柱距减少 600mm。定位轴线与山墙内缘重合，可保证屋面板端部与山墙内缘之间不出现缝隙，避免

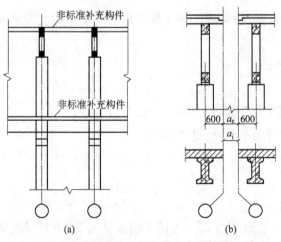

图 15-12 横向变形缝处柱与横向定位轴线的联系

采用补充构件，如图 15-13(a)所示。端柱中心线自定位轴线内移 600mm，是由于山墙设有抗风柱，该柱需通至屋架上弦或屋面梁上翼缘处，其柱顶用钣铰与屋架或屋面大梁相连接，以传递风荷载，因此，端部屋架或屋面梁与山墙间应留有一定的空隙，以保证抗风柱得以向上通到屋架上弦。一般情况下，端柱内移 600mm 后所形成的空隙已能满足要求，同时也与变形缝处定位轴线的处理相同，以便于构件定型和通用互换。

山墙为砌体承重时,墙内缘与横向定位轴线间的距离λ应按砌体的块料类别分别为半块或半块的倍数或墙厚的一半,如图 15-13(b)所示。这样规定,是考虑当前有些厂房仍有用各种块材(如各种砖或混凝土砌块等)砌筑厂房外墙,以保证构件在墙体上应有的支承长度,同时也照顾到各地有因地制宜灵活选择墙体材料的可能性。

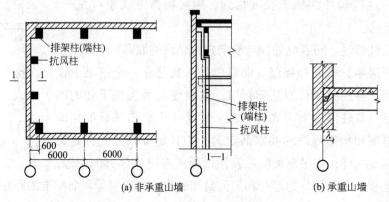

图 15-13　山墙与横向定位轴线的联系

15.5.2　纵向定位轴线

纵向定位轴线通过处是横向构件屋架或屋面大梁标志尺寸端部的位置。

(1)墙、边柱与纵向定位轴线的联系

纵向定位轴线的标定与吊车桥架端头长度、桥架端头与上柱内缘的安全缝隙宽度以及上柱宽度有关,如图 15-14 所示。图中:

h——上柱宽度,一般为 400mm、500mm;

h_0——轴线至上柱内缘的距离;

C_b——上柱内缘至桥架端部的缝隙宽度(安全缝隙),其值见表 15-1;

B——桥架端头长度,其值随吊车起重量大小而异,见表 15-1;

a_c——联系尺寸,即轴线至柱外缘的距离;

L——厂房跨度,m;

L_k——吊车跨度(吊车轮距),m;

e——轴线至吊车轨道中心线的距离,一般取 750mm。当吊车起重量大于 50t 时或有构造要求时(如设走道板),可取 1000mm;砌体结构的厂房中,当采用梁式吊车时允许取 500mm。

表 15-1　吊车桥架端部尺寸(B)及最小的安全缝隙宽度(C_b)值

吊车起重量 Q/t	5~10	12.5~25	25~50	63~125	160~250
B/mm	≥250	≥280	≥350	≥400	≥500
C_b/mm	≥80	≥80	≥80	≥100	≥100

注:摘自《通用桥式起重机界限尺寸》(GB 7592—1987)。

为使吊车跨度与厂房跨度相协调,L 与 L_k 之间的关系为

$$L - L_k = 2e$$

由图 15-14 可知，$e = B + h_0 + C_b$。因安全缝隙要等于或大于允许的缝宽，上式可写成：$e - (B + h_0) \geq C_b$。

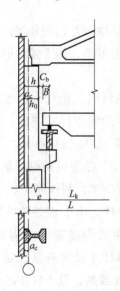 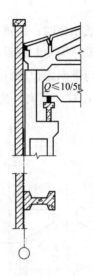

图 15-14　轴线与纵向边柱定位轴线的关系（一）　　图 15-15　轴线与纵向边柱定位轴线的关系（二）

根据柱距大小和吊车起重量大小等因素，边柱外缘与纵向定位轴线的关系有如下两种情况。

① 封闭式结合　在无吊车或只有悬挂式吊车的厂房，以及柱距为 6m，吊车起重量 $Q \leq 10/5t$ 的厂房中，一般采用封闭式结合的定位轴线，如图 15-15 所示，即边柱外缘与纵向定位轴线相重合（$a_c = 0$；$h = h_0$）。

此时相应的参数为：$h = h_0 = 400mm$，$B = 250mm$，$C_b \geq 80mm$，$e = 750mm$。根据公式 $e - (B + h_0) \geq C_b$，即 $750 - (250 + 400) = 100mm > 80mm$，说明安全缝隙大于允许的缝宽，满足要求。

在封闭式结合中，屋面板全部采用标准板，不需设补充构件，具有构造简单、施工方便等优点。

② 非封闭式结合　在柱距为 6m，吊车起重量 $Q \geq 30/5t$ 的厂房中，边柱外缘与纵向定位轴线之间应有一定的距离，如图 15-14 所示。

此时相应参数为：$h = 400mm$，$B = 300mm$，$C_b \geq 80mm$，$e = 750mm$。如采用封闭式结合时，即 $a_c = 0$；$h = h_0$ 时，根据公式 $e - (B + h_0) \geq C_b$，即 $750 - (300 + 400) = 50mm < 80mm$。

这说明，由于吊车起重量或柱距的增大，相应的 B 和 h 值也相应增大，如采用封闭式结合，则不能满足吊车运行时所需安全缝隙宽度的要求。解决的方法是在轴线不动的情况下，把柱外缘自轴线向外推移一个 a_c 值的距离，即 $h_0 = h - a_c$。

为了减少构件的类型，a_c 值应为 300mm 或 300mm 的倍数。当墙体为砌体时，可采用 50mm 或 50mm 的倍数。如墙为砖砌体时，a_c 值取 50mm，则 $h_0=400-50=350$mm。按公式式 $e-(B+h_0)\geqslant C_b$，即 $750-(300+350)=100$mm>80mm，可满足安全缝隙宽度的要求。

在非封闭式结合时，按常规布置的屋面板只能铺至定位轴线处，与外墙内缘出现了非封闭的构造间隙，需要非标准的构件板。非封闭式结合构造复杂，施工较为麻烦。

(2) 中柱与纵向定位轴线的联系

① 等高跨中柱 等高厂房的中柱，宜设置单柱和一条纵向定位轴线。纵向定位轴线通过相邻两跨屋架的标志尺寸端部，并与上柱中心线相重合，如图 15-16(a) 所示。上柱截面高度 h 一般取 600mm，以保证两侧屋架应有的支承长度，上柱头不带牛腿，制作简便。

等高厂房的中柱，由于相邻跨内的桥式吊车起重量、厂房柱距或构造等要求需设插入距 a_i 时，中柱可采用单柱并设两条纵向定位轴线。插入距 a_i 应符合 3M 数列，且上柱中心线宜与插入距中心线相重合，如图 15-16(b) 所示。

② 高低跨处中柱 高低跨处采用单柱时，如高跨吊车起重量 $Q\leqslant 10/5$t，则高跨上柱外缘与封墙内缘宜与纵向定位轴线相重合，如图 15-17(a) 所示。

当高跨吊车起重量较大，如 $Q\geqslant 30/5$t 时，

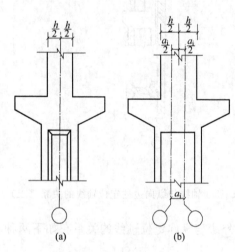

图 15-16 等高跨的中柱与纵向定位轴线的联系

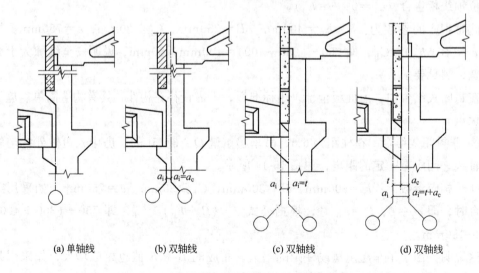

(a) 单轴线　(b) 双轴线　(c) 双轴线　(d) 双轴线

图 15-17 高低跨处中柱与纵向定位轴线的联系

a_i—插入距；a_c—联系尺寸；t—封墙厚度

其上柱外缘与纵向定位轴线间宜设联系尺寸 a_c，这时，应采用两条纵向定位轴线，两轴线间的距离为插入距 a_i。此时 a_i 在数值上等于联系尺寸 a_c，如图 15-17(b) 所示。对于这类中柱仍可看做是高跨的边柱，只不过由于高跨吊车起重量大等原因，引起构造上需要加设联系尺寸 a_c，即相当于该柱外缘应自该跨纵向定位轴线向低跨方向移动 a_c 的距离。但对低跨来说，为简化屋面构造，在可能时，其纵向定位轴线则应自上柱外缘、封墙内缘通过，所以此时在一根柱上同时存在两条纵向定位轴线，分属于高、低跨。

如封墙处采用墙板结构时，可按图 15-17(c) 和图 15-17(d) 所示处理。

(3) 纵向变形缝处柱与纵向定位轴线的联系

当厂房宽度较大时，沿厂房宽度方向需设置纵向变形缝，以解决横向变形问题。等高厂房需设纵向伸缩缝时，可采用单柱并设两条纵向定位轴线。伸缩缝一侧的屋架或屋面梁搁置在活动支座上，如图 15-18 所示。此时 $a_i = a_e$。

不等高厂房设纵向伸缩缝时，一般设置在高低跨处。当采用单柱处理时，低跨的屋架或屋面梁可搁置在设有活动支座的牛腿上，高低跨处应采用两条纵向定位轴线，其间设插入距 a_i，此时 a_i 在数值上与伸缩缝宽度 a_e、联系尺寸 a_c、封墙厚度 t 的关系如图 15-19 所示。

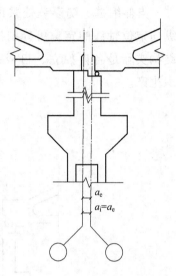

图 15-18 等高厂房纵向伸缩缝处单柱与双轴线的联系

a_i—插入距；a_e—伸缩缝宽度

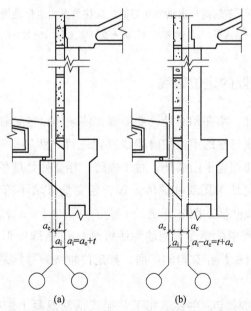

图 15-19 不等高厂房纵向伸缩缝处单柱与纵向定位轴线的联系

a_i—插入距；a_c—联系尺寸；a_e—变形缝宽度；t—封墙厚度

高低跨采用单柱处理，结构简单，吊装工程量少，但柱外形较复杂，制作不便，尤其当两侧高差悬殊或吊车起重量差异较大时，往往不甚适宜，这时伸缩缝、防震缝可结合沉降缝采用双柱结构方案。

当伸缩缝、防震缝处采用双柱时，应采用两条纵向定位轴线，并设插入距。柱与纵向定位轴线的定位可分别按各自的边柱处理，如图 15-20 所示。此时，高低跨两侧结构实际是各自独立、自成系统的，仅是互相靠拢，以便下部空间相通，有利于组织生产。

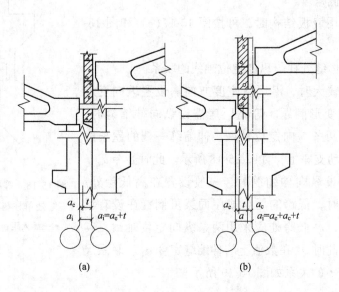

图 15-20　不等高厂房纵向变形缝处双柱与纵向定位轴线的联系

a_i—插入距；a_c—联系尺寸；a_e—变形缝宽度；t—封墙厚度

15.5.3　纵横跨相交处的定位轴线

厂房的纵横跨相交时，常在相交处设变形缝，使纵横跨各自独立。纵横跨应有各自的柱列和定位轴线。各轴线与柱的定位按前述诸原则进行，然后再将相交体都组合在一起。对于纵跨，相交处的处理相当于山墙处；对于横跨，相交处处理相当于边柱和外墙处的定位轴线定位。纵横跨相交处采用双柱单墙处理，相交处外墙不落地，成为悬墙，属于横跨。相交处两条定位轴线间插入距 $a_i = a_e + t$ 或 $a_i = a_e + t + a_c$，如图 15-21 所示，当封墙为砌体时，a_e 值为变形缝的宽度；封墙为墙板时，a_e 值取变形缝的宽度或吊装墙板所需净空尺寸的较大者。有纵横相交跨的厂房，其定位轴线编号常是以跨数较多的部分为准统一编排。

以上所述定位轴线的标定，主要适用于装配式钢筋混凝土结构或混合结构的单层厂房，对于钢结构厂房，可参照《厂房建筑模数协调标准》（GB/T 50006—2010）。

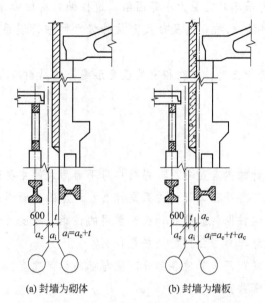

图 15-21 不等高厂房纵向伸缩缝处单柱与纵向定位轴线的联系

a_i—插入距；a_c—联系尺寸；a_e—变形缝宽度；t—封墙厚度

本章小结

1. 厂房的平面设计要满足生产工艺的要求；平面形式简洁规整；面积经济合理；构造简单易于施工；符合模数协调标准；选择合适的柱网；正确地解决厂房的采光和通风；合理地布置有害工段及生活用房；妥善处理安全疏散及防火措施等。

2. 柱网的选择必须满足生产工艺的要求；柱距、跨度要遵守《厂房建筑模数协调标准》，尽量调整和统一柱网，选用扩大柱网。

3. 厂房的剖面设计要根据生产工艺的要求确定经济适用的厂房高度；符合《厂房建筑模数协调标准》；满足厂房的采光、通风、防排水及围护结构的保温、隔热等设计要求；构造的选择应经济合理，易于施工。

4. 厂房天然采光设计是充分利用日光资源，提供高质量的采光条件。天然采光方式主要有侧面采光、顶部采光、混合采光三种方式。

5. 厂房立面设计常采用垂直、水平和混合等3种立面划分手法。

6. 生活间应包括工作场所办公室、生产卫生室和生活室等。生活间常用的布置方式有毗连式生活间、独立式生活间及车间内部生活间。

7. 单层厂房定位轴线是确定厂房主要承重构件位置及其相互间标志尺寸的基准线，也是厂房施工放线和设备安装定位的依据。

8. 横向定位轴线标志联系梁、吊车梁、基础梁、屋面板及外墙板等构件的长度，除横向变形缝处及端部排架柱外，中间柱的中心线应与横向定位轴线相重合。

9. 纵向定位轴线标志屋架或屋面大梁的长度。

10. 根据柱距大小和吊车起重量大小等因素，边柱纵向定位轴线的标定分为轴线与外墙内缘及柱外缘重合（封闭式结合）及轴线与柱外缘之间增设联系尺寸 a_c（非封闭式结合）两种情况。

11. 在厂房的纵横跨相交时，常在相交处设变形缝，使纵横跨各自独立，纵横跨应有各自的柱列和定位轴线。

复习思考题

1. 单层厂房平面设计的内容是什么？影响厂房平面形式的主要因素是什么？
2. 生产工艺与单层厂房平面设计的关系是什么？厂房的平面形式及特点是什么？
3. 什么是柱网？确定柱网的原则是什么？常用的柱距、跨度尺寸有哪些？
4. 单层厂房平面设计与总平面图的关系是什么？
5. 如何确定厂房高度？厂房其他各部分高度与标高如何确定？
6. 厂房采光方式有哪些？
7. 厂房设计立面划分手法常用哪几种？特点是什么？
8. 生活间有几种平面布置形式？各自优缺点是什么？
9. 纵向定位轴线和横向定位轴线各标志哪些构件的长度？
10. 端部排架柱和横向变形缝处柱子为何不与纵向定位轴线重合？柱中心距纵向定位轴线一般为多少？为什么？
11. 什么情况下采用封闭式结合？什么情况下采用非封闭式结合？联系尺寸如何确定？
12. 简述变形缝处采用单柱处理与双柱处理的特点及适用情况。

第 16 章

单层厂房构造

16.1 单层厂房外墙构造

单层厂房围护墙有砌体填充墙、钢筋混凝土大型墙板、轻质墙板等。为利于抗震，宜采用轻质墙板或钢筋混凝土大型墙板。对于采用扩大柱距；高烈度地区及不等高厂房的高跨封墙不应采用砌体墙，宜采用轻质墙板。

16.1.1 砌体围护墙

钢筋混凝土排架结构厂房外墙仅起围护作用，可利用轻质材料制成块材或空心块材砌筑（图 16-1）。砌体围护墙应设置拉结筋、水平连系梁、圈梁等与主体结构可靠拉结。

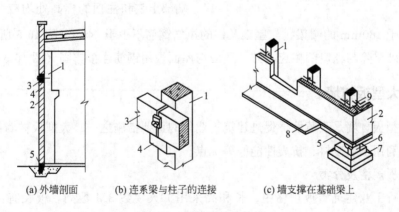

图 16-1 砌体围护墙构造

1—柱；2—块材外墙；3—连系梁；4—牛腿；5—基础梁；6—垫块；7—杯形基础；8—散水；9—墙柱连接筋

（1）砌体围护墙的支撑

单层厂房围护墙一般都不做带形基础，而是支撑在基础梁上。较高厂房的上部墙体由支撑在柱牛腿上的联系梁承担。基础梁的截面通常为梯形，顶面标高通常比室内地面

（±0.000）低50mm，且高出室外地面100mm（厂房室内外高差常为150mm）。根据基础埋置深度有4种处理方法，如图16-2所示。

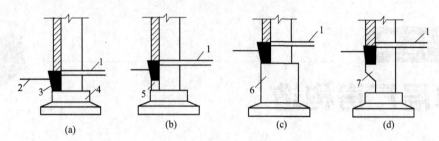

图 16-2 基础梁与基础的连接

1—室内地面；2—散水；3—基础梁；4—柱杯形基础；5—垫块；6—高杯口基础；7—牛腿

北方地区厂房，基础梁下部宜用炉渣等松散材料填充，以防冬季地基土冻胀对基础梁及墙身产生不利的反拱影响（图16-3），同时阻止室内热量向外散失。这种措施对湿陷性土或膨胀性土也同样适用，可避免不均匀沉陷或不均匀胀升引起的不利影响。

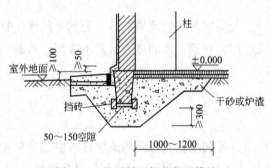

图 16-3 基础梁下部的保温措施

(2) 墙与柱的连接

墙与柱子（包括抗风柱）采用钢筋连接，由柱子沿高度每隔一定间距伸出2Φ6钢筋砌入墙体水平缝内，以达到拉结作用，如图16-4所示。

(3) 圈梁的设置及构造

为加强墙与屋架、柱子（包括抗风柱）的连接，应适当增设圈梁。一般梯形屋架端部上弦与柱顶的标高处应各设一道截面高度不小于180mm的圈梁，与屋架及柱的拉结钢筋不少于4Φ12（图16-5所示）；山墙应设卧梁，卧梁除与檐口圈梁连接外，还应与屋面板用钢筋连接牢固（图16-6所示）。

16.1.2 大型板材墙

发展大型板材墙是改革墙体促进建筑工业化的重要措施之一，大型板材墙具有减少湿作业、充分利用工业废料、抗震性能好等优点。

(1) 墙板规格及分类

我国现行工业建筑墙板规格中，长和高采用扩大模数3M数列。板长有：4500mm、6000mm、7500mm（用于山墙）和12000mm这4种规格，可适用于6m或12m柱距以及3m整倍数的跨距。板高有900mm、1200mm、1500mm和1800mm这4种规格。板厚以20mm为模数晋级，常用厚度为160～240mm。

墙板根据不同需要有不同的分类，如按保温要求分为保温墙板和非保温墙板；按墙板所在墙面位置分为檐下板、窗上板、窗框板、窗下板、一般板、山尖板、勒脚板、女儿墙

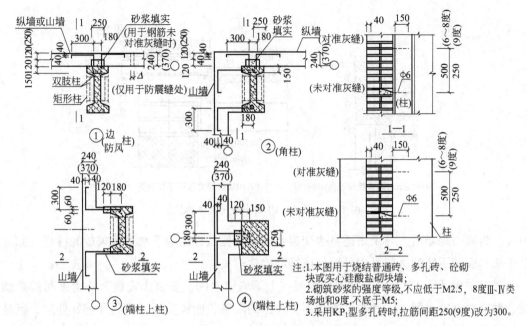

图 16-4 外墙与柱的连接

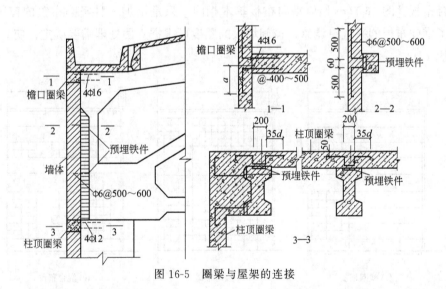

图 16-5 圈梁与屋架的连接

板等;按墙板的构造和组成材料分单一材料的墙板(钢筋混凝土槽形板、空心板、配筋轻骨料混凝土墙板)和组合墙板(复合墙板)。

(2) 墙板布置

单层厂房墙板的布置方式有 3 种,最广泛采用的是横向布置,其次是混合布置,竖向布置采用较少。排列板材时要尽量减少板材的类型。

横向布置 [图 16-7(a)] 时板型少,其板长与柱距一致。这种布置方式竖缝少,板缝处理也较容易,墙板的规格也较少,制作安装比较方便。横向布板存在的问题是:柱顶标高虽符合扩大模数 3M 数列,但屋架端竖向高度不符合扩大模数 3M 数列,这给布板造成

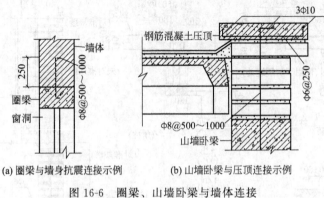

(a) 圈梁与墙身抗震连接示例　　(b) 山墙卧梁与压顶连接示例

图 16-6　圈梁、山墙卧梁与墙体连接

困难。为解决此矛盾，可采用适当改变窗台高度及柱顶标高等手法进行墙板的排列。如果采用基本板还不能解决，可用异形板或辅助构件解决。

竖向布板 [图 16-7(b)] 是把墙板嵌在上下墙梁之间，安装比较复杂，墙梁间距必须结合侧窗户高度布置。这种布置方式不受柱距的限制，比较灵活，遇到开洞好处理，但是竖缝较多，处理不当易渗水、透风。

混合布板 [图 16-7(c)] 与横向布板基本相同，只是增加一种竖向布置的窗间墙板。它打破了横向布板的平直单调感，窗间墙板的厚度可根据立面处理需要确定，使立面处理较为灵活。

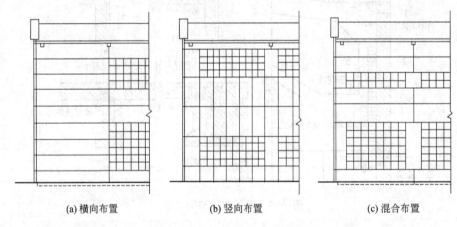

(a) 横向布置　　　　(b) 竖向布置　　　　(c) 混合布置

图 16-7　墙板布置方式

山墙墙身部位布置墙板方式与侧墙相同，山尖部位则随屋顶外形可布置成台阶形、人字形、折线形等（图 16-8）。排板时，最下的板材（勒脚板）底面一般比室内地面低 50～300mm，支撑在基础顶面或垫块上。

(3) 板柱连接与板缝处理

① 板柱连接　板柱连接分为柔性连接和刚性连接。柔性连接是通过墙板与柱的预埋件和柔性连接件将板柱二者拉接在一起。常用的方法有螺栓挂钩连接 [图 16-9(a)]、角钢挂钩连接 [图 16-9(b)]、短钢筋焊接连接 [图 16-10(a)] 和压条连接 [图 16-10(b)]。柔

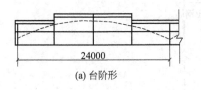 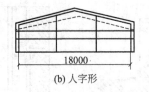 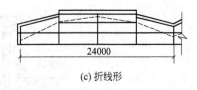

图 16-8 山墙山尖墙板布置

性连接的特点是：墙板在垂直方向一般由钢支托支撑，水平方向由连接件拉接。因此，墙板与厂房骨架以及板与板之间在一定范围内可相对独立位移，能较好地适应振动（包括地震）等引起的变形。墙板自身整体性较好和质量轻，适用于地基软弱、有较大振动的厂房以及抗震设防烈度大于 7 度的地区的厂房。

刚性连接 [图 16-9(c)] 是将每块墙板与柱子用型钢焊接在一起，无需另设钢支托。优点是用钢量少，厂房纵向刚度好。但由于刚性连接失去了能相对位移的条件，使墙板易产生裂缝等破坏，故刚性连接只用在地基条件较好、没有较大振动的厂房或非地震区及地震设防烈度小于 7 度地区的厂房。

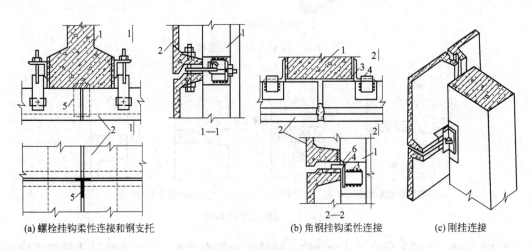

图 16-9 墙板与柱连接

1—柱；2—墙板；3—柱侧预焊角钢；4—墙板上预焊角钢；5—钢支托；6—上下板连接筋（焊接）

② 板缝处理　对板缝的处理首先要求是防水，并应考虑制作及安装方便，对保温墙板尚应注意满足保温要求。

a. 水平缝　主要是防止沿墙面下淌水渗入板内侧。可在墙板安装后，用憎水性防水材料（油膏、聚氯乙烯胶泥等）填缝，将混凝土等亲水性材料表面刷以防水涂料，并将外侧缝口敞开，以消除毛细水渗透，有保温要求时可在板缝内填保温材料。为阻止风压灌水或积水，可采用图 16-11(a) 所示外侧开敞式高低缝。防水要求不高或雨水很少的地方也可采用最简单的平缝或有滴水的平缝，如图 16-11(b) 和图 16-11(c) 所示。

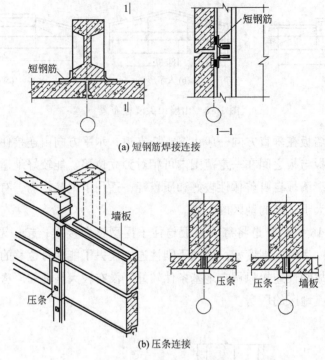

图 16-10 墙板与柱柔性连接

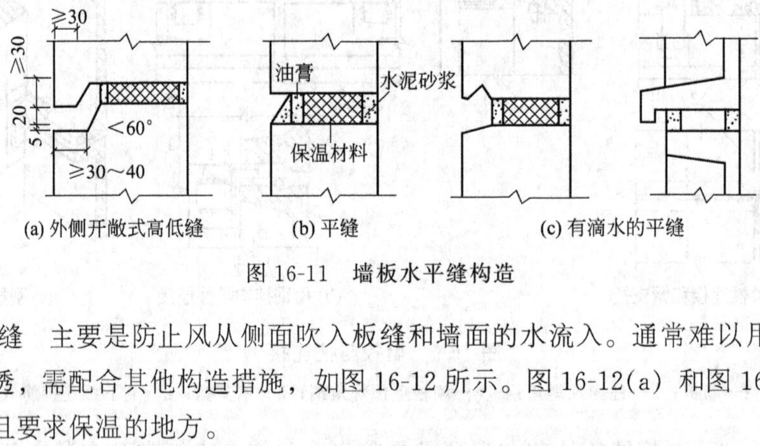

图 16-11 墙板水平缝构造

b. **垂直缝** 主要是防止风从侧面吹入板缝和墙面的水流入。通常难以用单纯填缝的办法防止渗透，需配合其他构造措施，如图 16-12 所示。图 16-12(a) 和图 16-12(b) 适用于雨水较多且要求保温的地方。

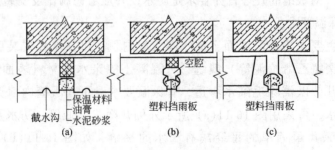

图 16-12 墙板垂直缝构造

16.2 单层厂房屋面构造

单层厂房屋面的特点是屋面面积大,而且厂房吊车传来的冲击荷载、生产时的振动荷载都对屋面产生不利影响。因此屋面必须有一定的强度和足够的整体性。同时,屋面又是围护结构,设计时应解决好屋面的排水、防水、保温、隔热等问题。

16.2.1 厂房屋面基层类型及组成

厂房屋面基层分为有檩体系与无檩体系两种,如图 16-13 所示。

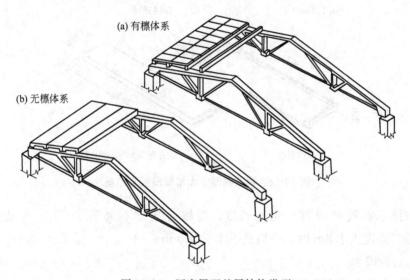

图 16-13　厂房屋面基层结构类型

有檩体系是在屋架上弦(或屋面梁上翼缘)搁置檩条,在檩条上铺小型屋面板(或瓦材)。这种体系采用的构件小、重量轻、吊装容易,但构件数量多、施工烦琐、施工工期长,故多用在施工机械起吊能力较小的施工现场。无檩体系是在屋架上弦(或屋面梁上翼缘)直接铺设大型屋面板。无檩体系所用构件大、类型少,便于工业化施工,但要求施工吊装能力强,在工程实践中应用较广。屋面基层结构常用的钢筋混凝土大型屋面板及檩条如图 16-14 所示。

16.2.2 厂房屋面排水

厂房屋面排水方式和民用建筑一样,分为有组织排水和无组织排水两种。

(1) 无组织排水

无组织排水构造简单,排水通畅,施工方便,节省投资,适用于高度较低或屋面积灰较多或有腐蚀性介质的厂房以及屋面防水要求较高的厂房或某些对屋面有特殊要求的厂房。

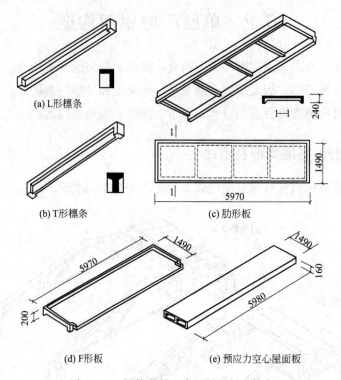

图 16-14 钢筋混凝土大型屋面板及檩条

无组织排水的挑檐应有一定的长度,当檐口高度不大于 6m 时,一般宜不小于 300mm;檐口高度大于 6m 时,一般宜不小于 500mm。

(2) 有组织排水

有组织排水分内排水和外排水两种。

① 有组织内排水 内排水不受厂房高度限制,屋面排水组织灵活。在多跨单层厂房建筑中,屋顶形式多为多脊双坡屋面,其排水方式多采用有组织内排水,如图 16-15 所示。

这种排水方式的缺点是屋面雨水斗及室内落水管较多,构造复杂,造价及维修费用高,且与地下管道、设备基础、工艺管道等易发生矛盾。

寒冷地区采暖厂房及生产中有热量散出的车间,外檐宜采用有组织内排水。

② 有组织外排水 冬季室外气温不低的地区可采用有组织外排水。根据排水组织和位置的不同,有以下几种。

a. 长天沟外排水 沿厂房屋面的长度做贯通的天沟,并利用天沟的纵向坡度,将雨水引向端部山墙外部的雨水竖管排出,如图 16-16 所示。这种方式构造简单,施工方便,造价较低,天沟总长度不应超出 100m。天沟端部应设溢水口,防止暴雨时或排水口堵塞时造成的漫水现象。

b. 檐沟外排水 当厂房较高或降雨量较大,不宜做无组织排水,可在厂房檐口处采

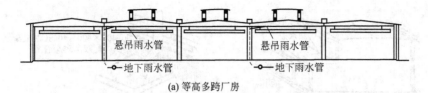

(a) 等高多跨厂房

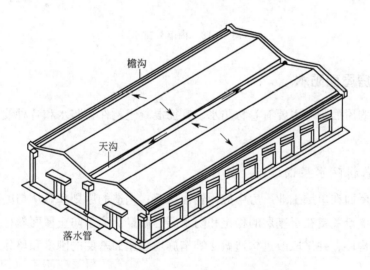

(b) 高低跨厂房

图 16-15 有组织内排水

图 16-16 长天沟端部外排水

用檐沟外排水。它是在檐口处设置檐沟板或在屋面板上直接做檐沟，用来汇集雨水，经雨水口和落水管排下，如图 16-17 所示。这种方式构造简单，施工方便，省管材，造价低，且不妨碍车间内部工艺设备的布置。多用于单跨双坡屋面、多跨的多脊双坡屋面以及多跨厂房的缓长坡屋面的边跨外侧。

c. 内落外排水　这种排水方式是采用悬吊管将厂房中部天沟处的雨水引至外墙处，采用水管穿墙的方式将雨水排至室外。水平悬吊管坡度一般为 0.5%～1%，与靠墙的排水立管连通，下部导入明沟或排至散水，如图 16-18 所示。这种方式可避免内排水与地下管线布置的矛盾及减少室内地下排水管（沟）的数量。

图 16-17 檐沟外排水

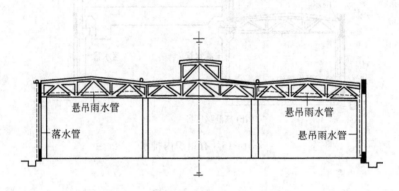

图 16-18 内落外排水

16.2.3 厂房屋面防水

单层厂房的屋面防水主要有卷材防水、钢筋混凝土构件自防水和各种波形瓦（板）屋面防水等类型。

16.2.3.1 卷材防水屋面

卷材防水屋面在单层工业厂房中应用较为广泛，构造的原则和做法与民用建筑基本相同，它的防水质量关键在于基层的稳定和防水层的质量。为了防止屋面卷材开裂，应选择刚度大的屋面构件，并采取改进构造做法等措施增强屋面基层的刚度和整体性，减少屋面基层的变形。

下面着重介绍单层厂房卷材防水屋面不同于民用建筑的几个节点构造。

(1) 接缝

采用大型预制屋面板做基层的卷材防水屋面，其相接处的缝隙必须用C20细石混凝土灌缝填实。屋面板短边端肋的交接缝（即横缝）处的卷材由于受屋面板的板端变形影响，不管屋面上是否设置保温层，均开裂严重，卷材易被拉裂，应加以处理。实践证明，为防止横缝处的卷材开裂，首先要减少基层的变形，一般缝宽≤40mm时采用C20细石混凝土灌缝，缝宽＞40mm时采用2Φ12通长钢筋和Φ6箍筋绑扎成骨架，再浇C20细石混凝土。同时，还要改进接缝处的卷材做法，使卷材适应基层变形，其措施如图16-19所示。即在大型屋面板或保温层上做找平层时，先将找平层沿横缝处做出分格缝，缝中用密封膏封严，缝上先干铺 300mm 宽卷材一条（或铺一根直径为 40mm 左右聚乙烯泡沫塑料棒）作为缓冲层，然后再铺卷材防水层，使屋面卷材在基层变形时有一定的缓冲余地，对防止横缝开裂可起一定作用。板的长边主肋的交缝（即纵缝）由于变形较小，一般不需特别处理。

（2）挑檐

目前在厂房中常用的为带挑檐的檐口板，檐口板支撑在屋架（或屋面梁）端部伸出的钢筋混凝土（或钢）挑梁上。有时也可利用顶部圈梁挑出挑檐板，其构造做法同民用建筑。挑檐处应处理好卷材的收头，以防止卷材起翘、翻裂，如图 16-20 所示。

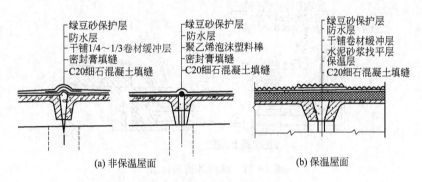

图 16-19　屋面板横缝处卷材防水层处理

图 16-20　挑檐构造

（3）纵墙外檐沟

当采用有组织外排水时，檐口应设檐沟板，南方地区较多采用檐沟外排水的形式。其槽形檐沟板一般支承在钢筋混凝土屋架端部挑出的水平挑梁或钢屋架、钢筋混凝土屋面大梁端部的钢牛腿上。为保证檐沟排水通畅，沟底应做坡度，坡向雨水口，坡度为 1%。为防止檐沟渗漏，沟内卷材应在屋面防水层底下加铺一层卷材，铺至屋面上 200mm；或涂刷防水涂料。雨水口周围应附加卷材，檐沟的卷材防水应注意收头的处理。因檐沟的檐壁较矮，为保证屋面检修、清灰的安全，可在沟外壁设铁栏杆，纵墙外檐沟构造如图 16-21 所示。

（4）天沟

厂房屋面的天沟按其所在位置有边天沟和内天沟两种。

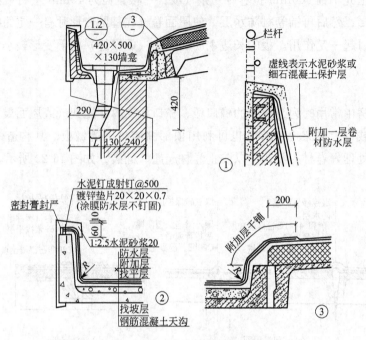

图 16-21 纵墙外檐沟构造

① 边天沟　边天沟也称内檐沟，可用槽形天沟板构成，也可在大型屋面板上直接做天沟，如图 16-22 所示。如边天沟做女儿墙而采用有组织外排水时，女儿墙根部应设出水口，构造做法与民用建筑相同。

② 内天沟　内天沟的天沟板搁置在相邻两榀屋架的端头上，天沟板有单槽形天沟板和双槽形天沟板，如图 16-23(a) 和图 16-23(b) 所示。前者在施工时需待两榀屋架安装完后才能安装天沟板，影响施工；后者是安装完一榀屋架后即可安装天沟板，施工较方便。但两个天沟板接缝处的防水较复杂，需空铺一层附加层。内天沟也可在大型屋面板上直接形成，如图 16-23(c) 所示。此处防水构造处理应增设一层附加卷材，以提高防水能力。

(5) 屋面高低跨处泛水

当厂房出现平行高低跨且无变形缝时，高跨砖砌体外围护墙由搁置在柱子牛腿上的墙梁来支承。由于牛腿具有一定高度，因此高跨墙梁与低跨屋面之间必然形成一段较大空隙，这段空隙应采用较薄的墙封嵌。平行高低跨处泛水就是指这段空隙的防水构造处理，其构造做法如图 16-24 所示，分低跨有天沟和无天沟两种。

16.2.3.2　钢筋混凝土构件自防水屋面

钢筋混凝土构件自防水屋面，是利用钢筋混凝土板自身的密实性，对板缝进行局部防水处理而形成防水屋面。构件自防水屋面具有省工、省料、造价低和施工方便、维修容易等优点。但也存在一些缺点，如混凝土暴露在大气中容易引起风化和碳化等；板面容易出现后期裂缝而引起渗漏；油膏和涂料易老化；接缝的搭盖处易产生飘雨等。

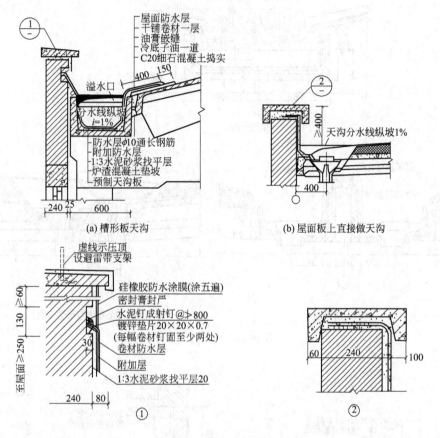

图 16-22 边天沟构造

增大屋面结构厚度、提高施工质量，控制混凝土的水灰比，增强混凝土的密实度，从而增加混凝土的抗裂性和抗渗性，或在屋面板的表面涂刷防水涂料等，都是提高钢筋混凝土构件自防水性能的重要措施。钢筋混凝土构件自防水屋面目前在我国南方和中部地区应用较广泛。

钢筋混凝土构件自防水屋面板有普通钢筋混凝土屋面板、F形钢筋混凝土屋面板等。根据板的类型不同，其板缝的防水处理方法也不同。

(1) 板面防水

钢筋混凝土构件自防水屋面板要求有较好的抗裂性和抗渗性，应采用较高强度等级的混凝土（C30～C40），确保骨料的质量和级配，保证振捣密实、平滑、无裂缝，控制混凝土的水灰比，增强混凝土的密实度，增加混凝土的抗裂性和抗渗性。

(2) 板缝防水

根据板缝的防水方式不同，钢筋混凝土构件自防水屋面分为嵌缝式、贴缝式和搭盖式3种构造。嵌缝式防水构造是把横缝、纵缝、脊缝分别用油膏等弹性防水材料嵌实；贴缝式防水构造是在此基础上用卷材粘贴板缝，防水效果更好，其中横缝处是关键；搭盖式构件自防水屋面是利用钢筋混凝土F形屋面板做防水构件，板的纵缝上下搭接，横缝和脊

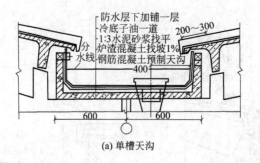

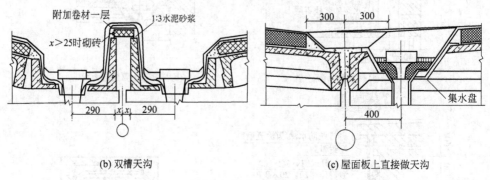

图 16-23 内天沟构造

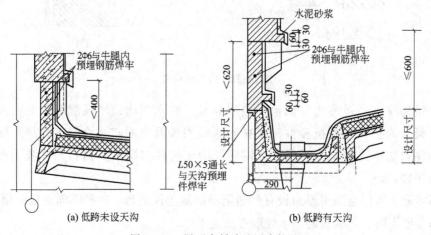

图 16-24 屋面高低跨处泛水构造

缝用盖瓦覆盖（图 16-25）。这种屋面安装简便、施工速度快，但板型较复杂、不便生产，在运输过程中易损坏，盖瓦在振动影响下易滑脱，屋面易渗漏。

16.2.3.3 波形瓦（板）防水屋面

波形瓦（板）防水屋面常用的有石棉水泥波形瓦、压型钢板瓦、镀锌铁皮波形瓦和钢丝网水泥波形瓦等。它们都属于有檩屋面体系，属轻型瓦材屋面，具有厚度薄、重量轻、施工方便和防火性能好等优点。

石棉水泥波形瓦的优点是厚度薄，重量轻，施工简便；缺点是易脆裂，耐久性及保温

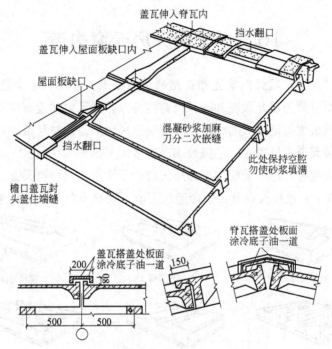

图 16-25 F形屋面板铺设情况及节点构造

隔热性差,所以主要用于一些仓库及对室内温度状况要求不高的厂房中。

镀锌铁皮波形瓦是较好的轻型屋面材料,具有良好的抗震性和防水性,在高烈度地震区应用比大型屋面板优越,适合高温工业厂房和仓库。但由于造价高,维修费用大,目前使用很少。

压型钢板分为单层钢板、多层复合板、金属夹芯板等。这类屋面板的特点是质量轻、耐锈蚀、美观、施工速度快。彩色压型钢板具有承重、防锈、耐腐、防水和装饰性好等特点,但造价较高。根据需要也可设置保温、隔热及防结露层。金属夹芯板则具有保温、隔热的作用。

压型钢板瓦按断面形式有 W 形板、V 形板、保温夹芯板等,单层 W 形压型钢板瓦屋面构造如图 16-26 所示。

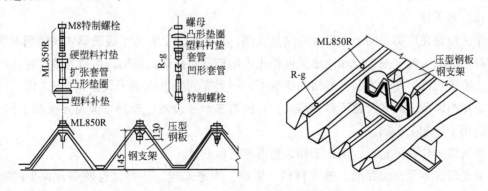

图 16-26 W形压型钢板瓦屋面构造

16.3 单层厂房天窗构造

单层厂房中，为了满足天然采光和自然通风的要求，在屋顶上常设置各种形式的天窗。按天窗的作用可分为采光天窗和通风天窗两类。采光天窗如设有可开启的天窗扇，可兼有通风作用，但很难保证排气的稳定性，影响通风效果，一般常用于对通风要求不高的冷加工车间。通风天窗排气稳定，通风效率高，多用于热加工车间。

常见的采光天窗有：矩形天窗、锯齿形天窗、平天窗、三角形天窗、横向下沉式天窗等，如图16-27所示。通风天窗有：矩形通风天窗、纵或横向下沉式天窗、井式天窗等。

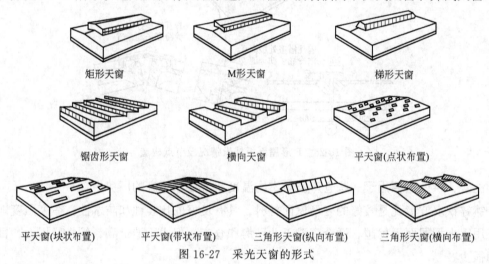

图16-27 采光天窗的形式

(1) 矩形天窗

矩形天窗是我国单层工业厂房中应用最广的一种，南北方均适用。矩形天窗沿厂房的纵向布置，主要由天窗架、天窗扇、天窗屋面板、天窗侧板和天窗端壁等构件组成，如图16-28所示。矩形天窗在布置时，靠山墙第一柱距和变形缝两侧的第一柱距常不设天窗，主要利于厂房屋面的稳定，同时作为屋面检修和消防的通道。在每段天窗的端壁处应设置上天窗屋面的消防梯（检修梯）。

(2) 平天窗

平天窗是在厂房屋面上直接开设采光孔洞，采光孔洞上安装平板玻璃或玻璃钢罩等透光材料形成的天窗。平天窗和矩形天窗相比不增加屋面荷载，结构和构造简单，并且布置灵活、造价较低。在采光面积相同的情况下，平天窗的照度比矩形天窗高2～3倍，目前厂房采用的较多。但平天窗不利于通风，且因窗扇水平设置，较矩形天窗易受积尘污染，一般适用于冷加工车间。

平天窗主要有采光板、采光罩和采光带等三种形式。

采光板式平天窗由井壁、透光材料、横挡、固定卡钩、密封材料及钢丝保护网等组成，如图16-29所示。采光口周围作井壁，是为了防止雨水的渗入；横挡用来安装固定左

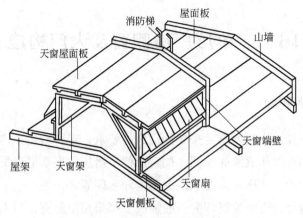

图 16-28 矩形天窗组成

右两块玻璃（透光材料）；固定卡钩用以把玻璃固定在井壁上；密封材料防止连接部位漏水；平天窗透光材料宜采用安全玻璃（如钢化玻璃、夹丝玻璃和玻璃钢罩等），如用普通玻璃须下方设置钢丝保护网，防止破碎落下伤人；还可采用双层中空玻璃，起到隔热和保温效果，并可减轻或避免严寒地区或高湿采暖车间玻璃内表面的冷凝水。有些厂房为

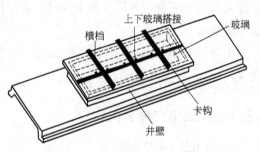

图 16-29 采光板式天窗的组成

减少太阳辐射热和眩光还可使用中空镀膜玻璃、吸热玻璃、热反射平板玻璃、夹丝压花玻璃、钢化磨砂玻璃、玻璃钢、变色玻璃、乳白玻璃等。

(3) 井式天窗

井式天窗是下沉式天窗的一种，是将厂房的局部屋面板布置在屋架下弦上，利用上下弦屋面板形成的高差做采光和通风口，不再另设天窗架和挡风板。它具有布置灵活、通风好、采光均匀等优点。按井式天窗在屋面上的位置不同有单侧布置、两侧对称布置或错开布置、跨中布置等方案，如图 16-30 所示。

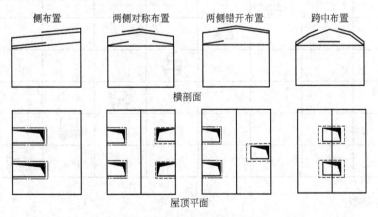

图 16-30 井式天窗布置形式

16.4 单层厂房侧窗及大门构造

16.4.1 单层厂房侧窗

在工业建筑中,侧窗不仅要满足采光和通风的要求,还要根据生产工艺的特点,满足一些特殊要求。例如有爆炸危险的车间,侧窗应便于泄压;要求恒温恒湿的车间,侧窗应有足够的保温隔热性能;洁净车间要求侧窗防尘和密闭等。

为节省材料和造价,工业建筑侧窗一般情况下都采用单层窗,只有严寒地区在 4m 以下高度范围或生产有特殊要求的车间(如恒温、恒湿、洁净车间),才部分或全部采用双层窗或双层玻璃窗。双层窗冬季保温、夏季隔热,而且防尘密闭性能均较好,但造价高,施工复杂。

工业建筑侧窗常见的开启方式有:中悬窗、平开窗、固定窗、垂直旋转窗、百叶窗等。

16.4.2 单层厂房大门

(1) 门的尺寸

工业厂房大门主要是供日常车辆和人通行以及紧急情况疏散之用,因此门的尺寸应根据所需运输工具的类型规格和运输货物的外形进行考虑。一般门的宽度应比满装货物时的车辆宽 600~1000mm,高度应高出 400~600mm。常用厂房大门的规格尺寸见表 16-1。

表 16-1 常用厂房大门的规格尺寸

洞口宽/mm 运输工具	2100	2100	3000	3300	3600	3900	4200 4500	洞口高/mm
3t 矿车	⊓							2100
电瓶车		👤						2400
轻型卡车			🚗					2700
中型卡车				🚗				3000
重型卡车					🚚			3900
汽车起重机						🚛		4200
火车							🚆	5100 5400

(2) 门的类型

工业厂房大门的类型较多,这是由工业厂房的性质、运输方式、材料及构造等因素所决定的。

按用途分为：有供运输通行的普通大门、防火门、保温门、防风砂门等。

按材料分为：有塑钢门、钢木门、普通型钢和空腹薄壁钢门等。

按开启方式分为：有平开门、推拉门、折叠门、升降门、上翻门、卷帘门，如图16-31所示。

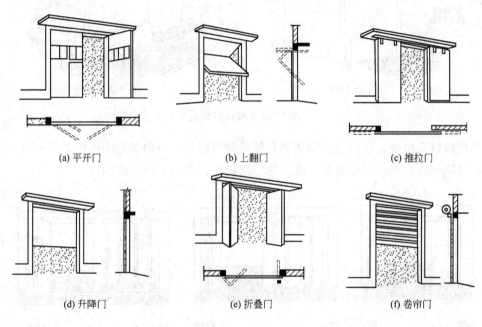

图16-31 大门开启方式

① 平开门由门扇、铰链及门框组成，构造简单，开启方便，但门扇受力状态较差，易产生下垂或扭曲变形，故门洞较大时不宜采用，一般不宜大于3.6m×3.6m。门向内开虽免受风雨的影响，但占用室内空间，也不利于疏散，一般多采用外开门，门的上方应设雨篷。当运输货物不多，大门不需经常开启时，可在大门扇上开设供人通行的小门。

② 推拉门由门扇、门轨、地槽、滑轮及门框组成。可布置成单轨双扇、双轨双扇、多轨多扇等形式，常用单轨双扇。推拉门支承的方式可分上挂式 [图16-32(a)] 和下滑式 [图16-32(b)] 两种，当门扇高度小于4m时，用上挂式；当门扇高度大于4m时，多用下滑式。由于推拉门的开闭是通过滑轮沿着导轨向左右推拉，门扇受力状态较好，构造简单，不易变形，但构造较复杂，安装要求较高，在工业厂房中使用广泛。推拉门一般密闭性差，故不宜用于冬季采暖的厂房。推拉门常设在墙的外侧，雨篷沿墙的宽度最好为门宽的两倍以上。

③ 折叠门由几个较窄的门扇相互间以铰链连接组合而成。分为侧挂式、侧悬式及中悬式折叠3种（图16-33）。侧挂折叠门可用普通铰链，靠框的门扇如为平开门，在它侧面只挂一扇门，不适用于较大的洞口。侧悬式和中悬式折叠门，在洞口上方设有导轨，各门

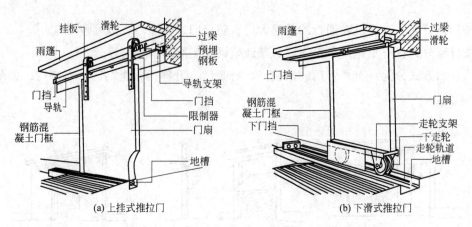

图 16-32　推拉门构造

扇间除用铰链连接外，在门扇顶部还装有带滑轮的铰链，下部装地槽滑轮，开闭时，上下滑轮沿导轨移动，带动门扇折叠，占用的空间较少，适用于较大的洞口。

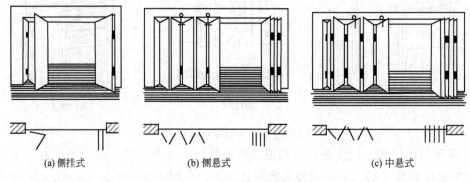

图 16-33　折叠门的几种类型

④ 升降门不占厂房面积，开启时门扇沿导轨上升，只需在门洞上部留有足够的上升高度即可，常用于大型厂房。门洞高时可沿水平方向将门扇分为几扇，开启的方式有手动和电动两种。

⑤ 上翻门的门扇侧面有平衡装置，门的上方有导轨，开启时门扇沿导轨向上翻起。平衡装置可用重锤或弹簧。这种形式可避免门扇被碰损，常用于车库大门。

⑥ 卷帘门是用很多冲压成型的金属页片连接而成。开启时，由门洞上部的转动轴将页片卷起。它适用于 4000～7000mm 宽的门洞，高度不受限制。卷帘门有手动和电动两种，当采用电动时，必须考虑停电时手动开启的备用设施。卷帘门适用于非频繁开启的高大门洞。

此外还有防火门、保温门、隔声门等特殊要求的门。设计时，应根据使用要求、门洞大小、门附近可供开关占用的空间以及技术经济条件等综合考虑，进而确定门的形式。

16.5 单层厂房地面及其他构造

16.5.1 地面

16.5.1.1 地面的组成

单层厂房地面与民用建筑地面构造基本相同,一般有面层、垫层和地基组成。但由于单层厂房地面往往面积大、荷载重,地面经常设置地沟、地坑、设备基础等地面设施及不同工段之间的交界缝,以及满足防尘、防爆、抗腐蚀、防水防潮等生产使用要求,所以较民用建筑地面复杂、造价较高。

(1) 面层

面层是直接承受各种物理和化学作用的表面层,它与车间的工艺生产特点有直接关系,应根据生产特征、使用要求和影响地面的各种因素来选择地面。面层的选用可参见表 16-2。

表 16-2 厂房地面面层的选用

生产特征及对垫层使用要求	适宜的面层	生产特征举例
机动车行驶、受坚硬物体磨损	混凝土、铁屑水泥、粗石	车行通道、仓库、钢丝绳车间等
坚硬物体对地面产生冲击(10kg 以内)	混凝土、块石、缸砖	机械加工车间、金属结构车间等
坚硬物体对地面产生冲击(50kg 以上)	矿渣、碎石、素土	铸造、锻压、冲压、废钢处理等
受高温作用地段(500℃以上)	矿渣、凸缘铸铁板、素土	铸造车间的熔化浇铸工段、轧钢车间加热和轧机工段、玻璃熔制工段
有水和其他中性液体作用地段	混凝土、水磨石、陶板	选矿车间、造纸车间
有防爆要求	菱苦土、木砖沥青砂浆	精苯车间、氢气车间、火药仓库等
有酸性介质作用	耐酸陶板、聚氯乙烯塑料	硫酸车间的净化、硝酸车间的吸收浓缩
有碱性介质作用	耐碱沥青混凝土、陶板	纯碱车间、液氨车间、碱熔炉工段
不导电地面	石油沥青混凝土、聚氯乙烯塑料	电解车间
要求高度清洁	水磨石、陶板马赛克、拼花木地板、聚氯乙烯塑料、地漆布	光学精密器械、仪器仪表、钟表、电信器材装配

(2) 垫层

垫层是承受并传递地面荷载至基层(地基)的构造层。按材料性质的不同,垫层可分为刚性垫层和柔性垫层。

刚性垫层(混凝土、沥青混凝土和钢筋混凝土)整体性好,不透水,强度大,适用于直接安装中小型设备,地面承受较大荷载且不允许面层变形或裂缝的地面以及受侵蚀性介质或有大量水、中性溶液作用的地面或面层构造要求垫层为刚性垫层的地面。

柔性垫层(夯实的砂、碎石、矿渣、三合土等)在荷载作用下产生一定的塑性变形,造价较低,适用于地面有重大冲击、剧烈振动作用,或储放较重材料及生产过程伴有高温的地面。

垫层的厚度主要是由作用在地面上的荷载确定,地基的承重能力对它也有一定的影响,对于较大荷载需经计算确定。地面垫层的最小厚度应满足表 16-3 的规定。混凝土垫层需要考虑温度变化使垫层内产生附加应力的影响，防止混凝土收缩变形引起地面产生不规则裂缝。

表 16-3　地面垫层的最小厚度

垫层名称	材料强度等级或配合比	厚度/mm
混凝土	≥C15	80
三合土	1:3:6（熟化石灰:砂:碎砖）	100
灰土	3:7或2:8（熟化石灰:黏性土）	100
碎石、沥青碎石、矿渣		80
砂、煤渣		60

(3) 地基

地面应铺设在均匀密实的地基上。当地基土层不够密实时，应用夯实、掺骨料、铺设灰土层等措施加强。地面垫层下的填土应选用砂土、粉土、黏性土及其他有效填料，不得使用过湿土、淤泥、腐殖土、冻土、膨胀土及有机物含量大于 8% 的土。

16.5.1.2　地面的细部构造

(1) 缩缝

当采用混凝土做垫层时，为减少温度变化产生不规则裂缝引起地面的破坏，混凝土垫层应设缩缝。缩缝是防止混凝土垫层在气温降低时，产生不规则裂缝而设置的收缩缝。缩缝分为纵向和横向两种，平行于施工方向的缝称为纵向缩缝，垂直于施工方向的缝称为横向缩缝。一般厂房内混凝土垫层按 3~6m 间距设置纵向缩缝，按 6~12m 间距设置横向缩缝，设置防冻胀层的地面纵横向缩缝间距不宜大于 3m。

缩缝的构造形式有平头缝、企口缝和假缝（图 16-34）。纵向缩缝宜采用平头缝，当混凝土垫层厚度大于 150mm 时，宜设企口缝；横向缩缝宜采用假缝，假缝的处理是上部有缝，但不贯通地面，其目的是引导垫层的收缩裂缝集中于该处。

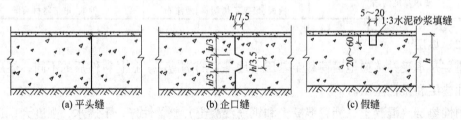

图 16-34　混凝土垫层缩缝形式

(2) 变形缝

厂房地面变形缝与民用建筑的变形缝相同，有伸缩缝、沉降缝和防震缝。地面变形缝的位置与整个建筑的变形缝一致，且贯穿地基以上的各构造层，并用沥青砂浆或沥青胶泥填缝（图 16-35）。

(3) 变界缝

两种不同材料的地面，由于强度不同，接缝处易遭受破坏，此时应根据不同情况采取

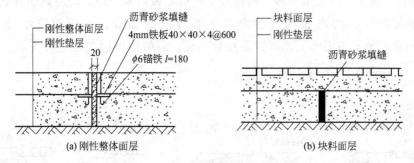

图 16-35 地面变形缝构造示意图

措施。当防腐地面与非防腐地面交接时,应在交接处设置挡水,以防止腐蚀性液体泛流[图 16-36(a)]。厂房内铺设有铁轨时,为使铁轨不影响其他车辆和行人的通行,轨顶应与地面相平,铁轨附近铺设块材地面,其宽度应大于枕木的长度,以便维修和安装[图 16-36(b)]。

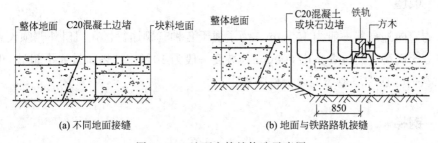

图 16-36 地面交接缝构造示意图

16.5.2 排水沟、地沟

(1) 排水沟

在地面范围内常设有排水沟和通行各种管道的地沟。当室内水量不大时,可采用排水明沟,沟底需做垫坡,其坡度为 0.5%～1%,沟边则采用边堵构造方法(图 16-37)。水量大或有污染性时,应采用有盖板的排水沟或管道排水。

(2) 地沟

由于生产工艺的要求,厂房内需要铺设各种生产管线,如电缆、采暖、通风、压缩空气、蒸汽管道等,这些管道均需要设置地沟进行布置。地沟的深度及宽度需根据敷设及检修管线的要求确定。

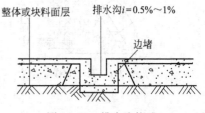

图 16-37 排水沟构造

地沟由底板、沟壁、盖板三部分组成。常用的地沟有砖砌地沟和混凝土地沟两种,地沟的构造如图 16-38 所示。砖砌地沟适用于沟内无防酸、防碱要求,沟外部也不受地下水影响的厂房。沟底为现浇混凝土,沟壁用砖砌筑的厚度一般为 120～490mm,如图 16-38(a) 所示。

上端应设混凝土垫梁,以支承盖板。砖砌地沟一般需做防潮处理。现浇钢筋混凝土地沟适用于地下水位以下,沟底和沟壁由混凝土整体浇注而成,并应做防水处理,如图16-38(b)所示。地沟盖板多为预制钢筋混凝土板,应根据地面荷载进行配筋,板上设活动拉手,如图16-38(c)所示。

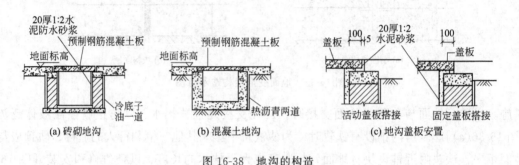

图 16-38 地沟的构造

16.5.3 坡道

厂房的室内外高差一般为150mm,为了便于各种车辆通行,在门口外侧须设置坡道。坡道宽度应比门洞口两边各宽出600mm,坡度一般为10%~15%,最大不超过30%。坡度大于10%时,应在坡道表面做齿槽防滑。

16.5.4 钢梯

在厂房中由于使用的需要,常设置各种钢梯,如各种作业平台钢梯、吊车钢梯、屋面检修及消防钢梯等,如图16-39所示。它们的宽度一般为600~800mm,梯级每步高为300mm。

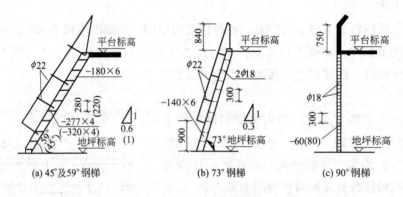

图 16-39 钢梯

吊车钢梯宜布置在厂房端部的第二个柱距内,靠吊车司机室一侧。当多跨车间相邻两跨均有吊车时,吊车梯可设在中柱上,使一部吊车钢梯为两跨吊车服务。同一跨内有两台以上吊车时,每台吊车均应有单独的吊车钢梯。当梯段高度大于4.8m时,需设中间平台，如图 16-40 所示。

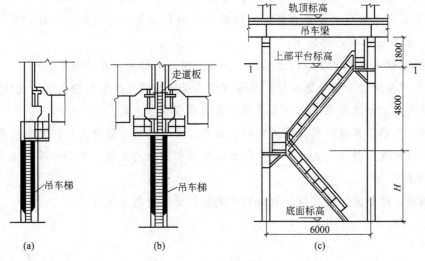

图 16-40　吊车钢梯

本章小结

1. 单层厂房围护墙有砌体填充墙、钢筋混凝土大型墙板、轻质墙板等。

2. 当层厂房屋面基层分为有檩体系和无檩体系。

3. 厂房屋面排水方式可分为有组织排水和无组织排水两种。有组织排水又分有组织内排水和有组织外排水两种。单层厂房的屋面防水主要有卷材防水、钢筋混凝土构件自防水和各种波形瓦（板）屋面防水等类型。

4. 单层厂房天窗可分为采光天窗和通风天窗两类。常见的采光天窗有：矩形天窗、锯齿形天窗、平天窗、三角形天窗、横向下沉式天窗等。矩形采光天窗主要由天窗架、天窗扇、天窗屋面板、天窗侧板和天窗端壁等构件组成。

5. 厂房地面一般由面层、垫层和基层（地基）组成。厂房的室内外高差一般为 150mm，在门口外侧须设置坡道，坡度一般为 10%。

6. 缩缝是防止混凝土垫层在气温降低时，产生不规则裂缝而设置的收缩缝。一般厂房内混凝土垫层按 3～6m 间距设置纵向缩缝，按 6～12m 间距设置横向缩缝，设置防冻胀层的地面纵横向缩缝间距不宜大于 3m。

复习思考题

1. 简述厂房砌体围护墙构造（墙的支撑，墙与柱、屋架、圈梁的连接）。
2. 简述墙板布置方式及适用情况。
3. 侧窗的开启方式，各有何特点？
4. 厂房大门的尺寸如何确定？简述厂房大门的类型。

5. 简述单层厂房屋面基层类型及组成。

6. 单层厂房屋面排水有哪几种方式？各适用于哪些范围？

7. 单层厂房卷材防水屋面的接缝、挑檐、纵墙外檐沟、天沟泛水等部位在构造上应如何处理？试画出各节点构造图。

8. 钢筋混凝土构件自防水屋面有什么特点？简述它的优缺点及类型。

9. 单层厂房为什么要设置天窗？天窗有哪些类型？试分析它们的优缺点及适用性。

10. 常用的矩形天窗布置有什么要求？它由哪些构件组成？

11. 什么叫做平天窗？简述平天窗的优缺点以及它在构造处理上应注意的问题。

12. 厂房地面有什么特点和要求？地面由哪些构造层次组成？它们各有什么作用？地面类型有哪些？

13. 缩缝、变形缝、变界缝、地沟和坡道在构造上是怎么处理的？

第 17 章 建筑工业化

17.1 建筑工业化概述

工业化建筑是采用以标准化设计、工厂化生产、装配化施工、一体化装修和信息化管理等为主要特征的工业化生产方式建造的建筑。

建筑工业化是指以构件预制化生产、装配式施工为生产方式,以设计标准化、构件部品化、施工机械化为特征,能够整合设计、生产、施工等整个产业链,实现建筑产品节能、环保、全生命周期价值最大化的可持续发展的建筑生产方式。它使建筑业从分散的、落后的、大量现场人工湿作业的生产方式,逐步过渡到以现代技术为支撑、以现代机械化施工作业为特征、以工厂化生产制造为基础的大工业生产方式的全过程,是建筑业生产方式的变革,如图 17-1 所示。

建筑工业化主要由构配件生产工厂化、现场施工机械化、组织管理科学化三部分组成。建筑工业化的基本内容是采用先进适用的技术、工艺和装备,科学合理地组织施工,发展施工专业化,提高机械化水平,减少繁重、复杂的手工劳动和湿作业;发展建筑构配件、制品、设备生产并形成适度的规模经营,为建筑市场提供各类建筑使用的系列化的通用建筑构配件和制品;制定统一的建筑模数和重要的基础标准(模数协调、公差与配合、

(a) 预制构件的工厂预制

(b) 预制构件的运输与堆放

(c) 预制构件的吊装

图 17-1 建筑工业化过程

合理建筑参数、连接等），合理解决标准化和多样化的关系，建立和完善产品标准、工艺标准、企业管理标准、工法等，不断提高建筑标准化水平；采用现代管理方法和手段，优化资源配置，实行科学的组织和管理，培育和发展技术市场和信息管理系统，适应发展社会主义市场经济的需要。

17.2 建筑工业化评价

衡量建筑工业化程度的指标主要包括预制率和装配率。

预制率是指工业化建筑室外地坪以上的主体结构和围护结构中，预制构件部分的混凝土用量占对应构件混凝土总用量的体积比。装配率是指工业化建筑中预制构件、建筑部品的数量（或面积）占同类构件或部品总数量（或面积）的比率。

预制率是衡量主体结构和外围护结构采用预制构件的比率，只有最大限度地采用预制构件才能充分体现工业化建筑的特点和优势，而过低的预制率则难以体现。经测算，如果低于20%的预制率，基本上与传统现浇结构的生产方式没有区别，因此，也不可能成为工业化建筑。预制构件类型包括：预制外承重墙、内承重墙、柱、梁、楼板、外挂墙板、楼梯、空调板、阳台、女儿墙等结构构件。

装配率是衡量工业化建筑所采用工厂生产的建筑部品的装配化程度，最大限度地采用工厂生产的建筑部品进行装配施工，能够充分体现工业化建筑的特点和优势，而过低的装配率则难以体现。基于当前我国各类建筑部品的发展相对比较成熟，工业化建筑采用的各类建筑部品的装配率不应低于50%。建筑部品类型包括：非承重内隔墙、集成式厨房、集成式卫生间、预制管道井、预制排烟道、护栏等。

预制并不代表工业化的全部，假如设计的标准化程度不高，各种构件的种类很多、构件不符合模数化、同一种构件的重复比例小，这不能算是工业化。

《工业化建筑评价标准》（GB/T 51129—2015）给出了工业化建筑评价分值的计算公式，如式(17-1)所示。

$$Q = a_1 Q_1 + a_2 Q_2 + a_3 Q_3 \tag{17-1}$$

式中　Q——工业化建筑评价的总得分值；
　　　Q_1——设计阶段评价的实际得分值；
　　　Q_2——建造过程评价的实际得分值；
　　　Q_3——管理与效益评价的实际得分值；
　　　a_1——设计阶段实际得分的权重值；
　　　a_2——建筑过程实际得分的权重值；
　　　a_3——管理与效益实际得分的权重值。

工业化建筑评价各部分实际得分的权重值如表17-1所示。

表 17-1 工业化建筑评价各部分实际得分的权重值

阶 段	设计阶段,a_1	建造过程,a_2	管理与效益,a_3
权重值	0.50	0.35	0.15

工业化建筑评价结果划分为 A 级、AA 级、AAA 级,并应符合下列规定。

① 设计阶段、建造过程、管理与效益指标的实际得分值均不应低于 50 分;

② 当总得分值为 60~74 分、75~89 分、90 分以上时,工业化建筑应分别评价为 A 级、AA 级、AAA 级。

17.3 建筑工业化对建筑设计的基本要求

标准化设计是建筑工业化的主要内容,设计阶段又是工业化建筑实施的龙头阶段,对后续各环节工作影响重大。建筑工业化的标准化设计一般是通过对项目采用工厂加工生产的预制构件进行标准化设计,使其种类最少化、重复数量最大化,以体现工业化规模效应。

进行标准化设计时要考虑预制构件的生产、运输和安装的特点,以便进行拆解设计,尽量减少构件的种类和规格,降低预制构件模具的投入;同时要根据构件装配施工的特点,将连接节点标准化,以减少现场施工难度,结合预制构件的特性,可将表面装饰和构件生产进行一体化结合,减少装修费用。

标准化设计主要优势体现在:对实现项目质量和品质有重要作用;对全面推进部品(如门窗、栏杆、雨篷等)、部件(如预制墙板、阳台、楼梯、叠合楼板、叠合梁等)标准化和系列化有重要意义;还对降低工业化建造成本、简化施工难度、提高建造效率等有重要帮助。

(1) 建筑工业化对建筑设计的基本要求如下。

① 平面要求

a. 模数尺寸 模数是工业化建筑的一个基本单位尺寸,统一建筑模数可以简化构件与构件、构件与部品等之间的连接关系,并可以为设计组合创造更多方式。在设计中,一般以成品建材或重要部品的基本尺寸作为基本模数,依据使用空间的合理模数设计空间的结构尺度。为了便于设计阶段简单、方便地应用模数,可以采用整模数来设计空间和构件尺度,生产阶段则采用负尺寸来控制构件大小,负尺寸的取值需根据加工误差、施工需要及设计效果等综合考虑。

根据《北京市装配式剪力墙住宅建筑设计规程》(DB11/T 970—2013),装配式剪力墙住宅适用的优先尺寸系列如表 17-2 所示。

表 17-2 装配式剪力墙住宅适用的优先尺寸系列

类型	建筑尺寸			预制楼板尺寸	
部位	开间	进深	层高	宽度	厚度
基本模数	3M	3M	1M	3M	0.2M

续表

类 型	建筑尺寸			预制楼板尺寸	
部位	开间	进深	层高	宽度	厚度
扩大模数	2M	2M/1M	0.5M	2M	0.1M
类 型	预制墙板尺寸			内墙隔墙尺寸		
部位	厚度	长度	高度	厚度	长度	高度
基本模数	1M	3M	1M	1M	2M	1M
扩大模数	0.5M	2M	0.5M	0.2M	1M	0.2M

注：1. 楼板厚度的优选尺寸序列为 80mm、100mm、120mm、140mm、150mm、160mm、180mm。

2. 内隔墙厚度优选尺寸序列为 60mm、80mm、100mm、120mm、150mm、180mm、200mm，高度与楼板的模数序列相关。

3. 本表中 M 是模数协调的最小单位，1M＝100mm。

b. 平面尺寸　为了减少建筑部品和部件种类最少化、重复数量最大化，建筑平面设计过程中，功能相同房间的开间和进深尽量统一，这样对于梁、板、柱、墙体等各结构受力构件，受力状况基本相同，可以减少各结构受力构件的规格尺寸。在平面功能布局时尽量把需要结构降板的功能区集中布置，房间形状尽量方正，便于布置预制叠合楼板。楼梯平面设计过程中，尽量设计成等跑梯段，这样只需设计一个楼梯模具就能满足预制要求，同时减少施工难度。

c. 平面设计模块化　在平面设计过程中，选择合适的模块进行标准设计对于提高单个构件的重复使用量、降低工业化项目成本具有重要意义。

适合标准化的模块通常从形体大小分为大模块和小模块两类。对于住宅楼而言，大模块包括户型模块、标准楼层模块、单元楼栋模块等，小模块包括房间模块、构件模块和部品模块等。在重复规模量较大的设计工程宜选择大模块进行标准化设计；在重复规模量小或独栋建筑项目上，宜选择小模块进行标准化设计。

② 立面要求　建筑工业化的主要构配件（如外墙面板）是在工厂里进行生产制作，所以外墙面板的规格及开设的窗户大小较为统一、类型较少，从而使建筑物立面相对较为统一和规整，在一定程度上容易产生建筑外观单调感。

一般在立面设计时，在满足平面功能前提下，为了丰富建筑物外立面，应运用线条划分、颜色对比、凹凸变化、纹理细节等手段对外墙构件进行划分，并确保设计效果通过工厂制造可以实现，在立面整体组合设计时，考虑适度的变化，从而塑造出有一定韵律变化的立面效果。

③ 建筑构造作法　在建筑设计中，墙面、地面、接缝防水、屋面防水、变形缝等构造做法，都必须结合建筑功能要求，提出各种情况下的具体做法。对于建筑工业化项目来说，构件建筑构造做法在满足功能构造要求的前提下，应尽可能统一，且便于通过工厂生产制造。如外墙工业化是现阶段普遍应用的一种方式，通过将墙体保温、隔热构造层及墙体上的门窗一体化生产，可以基本杜绝墙体渗漏和门窗接缝处渗漏的质量通病，同时对墙体的耐久性和保温、隔热的稳定性有很大改善。

各构配件的装饰构造通过预制工厂大型机械高效率、高标准流水线生产。标准化、系列化的生产工艺，从根本上克服了手工作业的不确定性和随意性，一方面提高了装饰构造的质量水平；另一方面，由于减少了施工现场作业环节，节约了时间，提高了效率。

(2) 建筑工业化的深化设计

传统建筑的设计一般分专业进行设计，专业之间的交叉较少，建筑设计的模数化观念不强。工业化建筑的设计则不同，必须按照模数规律设计，才有可能更好地实现经济性；同时，设计的图纸除了反映建筑的总体情况，还必须有反映单个构件情况的构件详图，综合反映每一个构件中各专业的内容，例如预制外剪力墙设计时，必须全面反映构件的模板、配筋、埋件、门窗、保温、防水、水电预埋、表面装饰等情况，只有这样，预制工厂才能够一次性完成各专业的工作。

对于工业化建筑，后期还需要进行深化设计。深化设计是指在原设计方案、条件图基础上，结合现场实际情况，对提供的条件图进行预制构件拆分设计，并出具拆分设计图纸，主要包括构件拆分深化设计说明、项目工程平面拆分图、项目工程拼装节点详图、项目工程墙身构造详图、项目工程量清单明细、构件结构详图、构件细部节点详图、构件吊装详图、构件预埋件埋设详图。

17.4 装配式建筑

预制装配式建筑是指由预制构配件通过可靠的连接方式装配而成的建筑。按其建筑主体结构形式的不同可分为板材装配式、框架装配式、盒子装配式等几种。

对于混凝土结构，根据施工方法的不同分为装配式混凝土结构和装配整体式混凝土结构。装配整体式混凝土结构建筑按照结构类型又可分为装配整体式框架结构、装配整体式剪力墙结构、装配整体式框架-剪力墙结构等，各结构类型房屋的最大适用高度应满足表17-3 的要求。

表 17-3　装配整体式结构房屋的最大适用高度　　　　　　　单位：m

结构类型	非抗震设计	抗震设防烈度			
		6 度	7 度	8 度(0.2g)	8 度(0.3g)
装配整体式框架结构	70	60	50	40	30
装配整体式框架-现浇剪力墙结构	150	130	120	100	80
装配整体式剪力墙结构	140(130)	130(120)	110(100)	90(80)	70(60)
装配整体式部分框支剪力墙结构	120(110)	110(100)	90(80)	70(60)	40(30)

注：1. 房屋高度指室外地面到主要屋面的高度，不包括局部突出屋顶的部分。
　　2. 装配整体式剪力墙结构和装配整体式部分框支剪力墙结构，在规定的水平力作用下，预制剪力墙构件底部承担的总剪力大于该层总剪力的 80%时，最大适用高度取括号内的数值。

装配整体式结构的高宽比不宜超过表 17-4 中的数值。

表 17-4　装配整体式结构适用的最大高宽比

结构类型	非抗震设计	抗震设防烈度	
		6度、7度	8度
装配整体式框架结构	5	4	3
装配整体式框架-现浇剪力墙结构	6	6	5
装配整体式剪力墙结构	6	6	5

17.4.1　板材装配式建筑

板材装配式建筑是开发最早的预制装配式建筑，工艺是将成片的墙体及大块的楼板作为主要的预制构件，在工厂预制后运到现场安装，如图 17-2 所示。其主要特征是墙体、梁、楼梯、叠合楼板等均可预制，适用于住宅、旅馆等建筑，布置灵活，技术成熟，施工效率较高，单体预制率可达 80%。

图 17-2　板材装配式建筑实例

按照预制板材的大小，又可分为中型板材和大型板材两种（图 17-3）。板材装配式建筑承重方式以横墙承重为主，也可以用纵墙承重或者纵、横墙混合承重（图 17-4）。

17.4.2　盒子装配式建筑

这类装配式建筑是按照空间分隔，在工厂里将建筑物划分成单个的盒子，然后运到现场组装，如图 17-5 所示。有一些盒子内部由于使用功能明确，还可以将内部的设备甚至于装修一起在工厂完成后再运往现场。盒子装配式建筑的工业化程度高，现场工作时间短，但需要相应的加工、运输、起吊、甚至于道路等设备和设施。

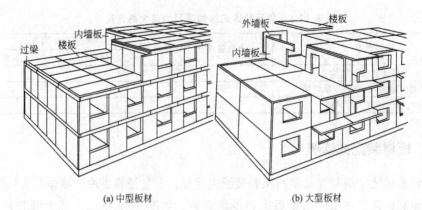

(a) 中型板材　　　(b) 大型板材

图 17-3　板材装配式建筑

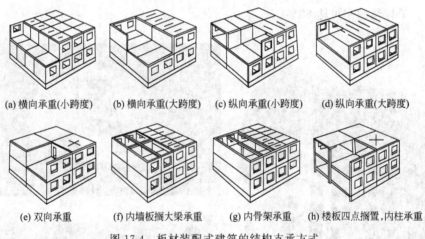

(a) 横向承重(小跨度)　(b) 横向承重(大跨度)　(c) 纵向承重(小跨度)　(d) 纵向承重(大跨度)

(e) 双向承重　(f) 内墙板搁大梁承重　(g) 内骨架承重　(h) 楼板四点搁置,内柱承重

图 17-4　板材装配式建筑的结构支承方式

(a) 中银胶囊塔(日本)　　　(b) 以色列某住宅楼

图 17-5　盒子装配式建筑实例

图 17-6 为单个盒子的形式,与加工、运输、安装等设备都有关,也与盒子之间组合时的传力方式有关。其成形方式可以参见图 17-7。

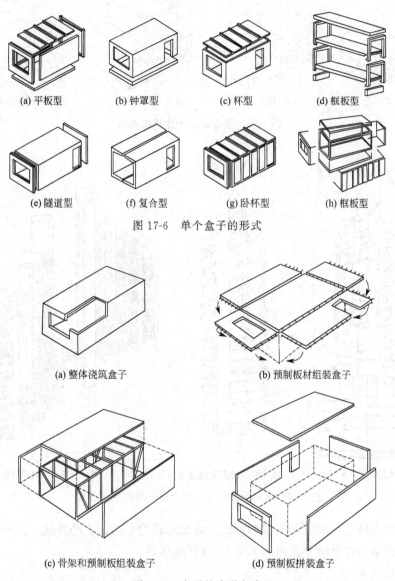

(a) 平板型　(b) 钟罩型　(c) 杯型　(d) 框板型

(e) 隧道型　(f) 复合型　(g) 卧杯型　(h) 框板型

图 17-6　单个盒子的形式

(a) 整体浇筑盒子　　(b) 预制板材组装盒子

(c) 骨架和预制板组装盒子　　(d) 预制板拼装盒子

图 17-7　盒子的成形方式

根据设计的要求,盒子间的组合可以是相互叠合(图 17-8),也可以用筒体作为支承,将盒子悬挂或者悬吊在其周围(图 17-9),还可以像抽屉一样放置在框架中(图 17-10)。叠合方式适用于低层和多层的建筑,而后者适用于各种高度的建筑。

17.4.3　钢筋混凝土骨架装配式建筑

这类装配式建筑是以钢筋混凝土预制构件组成主体骨架结构,再用定型构配件装配其围护、分隔、装修及设备等部分而成的建筑。

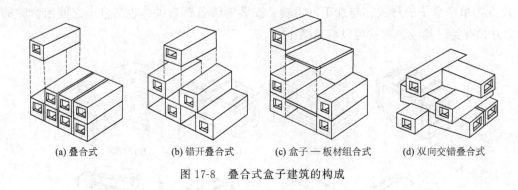

(a) 叠合式　　(b) 错开叠合式　　(c) 盒子—板材组合式　　(d) 双向交错叠合式

图 17-8　叠合式盒子建筑的构成

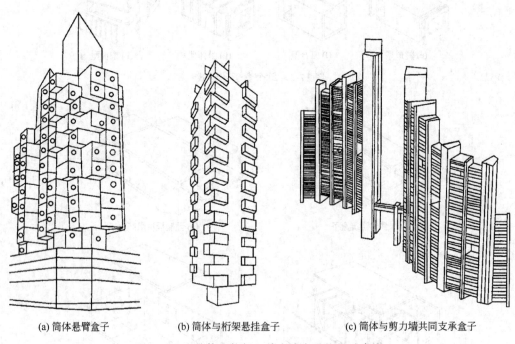

(a) 筒体悬臂盒子　　(b) 筒体与桁架悬挂盒子　　(c) 筒体与剪力墙共同支承盒子

图 17-9　由筒体和桁架、剪力墙支承的盒子建筑

按照构成主体结构的预制构件的形式及装配方式的不同,钢筋混凝土骨架装配式建筑又可以分为框架(包括横向及纵向框架)、板柱等体系。

(1) 框架体系

全部或部分框架采用预制构件现场装配,如图 17-11 所示。框架体系的主要特征是柱、梁、阳台、楼梯、叠合楼板、隔墙等均可预制,适用于办公、商业、公寓等,具有布置灵活,技术成熟,施工效率高等优点,单体预制率可达 80%。

框架体系装配式建筑的柱子可分为长柱和短柱两种。长柱为数层连续,短柱长度一般为一个层高,其连接点可以在楼板处,也可以放在层间弯矩的反弯点处。框架体系的结构梁可以在柱间简支,也可以将其一部分在梁柱连接处和柱子一起预制成长牛腿的形式,使得梁柱在该处成为刚性联结,梁的断点大约也在连续梁弯矩的反弯点处,这样可以减小梁的跨中弯矩,如图 17-12 所示。

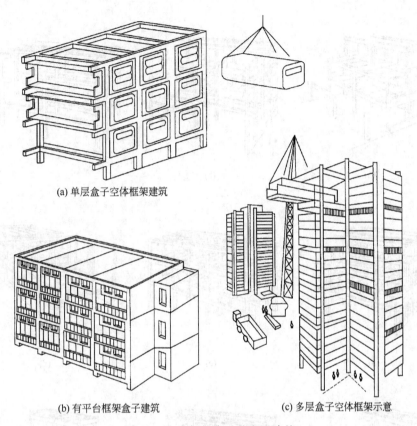

(a) 单层盒子空体框架建筑

(b) 有平台框架盒子建筑

(c) 多层盒子空体框架示意

图 17-10 由框架支承的盒子建筑

图 17-11 框架体系装配式建筑实例

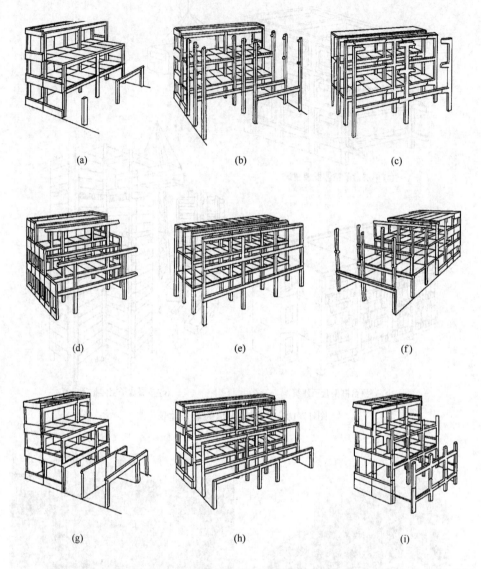

图 17-12 装配式框架

(a) 逐层短柱,单跨梁,牛腿支承;(b) 多层统长柱,单跨梁,牛腿支承;(c) 多层统长柱,简支梁,悬臂牛腿支承;(d) 逐层短柱,双向悬臂梁;(e) 逐层短柱,单向悬臂梁;(f) 多层统长柱,双梁双跨,牛腿支承;(g) Π形、L形刚架组合;(h) 中间刚架,双侧逐层梁,柱组合;(i) 土字形梁,柱组合框架

(2) 板柱体系

板柱体系装配式建筑的柱子采用短柱时,楼板多直接支承在柱子的承台(即柱帽)上 [图 17-13(a)],或者通过插筋与柱子相连 [图 17-13(b)];当采用长柱时,楼板可以搁置在长柱上预制的牛腿上 [图 17-13(c)],也可以搁置在后焊的钢牛腿上 [图 17-13(d)];另有在板缝间用后张应力钢索现浇混凝土作为支承 [图 17-13(e)、图 17-13(f)],其中做后张应力钢索现浇混凝土的抗震的效果最好。

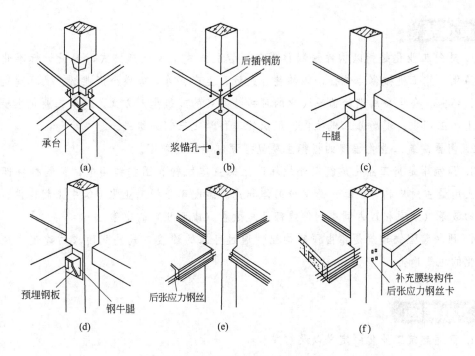

图 17-13 板柱体系的板、柱连接节点

(a) 短柱承台节点；(b) 短柱插筋浆锚节点；(c) 长柱双侧牛腿支承节点；
(d) 长柱钢牛腿支承节点；(e) 长柱后张应力节点；(f) 边柱后张应力补充构件

板柱体系的装配方式整体透视如图 17-14 所示。

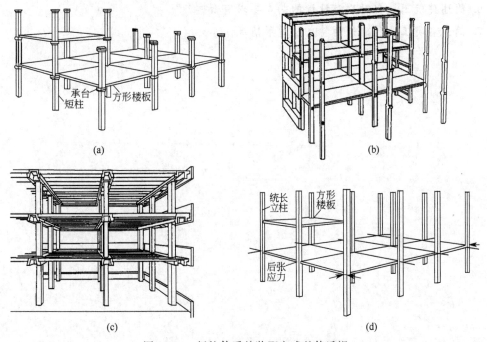

图 17-14 板柱体系的装配方式整体透视

(a) 短柱承台式；(b) 长柱大跨楼板；(c) 长柱板梁式；(d) 后张应力板柱摩擦支承

本章小结

1. 建筑工业化是指以构件预制化生产、装配式施工为生产方式,以设计标准化、构件部品化、施工机械化为特征,能够整合设计、生产、施工等整个产业链,实现建筑产品节能、环保、全生命周期价值最大化的可持续发展的建筑生产方式。建筑工业化主要由构配件生产工厂化、现场施工机械化、组织管理科学化三部分组成。

2. 衡量建筑工业化程度的指标主要包括预制率和装配率。

3. 预制率是指工业化建筑室外地坪以上的主体结构和围护结构中,预制构件部分的混凝土用量占对应构件混凝土总用量的体积比。装配率是指工业化建筑中预制构件、建筑部品的数量(或面积)占同类构件或部品总数量(或面积)的比率。

4. 预制装配式建筑是指由预制构配件通过可靠的连接方式装配而成的建筑,是建筑工业化的主要途径。

复习思考题

1. 简述建筑工业化的定义以及组成。
2. 衡量建筑工业化程度的指标有哪些?
3. 简述预制率定义以及与建筑工业化的关系。
4. 简述装配率定义以及与建筑工业化的关系。
5. 简述工业化建筑的评价。
6. 简述建筑工业化对建筑设计的基本要求有哪些?
7. 简述各类工业化建筑的特点及适用情况。

附录一

课程设计学习指导

一、目的与要求

1. 目的

(1) 通过课程设计能到达系统巩固并扩大所学的理论知识与专业知识,使理论联系实际。

(2) 在指导教师的指导下能独立解决有关工程的建筑施工图设计问题,并能表现出一定的科学性与创造性,从而提高设计、绘图、综合分析问题与解决问题的能力。

(3) 了解在建筑设计中,建筑、结构、水、暖、电各工种之间责任及协调关系,为走上工作岗位、适应我国安居工程建设的需要,打下良好的基础。

2. 要求

学生应严格按照指导教师给定的课程设计任务书,根据《房屋建筑学》课程所学的内容,参考相应的建筑设计规范及相关建筑图集等资料,进行建筑图纸的设计工作。

要求设计方案内容完整,符合任务书相关要求,设计方案合理,图形绘制规范等。

二、设计图纸内容及深度

建筑设计图纸的内容主要包括设计说明、总平面图、建筑平面图、建筑立面图以及建筑详图等。为了统计图纸和使用方便,建筑专业施工图用"建施"进行分类。

1. 设计说明

建筑设计说明是建筑专业施工图的主要文字部分。设计说明主要是对建筑施工图中未能详细表达或不易用图形表示的内容(如设计依据、技术经济指标、工程概况、构造做法、用料选择、门窗选择和数量统计等)用文字或图表加以描述。设计说明一般放在一套施工图的首页。

2. 总平面图

(1) 总平面图的用途 总平面图主要反映新建工程的位置、平面形状、场地及建筑入口、朝向、地形与标高、道路等布置及与周边环境的关系。总平面图是新建房屋定位、布置施工总平面图的依据，也是室外水、暖、电管线等外网线路布置的依据。

总平面图除了对本工程的总体布置做出规定之外，还应当符合规划、交通、环保、市政、绿化等部门对工程具体要求，并应经过相应部门的审批。

(2) 总平面图的内容

① 基地的规划布局　基地的规划布局是总平面图的重要内容，总平面图常用1∶500～1∶2000比例，由于比例较小，各种有关物体均不能按照投影关系如实反映出来，通常用图例的形式进行绘制，总平面图的图例比较直观。总平面图的规划布局中还要对规划范围内的道路、硬地、绿化小品、停车场地等做出布置。

② 给新建建筑的定位　为新建建筑定位是总平面图的核心内容，定位的方式主要有两种：一种是利用新建建筑周围其他建筑物或构筑物为参照进行定位；另一种是利用坐标定位。

③ 反映新建建筑的高程　总平面图中一般用绝对标高来标注高程。如标注的是相对标高，则应注明相对标高与绝对标高的换算关系。当场地的高程变化较复杂时，应当在总平面图中加注等高线。

总平面图中应加注指北针，明确建筑的朝向；有些建设项目还要画上风向频率玫瑰图，来表示该地区的常年风向频率。

3. 平面图

(1) 平面图用途　建筑平面图主要表示建筑水平方向的平面形状、格局布置及坐落朝向。建筑平面图是进行其他设计的基础，也是施工过程中定位放线、砌筑墙体、安装门窗、室内装修的重要依据。平面图包含的设计信息量较丰富，是建筑施工图中最重要的组成部分。

(2) 平面图内容　一般来说，平面图的数量应当与建筑的层数相当，即有几层建筑就应当画几层平面图，如首层平面图、二层平面图、三层平面图……顶层平面图等。但在实际建筑工程中，有些楼层平面布局是相同的，这时候，常用一个通用的平面图来表达这些相同楼层的平面信息，可以有效地减少图纸的张数，这样的平面图统称为"标准层平面图"或"×～×层平面图"。

① 首层平面图　首层平面图又称一层平面图，一般该层室内标高为±0.000。该层除表示平面图相关信息外，还要表示出室外的台阶、坡道和散水等，一般也要在该层表示出剖面的剖切位置、方向和编号。为了准确地表示建筑物的朝向，首层应加注指北针，其他楼层平面图上可以不再标出。

② 中间层平面图　如建筑的二层平面与其他楼层的平面不同，则二层平面应当单独绘制，并要表示出本层室外的雨篷等构件，附属于首层平面的其他室外构件则不必再画。其他楼层平面如有特殊平面时需要单独绘制，其余可按标准层平面处理。

③ 顶层平面图　由于顶层平面楼梯投影的不同，一般情况下，顶层平面图需要单独绘制，其图形内容与中间层平面图的内容基本相同。

④ 屋顶平面图　屋顶平面图是建筑屋顶的外观俯视图，主要表示屋顶形式和坡度、

排水组织方式、通风道出屋面、上人孔、变形缝出屋面构造及其他设施的图形。屋顶平面一般还要附加一些必要的文字说明，如天沟坡度、雨水管间距、位置、材料及断面尺寸、变形缝、上人孔、通风道出屋面的构造做法等。

(3) 平面图绘图

① 尺寸标注　如果平面图的上下、左右是对称的，一般外部尺寸标注在平面图的下方及左侧，如果平面图不对称，则四周都要标注尺寸。外部尺寸一般分三道标注：最外面的一道是外包尺寸，表示房屋的总长度和总宽度；中间一道尺寸表示定位轴线间的距离；最里面一道尺寸，表示门窗洞口、门或窗间墙、墙端等细部尺寸。首层平面图还应标注室外台阶、花台、散水等尺寸。对于平面图内部尺寸也应标注，如建筑物内的部分净尺寸、门窗洞、墙厚、柱、砖垛和固定设备（如厕所、盥洗台、工作台、搁板等）的大小、位置及墙、柱与轴线的平面位置尺寸关系等。

② 标高标注　如室内外地面、楼面、楼梯平台面、室外台阶面、阳台面等处都应当分别注明标高。对于楼地面有坡度时，通常用箭头加注坡度符号表明。

③ 门窗编号　门窗在平面图中，应表示出它们的位置和洞口宽度尺寸，对于平开门应表示出门的开启方向；门代号用 M 表示，窗代号用 C 表示，并加注编号以便区分。

④ 平面图中应注明房间的名称，对于库房（储藏）应注明储存物品的火灾危险性类别。

4. 立面图

(1) 立面图用途　立面图主要用于表示建筑物的外形和外观，并提供外立面装饰做法及有关的控制尺寸。立面图是建筑图中最形象的图形，对施工也有重要的指导意义。

(2) 立面图内容　一般情况下，建筑至少有 4 个立面，要绘制建筑的每一个立面的立面图。有一些体形简单的建筑，侧立面可能是相同的，此时可以用一个通用的立面来替代。为了便于与平面图对照阅读，每一个立面图图名标注方法为：根据建筑起止两端的定位轴线号编注立面图名称，如①~⑨轴立面图、⑨~①轴立面图。一般来说，如果建筑物坐落方位比较端正，也可按照建筑的朝向确定名称，如南立面图、北立面图等；临街的建筑还可以按照与街道的关系确定名称，如×××街立面图。

立面图要标注建筑立面的装饰做法，如外墙材料、铺贴方法和色彩等，同时还要在立面图上标注出建筑的檐口、室外地面、主要的门窗洞口的标高。

(3) 立面图绘图

① 标明建筑物立面各部分的尺寸情况，如雨篷、檐口挑出部分的宽度，勒脚的高度等局部小尺寸；注写室外地坪、出入口地面、勒脚、窗台、门窗顶及檐口等处的标高。数字写在横线上的是标注构造部位顶面标高，数字写在横线下的是标注构造部位底面标高（如果两标高符号距离较小，也可不受此限制）。

② 立面图中有的部位要画详图或索引图集的，应在立面该位置采用索引符号，表示局部构造另有详图表示。

5. 剖面图

(1) 剖面图用途　立面图主要表示房屋的内部结构、分层情况、竖向交通系统、各层高度、建筑总高度及室内外高差以及构配件在垂直方向的相互关系等内容。在施工中，作为进行高程控制、砌筑内墙、铺设楼板、屋盖系统和内装修等工作的依据。剖面图的数量应当满足设计和施工的需要，要完整准确地反映建筑竖向的变化。在一般规模不大的工程中，建筑的剖面图通常只有一个。当工程规模较大、平面形状及空间变化复杂时，则要根据实际需要确定剖面图的数量，也可能是两个或多个。

(2) 剖面图内容　合理地选择剖切部位和剖视方向，对剖面图的应用价值具有极大的影响。剖面图剖切位置和剖视方向一般选择在建筑剖面变化比较复杂的位置进行剖切，如楼梯间、门厅、同层楼地面高差有变化的部位等。一般情况下，只要剖切位置选择恰当，剖视方向并不影响剖面图的使用效果。但是如果剖面位置经过楼梯间时，要使剖切位置与剖视方向相配合，以免出现投影上的矛盾。"剖左侧的楼梯梯段时，应当向右看；剖右侧的楼梯梯段时，应当向左看。"

(3) 剖面图绘图　剖面图的外部尺寸应有三道，第一道是窗（或门）、窗间墙、窗台、室内、外高差等尺寸；第二道尺寸是各层的层高；第三道是总高度。承重墙要画定位轴线，并标注定位轴线的间距尺寸。内部尺寸有两种，地坪、楼面、楼梯平台等标高及所能剖到的部分的构造尺寸。必要时注写地面、楼面及屋面等的构造层次及做法。

剖面图的图名应与底层平面图上剖切的编号一致，和平面图相配合。

6. 建筑详图

由于建筑的实际尺度较大，因此建筑的平、立、剖面图一般采用较小比例绘制，许多细部构造、尺寸、材料和做法等内容在这些图中很难表达清楚。为了满足施工的需要，常把需要详细描述的局部构造用较大比例绘制成详细的图样，这种图样称为建筑详图，也称为大样图或节点图。常用比例有 1∶1、1∶2、1∶5、1∶10、1∶20、1∶50 几种。对于某些建筑构造或构件的通用做法，可采用国家或地方制定的标准图集或通用图集中的图样，通过索引符号加以注明，不必另画详图。

建筑详图包括外墙剖面详图（外墙大样图）和楼梯、阳台、雨篷、台阶、门窗、卫生间、厨房、内外装修节点等内容。

(1) 外墙身详图　外墙身详图实际上是建筑剖面图的局部放大图，用较大的比例（如1∶20）画出。可只画底层、顶层或加一个中间层来表示，画图时，往往在窗洞中间处断开，成为几个节点详图的组合。详图的线型要求与剖面图一样。在详图中，对屋面、楼面和地面的构造，应采用多层构造说明方法表示。

① 在勒脚部分，表示出房屋外墙的防潮、防水和排水的做法。

② 在楼板与墙身连接部分，应标明各层楼板（或梁）的搁置方向与墙身的关系。

③ 在檐口部分，表示出屋顶的承重层、女儿墙、防水及排水的构造。

此外，表示出窗台、过梁（或圈梁）的构造情况。一般应注出各部分的标高、高度方向和墙身细部的大小尺寸。图中标高注写有两个或几个数字时，有括号的数字表示相邻上一层的标高。同时注意用图例和文字说明表达墙身内外表面装修的截面形式、厚度及所用的材料等。

（2）楼梯详图

① 楼梯平面图　要画出建筑物首层、中间层和顶层三个平面图。标明楼梯间在建筑中的平面位置及有关定位轴线的布置；楼梯间、楼梯段、楼梯井和休息平台形式、尺寸、踏步的宽度和踏步数，标明楼梯走向；标明各层楼地面的休息平台面的标高；在底层楼梯平面图中注出楼梯垂直剖面图的剖切位置及剖视方向等。

② 楼梯剖面图　若能用建筑剖面图表达清楚，则不必再绘。

③ 楼梯节点详图　包括踏步和栏杆的大样图，应标明其尺寸、用料、连接构造等。如果选用标准图集的做法或相关构造，则不必再绘。

三、设计方法和步骤

（1）分析研究设计任务书，明确设计的目的和要求，根据所给的条件，算出各房间所需的数目及面积。

（2）带着问题学习设计基础知识和设计任务相关的参考资料，参观已建成的同类建筑，扩大眼界，广开思路。

（3）在学习参观的基础上，对设计要求、具体条件及环境进行功能分析，从功能角度找出各部分、各房间的相互关系及位置。

（4）进行块体设计，即将各类房间所占面积粗略地估计平面和空间尺寸，用徒手单线画出初步方案的块体示意（比例 1∶500 或 1∶200）。

在进行块体组合时，要多思考，多动手（即多画），多修改。从平面入手，但应着眼于空间。先考虑总体，后考虑细部。

（5）在块体设计基础上，划分房间，进一步调整各房间和细部之间的关系，深入发展成为定稿的平面、立面、剖面草图，比例为 1∶100～1∶200。

附录二

课程设计任务书

课程设计任务书 1——中学教学楼设计

一、设计题目

某中学教学楼设计。

二、目的要求

通过理论教学、参观和设计实践，使学生初步了解一般民用建筑的设计原理，初步掌握建筑设计的基本方法与步骤，进一步训练和提高绘图技巧。

三、设计条件

(1) 建设地点：某城市某中学校内一中学教学楼，地形自定。
(2) 建设规模：20 班，总建筑面积 4000m² 左右。
(3) 结构类型及层数：框架或砖混结构（结构体系自定），3~5 层。
(4) 各使用房间及面积见附表 1 所示。

附表 1 各使用房间及面积

	房间名称	间数	面积指标/m²	备注
教学用房	普通教室	20	55	
	音乐教室	2	55	
	乐器室	2	20	与音乐教室设置在一起
	多功能大教室	1	120	
	实验室	2	85	
	实验准备室	2	40	与实验室设置在一起
	语音教室	2	85	
	语音教室准备室	2	40	与语音教室设置在一起
	教师阅览室	1	40	
	学生阅览室	2	60	
	书库	1	40	

续表

	房间名称	间数	面积指标/m²	备注
行政与生活用房	普通办公室	10	20	
	小会议室	1	50	
	中会议室	1	120	
	广播室	1	20	
	传达室	1	20	
	杂物储藏室	按需要设置		
	厕所	每层按需要设置		

四、设计内容及图纸要求

设计图纸可以用绘图工具手工绘制也可以采用 cad 绘制，推荐用 cad 绘制；设计应按照当前现行的相关规范进行设计，构造做法选用相应的建筑图集做法。设计要求局部做到建筑施工图的深度和图纸规格（A1、A2 等不限）。设计内容如下：

1、设计说明

设计说明包括如下内容。

(1) 设计依据；

(2) 工程概况；

(3) 用料说明及室内外装修工程，具体包括：①墙体工程；②防排水工程；③门窗工程；④楼地面工程；⑤阳台、屋顶花园、屋顶平台、楼梯工程；⑥室内外装修工程等。

(4) 其他注意事项等。

注：① 所有图纸中的图签统一按附表 2 整理。

② 门窗统计表按附表 3 整理。

③ 室内外装修部分除用文字说明外，亦可采用表格形式，表格应按附表 4 整理。

附表 2　图签

学校名称				项目名称		
姓名		图纸名称		指导教师		
班级				图别		如建施 5/16
学号				日期		

附表 3　门窗表

类型	设计编号	洞口尺寸/mm	数量	图集名称	备注
门	M-1	900×2100	30	11CJ27	
	……				
窗	C-1	1200×1500	20	11CJ27	
	……				

附表 4　室内外装修建筑做法说明

类型	名称	详细做法	适用房间	备注
楼面	水泥砂浆楼面	11J930 楼面 1	普通教室、实验室	
	地面砖楼面(有防水)	11J930 楼面 18	卫生间	
	……			
内墙	……			
外墙	……			
……	……			

2. 建筑平面图

包括各层建筑平面图，比例 1∶100～1∶200。

(1) 确定各房间的形状、尺寸及位置，注明房间名称。

(2) 确定门窗的大小位置，表示门的开启方向。

(3) 标志楼梯的踏步、平台及上下行指示线。

(4) 设计屋面排水系统，表示出排水方向、排水坡度（屋面详图可选择泛水构造、雨水口构造等进行绘制）。

(5) 标注两道外部尺寸（总尺寸和轴线尺寸）和必要的内部尺寸。

(6) 注明图名和比例。

3. 建筑立面图

包括正立面、背立面及侧立面图，比例 1∶100～1∶200。

(1) 标注两端轴线编号。

(2) 表示室外台阶、勒脚、雨篷、门窗等构件的形式和位置。

(2) 表示建筑的总高度、楼层位置辅助线、楼层数以及立面装饰用料等。

(3) 注明图名和比例。

4. 建筑剖面图

建筑剖面图 1～2 个，其中一个必须剖到楼梯间，比例 1∶100。

(1) 剖切部分用粗实线，看见部分用细实线；地坪为粗实线，并表示出室内外地坪高差。

(2) 尺寸标两道，即各层层高及建筑总高。

(3) 标高：标注各层标高，室内外标高。

(4) 注明图名及比例。

5. 楼梯构造设计

(1) 楼梯平面图（包括底层、标准层和顶层平面），比例 1∶50。

(2) 楼梯剖面图，比例 1∶50。

6. 建筑详图

建筑详图表示建筑构配件局部构造的详图，如楼梯详图、墙身详图、屋顶详图等，可以参考相应建筑构造图集进行选取。

五、参考资料

(1) 建筑设计相关现行的规范和现行的图集；
(2)《建筑设计资料集》（第二版），中国建筑工业出版社；
(3)《房屋建筑学》相关教材；
(4) 建筑工程常用数据手册编写组，《建筑设计常用数据手册》，中国建筑工业出版社；
(5)《建筑构造资料集》，中国建筑工业出版社；
(6)《民用建筑工程建筑施工图设计深度图样》09J801；
(7)《民用建筑工程建筑初步设计深度图样》09J802。

课程设计任务书 2——行政办公楼设计

一、设计题目

某行政办公楼设计。

二、目的要求

通过理论教学、参观和设计实践，使学生初步了解一般民用建筑的设计原理，初步掌握建筑设计的基本方法与步骤，进一步训练和提高绘图技巧。

三、设计条件

(1) 建设地点：某城市主干道旁一行政办公楼，地形自定。
(2) 建设规模：总建筑面积 4500m^2 左右。
(3) 结构类型及层数：框架或砖混结构（结构体系自定），3~6 层。
(4) 各使用房间及面积。
① 办公用房：面积 1500m^2 [单间办公室 70%，两套间办公室 30%（每间 15~18m^2）]。
② 中型会议室 90~100m^2 一间，小型会议室 60m^2（设置 2~4 间）。
③ 多功能活动室 180m^2 一间。
④ 电控室 40m^2 一间，要求与多功能活动室邻近。
⑤ 传达室 20m^2 一间。
⑥ 男女厕所（每层设置）。

四、设计内容及图纸要求

具体见《课程设计任务书 1——中学教学楼设计》部分。

五、参考资料

具体见《课程设计任务书 1——中学教学楼设计》部分。

课程设计任务书 3——单元式多层住宅设计

一、设计题目

某单元式多层住宅设计。

二、目的要求

通过理论教学、参观和设计实践,使学生初步了解一般民用建筑的设计原理,初步掌握建筑设计的基本方法与步骤,进一步训练和提高绘图技巧。

三、设计条件

(1) 本设计为城市型住宅,位于城市居住小区内,具体地点和地形自定。

(2) 面积指标:平均每套建筑面积 80~150m^2。

(3) 要求至少设计三个单元,方案中要求分别具有套二和套三两种户型。

(4) 层数:5~6 层。

(5) 层高:2800mm。

(6) 结构类型:自定。

(7) 房间组成及要求。

① 居室:包括卧室和起居室。各居室间分区独立,不相互串通。其面积不宜小于下列规定:主卧室 14m^2,单人卧室 9m^2,起居室 20m^2。

② 厨房:面积不小于 6m^2,房内设案台、灶台、洗池等。

③ 卫生间:每户独用,设蹲位、淋浴(或盆浴)及洗脸盆(根据面积大小可设置双卫)。

④ 阳台:由设计者自定。

⑤ 贮藏设施:根据具体情况设置。

四、设计内容及图纸要求

具体见《课程设计任务书 1——中学教学楼设计》部分。

五、参考资料

具体见《课程设计任务书 1——中学教学楼设计》部分。

附录三

某住宅楼建筑施工图

图纸目录

序号	图号	图纸名称	规格	备注
		建施		
1	建施-1	总平面布置图(局部参见上图)		
2	建施-2	建筑设计说明		
3	建施-3	建筑节能专项说明		
4	建施-4	储藏室平面图		
5	建施-5	一层平面图		
6	建施-6	二层平面图		
7	建施-7	三至五层平面图		
8	建施-8	闷顶层平面图		
9	建施-9	屋顶平面图		
10	建施-10	①~㉓轴立面图		
11	建施-11	㉓~①轴立面图		
12	建施-12	Ⓐ~Ⓕ轴立面图 1-1剖面图		
13	建施-13	楼梯详图		

×××建筑设计院			×××1#住宅楼项目		
审定		专业负责		工程号	2015-005
审核		校对	目录	图号	
负责		设计		日期	2015.08

建筑设计说明

一、设计依据
1. 《工程建设标准强制性条文》(2013年版)
2. 《民用建筑设计通则》GB 50352—2005
3. 《住宅建筑规范》GB 50368—2005
4. 《住宅设计规范》GB 50096—2011
5. 《建筑设计防火规范》GB 50016—2014
6. 《地下工程防水技术规范》GB 50108—2008
7. 《屋面工程技术规范》GB 50345—2012
8. 《严寒和寒冷地区居住建筑节能设计标准》JGJ 26—2010
9. 《居住建筑节能设计标准》DBJ 14—037—2012

二、工程概况
工程名称：×××1#住宅楼项目；
建筑地点：×××市×××路北侧，×××路东侧；
建筑面积：2257.88m^2，其中地上面积为2052m^2，地下储藏室面积为205.88m^2；
建筑高度：15.5m；
结构类型：砖混结构，使用年限：50年，抗震设防烈度：6度。

三、防水设计
1. 本工程屋面防水等级按Ⅱ级设计，采用二道防水设防，具体详建筑做法说明。
   屋面施工应符合《屋面工程技术规范》GB 50345—2012和《坡屋面工程技术规范》GB 50693—2011。
2. 屋面排水采用有组织的外排水形式。排水坡度详见屋顶平面图。雨水管除特殊注明外均采用白色ϕ100PVC落水管，位置详见屋顶平面图。
3. 地下室防水等级为二级，采用4厚高聚物改性沥青防水卷材+自防水钢筋混凝土，地下室防水层应高出室外地面500以上。

四、墙体
1. 本工程墙体承重墙采用240厚烧结页岩砖，地面以下外墙墙体采用250厚钢筋混凝土墙。填充墙体采用120厚砖墙。
2. 所有隔墙均砌至混凝土梁板底，不留缝隙。
3. 卫生间、厨房、阳台等有防水要求的房间墙根部浇筑高出地面200(距面层)的C30钢筋混凝土，厚度与墙同，门洞口除外。
4. 突出外墙面的横向线脚、挑板等出挑构件上部与墙交接处应做成小圆角并向外找坡不小于5%且下部应做鹰嘴或滴水槽，窗台处坡度不小于10%。

五、门窗工程
1. 所有门窗的标注尺寸均为洞口尺寸(砌体完成尺寸，不算抹灰)。
2. 无室外阳台的外窗台距室内地面高度小于0.9m，必须加设可靠的防护措施。防护栏杆统一沿窗口设，高度0.9m。如属可踏部位，防护栏杆高度应该从可踏面开始计算。阳台、露台从可踏面起作防护栏杆不小于1050mm，竖向净距不大于110mm。
3. 门窗洞与铝塑共挤窗框之间的四周空隙采用聚氨酯高效保温材料填堵，窗(门)框四周与抹灰层之间的缝隙采用嵌缝密封膏嵌缝密封。

六、其他
1. 本工程交房标准为粗装修房(厨房、卫生间地砖满铺，墙砖到顶)，施工图中所示厨具、家具均由住户自理。卫生洁具均选用成品，准确定位见卫生间、厨房详图，具体产品甲方自定。
2. 卫生间、厨房、不封闭阳台完成面均低于相应楼地面20mm，做1%坡度坡向地漏，无地漏不做坡度。
3. 凡有水房间应做防水层，防水层应延续至墙面高出楼、地面300处，图中未注明整个房间做坡度者，均在地漏周围1m范围内做1%坡度坡向地漏。
4. 门、窗及室内各阳角抹100#水泥砂浆护角，宽度100mm，高同洞口高。
5. 泛水、压顶详见 L13J5-1 $\frac{-}{B6}$。
6. 本工程管道井、风井内侧用20厚1:2水泥砂浆随砌随抹、管道井待管道安装完后，用100厚C30混凝土(耐火极限不低于1.5h)层层封堵。
7. 本工程栏杆承受水平荷载要求值应不小于1.0N/m。
8. 空调室外机冷凝水采用统一排放，当有雨水管穿越空调板时，施工中应预留空洞，冷媒穿外墙的预留洞口应避开室外排水管位置。
9. 二次装修应符合《建筑内部装修设计防火规范》(GB 50222—1995)，吊顶装修材料应选用耐火极限不小于0.25h的不燃烧体。
10. 所有钢构件均刷防锈漆两度，再刷面漆两度，所有钢构件节点详见生产厂彩钢节点图集，刷防火漆(厚涂型)使钢结构构件达到二级耐火极限要求：柱、屋顶承重构件1h。
11. 本工程瓦屋面坡度小于50%时，沿檐口两行、屋脊两侧的一行和沿山墙的一行瓦必须采取钉或绑的固定措施。屋面坡度大于50%时，全部瓦材必须采取加强固定措施。
12. 土建施工应密切与水电、通风专业图纸和安装部门配合，设计图中未尽之处，均应严格按照国家现行有关规范执行。

室内外装修建筑做法说明

类别	名称	详细做法	适用范围	备注
地面	水泥砂浆防潮地面	L13J1 地 101-FC	管井、储藏间	
楼面	水泥砂浆楼面	L13J1 楼 101	除卫生间、厨房、管井、封闭阳台外的住宅室内楼面	
	地面砖防水楼面	L13J1 楼 201	卫生间、厨房	
	水泥砂浆楼面	L13J1 楼 101	管井、储藏间、闷顶层	
	水泥砂浆楼面	L13J1 楼 101	非采暖闷顶与采暖空间接触的楼板	45厚的挤塑聚苯板保温层
	大理石楼面	L13J1 楼 204	楼梯间	大理石规格 600×600
内墙	水泥砂浆墙面	L13J1 内墙 1	除卫生间、厨房以外的住宅室内墙面、储藏室	白色涂料
	面砖墙面	L13J1 内墙 8	厨房、卫生间	面砖规格、颜色甲方自定
踢脚	大理石踢脚	L13J1 踢 4	楼梯间	高 150
	面砖踢脚	L13J1 踢 3	住宅厨房、卫生间	高 150
	水泥砂浆踢脚	L13J1 踢 1	室内非厨房、卫生间的房间	高 150
顶棚	水泥砂浆涂料顶棚	L13J1 顶 6	室内非厨房、卫生间的房间	
	刮腻子涂料顶棚	L13J1 顶 2	楼梯间、厨房、卫生间	
	保温顶棚	L13J1 顶 11	住宅与地下室相接楼板	
地下室	底板	L13J1 地防 1		
	侧墙	L13J1 地防 1		
外墙	粘贴聚苯板保温涂料外墙	L13J1 外墙 18	详立面	
屋面	块瓦坡屋面	L13J1 屋面 302	详平面图	防水层为4厚高聚物改性沥青防水卷材,采用75厚挤塑聚苯保温板
	水泥砂浆保护层屋面	L13J1 屋面 105	非上人屋面	防水层为两道3厚高聚物改性沥青防水卷材,采用75厚挤塑聚苯板
散水	水泥砂浆散水	L13J9-1-95-2	详平面图	宽度为900,4%坡度,8m设缝
室外台阶	毛面花岗石台阶	L13J9-1-103-2	详平面图	
室外坡道	毛面花岗石坡道	L13J9-1-97-11	详平面图	

门窗表

类型	设计编号	洞口尺寸	数量	图集名称	备注
门	FM丙-1	600×1800	20	03J609 防火门窗	丙级钢制防火门,门槛300
	FM丙-2	800×1700	2	03J609 防火门窗	丙级钢制防火门,门槛100
	FM乙-3	1000×1800	4	03J609 防火门窗	乙级钢制防火门
	FM乙-4	1000×2100	20	03J609 防火门窗	乙级防火防盗保温门,传热系数2.0
	M-1	600×1000	30	04J610-1	木质保温门带防盗锁
	M-2	800×2100	30	L13J4-1	夹板门
	M-3	900×1800	20	L13J4-1	夹板门
	M-4	900×2100	50	L13J4-1	夹板门
	TLM-1	1200×2400	20	03J603-2	铝合金推拉门
	TLM-2	2400×2400	10	03J603-2	铝合金推拉门
	TLM-3	2700×2400	10	03J603-2	铝合金推拉门
	TLM-4	1500×2400	10	03J603-2	铝合金推拉门
	M-5	1500×3000	2		可视对讲防盗门
窗	BYC-1	800×2100	20		铝合金防雨百叶
	C-2	460×300	2	L13SJ611	铝塑共挤窗框+白色中空玻璃(5mm+12mm空气层+5mm)
	C-3	460×1400	10	L13SJ611	铝塑共挤窗框+白色中空玻璃(5mm+12mm空气层+5mm)
	C-4	900×300	26	L13SJ611	铝塑共挤窗框+白色中空玻璃(5mm+12mm空气层+5mm)
	C-5	900×1400	10	L13SJ611	铝塑共挤窗框+白色中空玻璃(5mm+12mm空气层+5mm)
	C-6	1000×1400	20	L13SJ611	铝塑共挤窗框+白色中空玻璃(5mm+12mm空气层+5mm)
	C-7	1200×900	2	L13SJ611	铝塑共挤窗框+白色中空玻璃(5mm+12mm空气层+5mm)
	C-8	1200×1400	20	L13SJ611	铝塑共挤窗框+白色中空玻璃(5mm+12mm空气层+5mm)
	C-9	1500×1400	20	L13SJ611	铝塑共挤窗框+白色中空玻璃(5mm+12mm空气层+5mm)
	C-10	1500×1700	10	L13SJ611	铝塑共挤窗框+中空玻璃(5mm高透光 Low-E 玻璃+12mm空气层+5mm)
	C-11	1600×1700	10	L13SJ611	铝塑共挤窗框+中空玻璃(5mm高透光 Low-E 玻璃+12mm空气层+5mm)
	C-12	1800×1700	10	L13SJ611	铝塑共挤窗框+中空玻璃(5mm高透光 Low-E 玻璃+12mm空气层+5mm)
	C-13	2980×1700	2	L13SJ611	铝塑共挤窗框+中空玻璃(5mm高透光 Low-E 玻璃+12mm空气层+5mm)
	C-14	3000×1900	6	L13SJ611	铝塑共挤窗框+中空玻璃(5mm高透光 Low-E 玻璃+12mm空气层+5mm)
	C-15	3000×2200	2	L13SJ611	铝塑共挤窗框+中空玻璃(5mm高透光 Low-E 玻璃+12mm空气层+5mm)
	C-16	3500×1700	2	L13SJ611	铝塑共挤窗框+中空玻璃(5mm高透光 Low-E 玻璃+12mm空气层+5mm)
	C-17	3500×1900	6	L13SJ611	铝塑共挤窗框+中空玻璃(5mm高透光 Low-E 玻璃+12mm空气层+5mm)
	C-18	3500×2200	2	L13SJ611	铝塑共挤窗框+中空玻璃(5mm高透光 Low-E 玻璃+12mm空气层+5mm)

××建筑设计院		×××1#住宅楼项目		
审定	专业负责		工程号	2015-005
审核	校对	建筑设计说明	图号	建施-2/13
项目负责	设计		日期	2015.08

建筑节能专项说明

1. 建筑节能设计依据标准：
   《严寒和寒冷地区居住建筑节能设计标准》JGJ 26—2010
   《居住建筑节能设计标准》DBJ 14—037—2012
2. 建筑节能设计基本情况及气候条件：
   本工程位于×××市，从全国建筑热工设计分区图看位于北纬36°，属寒冷A区，夏季炎热，月平均温度25.1℃；极端最高温度35.4℃，平均相对湿度85%；冬季最冷月平均温度−10.2℃；极端最低温度−15.5℃，平均相对湿度64%；冬季日照率19%；
   常年主导风向SSE，风频16%。
3. 建筑概况：
   (1)建筑朝向：南。
   (2)体型系数：0.37。
   (3)建筑的最不利窗墙面积比：南面0.56，北面0.28，东、西面0.22。
4. 本建筑热工节能设计
   4.1 平屋面：采用75厚挤塑聚苯保温板，做法详见建筑做法说明，传热系数0.42W/(m²·K)。
   　　 坡屋面：采用75厚挤塑聚苯保温板，做法详见建筑做法说明，传热系数0.44W/(m²·K)。
   4.2 外墙：采用70厚聚苯保温板，做法详见建筑做法说明，外墙平均传热系数0.583W/(m²·K)。
   4.3 门窗：南面外窗：采用铝塑共挤窗框+中空玻璃(5mm高透光Low-E玻璃+12mm空气层+5mm白玻)，传热系数为2.50W/(m²·K)。
   　　 其余外窗：采用铝塑共挤窗框+白色中空玻璃(5mm+12mm空气层+5mm)，传热系数为2.80W/(m²·K)门窗口周边外侧墙面采用25厚玻化微珠保温砂浆处理。
   4.4 非采暖楼梯间与采暖空调房间的隔墙采用25厚的玻化微珠保温砂浆做保温，传热系数1.4W/(m²·K)。
   　　 非采暖地下储藏室顶板采用75厚岩棉板保温层，传热系数0.61W/(m²·K)。
   　　 非采暖闷顶与采暖空调房间的楼板采用45厚挤塑聚苯板保温层，设于非采暖一侧，传热系数0.62W/(m²·K)。
   　　 非采暖房间为楼梯间、储藏室、管井、闷顶层，其余为采暖房间。
   4.5 雨篷、女儿墙内侧、空调机搁板、挑檐、管道穿墙构造，采用25厚的玻化微珠保温砂浆做保温。
   4.6 门、窗框与墙体之间的缝隙用聚氨酯保温材料填充，并用密封膏嵌缝，不得采用普通水泥砂浆补缝。
   4.7 分户门采用乙级防火防盗保温门，传热系数2.0W/(m²·K)。
   4.8 不采暖楼梯间入口采用能自动关闭的单元门，透明部分传热系数不大于4.0W/(m²·K)。
   　　 不透明部分传热系数不大于2.0W/(m²·K)。
   4.9 采暖空间直接接触室外空气的外门透明部分的传热系数不大于2.50W/(m²·K)。
   　　 不透明部分的传热系数不大于1.70W/(m²·K)。
   4.10 住宅建筑的分户墙两侧采用10厚胶粉聚苯颗粒保温层，传热系数1.4W/(m²·K)。
   　　　层间楼板采用25厚玻化微珠保温砂浆传热系数1.83W/(m²·K)。
   4.11 岩棉板干密度为≥160kg/m，燃烧性能A级，导热系数为0.045W/(m²·K)，修正系数为1.3。
   　　　挤塑聚苯板，燃烧性能B_1级，干密度为27~32kg/m³，导热系数为0.030W/(m²·K)，修正系数为1.1。
   　　　聚苯板，燃烧性能B_1级，干密度为18~22kg/m³，导热系数为0.041W/(m²·K)，修正系数为1.2。
   　　　胶粉聚苯颗粒，燃烧性能B_1级，干密度为180~250kg/m³，导热系数为0.06W/(m²·K)，修正系数为1.3。
   　　　玻化微珠保温砂浆，燃烧性能B_1级，干密度350~450kg/m³，导热系数为0.08W/(m²·K)，修正系数1.3。
   4.12 屋顶与外墙交界处、屋顶开口部位四周的保温层均加设水平防火隔离带，材料为防火岩棉板(燃烧性能A级)，宽度：500mm。
5. 外墙保温使用年限不应少于25年。
6. 居住建筑节能设计表。

居住建筑围护结构热工设计汇总表

结构类型	砌体结构		半地下室:有( )无(√)		热工计算建筑面积/m²	2089.13	阳台形式		封闭(√)不封闭( )凸阳台(√)凹阳台	
层数	地上5层/地下1层		地下室:有(√)无( )							
体型系数 S	0.37		设计最大窗墙面积比 (C_Q)		南:0.56 北:0.28 西:0.22 东:0.22		凸窗占总窗面积率/%		0	

围护结构部位		节能做法			传热系数 $K/[W/(m^2·K)]$	
					限值	设计值
屋面		平屋面采用75厚挤塑聚苯板(B_1级)/坡屋面采用75厚挤塑聚苯板(B_1级)			0.45	0.42/0.44
外墙	外墙主断面	70厚聚苯板保温层(B_1级)			0.60	$K_主$=0.53
	梁、柱热桥及其他主要结构性热桥	70厚聚苯板保温层(B_1级)				K_m=0.583
分隔采暖与非采暖空间的隔墙		25厚的玻化微珠保温砂浆做保温			1.5	1.4
分隔采暖与非采暖空间的户门		乙级防火防盗保温门,传热系数2.0			2.0	2.0
外门及阳台下部门芯板					1.7	
凸窗底、顶板					0.45	
外门窗洞口室外周边侧墙		25厚玻化微珠保温砂浆			—	
地板	架空或外挑楼板				0.45	
	分隔采暖与非采暖空间的楼板	不采暖闷顶与底部采暖空间接触的楼板采用45厚挤塑聚苯板保温层(B_1级),设于板上。不采暖地下室顶板采用75厚岩棉板保温层(A级)			0.65	0.62/0.61
周边地面			保温层热阻 $R/[W/(m^2·K)]$		0.56	
半地下室、地下室与土壤接触的外墙		30厚的挤塑板保护墙(B_1级)			0.61	0.76

	类型	窗墙面积比 C_Q	限值:$K/[W/(m^2·K)]$,SC			设计值:$K/[W/(m^2·K)]$,SC		
			窗(门)K		遮阳系数 SC	窗(门)K		遮阳系数 SC
			平窗	凸窗		平窗	凸窗	
外窗	其余向外窗:铝塑共挤窗框+白色中空玻璃(5mm+12mm空气层+5mm)	$C_Q≤0.2$	3.1		—	2.8		0.56
	其余向外窗:铝塑共挤窗框+白色中空玻璃(5mm+12mm空气层+5mm)	$0.2<C_Q≤0.3$	2.8		—	2.8		0.56
	其余向外窗:铝塑共挤窗框+白色中空玻璃(5mm+12mm空气层+5mm)	$0.3<C_Q≤0.4$	2.5		—	2.8		0.56
	南向外窗:采用铝塑共挤窗框+中空玻璃(5mm高透光Low-E玻璃+12mm空气层+5mm白玻)	$0.4<C_Q≤0.5$	2.0		—	2.5		0.41
气密性能		6级(GB/T 7106—2008)						

耗热量指标 q_H /(W/m²)	限值	限值	判定方法	直接判断( ) 权衡判断(√)	
	计算值	9.89		其中:q_{HT}=8.89	q_{INF}=4.8

寒冷地区居住建筑窗墙面积比限值		80户型				寒冷地区居住建筑窗墙面积比限值		120户型			
朝向	窗墙比基本/最大限值	南卧	南厅	北卧	北厨	东、西卫	朝向	窗墙比基本/最大限值	南卧	南厅	北卧	北厨	东、西卫
北	0.30/0.4			0.28	0.23		北	0.30/0.4			0.28	0.26	
东、西	0.35/0.45					0.18	东、西	0.35/0.45					0.22
南	0.50/0.6	0.33	0.52				南	0.50/0.6	0.28	0.56			

根据《居住建筑节能设计标准》DBJ 14—037—2012 体型系数未满足要求,南向窗墙面积比大于表4.1.6规定的限值,窗传热系数限值大于表4.2.1规定的限值,需按照《居住建筑节能设计标准》DBJ 14—037—2012 第4.3节的要求进行了围护结构热工性能的权衡判断。经过权衡判断计算得到1#住宅楼热量为9.89,满足《居住建筑节能设计标准》。

《居住建筑节能设计标准》DBJ 14—037—2012中规定的建筑物(4~8层)建筑耗热量指标≤11.1的要求。因此根据《居住建筑节能设计标准》第4.3的要求,可以确定1#楼为节能建筑。

户型统计表			
面积 \ 户型	B户型	A户型	1#住宅楼
套内面积/m²	69.95	106.23	2052.00
公摊/m²	11.52	17.496	闷顶
建筑面积/m²	81.47	123.73	0
户数	10	10	地下室
公摊比		0.1647	205.88
本楼面积/m²		2257.88	

	××建筑设计院		×××1#住宅楼项目		
	审定	专业负责	建筑节能专项说明	工程号	2015-005
	审核	校对		图号	建施-3/13
	项目负责	设计		日期	2015.08

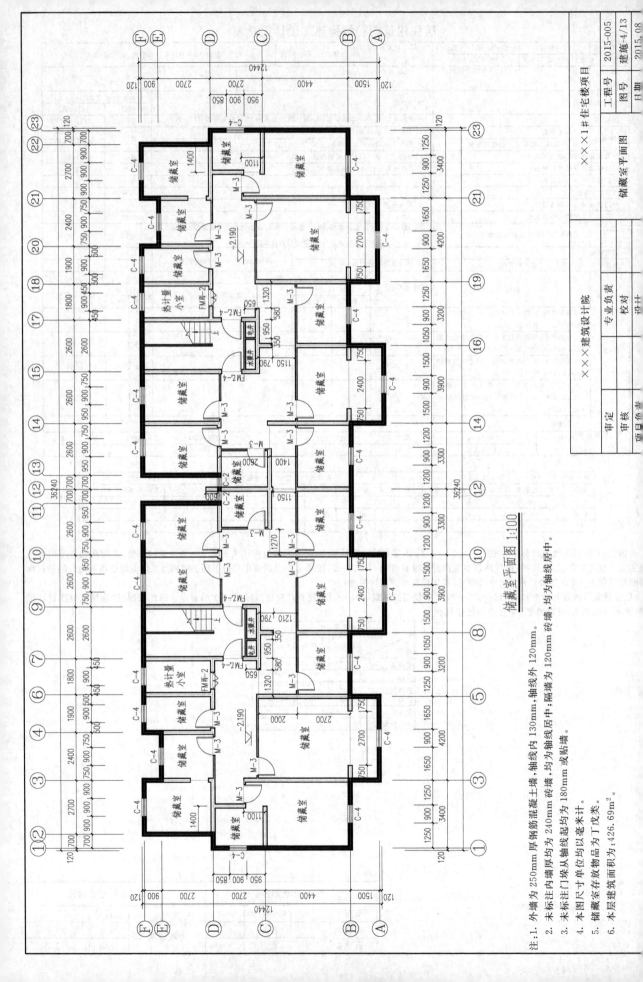

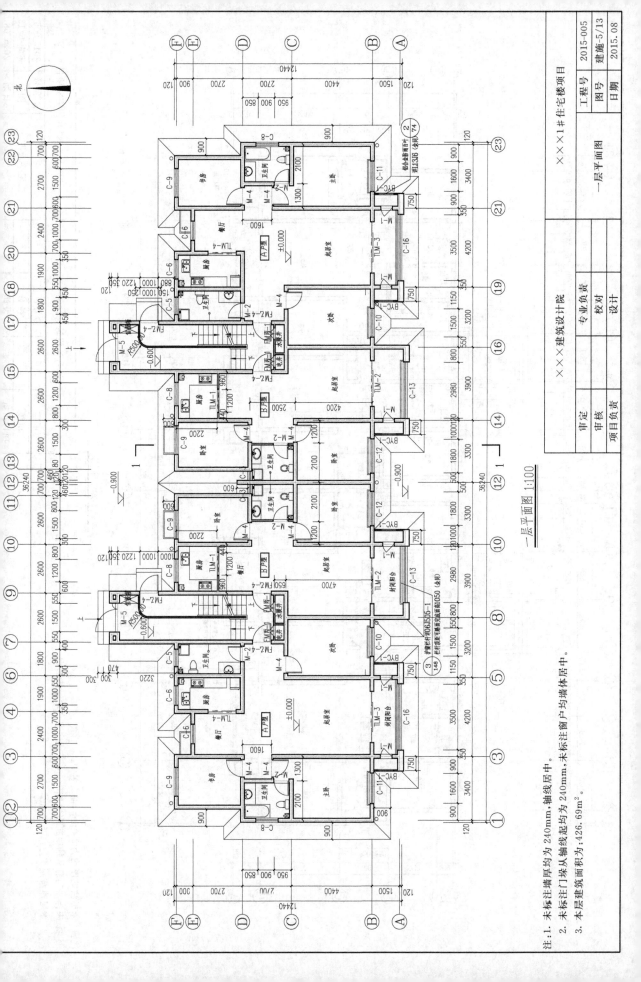

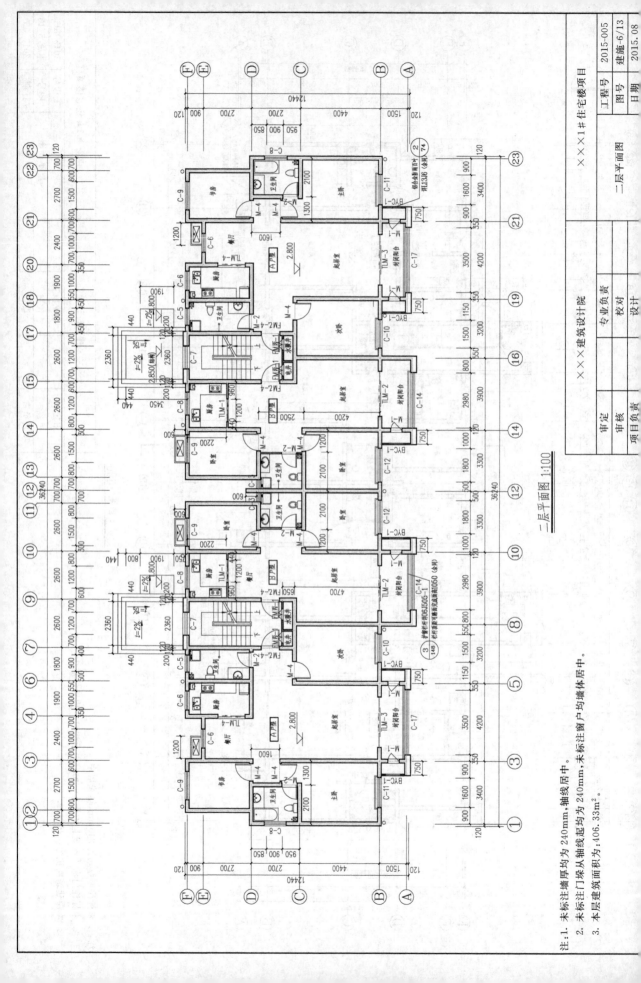

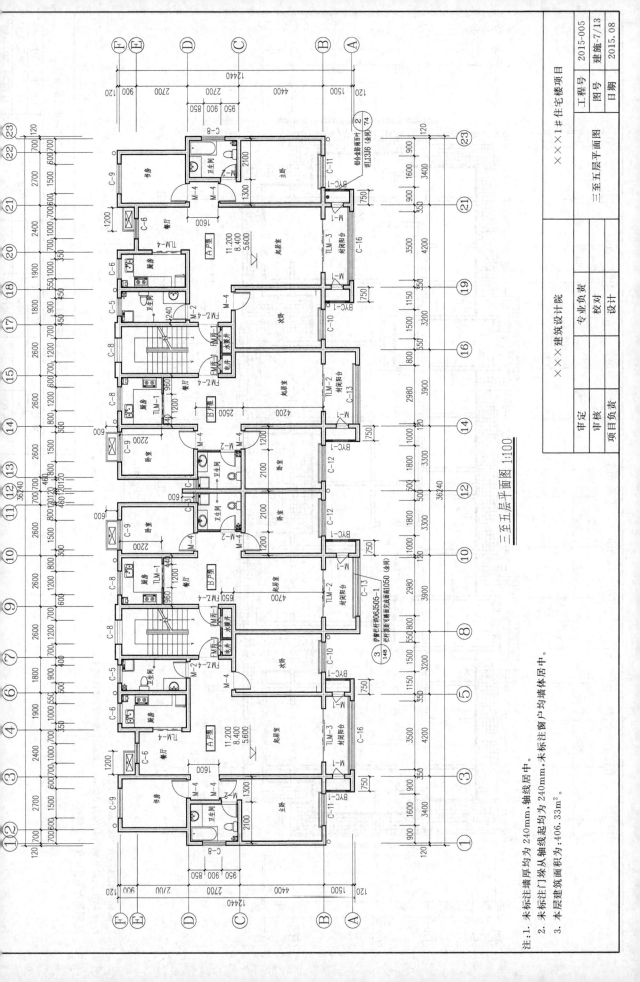

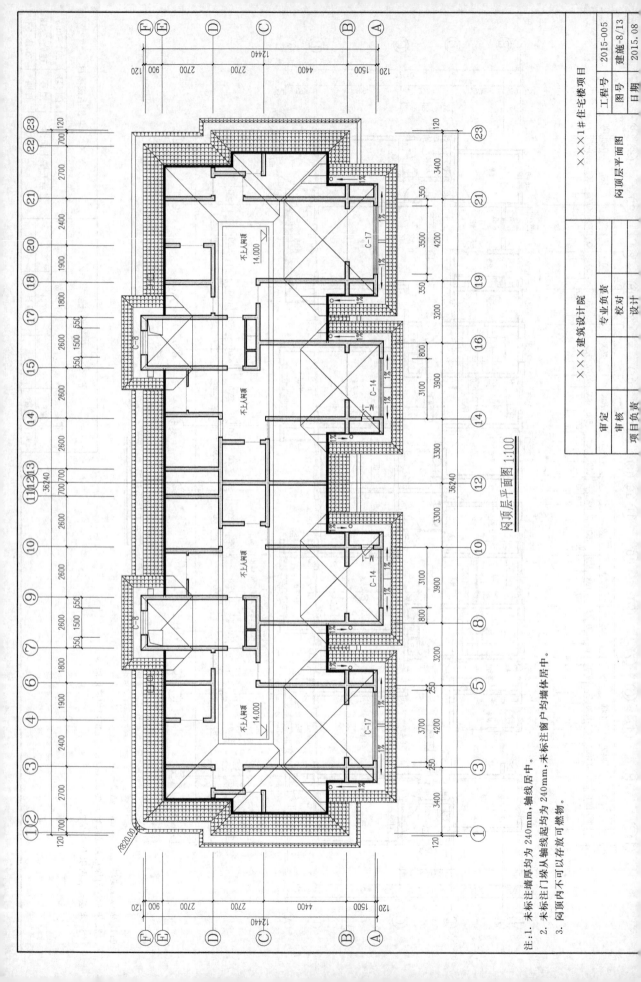

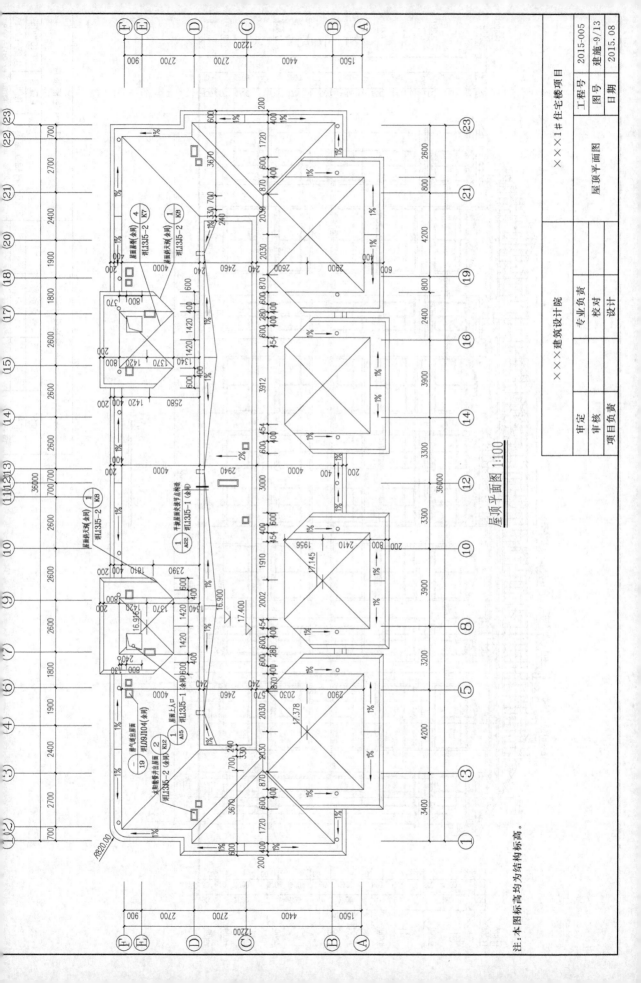

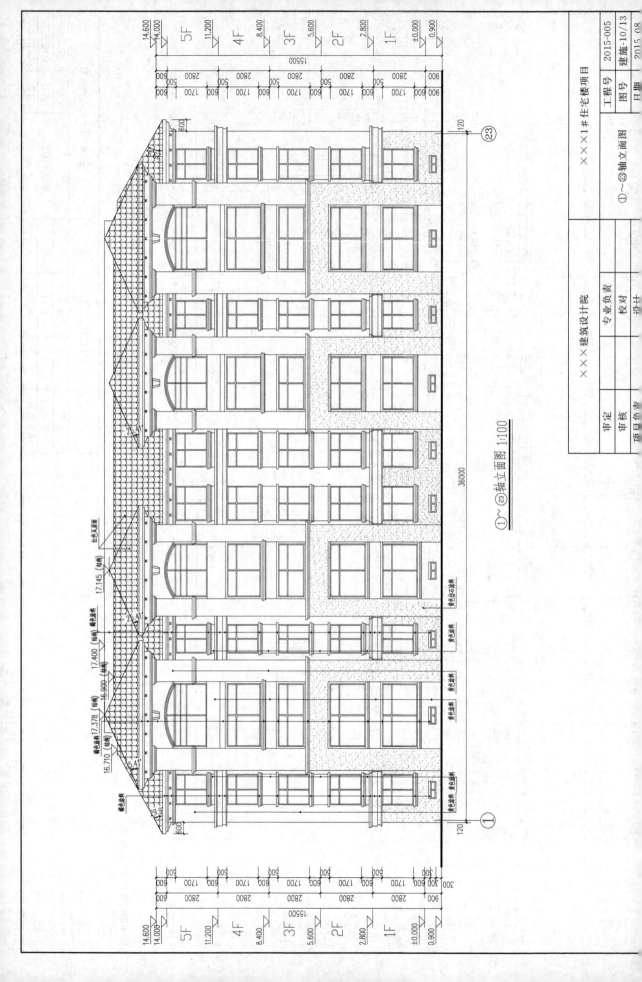

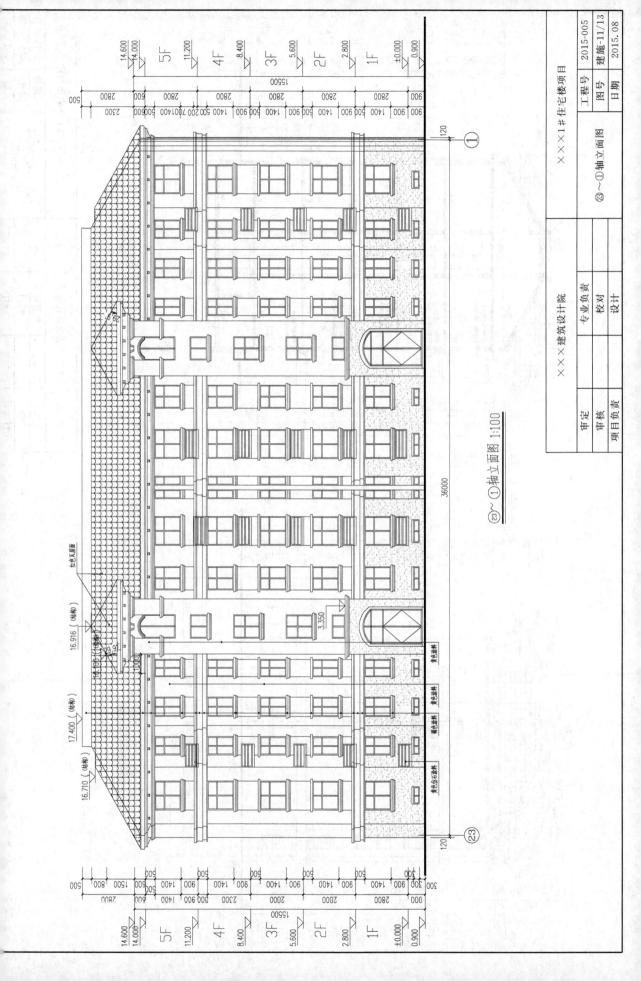

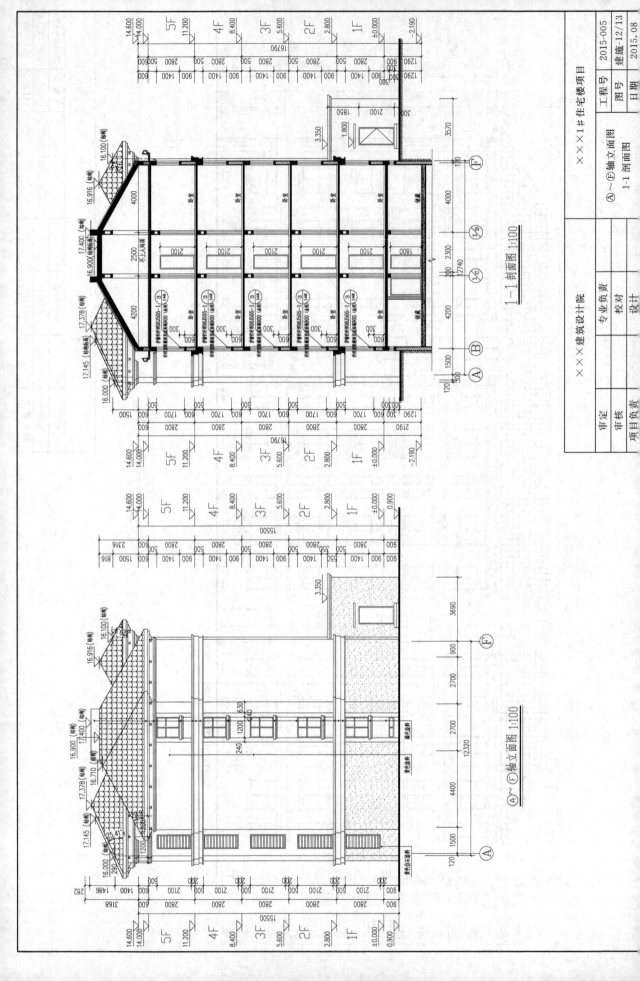

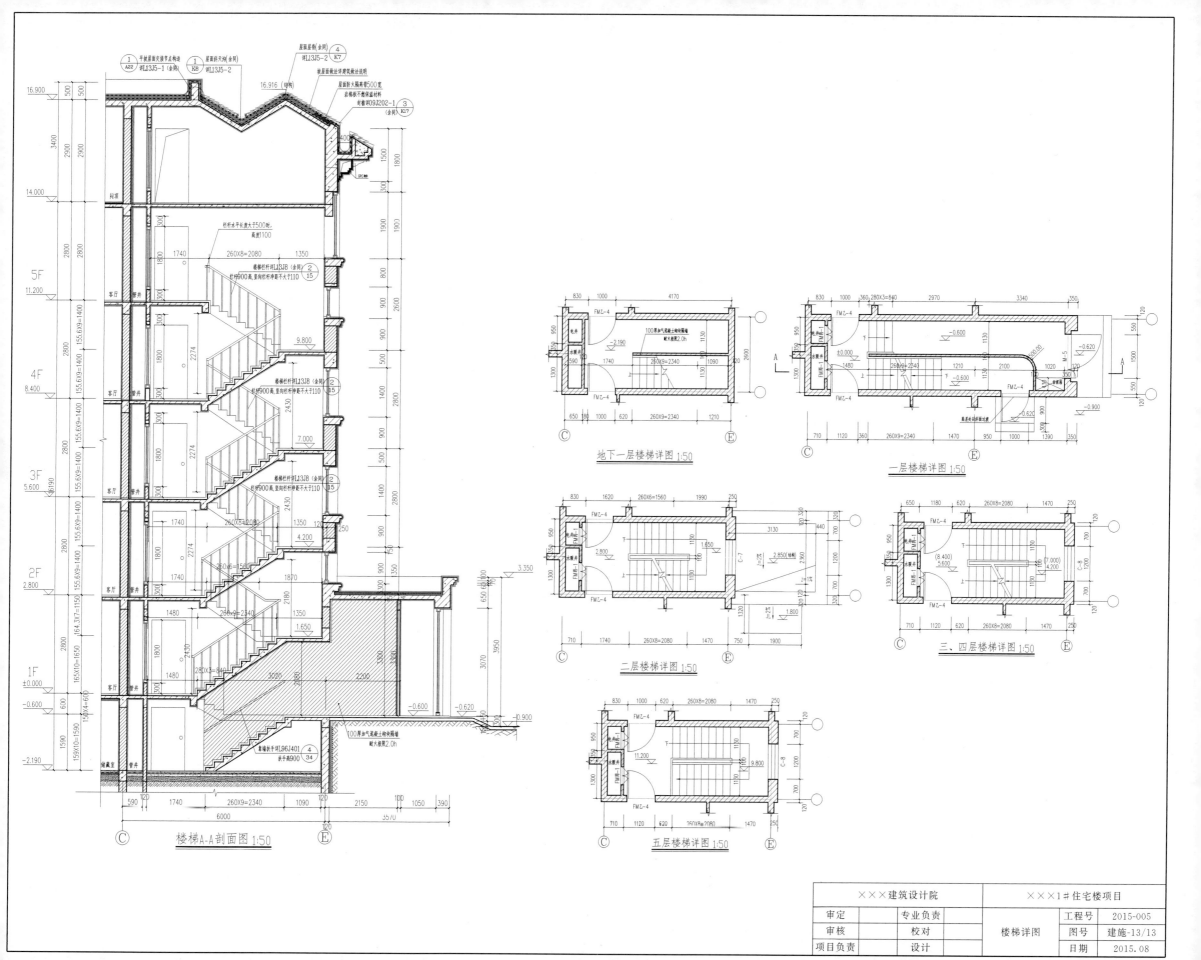

参 考 文 献

[1] 民用建筑设计通则（GB 50352—2005）[S]. 北京：中国建筑工业出版社，2005.
[2] 建筑设计防火规范（GB 50016—2014）[S]. 北京：中国建筑工业出版社，2015.
[3] 住宅设计规范（GB 50096—2011）[S]. 北京：中国建筑工业出版社，2011.
[4] 建筑设计防火规范图示（13J811-1）[S]. 北京：中国计划出版社，2015.
[5] 建筑专业设计常用数据（08J911）[S]. 北京：中国计划出版社，2009.
[6] 民用建筑工程设计常见问题分析及图示——建筑专业（05SJ807）[S]. 北京：中国计划出版社，2016.
[7] 建筑材料及制品燃烧性能分级（GB 8624—2012）[S]. 北京：中国建筑工业出版社，2012.
[8] 民用建筑工程建筑施工图设计深度图样（09J801）[S]. 北京：中国计划出版社，2009.
[9] 屋面工程技术规范（GB 50345—2012）[S]. 北京：中国建筑工业出版社，2012.
[10] 城市居住区规划设计规范（GB 50180—2002）[S]. 北京：中国建筑工业出版社，2002.
[11] 建筑模数协调标准（GB 50002—2013）[S]. 北京：中国建筑工业出版社，2013.
[12] 厂房建筑模数协调标准（GB 50006—2010）[S]. 北京：中国计划出版社，2010.
[13] 地下工程防水技术规范（GB 50108—2008）[S]. 北京：中国计划出版社，2008.
[14] 建筑工程抗震设防分类标准（GB 50223—2008）[S]. 北京：中国建筑工业出版社，2008.
[15] 中小学校设计规范（GB 50099—2011）[S]. 北京：中国建筑工业出版社，2011.
[16] 伍孝波，东艳晖. 建筑设计常用规范速查手册[M]. 北京：化学工业出版社，2013.
[17] 张文忠. 公共建筑设计原理[M]. 北京：中国建筑工业出版社，2008.
[18] 朱昌廉. 住宅建筑设计原理[M]. 北京：中国建筑工业出版社，2011.
[19] 李国光. 建筑设计快速入门[M]. 北京：中国电力出版社，2015.
[20] 同济大学，西安建筑科技大学，东南大学，重庆大学合编. 房屋建筑学[M]. 北京：中国建筑工业出版社，2006.
[21] 李必瑜. 房屋建筑学[M]. 武汉：武汉理工大学出版社，2014.
[22] 董晓峰. 房屋建筑学[M]. 武汉：武汉理工大学出版社，2013.
[23] 付云松. 房屋建筑学[M]. 北京：中国水利水电出版社，2009.
[24] 刘昭如. 建筑构造设计基础[M]. 北京：科学出版社，2008.
[25] 姜涌. 建筑构造——材料、构法、节点[M]. 北京：中国建筑工业出版社，2011.
[26] 建设部. 全国民用建筑工程设计技术措施——规划、建筑. 北京：中国计划出版社，2003.
[27] 钱坤. 建筑概论[M]. 北京：北京大学出版社，2010.
[28] 单立欣，穆丽丽. 建筑施工图设计[M]. 北京：机械工业出版社，2010.
[29] 孙玉红. 建筑构造[M]. 上海：同济大学出版社，2014.
[30] 樊振和. 建筑构造原理与设计[M]. 天津：天津大学出版社，2011.
[31] 李迁. 建筑构造[M]. 北京：清华大学出版社，2015.
[32] 胡向磊. 建筑构造图解[M]. 北京：中国建筑工业出版社，2015.
[33] 颜宏亮. 建筑构造[M]. 上海：同济大学出版社，2010.
[34] 杨金铎，杨洪波. 民用建筑设计常见技术问题释疑[M]. 北京：中国建筑工业出版社，2013.
[35] 郝峻弘. 房屋建筑学[M]. 北京：清华大学出版社，2015.